Mehr Informationen
h57f6z

Auf einigen Seiten im Buch finden Sie Terra-**Codes**. Diese führen Sie zu weiteren Informationen im Internet.
Geben Sie den Code einfach in das Suchfeld auf schueler.klett.de ein.

Klett Erklärfilm

An einigen Stellen im Buch gelangen Sie über Terra-Codes zu **Erklärfilmen**, z. B. zum Thema anthropogener Treibhauseffekt oder zum Thema Klimawandel.

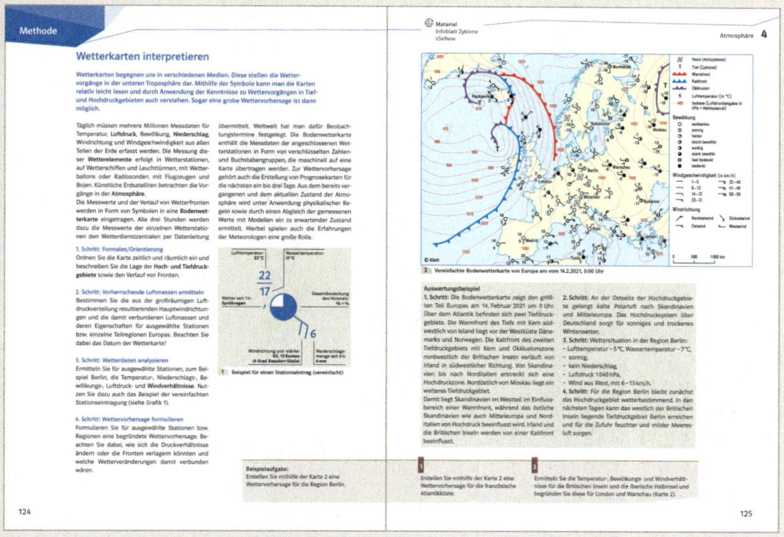

Auf den **Methoden**seiten lernen Sie Schritt für Schritt wichtige Methoden.

Zusatzaufgaben dienen der Anwendung und Vertiefung des Erlernten, vorzugsweise im Nahraum.

Nachschlagen

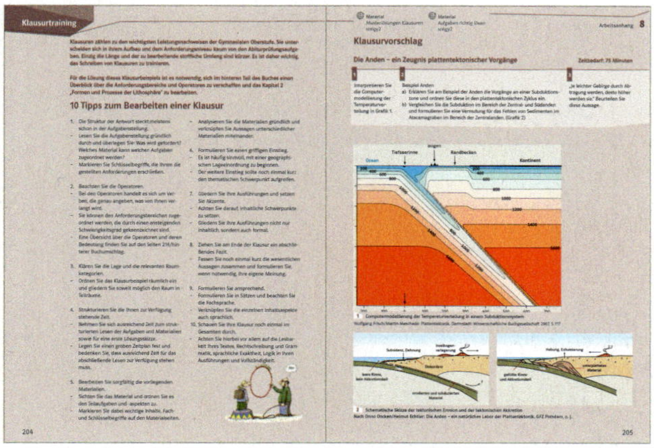

Im **Arbeitsanhang** finden Sie wichtige Hilfen zur Klausurvorbereitung sowie für den Kompetenzerwerb im Fach Geographie (Glossar, Sachregister, Operatoren und Anforderungsbereiche).

Symbole im Buch

	Partnerarbeit
	Gruppenarbeit

→ Potsdamer Schwerekartoffel (Geoid) S. 29 — verweist auf andere Seiten im Buch

MK kennzeichnet Aufgaben und Seiten zum Thema Medienkompetenz

NE kennzeichnet Aufgaben und Seiten zum Thema nachhaltige Entwicklung

1. Auflage 1 5 4 3 2 1 | 25 24 23 22 21

Alle Drucke dieser Auflage sind unverändert und können im Unterricht nebeneinander verwendet werden.
Die letzte Zahl bezeichnet das Jahr des Druckes.

Autorinnen und Autoren: Prof. Dr. Gregor C. Falk, Freiburg; Bodo Lehnig, Großdubrau; Matthias Scholliers, Konstanz
Mit Beiträgen von: Dr. Egbert Brodengeier, Lichtenberg; Prof. Dr. Thomas Hoffmann, Lauf; Prof. Dr. Thomas Schneider, Neusäß; Dr. Daniela Vogellehner, Bollschweil

Entstanden in Zusammenarbeit mit dem Projektteam des Verlages.

Externe Redaktion: Sylvia Jakuscheit, redaktion.jakuscheit.de
Gestaltung: normaldesign, Jens-Peter Becker, Schwäbisch Gmünd
Umschlaggestaltung: normaldesign, Jens-Peter Becker, Schwäbisch Gmünd
Titelbild: oben: Gezeitenbecken im Felsspalt von Rocks in der Bay of Fires, Tasmanien (© Alamy Images Limited (Cavan Images)); unten: Panoramablick auf die winterlichen Lofoten (© Alamy Images Limited (Scott Wilson))
Satz: satz.zeichen, Erfurt (Diana Jäckel)
Reproduktion: Druckmedienzentrum Gotha GmbH, Gotha
Druck: Firmengruppe APPL, aprinta druck, Wemding

Printed in Germany
ISBN 978-3-12-104717-8

9 783121 047178

Terra

Themenband
Physische Geographie

Prof. Dr. Gregor C. Falk (Hrsg.)
Bodo Lehnig
Matthias Scholliers (Hrsg.)

Ernst Klett Verlag
Stuttgart · Leipzig · Dortmund

Inhalt

1

Die Physische Geographie – eine moderne Geowissenschaft

1 Shenzhen: links 1980: 58 000 Einwohner; rechts: 2015: 10,7 Millionen Einwohner

Wie das Bildpaar zeigt, wirken menschliche Aktivitäten als immer stärkerer Faktor im Geosystem und vielerorts wird die ökologische Tragfähigkeit weit überschritten. Wie schaffen wir es, die Gesellschaftsstrukturen so zu organisieren, dass eine nachhaltige Teilhabe am System Erde realisiert wird?
„In der großen Verkettung von Ursachen und Wirkungen darf kein Stoff, keine Tätigkeit isoliert betrachtet werden. Das Gleichgewicht, welches unter [...] den streitenden Elementen herrscht, [...] geht aus dem freien Spiel dynamischer Kräfte hervor und ein vollständiger Überblick der Natur [...] kann nur dadurch erreicht werden, dass keine Kraft, keine Formbildung vernachlässigt [...] wird."
Bonpland, A. und Humboldt, A. v. (1807)

Die Physische Geographie beschreibt und analysiert die komplexen Wechselwirkungen und Prozesse im System Erde. Dabei werden die Formen der Erdoberfläche, das Klima, der Boden, die Vegetation, die Gewässer und die vielfältigen Stoffkreisläufe auf globaler, regionaler und lokaler Ebene untersucht. Im Fokus steht die Analyse der komplexen Mensch-Umwelt-Interaktionen.

Die Physische Geographie im Verbund der Geowissenschaften

Den Geowissenschaften kommt im Kontext nachhaltiger globaler und regionaler Entwicklungsstrategien eine wichtige Rolle zu. Bearbeitet werden eng vernetzte Themen wie die Ressourcennutzung und Exploration oder die Vulnerabilität von Gesellschaften und Infrastrukturen. Im Fokus stehen dabei unter anderem das globale Klimageschehen, der Umgang mit Naturrisiken und veränderte Landnutzungssysteme.

Die von den Geowissenschaften behandelten Fragestellungen sind von hoher alltagsweltlicher und globalpolitischer Bedeutung. Unterstrichen wird dies durch die 17 Sustainable Development Goals der UN, deren Umsetzung ohne geowissenschaftliches Know-how undenkbar ist.

Die Betrachtung der Erde als dynamisches System mit den Teilsystemen **Atmosphäre**, **Hydrosphäre**, **Lithosphäre** und **Biosphäre** liefert die Basis für die Identifizierung notwendiger Maßnahmen, um die Teilhabe des Menschen am **System Erde** zukünftig nachhaltiger zu gestalten. Auf dieser Basis gelingt es, Aussagen über das Erdsystem angemessen einzuschätzen und die eigene Umwelt stärker unter einer systemischen Perspektive zu analysieren. Um zum Beispiel ein angemessenes Urteil zur Wasserversorgung von Shenzhen fällen zu können, sind Kenntnisse erforderlich über: den Zusammenhang zwischen Lithosphäre und Hydrosphäre bei der Bildung von Grundwasserspeichern in unterschiedlichem Gestein, die unterschiedlichen zeitlichen und räumlichen Dimensionen bei der Neubildung von **Grundwasser**, die Abhängigkeit der Menschen von der Grundwasserneubildung und die Beeinflussung der Grundwasserneubildung durch die Flächennutzung (Wald, Wiese, Acker, Bebauung), darüber hinaus aber auch Aspekte der Wassernachfrage wie z.B. Bevölkerungsentwicklung, Lebensstile, technologische und wirtschaftsstrukturelle Veränderungen (z.B. Deindustrialisierung), die Einfluss auf den **Wasserbedarf** haben.

„Es ist nichts, was den geschulten Verstand mehr kultiviert und bildet, als Geographie."
Immanuel Kant

1 Anne-Louis Girodet: Portrait du Docteur Trioson donnant une leçon de géographie à son fils

Grundlegend für die Entwicklung von Kompetenzen zum Verstehen des Systems Erde („Earth Scientific Literacy") sind Kenntnisse über ...

... die kontinuierlichen und dynamischen Veränderungen des Systems Erde;
... die funktionalen Zusammenhänge der Geosphäre und ihrer Teilsysteme auf unterschiedlichen zeitlichen und räumlichen Skalen – zeitlich von Jahrmillionen bis zu Spontanereignissen und räumlich von der globalen über die regionale bis zur lokalen Dimension;
... Wege des geowissenschaftlichen Erkenntnisgewinns. Dazu zählen interdisziplinäre; naturwissenschaftliche Denk- und Arbeitsweisen, Modellierung und Prognose – z.B. zur künftigen Klimaentwicklung;
... die Wirkmächtigkeit und Abhängigkeit des Menschen in Bezug auf Ressourcen und andere natur- und sozialräumliche Setzungen;
... verschiedene Strategien, die eine nachhaltige Teilhabe des Menschen am System Erde ermöglichen können.

2

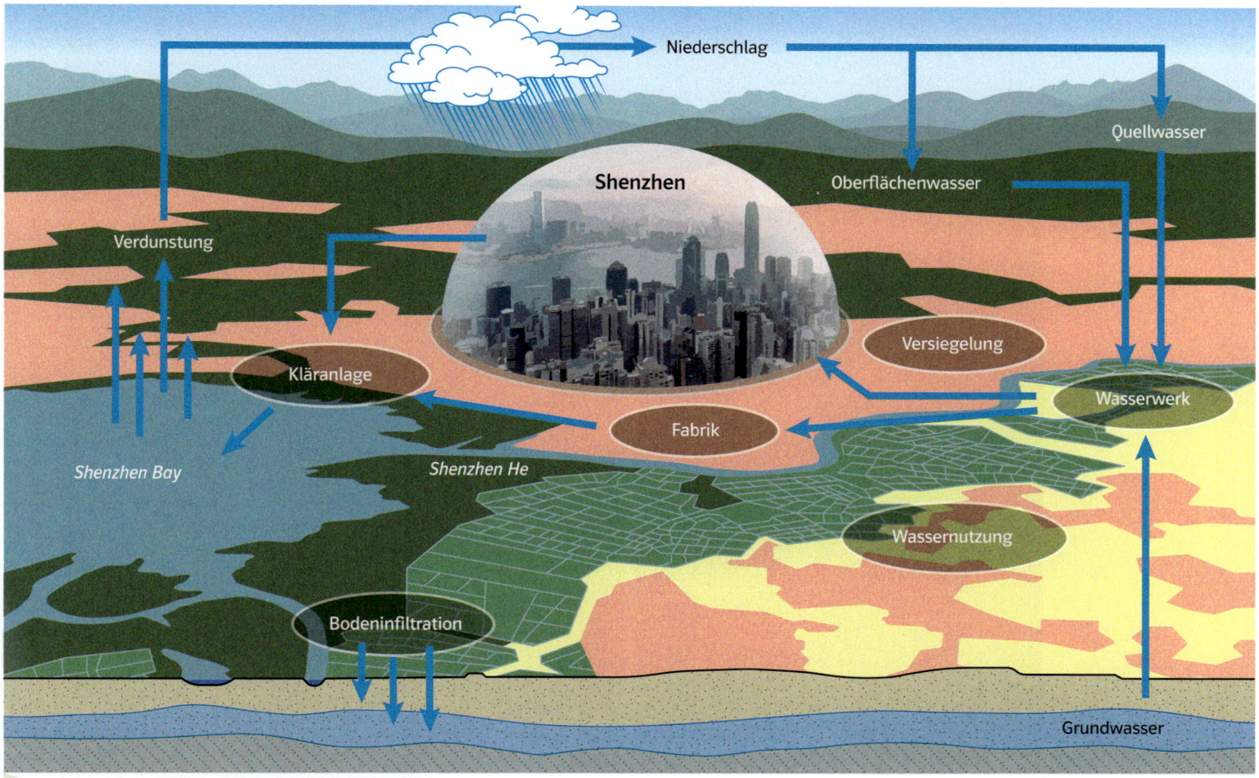

3 Anthropogene Eingriffe in den Wasserkreislauf

Die Entwicklung der Physischen Geographie

Frühe Ansätze des Faches lassen sich weit in die Vergangenheit zurückverfolgen. Bereits Gelehrte der Antike, z.B. Aristoteles, Herodot und Plinius, hinterfragten die Abläufe und Zusammenhänge natürlicher Phänomene und lieferten erste, zum Teil noch heute gültige Erklärungsversuche. Forschende wie Alexander von Humboldt (1769–1859), Carl Ritter (1779–1859) und Ferdinand von Richthofen (1833–1905) prägten die wissenschaftlichen Anfänge der Geographie in Deutschland, fasziniert und gebannt von neuen und überwältigenden Eindrücken aus allen Regionen der Erde. Damals stand zunächst die Erfassung noch unbekannter Naturphänomene im Vordergrund, doch begann auch die zunehmende Spezialisierung der Geographie. Die Physische Geographie wurde zunächst von der Geomorphologie, der Lehre von der Beschreibung der Erdoberfläche, dominiert. Mit seinem Werk „Morphologie der Erdoberfläche" schuf Albrecht Penck (1894) ein erstes Grundlagenwerk. Der Meteorologe und Geophysiker Alfred Wegener (1880–1930) veröffentlichte 1912 seine Theorie der Kontinentalverschiebung. Im weiteren Verlauf des 20. Jahrhunderts entwickelte sich die Disziplin zu einer spezialisierten Wissenschaft, die sich mit der Beschreibung, Analyse und Interpretation unserer natürlichen Umwelt befasst. Das Fach betrachtet die vielfältigen und miteinander in Beziehung stehenden Einzelphänomene unserer Umwelt im Rahmen der Raumwirksamkeit menschlichen Handelns im Kontext des Systems Erde–Mensch. Die Entwicklung der Messtechnik und moderne Computertechnologien haben den Geowissenschaften neue Perspektiven eröffnet, Prozesse in allen zeitlichen und räumlichen Dimensionen zu erfassen. Die Technologien reichen von der Satellitenfernerkundung über verschiedene Verfahren der geophysikalischen Tiefensondierung und Bohrungen bis hin zu Laborexperimenten zur Modellierung von Geoprozessen.

4

1 Stellen Sie an Beispielen dar, in welcher Form die Geowissenschaften Beiträge zu den Sustainable Development Goals (siehe Seite 176/177 und Online-Code) liefern.

2 Erörtern Sie Herausforderungen für die Wasserversorgung Shenzens.

1 Fjordlandschaft auf den norwegischen Lofoten

System Erde

Unsere Erde ist ein komplexes System vielfältiger, sich gegenseitig beeinflussender und verändernder Geofaktoren. Dazu zählen das Klima, das Relief, der Boden, das Wasser, die Geologie sowie die Fauna und Flora. Welche Kräfte und Mechanismen greifen wo und in welcher Form ineinander? Welche Teilsysteme gibt es? Inwiefern greift der Mensch in die Systeme ein?

Das Zusammenwirken der Teilsysteme findet – wenn auch in unterschiedlicher Kombination, Dimension und Intensität – an jedem Ort der Erde statt. Und doch gleicht sich die Erde an keinem Ort, sondern zeigt eine faszinierende Vielfalt lokaler und regionaler **Landschaften**. Am Beispiel des abgebildeten Landschaftsausschnittes kann das Zusammenwirken verschiedener Teilsysteme der Erde beschrieben werden. Geographen untersuchen nicht nur die Entstehung der unterschiedlichsten Landschaften, sondern auch räumliche Verteilungsmuster einzelner Phänomene. Nicht zuletzt beschäftigt auch die Frage nach den Ursachen und den Auswirkungen spektakulärer natürlicher Ereignisse wie Überschwemmungen, Erdbeben, Felsstürze oder Wirbelstürme auf den menschlichen Lebensraum die Physische Geographie.

Typisch geographische Fragestellungen an das nebenstehende Bild wären beispielsweise:
- Welche natürlichen Prozesse haben wann, warum und auf welche Weise zur Formung der Landschaft geführt?
- Inwiefern beeinflussen Relief, Gewässer und Klima das Siedeln und Wirtschaften der Menschen in diesem Raum?
- Wo liegt der gezeigte Bildausschnitt, wo auf der Welt gibt es Vergleichbares?

Zusammenfassend lautet denn auch die Leitfrage geographischen Denkens: „Warum ist das gerade hier so?"

Material
Raumbeispiele in Google Earth
rc3mx5

Material
Geosphären auf der Spur
rc3mx5

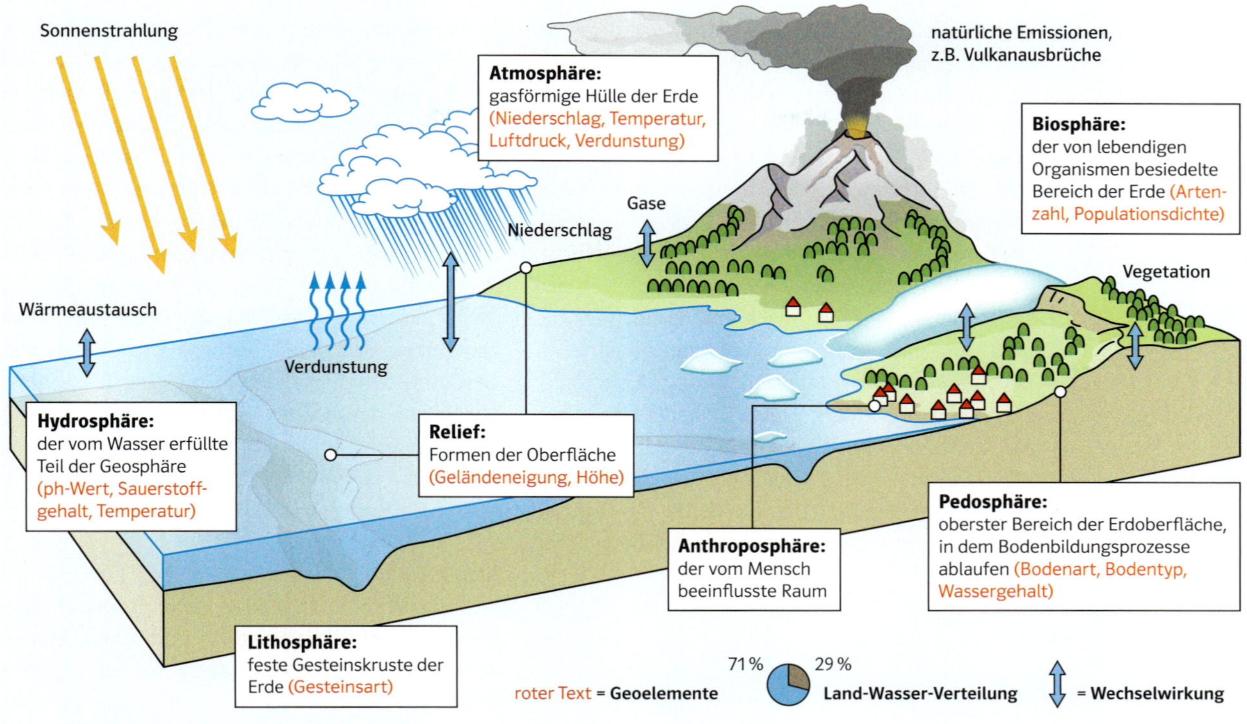

2 Modell Sphären und Landschaft

Vom System Erde zum System Erde–Mensch

Noch bis vor einigen Dekaden wurde die Geosphäre zumeist als ein rein natürliches System im permanenten Wandel betrachtet, doch nie zuvor hat der Mensch so nachhaltig in die globalen Systeme und Stoffkreisläufe eingegriffen wie in den vergangenen zwei Jahrhunderten. Als maßgeblicher Faktor dieser Entwicklung wirkt das nach wie vor exponentielle Wachstum der Weltbevölkerung. Um die rasant steigenden Bedürfnisse der Menschen nach Nahrung, Mobilität, Energie und Kommunikation zu befriedigen, werden die globalen Ressourcen bis über die Grenzen der natürlichen Tragfähigkeit hinaus ausgeschöpft. Damit verbunden sind nicht nur Konflikte um die begrenzten Rohstoffe und globale Disparitäten, sondern auch teilweise irreversible Eingriffe in die Ökosysteme. Der Verlust an Biodiversität, der anthropogene Klimawandel und die globale „Vermüllung" sind nur drei Problemfelder, die die globale Dimension menschlicher Aktivitäten im System Erde dokumentieren. In immer stärkerem Maße werden auch potenziell von Naturereignissen gefährdete Räume in Küstenzonen, Hochgebirgen oder klimatischen Risikolagen erschlossen. Das Anthropozänkonzept stellt nunmehr den Menschen als wirkmächtigen Faktor in den Mittelpunkt

3

1

Beschreiben Sie das Zusammenwirken der Teilsphären im gezeigten Ausschnitt von Bild 1.

Die Geosphären

Seit seiner Entstehung vor rund 4,6 Mrd. Jahren unterliegt unser Planet einem ständigen Wandel. Kontinente und Ozeane verändern ihre Lage, Kaltzeiten und Warmzeiten wechseln sich ab, Gebirge bilden sich und werden wieder abgetragen, Flüsse verändern ihren Lauf. Einige Arten wie die Dinosaurier verschwinden schlagartig, andere wiederum passen sich veränderten Rahmenbedingungen neu an. Seit rund vier Millionen Jahren breiten sich erste Hominiden von Afrika kommend über die Erde aus, und spätestens seit der industriellen Revolution greift der Mensch nicht mehr nur regional begrenzt, sondern global wirksam in zahlreiche Kreisläufe ein. Es kommt zur Verschiebung ursprünglicher Gleichgewichtszustände in sehr kurzen Zeiträumen. Die Verbrennung fossiler Energieträger durch den Menschen beeinflusst beispielsweise zunächst den Stoffhaushalt im **Kohlenstoffkreislauf**, führt aber gleichzeitig zur Veränderung der Einstrahlungsverhältnisse auf der Erde. Als Resultat verändern sich die globalen Temperaturverhältnisse. Dies wiederum zieht neben vielen anderen Auswirkungen eine Volumenveränderung des Ozeanwassers oder ein Niedertauen vieler Gletscher nach sich. Das Beispiel ließe sich beliebig erweitern, vermag aber selbst in dieser einfachen Form die enge Verzahnung menschlichen Wirkens mit den natürlichen Prozessabläufen in der **Geosphäre** anzudeuten. Das Gesamtsystem Erde kann in einzelne Teilsysteme untergliedert werden. Diese sind jedoch alle eng miteinander verknüpft, und Veränderungen in einer Sphäre wirken sich in irgendeiner Form auch auf die die anderen aus.

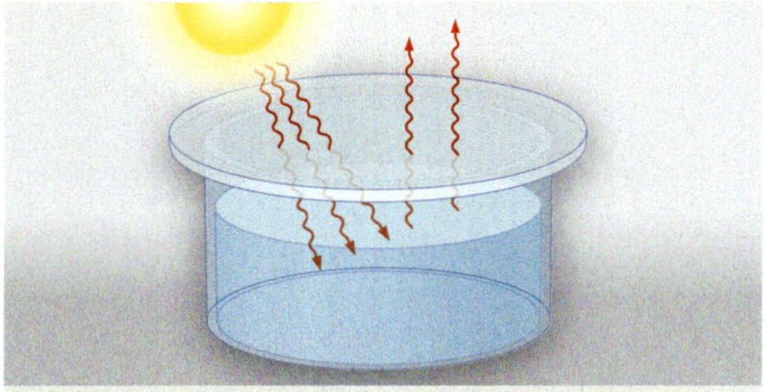

System Erde – ein geschlossenes System
Die Erde, unser globales Geosystem, ist ein weitgehend geschlossenes System, da zwischen Erde und Weltall lediglich ein Energie-, aber kein Materieaustausch stattfindet, von vereinzelten Meteoriteneinschlägen abgesehen. Verfolgt man den Verbleib eines einzelnen chemischen Bestandteils in der Geosphäre, so wird deutlich, dass die Interaktion zwischen den Teilsystemen letztendlich in Stoff- und Energiekreisläufen stattfindet. Dazu zählen unter anderem der Kohlenstoffkreislauf, der Sauerstoffkreislauf, aber auch der Kreislauf der Gesteine sowie der Kreislauf des Wassers. Es handelt sich also um dynamische Systeme.

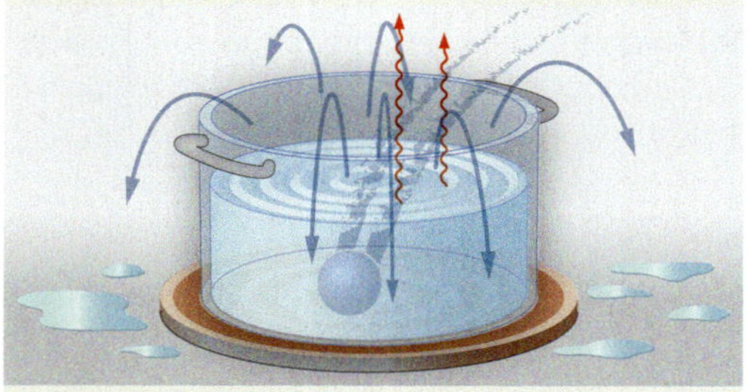

Der Kochtopf – ein offenes System

4

Atmosphäre

Wolken, **Wind** und Nebel gehören neben den Klimaelementen **Niederschlag** und Temperatur zu den messbaren Erscheinungen in der **Atmosphäre**. Griechisch „atmos" bedeutet Dunst, und genauso wie ohne Wasser wäre ein jegliches Leben auch ohne diesen Dunst, die Luft, nicht möglich. Die Atmosphäre umfasst die gesamte Gasschicht, die die Erde umschließt. Sie ist maßgeblich verantwortlich für den globalen Temperaturhaushalt, da die Gase neben dem Wasserdampf das Verhältnis von einfallender und wieder abgegebener Strahlung, also die **globale Strahlungsbilanz**, regulieren.

Hydrosphäre und Kryosphäre

Die „Wassersphäre" (griech. hydro = Wasser) umfasst die Gesamtheit allen Wassers der Erde. Dazu gehören das **Salzwasser** der **Meere** und Ozeane, das **Süßwasser** der Flüsse, Bäche und Seen, das **Grundwasser**, aber auch alle flüssigen **Niederschläge**. Der wohl bekannteste **Stoffkreislauf** ist der des Wassers, das in den unterschiedlichen Aggregatzuständen fest, flüssig und gasförmig im Geosystem zirkuliert. Je nach Veränderung der globalen Temperatur variiert dabei das Verhältnis von festen, flüssigen oder gasförmig vorhandenen Molekülen.

Die „Eissphäre" (griech. kryos = Frost, Eis) umfasst die Gesamtheit des Wassers, das in gefrorenem Zustand vorliegt. Dazu zählen u.a. Gletscher, Schelfeis und gefrorene Niederschläge.

5 Küstenlandschaft Cozumel (Mexiko)

Biosphäre und Pedosphäre

Während **Atmosphäre** und **Hydrosphäre** die elementaren Grundlagen des Lebens liefern, umfasst die **Biosphäre** (griech. bios = Leben) die Gesamtheit der Lebewelt selbst, also die Tierwelt (Fauna) und die Pflanzenwelt (Flora). Nährstoffkreisläufe gehören zu den kennzeichnenden Prozessabläufen in der Biosphäre. Auch der Mensch ist im engeren Sinne ein Bestandteil der Biosphäre. Der gesamte Aktions- und Einflussraum des Menschen kann aber auch als **Anthroposphäre** bezeichnet werden. Der Übergang zwischen Biosphäre und **Lithosphäre**, der Bereich der Bodenbildung, wird als **Pedosphäre** bezeichnet.

Lithosphäre

In Bezug auf die Dichte ist die Lithosphäre (griech. lithos = Stein) die kompakteste aller Sphären überhaupt. Sie umfasst den äußeren und teilweise zähplastischen oberen Erdmantel sowie die feste Erdkruste. Die Kontinente und der Ozeanboden sind ebenso Bestandteil der Lithosphäre wie flüssiges Magma, das bei Vulkanausbrüchen als Lava an der Erdoberfläche austritt und zu festem Gestein erkaltet. Die Lithosphärenplatten der Erde befinden sich in ständiger Bewegung, angetrieben von der thermischen Energie des Erdinnern und von gravitativen Kräften.

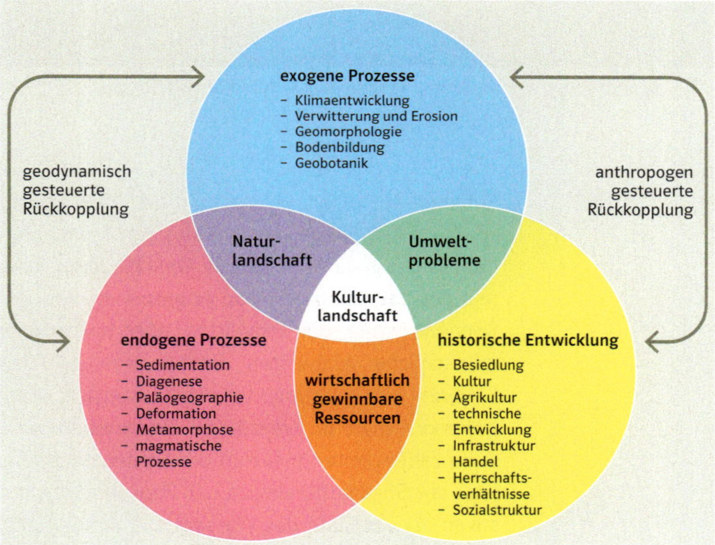

6 System Erde – Mensch im Modell

Nach: Babist, Jochen: Was ist eigentlich eine Kulturlandschaft? In: Bergbau und Kulturlandschaft (2014)

2 Mit der Verbrennung fossiler Energieträger beeinflusst der Mensch das System Erde. Nennen Sie weitere Beispiele, die zeigen, wie der Mensch in das System Erde eingreift.

3 Erörtern Sie anhand von Grafik 5 und Bild 6 das Zusammenwirken der einzelnen Sphären im Geosystem.

4 Überprüfen Sie, ob der Begriff „Anthroposphäre" in das System Erde passt.

Stoffkreisläufe

7 Brandrodung im Amazonas-Regenwald, illegale Entwaldung

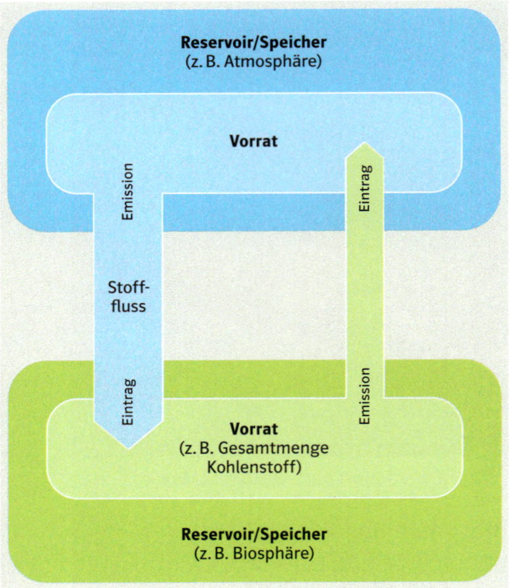

8 Schematische Darstellung des Stoffaustausches zwischen den Sphären

Kohlenstoff, Stickstoff, Phosphat und viele andere chemische Elemente kommen in den Teilsphären des Systems Erde in Form verschiedener chemischer Verbindungen vor. Angetrieben von der Sonnenenergie, der Erdwärme, aber auch durch menschliche Aktivitäten findet zwischen den Sphären ein permanenter Stoffaustausch statt, der modellhaft in Kreisläufen beschrieben wird. Dazu zählen unter anderem der **Kohlenstoffkreislauf**, der Stickstoffkreislauf, der Phosphatkreislauf sowie der Kreislauf des Wassers. Die Kopplungen, also die biogeochemischen **Stoffkreisläufe** zwischen den Reservoiren **Lithosphäre**, **Atmosphäre**, **Hydrosphäre**, **Biosphäre** und **Pedosphäre**, sind in der Regel sehr komplexe Prozesse. Sie umfassen sämtliche geologische, physikalische, biologische und chemische Vorgänge, die die Stoffflüsse und Veränderungen bewirken.

Auf der einen Seite existieren Speicher (Reservoire), in denen Stoffe in den verschiedensten chemischen Formen, Aggregatzuständen und in unterschiedlich langen Zeiträumen vorkommen können. So bilden beispielsweise Moore und Wälder wichtige Kohlenstoffspeicher bzw. Senken. Werden andererseits Stoffe aus Speichern wieder abgegeben, spricht man von einer Stoffquelle. Im Falle der Brandrodung wird zum Beispiel gespeicherter Kohlenstoff als CO_2 wieder in die Atmosphäre abgegeben. Der Stofffluss zwischen den Reservoiren, also das Verhältnis zwischen Abgabe (Emission) und Eintrag, variiert und ist von diversen Faktoren abhängig.

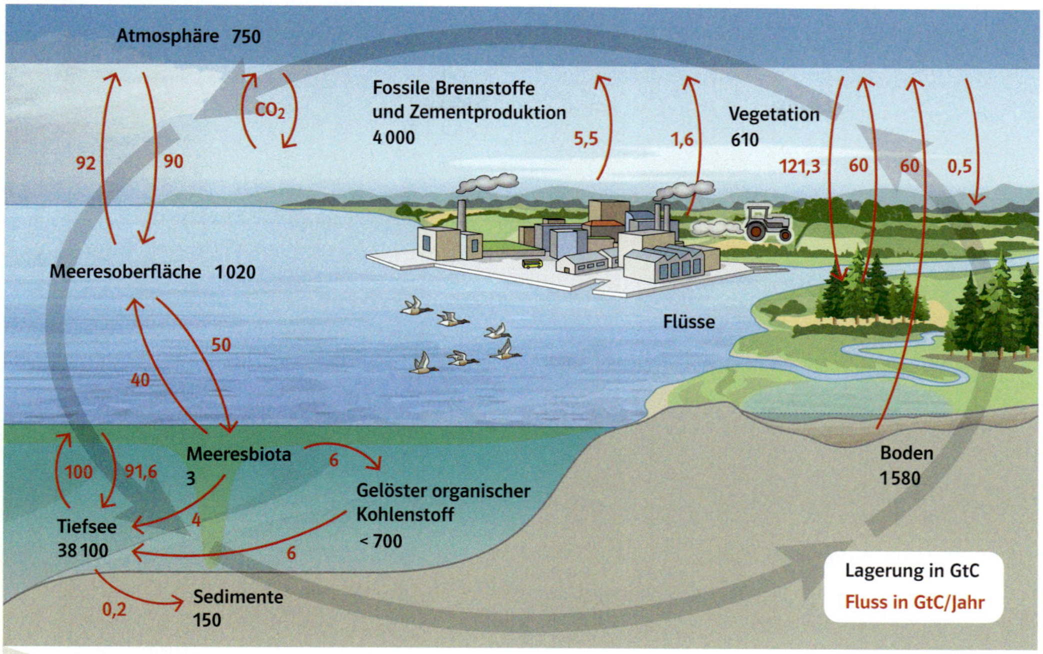

9 Kohlenstoffkreislauf

Nach: U.S. Department of Energy, Office of Biological and Environmental Research

FALLBEISPIEL: Kohlenstoff

Sämtliche chemischen und physikalischen Umwandlungsprozesse kohlenstoffhaltiger Verbindungen im **System Erde** sowie deren Austausch zwischen den Reservoiren werden modellhaft als **Kohlenstoffkreislauf** beschrieben. Der seit der Industrialisierung deutliche Anstieg von klimarelevanten Spurengasen wie CO_2 und Methan in der **Atmosphäre** ist verantwortlich für den anthropogenen **Treibhauseffekt**. Um die Auswirkungen abzuschätzen und angemessene Handlungsstrategien zu entwickeln, ist das Verständnis für den globalen Kohlenstoffkreislauf eine wesentliche Voraussetzung.

Kohlenstoff befindet sich in drei unterschiedlich großen, miteinander im ständigen Austausch stehenden Speichern: in der Atmosphäre, in der **Landbiosphäre** und im Ozean. Die **Lagerstätten** fossiler Energieträger waren lange Zeit nicht beteiligt, sie werden jedoch seit ca. 200 Jahren durch den Menschen dem Kreislauf wieder zugeführt.

Kohlenstoff in der Lithosphäre. Mit 99,95 % des globalen Gesamtkohlenstoffs bildet die Lithosphäre den größten Kohlenstoffspeicher der **Geosphäre**. Die Carbonate Calcit ($CaCO_3$) und Dolomit ($CaMg(CO_3)_2$), welche in Meeressedimenten und **Sedimentgesteinen** vorliegen, stellen dabei die mit Abstand größte Gruppe dar. Trotz seiner gewaltigen Größe nimmt dieser Speicher in Form von Ablagerungs- und **Verwitterungsprozessen** sowie durch Vulkanismus nur in geringem Maße und über lange geologische Zeiträume am Kohlenstoffkreislauf teil. Mit Ausnahme der Zementproduktion findet eine menschliche Einflussnahme auf diesen Kohlenstoffspeicher kaum statt. Daneben findet sich lithosphärischer Kohlenstoff noch in Form von Grafit, Gashydraten und fossilen organischen Stoffen. Letztere stellen in Form von Erdöl, Erdgas und Kohle wichtige Energieträger dar. Sie sind durch ihre Verbrennung die Hauptquelle der durch den Menschen verursachten Erhöhung des Kohlenstoffdioxidgehaltes in der Atmosphäre. Jährlich werden so etwa 7,8 Gt Kohlenstoff in die Atmosphäre zusätzlich eingebracht.

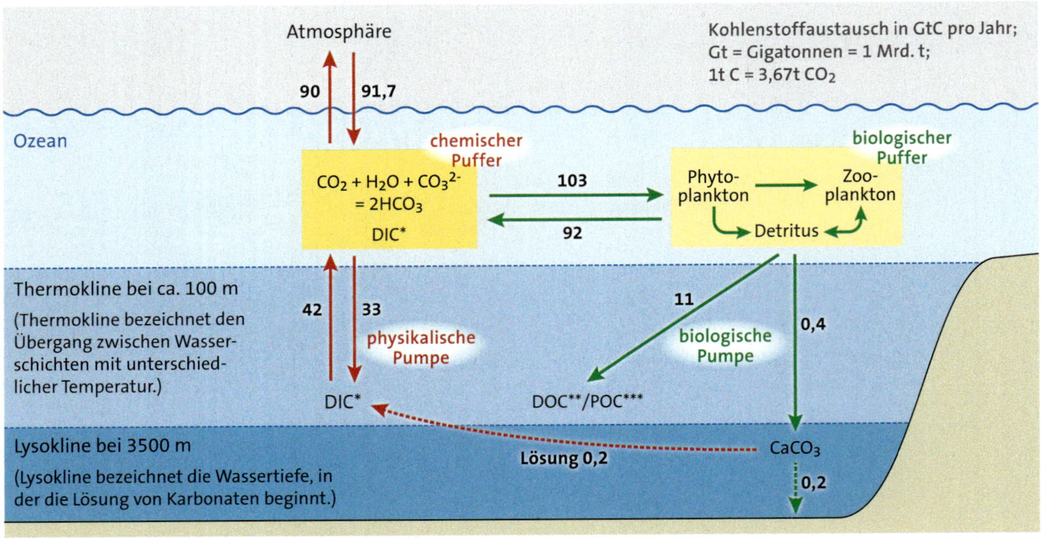

10 Der ozeanische Kohlenstoffkreislauf

Nach: IPCC (2001): Climate Change 2001. Cambridge and New York 2001, Fig. 3.1, unter: www.raonline.ch/pages/edu/st4/ozeane1801.html (Zugriff 01.03.2021)

DIC
dissolved inorganic carbon (gelöster anorganischer Kohlenstoff)

DOC
dissolved organic carbon (gelöster organischer Kohlenstoff)

POC
particular organic carbon (in Partikeln gebundener Kohlenstoff)

Kohlenstoff in der Pedosphäre

In den **Böden** sind weltweit in Form von Streu und organischer Bodensubstanz 1500–2400 Gt Kohlenstoff gebunden. Der Kohlenstoffeintrag in die Böden erfolgt durch abgestorbene Reste von Pflanzen und andere Bodenorganismen. Durch die Zersetzung der organischen Substanz durch Mikroorganismen wird dagegen wieder Kohlenstoffdioxid an die **Atmosphäre** abgegeben. Die Geschwindigkeit der Zersetzung der organischen Bodensubstanz ist dabei von der Temperatur und der Bodenfeuchtigkeit abhängig. Ein Problem stellen derzeit die durch die globale Temperaturerhöhung auftauenden **Permafrostböden** dar. Durch das Auftauen werden verstärkt Kohlenstoffdioxid und Methan, das im Permafrostboden gebunden ist, freigesetzt und als treibhauswirksame Gase in die Atmosphäre eingetragen.

Kohlenstoff in der Landbiosphäre

In der lebenden Biomasse der **Landbiosphäre** sind etwa 450–650 Gt Kohlenstoff gespeichert. Die Speicherung des Kohlenstoffes erfolgt dabei durch die Aufnahme von Kohlenstoffdioxid aus der Atmosphäre durch die Pflanzen im Zuge der Fotosynthese. Jährlich werden etwa 123 Gt Kohlenstoff der Atmosphäre entnommen und in Pflanzensubstanz umgewandelt. Durch Pflanzenatmung, Brände sowie die Verwertung und Zersetzung der Pflanzensubstanz in der Nahrungskette kommt es allerdings wieder zur Freisetzung von Kohlenstoffdioxid. Pro Jahr werden auf diese Weise etwa 118,7 Gt Kohlenstoff an die Atmosphäre abgegeben. In der Summe bildet die Landbiosphäre eine wichtige Kohlenstoffsenke. Die Fotosyntheseleistung der Pflanzen ist dabei unter anderem von der Verfügbarkeit von Wasser, Sonnenlicht, Nährstoffen und den Temperaturbedingungen abhängig. Eine Erhöhung des Kohlenstoffdioxidgehalts der Atmosphäre muss deshalb in Zukunft nicht zwangsläufig und überall zu einer Erhöhung der Nettoprimärproduktion an Biomasse durch die Pflanzen führen. Durch Landnutzungsänderungen, beispielsweise durch umfangreiche Rodungen im Bereich der **tropischen Regenwälder**, beeinflusst der Mensch diesen Kohlenstoffspeicher stark. Jährlich werden so 1,1 Gt Kohlenstoff in die Atmosphäre eingebracht.

Kohlenstoff in der Hydrosphäre

Die Ozeane enthalten mit etwa 40000 Gt Kohlenstoff 10-mal mehr Kohlenstoff als die Atmosphäre, Landbiosphäre und **Pedosphäre** zusammen. Da mit der Atmosphäre jährlich etwa 80 Gt Kohlenstoff ausgetauscht werden, besitzen die Ozeane im **Kohlenstoffkreislauf** eine große Bedeutung. Ist der Kohlenstoffdioxid-Partialdruck in der Atmosphäre höher als im Ozean, wird Kohlenstoff durch die Ozeane aufgenommen. Ist der Kohlenstoffdioxid-Partialdruck der Atmosphäre dagegen niedriger, geben die Ozeane Kohlenstoff in Form von Kohlenstoffdioxid an die Atmosphäre ab. Dabei ist die Löslichkeit von Kohlenstoffdioxid im Wasser in hohem Maße von der Temperatur abhängig. Steigt diese, so steigt auch der Kohlenstoffdioxid-Partialdruck und das Wasser kann weniger Kohlenstoff aufnehmen. Insofern ist anzunehmen, dass die im Zuge des Klimawandels wärmer werdenden Ozeane künftig weniger Kohlenstoff aufnehmen können. Der Kohlenstoffaustausch mit der Atmosphäre vollzieht sich in den oberflächennahen Bereichen der Gewässer. Gelöster anorganischer Kohlenstoff findet sich dabei in Form von Carbonat- und Hydrogencarbonat-Ionen. Mit kalten, absinkenden **Meeresströmungen** gelangt ein Teil des gelösten Kohlenstoffs in tiefere Bereiche des Ozeans. Ein anderer Teil wird vom Phytoplankton aufgenommen und zum Bestandteil der Nahrungskette. Die abgestorbenen Lebewesen sinken in tiefer liegende Schichten der **Meere**. Durch Zersetzungsprozesse wird dort ein großer Teil des Kohlenstoffs wieder im Meerwasser gelöst. Nur ein kleiner Teil gelangt auf den Meeresboden, wird dort sedimentiert und damit dem weiteren Austausch mit der Atmosphäre entzogen.

Kohlenstoff in der Atmosphäre

In der Atmosphäre befindet sich mit 829 Gt Kohlenstoff zwar nur ein geringer Teil der weltweiten Kohlenstoffmenge, doch kommt ihr aufgrund der intensiven Austauschvorgänge mit anderen Speichern und den schnellen Umsetzungsprozessen im Rahmen des **Kohlenstoffkreislaufs** eine zentrale Rolle zu. Dabei stellt Kohlenstoffdioxid die mit Abstand wichtigste Kohlenstoffverbindung dar. Auf Änderungen reagiert die Atmosphäre sehr stark. So wurden seit dem Beginn der industriellen Revolution mehr als 480 Gt Kohlenstoff durch Verbrennung fossiler Energieträger und Rodungsvorgänge zusätzlich in die Atmosphäre eingebracht, wovon die eine Hälfte bis heute in der Atmosphäre verblieben ist und die andere Hälfte von den Ozeanen (etwa 2,3 Gt pro Jahr) und der **Landbiosphäre** (etwa 2,6 Gt pro Jahr) aufgenommen wurde. Zurzeit erhöht sich die Kohlenstoffmenge in der Atmosphäre jährlich um etwa 4 Gt.

12 Moorlandschaft in Brandenburg

Die Rolle des Kohlenstoffdioxids

„Obwohl Kohlenstoff einen Massenanteil von weniger als einem Prozent unseres Planeten besitzt, ist er eine Basis für das Leben auf der Erde. Kohlenstoffverbindungen bilden Pflanzen, Tiere und Mikroorganismen und verschaffen uns einen großen Teil unserer Nahrung und unserer Energieressourcen. Das Gas Kohlendioxid, das nur 0,03 % der Atmosphäre ausmacht, trägt zur Kontrolle der von der Sonne einfallenden Strahlungsmenge bei und verhilft unserem Planeten zu genügend Wärme für die Entwicklung von Leben. Es ist die Kohlenstoffquelle für die Primärproduzenten. [...] Pflanzen sind in der Tat die Haupttriebkraft für den globalen Kohlenstoffzyklus, denn durch den Prozess der Fotosynthese wandeln sie Kohlendioxid in organische Verbindungen um, die die gesamte pflanzliche Substanz aufbauen. Diese wiederum geht in die Nahrungskette ein, wenn die Pflanzen von den Tieren als Nahrungsquelle genutzt werden."

Andrew Goudie: Physische Geographie. Eine Einführung. Heidelberg: Spektrum, 4. Aufl. 2002, S. 412

11

5 Beschreiben Sie den Einfluss von Temperaturveränderungen des Wassers auf den Ozean als Kohlenstoffspeicher.

6 Erörtern Sie den Einfluss des anthropogenen CO_2-Ausstoßes auf die verschiedenen Teilsphären im System Erde.

7 Erstellen Sie ein Ursachen-Wirkungsgefüge, dass die Auswirkungen von Rodungen im Bereich der tropischen Regenwälder auf den globalen Kohlenstoffkreislauf darstellt.

8 Begründen Sie, warum Moore einen wichtigen Kohlenstoffspeicher bilden.

1 Landwirtschaft in der Magdeburger Börde

Geozonen

Seit über 2000 Jahren wird versucht, die Erde in Zonen einzuteilen. Bereits in der Antike bestanden recht konkrete Vorstellungen von Form und Gestalt der Erde. Fast exakt berechnete Erathostenes von Kyrene 206 v. Chr. den Erdumfang, dabei betrachtete er die Erde als Kugel.

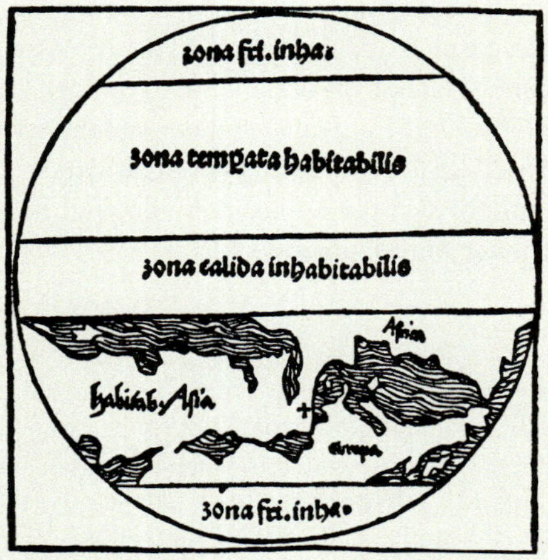

Südorientierte Zonen-Weltkarte des Johannes de Sacroboscos (um 1230)

Nach antiker Vorstellung wurde die Welt vom Nordpol bis zum Südpol in 5 Zonen eingeteilt (Süden oben). Ganz im Norden und Süden liegen unbewohnte kalte Zonen („zona frigida inhabitabilis"). Am Äquator findet sich eine heiße, unbewohnbare Zone („zona calida inhabitabilis"). Dazwischen liegt der bewohnbare Bereich („zona tempata habitabilis"). Diese antiken Vorstellungen greift im Mittelalter Johannes de Sacroboscos auf (siehe M2). In die „zona tempata habitabilis" der Nordhalbkugel sind bereits die Umrisse der damals bekannten Kontinente eingezeichnet.

Abb.: reproduziert in Leo Bagrow, Raleigh A. Skelton: Meister der Kartographie. 6. Aufl. Berlin: Gebr. Mann 1994

2

Nach dem traditionellen Verständnis zeigen Landschaftszonen eine Grobgliederung der Erde in zonal angeordnete Großlandschaftstypen, die jeweils deutliche Gemeinsamkeiten hinsichtlich des Klimas, der Vegetation und der **Böden** aufweisen. Aber auch Gemeinsamkeiten bei traditionellen Nutzungsformen und dominierenden **Kulturpflanzen** gehen in das Modell ein. Die Karte (M1) basiert auf der **Klimaklassifikation** von Troll und Paffen, wobei die potenzielle Vegetation als Abgrenzungskriterium dient. Insofern ist die Karte ein konstruiertes Produkt, das mit der Realität kaum Übereinstimmungen aufweist. Bis zum Mittelalter war die **Landschaft** Mitteleuropas noch weitgehend von Waldökosystemen geprägte „Wildnis". Mit der kulturlandschaftlichen „Inwertsetzung" der Landschaft begann dann der Mensch, die Ökosysteme nachhaltig zu verändern.

Insbesondere in den letzten 200 Jahren, seit der Industrialisierung, ist die ursprüngliche Naturlandschaft einer Kulturlandschaft gewichen. Die ökologische Situation der Erde hat sich, ausgehend vom natürlichen Zustand durch das intensive Einwirken des Menschen grundlegend verändert. Dort, wo die Karte **sommergrüne Laub- und Mischwälder** ausweist, breiten sich zum Beispiel intensiv genutzte Agrarlandschaften, Kulturforste, Industrieflächen, Verkehrswege und Siedlungsflächen immer weiter aus. Die Aktionsräume des Menschen weiten sich im Zuge der Erschließung natürlicher

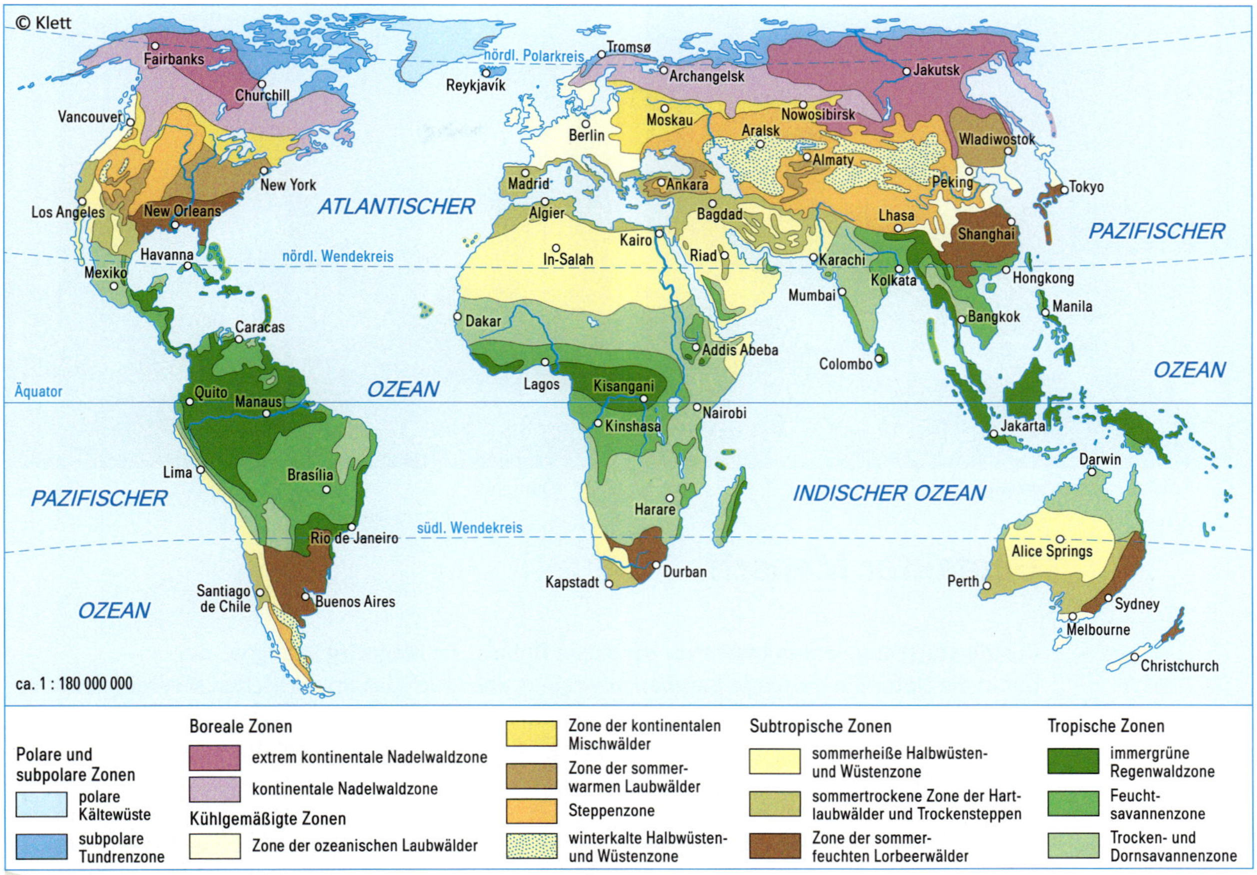

3 **Weltkarte der geoökologischen Zonen nach Müller-Hohenstein**

Nach: Klaus Müller-Hohenstein: Die Landschaftsgürtel der Erde. Stuttgart: Teubner 1981, S.7

Ressourcen und der Vergrößerung von Siedlungsflächen immer weiter in Gebiete aus, die noch vor wenigen Jahrzehnten fast unbesiedelt waren. Dazu zählen zum Beispiel die explosionsartig wachsenden Städte in den Tropen und an den Küsten Asiens. Abgesehen von den Veränderungen in historischer Zeit unterliegen die globalen Systeme auch längerfristigen Veränderungen, die u.a. durch das Klimageschehen gesteuert werden.

Die kulturelle Überprägung hat zu einer globalen räumlichen **Fragmentierung** geführt, die es kaum mehr sinnvoll erscheinen lässt, **Landschaften** in klimaabhängige, breitenkreisparallele oder höhenzonale Gliederungssysteme einzugliedern. Jeder Versuch, die Erde in Zonen einzuteilen, ist subjektiv. Entsprechend vielfältig sind die Zonierungsmodelle: **Geozonen**, Landschaftszonen, Vegetationszonen, Landschaftsgürtel und Klimazonen. Viele traditionelle Modelle sind statisch und basieren auf verschiedenen Geofaktoren als Abgrenzungskriterien. Sie liefern in der Regel Momentaufnahmen eines vermeintlichen Istzustandes. Im Gegensatz dazu steht das Verständnis eines sich kontinuierlich wandelnden Systems Erde, dass in erheblichem Maße auch durch menschliche Eingriffe verändert wird.

1 Erstellen Sie mithilfe weiterer Karten (Atlas) eine Liste mit Geofaktoren, die zur Abgrenzung unterschiedlicher Zonen genutzt werden.

2 Diskutieren Sie die Notwendigkeit, die Erde in verschiedene Zonen zu gliedern.

3 Erörtern Sie mögliche Vor- und Nachteile der im Bild (M3) gezeigten Form kulturlandschaftlicher „Inwertsetzung".

1 Dubai Küstengestaltung

2 Shanghai

Geofaktor Mensch

Die künstlich angelegten Inseln vor der Küste Dubais, die Megacity Shanghai, der tief in die Natur eingreifende Bergbau in Virginia, aber auch das im arktischen Meereis wie in der Witjas-Tiefe anzufindende Plastik sind sichtbare Zeichen der Wirkungskraft des Geofaktors Mensch im System Erde. Wie groß ist dieser Einfluss auf das gesamte System und was bedeutet dies?

Als „Homo sapiens" wird nach der biologischen Systematik die einzige heute lebende Art der Gattung Homo bezeichnet. Die Entstehung des Homo sapiens wird auf etwa 300 000 Jahre vor heute datiert.

Mit dem Zusatz „sapiens" werden die uns Menschen von uns selbst zugeschriebenen Eigenschaften angesprochen: weise, klug, vernünftig.

Als das Deutsche Museum in München 2015 die erste große Ausstellung über das „**Anthropozän**" ausrichtete, bewarb es diese mit einem sehr einprägsamen Logo. Auf einem stilisierten Globus fand sich ein menschlicher Fingerabdruck. Die Botschaft war klar: Der Mensch drückt der Erde seine ganz eigene Form auf. Und genau darin ist der Grundgedanke des Anthropozänansatzes zu erkennen. Danach leben wir im erdgeschichtlichen Zeitalter des Menschen, des „anthropos". Nicht mehr die Natur erweist sich als prägendster Geofaktor, etwa durch besondere Variationen des Klimas, spezifische Lebensformen oder kosmische Ereignisse, sondern der Mensch durch seine Lebens- und Wirtschaftsweise. Dies habe Dimensionen erreicht, die es rechtfertigen, die derzeitige erdgeschichtliche Epoche als Anthropozän zu bezeichnen und somit das Holozän zu beenden. Dieses war, der Logik der Erdzeitalternamen folgend, als „das ganz Neue" bezeichnet worden, für das vor allem die Entstehung großer **Schwemmlandschaften** charakteristisch sind.

Zwar prägen auch andere Lebewesen den Planeten – man denke an Termitenbauten oder Höhlensysteme –, doch zwei elementare Unterschiede sind zu konstatieren: die Dimensionen sowie die nicht mit dem natürlichen System verträgliche Stofflichkeit künstlich erzeugter Substanzen. Beide bringen die weitreichende Resilienz des Systems an ihre Grenzen bzw. überschreiten diese „planetary boundaries" bereits massiv und schwächen dessen Regenerationsfähigkeit. Das zentrale Erkennungszeichen des Anthropozän ist daher die wachsende Macht der Menschheit über die Natur. Der „Homo dominatus" löst den Homo sapiens ab, der sich durch eine Kultur des „jetzt sofort und überall immer mehr" auszuzeichnen scheint.

Die Idee zum Anthropozän stammt von Paul Crutzen. Seine Forschungen zur **Atmosphäre** hatten zur Entdeckung des Ozonlochs geführt und ihm den Nobelpreis eingebracht. Zugleich erkannte er, wie stark wir Menschen das **System Erde** verändern. Es ist naheliegend, dass diese Einsicht auch zu der Frage führt, was zur Korrektur von Fehlentwicklungen wie dem Artensterben, dem Klimawandel oder der **Bodendegradation** getan werden kann. Insofern sind die Ansätze des **Geo-Engineering** eng mit dem Anthropozänansatz verbunden.

3 Bergbau, Virginia

6 Plastik im arktischen Eis, Nordwest-Passage

Die Systematik der Erdzeitalter
Im 19. Jh. löste man sich allmählich von der Vorstellung, dass das Alter der Erde allein aus der Bibel heraus zu berechnen sei, und erkannte, dass die Erde sehr viel älter sein musste. Um diese gewaltigen Zeiträume handhaben zu können, wurde ein System entwickelt. Dieses gliederte zunächst in die drei großen Abschnitte Erdaltertum (Paläozoikum), Erdmittelalter (Mesozoikum) und Erdneuzeit (Känozoikum). Mit zunehmendem Wissen wurde diese Gliederung immer weiter präzisiert, wobei die für eine Zeit typischen Erscheinungen namensgebend wurden. So heißt die erdgeschichtliche Zeit, in der eisenhaltige Sandsteine entstanden, „Buntsandstein" oder eine Zeit, in der ein an Muscheln reiches Meer die Voraussetzungen für die Entstehung schalenreicher Kalksteine bot, „Muschelkalk". Entsprechend dieser Logik schlug Paul Crutzen vor, das „Holozän" für beendet zu erklären. Da die Erde aktuell vor allem durch Menschen geprägt wird, sollte dies in einer neuen Phase zum Ausdruck gebracht werden: Anthropozän.

4

Eine neue Epoche: Anthropozän
Dieser Vorschlag führt umgehend zu der Frage, wann denn diese neue Epoche der Erdgeschichte begonnen haben soll. Diesbezüglich stehen zwei Positionen zur Diskussion. (1) Das Anthropozän beginnt mit der industriellen Revolution an der Wende vom 18. zum 19. Jahrhundert. (2) Der Beginn der neuen Epoche ist auf die Mitte des 20. Jh. zu datieren, denn da begann ein Prozess, der heute als „Great acceleration", die große Beschleunigung benannt wird. Dieser zeigt massiv ansteigende Zahlen für eine Fülle von Parametern des gesellschaftlichen und wirtschaftlichen Bereichs (s. Abb. S. 29, M 2). Der Anthropozänansatz stößt aber auch auf dezidierte Kritik. So argumentiert Harald Welzer, dass die heute zu konstatierenden Eingriffe der Spezies Homo sapiens nicht zwangsläufig mit dessen Wesen zu erklären sind, sondern vielmehr durch die weltweit etablierte kapitalistische Wirtschaftsweise. Folgerichtig, so der Gesellschaftswissenschaftler Harald Welzer, sollte nicht vom Anthropozän, sondern vom „Monetozän" gesprochen werden. Demgegenüber vertritt James Lovelock die Auffassung, dass das Anthropozän bereits überwunden sei und die aktuelle Epoche der Erdgeschichte angesichts von massiv voranschreitenden Veränderungen durch künstliche Intelligenz und zu erwartenden Cyborg-Wesen als „Novozän" bezeichnet werden sollte.

5

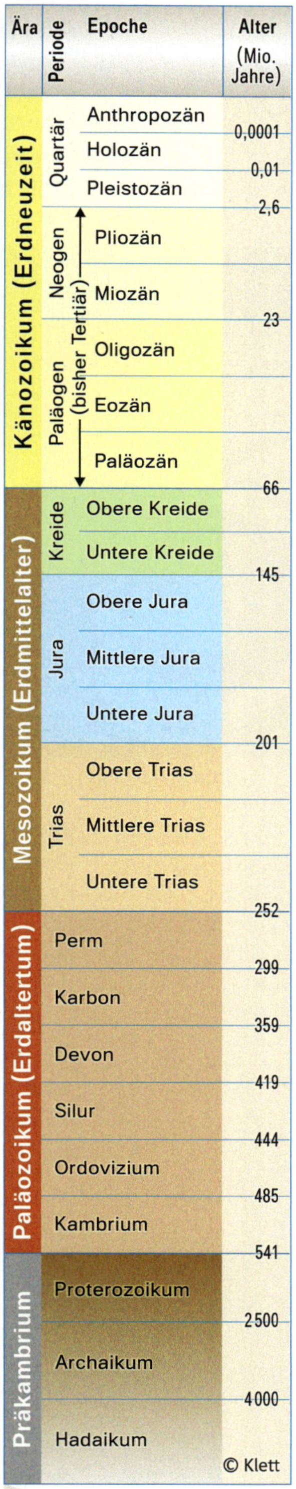

7

1 NE
Nennen Sie ausgehend von den Bildern weitere Beispiele menschlichen Handelns, die tief in das System Erde eingreifen.

2
Erklären Sie den Grundgedanken der Bezeichnung der Erdzeitalter.

3
Erläutern Sie den Grundgedanken des Anthropozänansatzes.

Zurück ins Holozän?

Die systemverändernden Eingriffe menschlichen Handelns in den Naturhaushalt sind offenkundig. Ebenso unzweifelhaft ist, dass dieser letztlich die eigene Existenzgrundlage in Gefahr bringen kann. Die Frage ist, wie kann oder muss die Weltbevölkerung im 21. Jh. mit dieser Tatsache und Erkenntnis umgehen?

1 Erde in der Hand

Die Moderne hat der Menschheit eine Fülle positiver Entwicklungen beschert. Erkenntnisse über Hygiene, medizinische Versorgung und gesunde Ernährung finden ihren Ausdruck in einer noch immer steigenden Lebenserwartung, industrielle Revolution und technologischer Fortschritt sind wesentliche Ursachen für schier grenzenlose Mobilität und einen enorm gestiegenen Lebensstandard. Zugleich bescheren Demokratie, Rechtsstaatlichkeit und soziale marktwirtschaftliche Ordnung in Teilen der Welt für privilegierte gesellschaftliche Gruppen die individuelle Freiheit und Kaufkraft für ein unbeschwertes Leben. Zum einen ist diese Entwicklung auf die Befreiung des Denkens infolge der Aufklärung und die damit einhergehenden Fortschritte in Wissenschaft und Technik begründet, zum anderen durch die nahezu unbegrenzte Verfügbarkeit von Energie. Doch die Art der Energiebereitstellung durch die Verbrennung fossiler Energiestoffe bringt ganz wesentlich die Gefährdung des naturräumlichen Systems Erde mit sich.
Dies erkennend stellt sich die Frage, wie die Problematik, das **System Erde** nicht dauerhaft zu überfordern, gelöst werden könnte. Ist ein Zurück in vorindustrielle Zeiten, gleichsam ins Holozän, der richtige Weg? Oder gilt es in erster Linie zu erkennen, dass wir Menschen derzeit der wirkmächtigste Geofaktor im System Erde sind und wir aufgrund unseres Wissens und unserer Fähigkeiten die Verantwortung für eine zukunftssichernde Gestaltung der Erde annehmen müssen? Diese Auffassung geht mit dem **Anthropozän**ansatz einher und fordert die Überwindung eines Dualismus, der den bösen Menschen der guten Natur gegenüberstellt, zugunsten der Überzeugung, dass Menschen Teil der Natur sind. Dies schließt wiederum einfache Lösungen aus und fordert stattdessen systemische Ansätze zur Überwindung der vermeintlichen Apokalypse. **Geo-Engineering** kommt dabei eine zentrale Rolle zu.

Geo-Engineering

Geo-Engineering folgt der Überzeugung, dass globale Herausforderungen wie der **Klimawandel** durch technische Lösungsansätze gemindert und Degradationserscheinungen etwa von Ökosystemen verbessert werden können. Oder, um es mit den Worten von Paul Crutzen zu sagen: „Kluge Entscheidungen für eine kluge Zukunft treffen!". Der Eintrag von Schwefelverbindungen in die Stratosphäre zur Reduktion der solaren Energieeinstrahlung oder die Düngung der **Meere** mit Eisensulfat zur Belebung des Kieselalgenwachstums und damit letztlich zur verstärkten marinen Sauerstoffproduktion sind prominente Vorschläge dieses Ansatzes.
Kritiker sehen in Maßnahmen des Geo-Engineering weniger die Lösung bestehender Probleme als vielmehr die Ursache ganz neuer, durch diese Vorgehensweise erst geschaffener Herausforderungen. Denn mögliche Folgen solcher Eingriffe könnten angesichts der Komplexität des Systems Erde von niemandem wirklich abgeschätzt und schon gar nicht begrenzt werden.

Linktipp
Große Beschleunigung
rc3mx5

Linktipp
Geo-Engineering
rc3mx5

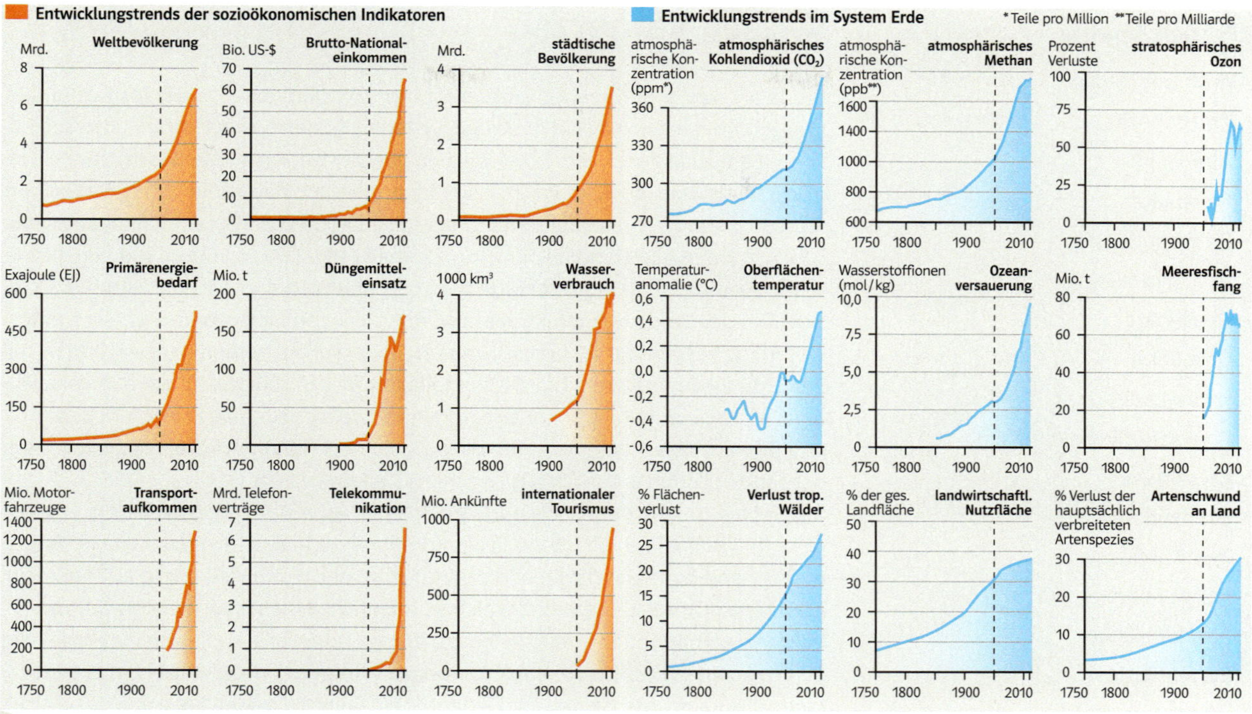

2 Die große Beschleunigung

Nach: Will Steffen et. al. "The trajectory of the Anthropocene: The Great Acceleration." The Anthropocene Review, March 2015

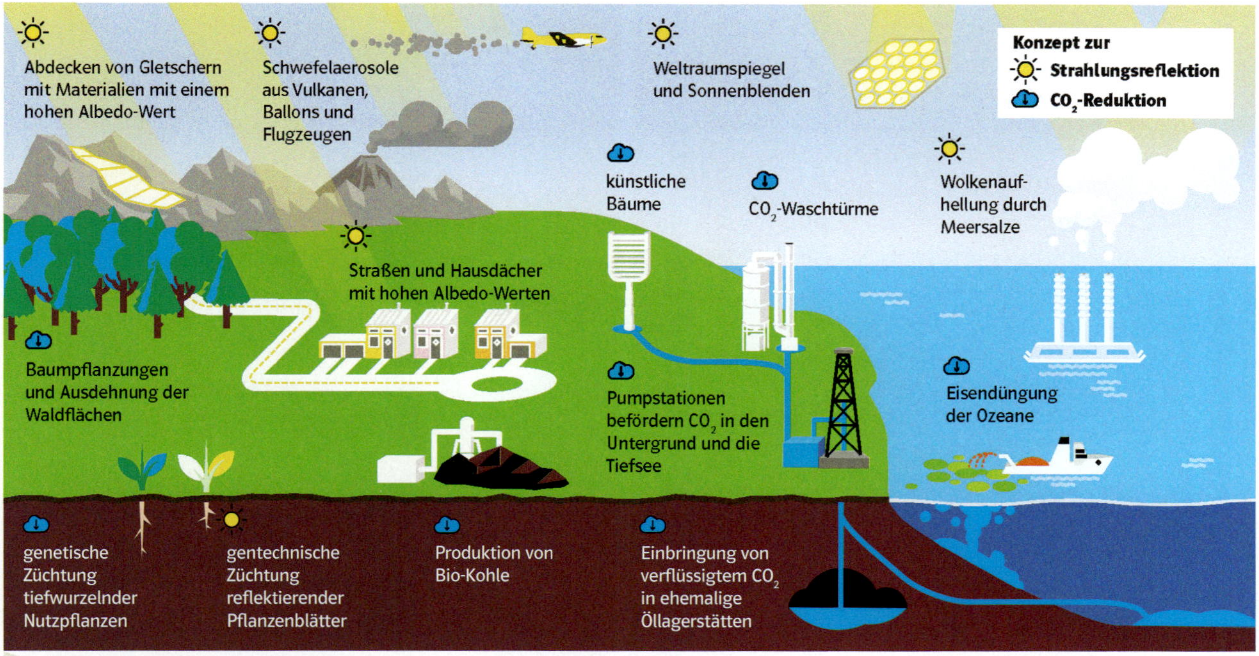

3 Geo-Engineering

1 Fassen Sie mithilfe der Abbildung 2 globale Veränderungen seit Mitte des 20. Jh. zusammen.

2 Stellen Sie unterschiedliche Lösungsansätze im Umgang mit den Veränderungen des Systems Erde dar.

3 NE Erläutern Sie die Grundüberlegungen des Geo-Engineering-Ansatzes mithilfe der Grafik 3.

4 Bewerten Sie den Anthropozänansatz aus Ihrer eigenen Sichtweise auf die Welt.

Kompetenzcheck

Wichtige Begriffe

- Anthroposphäre
- Anthropozän
- Atmosphäre
- Biosphäre
- Fragmentierung
- Geo-Engineering
- Geosphäre
- Geozonen
- Hydrosphäre
- Kohlenstoffkreislauf
- Kryosphäre
- Lithosphäre
- Pedosphäre
- Reliefsphäre
- Stoffkreisläufe
- System Erde
- Wasserkreislauf

Wissen vernetzen

Die klein- wie großräumige Gestaltung der Erdoberfläche ist ein fortwährender Prozess. An diesem wirkt in den verschiedenen Sphären eine Vielzahl unterschiedlicher Einflussfaktoren mit. Diese reichen von der geologischen Beschaffenheit eines Gebiets über die klimatischen Bedingungen und damit die Verfügbarkeit von Wasser, die daraus resultierenden unterschiedlichsten tierischen wie pflanzlichen Lebensformen, die Bodenbildungsprozesse bis hin zu den kultur- und zeitspezifischen menschlichen Eingriffen. Da die Kombination dieser Einflussfaktoren an jedem Ort der Erde zwar direkt oder indirekt gegeben, aber eben doch sehr unterschiedlich ausgeprägt ist und sich zudem über die Zeit verändert, gleicht kein Teil der Erde einem anderen. Um die Komplexität fassen zu können, wurden verschiedene Modelle und Konstrukte entwickelt, mit deren Hilfe das Erdsystem beschrieben und analysiert werden kann. Dazu zählen das Sphärenmodell, die Gliederung der Erde in Zonen und auch die verschiedenen Kreisläufe.
Als Geofaktor tritt der Mensch in den 4,6 Mrd. Jahren der Erdgeschichte erst vor etwa 200 000 Jahren als gestaltende Komponente in Erscheinung. Seit der Industrialisierung Ende des 18. Jh. und dem Anstieg der Weltbevölkerung auf nunmehr annähernd 8 Mrd. Menschen hat sich sein Einfluss erheblich intensiviert. Diese Erkenntnis kommt im Anthropozänansatz zum Ausdruck. Es stellt sich die Frage, wie den zu konstatierenden Herausforderungen erfolgversprechend begegnet werden kann. Wie kann eine nachhaltige Teilhabe am System Erde gelingen?

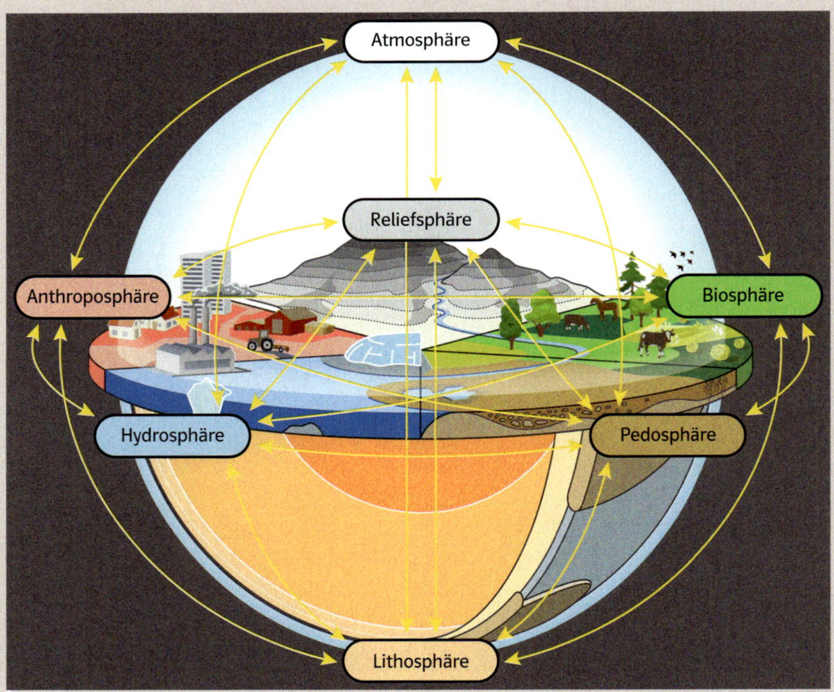

1 Geosphären im System Erde

Kompetenzen überprüfen

Überprüfen Sie Ihre in diesem Kapitel erworbenen Kompetenzen mit den folgenden Aufgaben und Materialien. Gehen Sie bei der Erarbeitung wie folgt vor:
- Erarbeiten Sie für jede Aufgabe schriftlich eine Lösung.
- Vergleichen Sie diese dann mit den Lösungshinweisen (Online-Code rc3mx5).
- Bewerten Sie Ihre Lösung anhand der Notenskala von 1 bis 6.
- Überlegen Sie, wie Sie eventuell festgestellte Defizite beseitigen können.

Sich orientieren

1 Verorten Sie die auf den Fotos im Kapitel gezeigten Raumbeispiele auf einer Weltkarte.

2 Ordnen Sie die Lokalitäten verschiedenen Geozonen zu (Klima, Vegetation etc.).

3 Charakterisieren Sie die Intensität der menschlichen Einflussnahme auf die in den Bildern gezeigten Sphären.

Wissen und verstehen

4 Stellen Sie dar, welchen Beitrag die Physische Geographie zur Bewältigung der „globalen Herausforderungen des 21. Jahrhunderts" leisten kann.

5 Beschreiben Sie die Sphären des Systems Erde.

6 Erörtern Sie das Vorkommen von Kohlenstoff in den verschiedenen Sphären.

7 Erklären Sie den Begriff „räumliche Fragmentierung".

8 Erläutern Sie den Anthropozänansatz.

Fachmethoden anwenden

9 Erklären Sie den systemischen Ansatz anhand des Geosphärenmodells (Grafik 1).

10 Erstellen Sie ein Schaubild, das konkrete Beispiele für eine „Earth Scientific Literacy" aufzeigt.

11 Interpretieren Sie die Karikatur 2.

Beurteilen und bewerten

12 Bewerten Sie folgende Aussage: „Im globalen Norden haben wir unsere Natur in eine intensiv genutzte Kulturlandschaft verwandelt. Die natürlichen Waldbestände sind fast vollständig verschwunden oder einem Wirtschaftswald gewichen. Vor diesem Hintergrund erscheint es anmaßend, mit dem moralischen Zeigefinger auf die Länder des globalen Südens zu zeigen und ihnen ein Abholzen des Regenwaldes zu verbieten…"

Handeln

13 Überprüfen Sie Ihren persönlichen Einfluss auf die Geosphären.

2 "We all want to change the world."

Wenn Sie alle Seiten dieses Kapitels bearbeitet haben, können Sie …

- die Bedeutung und Entwicklung der Physischen Geographie beschreiben,
- die Geosphären des Systems Erde erklären,
- mithilfe von Stoffkreisläufen und Geozonen die Erde als System darstellen,
- den Kreislauf des Kohlenstoffs erörtern,
- die besondere „Wirkmächtigkeit" des Geofaktors Mensch erklären,
- den Anthropozänansatz erörtern.

2

Formen und Prozesse der Lithosphäre

1 Ausbruch des Karimskiy-Vulkans in Kamtschatka (Russland)

2 Gesteinsfalte in der steilen Felswand des Bergmassivs Dent des Morcles (Schweizer Alpen)

Gewaltige Kräfte aus dem Erdinneren bewegen und verformen Gesteinsschichten, verursachen Vulkanausbrüche und Erdbeben. In geologisch langen Zeiträumen haben sich ganze Kontinente bewegt und Gebirge sind entstanden. Diese geodynamischen Prozesse haben die heutige Verteilung von Kontinenten und Gebirgen beeinflusst sowie große Reliefunterschiede hervorgebracht.

Das Verteilungsmuster der Kontinente ist jedoch nur eine Momentaufnahme, denn unsere Erde ist seit seiner Entstehung ein dynamischer Planet, aber auch ein sehr verletzbarer.
Kenntnisse über die Gesteinshülle der Erde und ihre Entstehung helfen dabei, die endogenen Vorgänge in ihrer Bedeutung für das Leben der Menschen besser zu verstehen.

3 Die Mine Chuquicamata – die größte Kupfermine der Welt (Chile)

4 Nigerdelta – eine Ölkatastrophe ohne Ende (Nigeria)

Planet Erde

Seit Jahrhunderten versucht der Mensch herauszufinden, welchen Ursprungs die Erde ist und wie die anderen Himmelskörper entstanden sind. Die heutigen Beobachtungs- und Messverfahren machen es möglich, ein Modell des Universums darzustellen, bei dem nur noch die ersten Sekunden seiner Entstehung im Dunkeln liegen.

1 Die Galaxie „Milchstraße“

Das Universum mit seinen Milliarden von Sternen ist nach der Urknalltheorie das Resultat eines etwa 13,7 Mrd. Jahre andauernden Prozesses, bei dem Raum, Zeit und Materie entstanden sind. Dabei war sowohl die gesamte Materie als auch die Strahlung in einem Punkt konzentriert. Die Energie von 10 000 Mrd. Sonnen entlud sich in diesem Augenblick. In dem dabei entstandenen Strahlungsplasma konnten sich die Elementarteilchen, wie Protonen, Neutronen und Elektronen, nicht bilden. Erst mit der Abkühlung des Universums kondensierten die ersten Elementarteilchen. Nach einer weiteren Abkühlung auf ca. 3 000 K bildeten sich die ersten chemischen Elemente, wie Wasserstoff und Helium. Erst später folgte die Bildung von Sauerstoff, Eisen, Kohlenstoff, Silizium und Magnesium. Etwa 300 Mio. Jahre nach dem Urknall bildeten sich erste Galaxien. Die Milchstraße, in der sich unsere heutige Erde befindet, ist eine davon, die mit großer Wahrscheinlichkeit vor etwa 13,6 Mrd. Jahren entstanden ist.

Phasen der Entstehung unseres Planetensystems

1. Phase: Ungeordnete Materiewolke

Im sich mit Lichtgeschwindigkeit ausdehnenden Universum wirbelten als Ergebnis von explodierenden Sonnen Gas und Staubpartikel in einer ungeordneten Wolke chaotisch durcheinander. Vor etwa 5 Mrd. Jahren sammelten sich an einer Stelle mehr von diesen Partikeln als anderswo in der Wolke. Durch diese Massekonzentration wurden weitere Partikel angezogen. Es entstand ein Gravitationszentrum, der sogenannte Wolkenkern.

2

2. Rotierende Scheibe

Der Kern zog immer weiter Materie an, welche sich auf Kreisbahnen um diesen bewegten. Dabei formte sich eine um den Kern rotierende Scheibe, in der sich immer mehr Partikel verdichteten und erhitzten. Durch das Verschmelzen erster Atomkerne entstand der Vorläufer unserer Sonne, die Protosonne. Die dabei senkrecht zur Scheibe ausgestoßenen Gasfontänen nahmen einen Großteil des Drehimpulses auf und verhinderten so das Zerreißen der Scheibe durch deren extreme Fliehkräfte.

3

3. Phase: Klebriger Staub

Die Wolkenmasse wurde fast ganz in den Kern gezogen. Nur kleinere Reste bewegten sich noch auf Bahnen um das Gravitationszentrum und stießen dabei zusammen und verklebten. Es bildeten sich kleinere Kugeln, an denen immer weitere Partikel anhafteten. Die sich nun bildenden Planetesimale sind die Vorläufer und Bausteine von unseren heutigen Planeten.

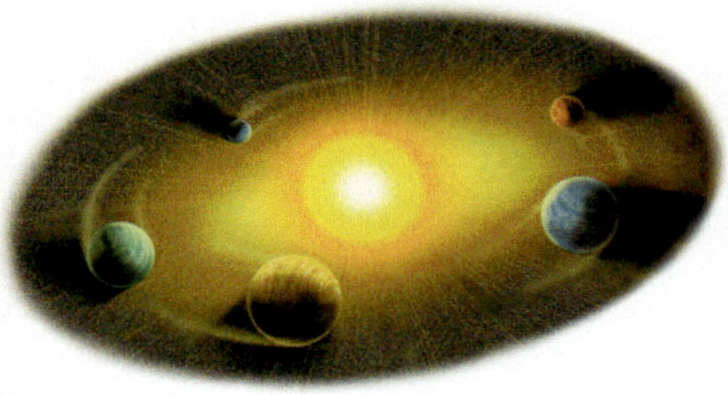

4

4. Phase: Energie freisetzende Protosonne

Die Planetesimale zogen weitere Materie an und wuchsen bis zur Größe unserer heutigen Planeten heran. Im Inneren der Protosonne kam es zu Kernreaktionen, bei der die Atomkerne des Wasserstoffes zu Helium verschmolzen und die Energie als Licht freisetzten.

5

5. Phase: Entstehung unseres Planeten

Als die Oberfläche des vor 4,5 Mrd. Jahren entstandenen Planeten Erde allmählich abkühlte, kristallisierte die Schmelze zu einer festen Kruste. In vielen Millionen Jahren sanken dann die schwersten Elemente wie Eisen und Nickel in die Tiefe und bildeten einen gewaltigen Kern. Gleichzeitig stiegen die leichteren Elemente wie Silizium und Aluminium nach oben. Auf diese Weise entstand der **Schalenbau** der Erde. Im weiteren Verlauf der Erdgeschichte kühlte die Erde langsam ab und es konnte sich eine Kruste auf der Oberfläche bilden, die vergleichbar mit der unseres heutigen Meeresbodens ist. Die ältesten Gesteine bildeten sich in den Kernbereichen der Urkontinente vor etwa 4 Mrd. Jahren.

Als die Erde eine Größe erreichte, bei der die ausströmenden Gase, die in Kristallen gebunden waren, durch Gravitationskräfte in einer Hülle um die Erde gehalten werden konnten, bildete sich die Uratmosphäre.

Auch heute kann man die Gasausscheidungen aus dem Erdinneren bei Vulkanausbrüchen beobachten. Die Vulkane hoben auch enorme Mengen an Wasserdampf in die **Atmosphäre**, der durch Einschläge von Kometen ergänzt wurde. Kometen bestehen zu großen Teilen aus Eis. Die ersten Ozeane bildeten sich und Leben auf der Erde entstand.

6 **Unsere Erde, eine deformierte „Kugel" (Potsdamer Schwerekartoffel)**

Deutsches GeoForschungsZentrum GFZ

Potsdamer Schwerekartoffel

Aufgrund der Massenunterschiede im Erdinneren ist die massenabhängige Anziehungskraft nicht überall gleich. Im Bild sind die Unregelmäßigkeiten im Schwerefeld der Erde in 15 000-facher Überhöhung als Abweichungen vom Rotationsellipsoid dargestellt. Erkennbar ist eine Absenkung des Meeresspiegels südlich von Indien. In diesem Bereich liegt der Meeresspiegel rund 105 m unter dem Rotationsellipsoid. Die Geoid-Höhen sind über den Ozeanen von dunkelblau (−105 m) bis rot (+85 m) eingefärbt, grün/gelb markiert die Null-Linie.

1 Beschreiben Sie die Entstehung unseres Planetensystems.

2 MK Vergleichen Sie die Entstehung der Erde mit der Kollisionshypothese zur Mondentstehung (Online-Link).

3 Beurteilen Sie kritisch die Aussage „Unsere Erde ist eine Kugel".

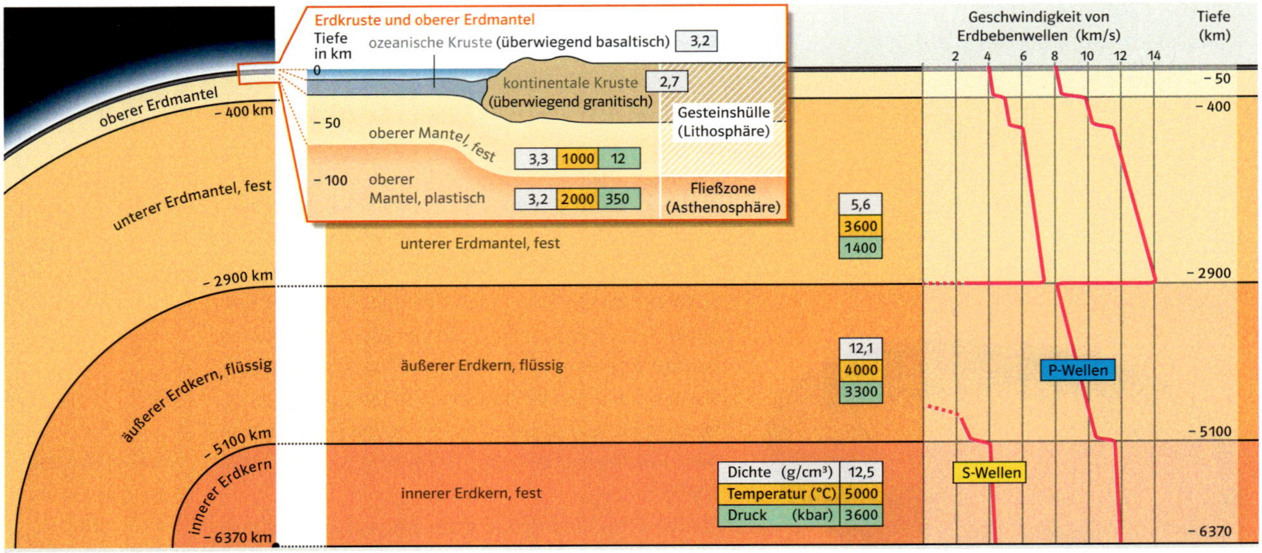

1 Aufbau und Zusammensetzung des Erdkörpers

Schalenbau der Erde

Auf der Halbinsel Kola in Russland gelang 1996 mit 12 262 m die tiefste Bohrung in das Erdinnere. Ein weiteres Vordringen war wegen der zu hohen Drücke und Temperaturen nicht möglich. Verkleinert man die Erde auf die Größe eines Pfirsichs, so würde diese tiefste Bohrung nur einem Anpiksen der Schale entsprechen. Heute wissen wir, dass unser Erdkörper schalenförmig aufgebaut ist und sich in Erdkruste, Erdmantel und Erdkern gliedert.

Die seismische Tomografie

Die Erkenntnisse über den Aufbau des Erdinneren verdanken wir indirekten Untersuchungsmethoden, vor allem der Seismologie (Lehre von den Erdbeben und ihrer Ausbreitung). In Seismogrammen werden die Laufzeiten seismischer Wellen aufgezeichnet, die sich in Abhängigkeit von den jeweiligen Schichten oder des Gesteinskörpers mit unterschiedlicher Geschwindigkeit ausbreiten. Jedes Erdbeben löst Erschütterungen aus, die sich in unterschiedlichen Wellen nach allen Richtungen ausbreiten. Zu Forschungszwecken werden Wellen aber auch künstlich durch Explosionen, Druckluftkanonen oder Vibrationen erzeugt. Am schnellsten sind dabei Druckwellen, die auch als Primärwellen (P-Wellen) bezeichnet werden. Sie breiten sich im festen Gestein, aber auch in Flüssigkeiten aus. Im Unterschied dazu können die Scherwellen (S-Wellen) keine Flüssigkeiten durchdringen. Beide Wellentypen werden an der Erdoberfläche gebrochen und erzeugen dadurch die sogenannten Oberflächenwellen (Rayleigh-Wellen und Love-Wellen). Diese erreichen die größten Amplituden und verursachen die meisten Erschütterungen bei Erdbeben. Die Auswertung von Seismogrammen ergab, dass die Wellen in bestimmten Tiefen ihre Geschwindigkeit und Richtung ändern. Diese Bereiche nennt man seismische **Diskontinuitätsflächen** (Unstetigkeitsflächen). Dort wandeln sich auch Druck- in Scherwellen oder Scher- in Druckwellen um. Daraus schloss man auf die modellhafte Vorstellung vom Aufbau der Erde.

Schalenbau

Die äußerste, relativ dünne Schale der Erde wird als **Erdkruste** bezeichnet. Mit zunehmender Tiefe steigt dort die Temperatur an, im Durchschnitt um 1 K pro 33 m Eindringtiefe (Geothermische Tiefenstufe). Dieser Wert schwankt regional jedoch oft stark. Abweichungen, z. B. in der Nähe von Vulkanaktivitäten, werden als Wärmeanomalien bezeichnet.

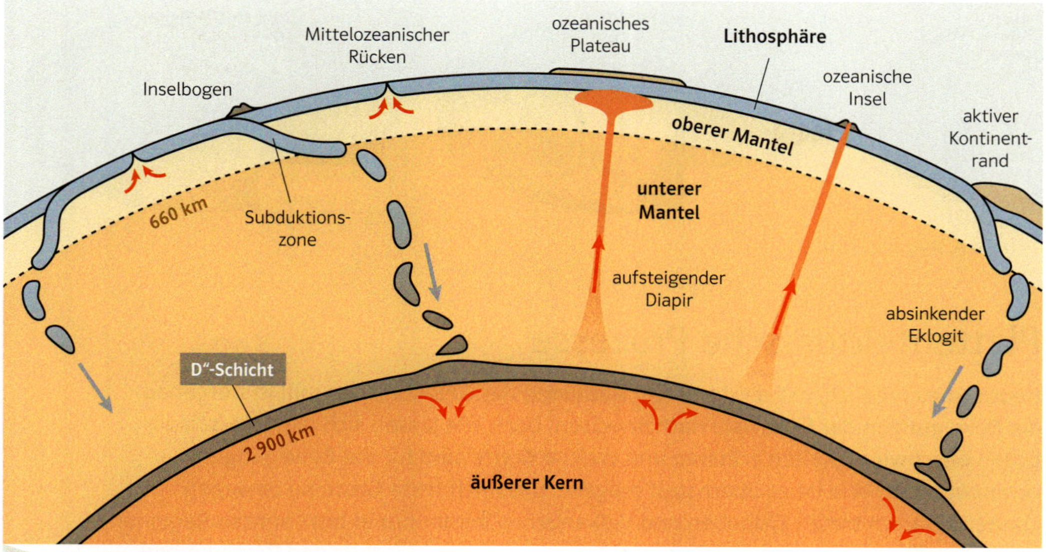

2 Die D"-Schicht

Unter der spröden **Lithosphäre** befindet sich das Mantelgestein mit Temperaturen in der Nähe des Schmelzpunktes. Man bezeichnet die Eigenschaft des Mantels auch als duktil. Das bedeutet, dass sich das Gestein bei großem Druck verformen lässt. Dennoch zeigt der Mantel gegenüber kurzzeitigen Beanspruchungen eher Eigenschaften eines festen Körpers. So entstehen bei Erdbeben elastische Wellen, die sich durch den Erdkörper fortpflanzen. Für die Lithosphäre stellt der obere plastische Mantel eine „Gleitschicht" dar, die als **Asthenosphäre** (griech.: „asthenos" = kraftlos) oder Fließzone bezeichnet wird.

	Volumen	Masse
Kruste	0,8 %	0,4 %
Mantel	83,0 %	67,2 %
Kern	16,2 %	32,4 %

3 Aufbau der Erde

Die geheimnisvolle D"-Schicht (D-zwei-Strich-Schicht)

Die Grenzschicht zwischen unterem Erdmantel und äußerem Erdkern wird D"-Schicht" genannt. Sie ist rund 200 km mächtig und liegt in ungefähr 2 900 km Tiefe. Druck und Temperatur steigen hier stark an. In schlauchförmigen Zonen von 100–1 000 km Durchmesser steigt in Millionen von Jahren Mantelmaterial nach oben. Diese Zonen werden als **Plumes** (engl.: mantle plumes) oder Manteldiapire bezeichnet. Nach heutigen Vorstellungen sind solche Plumes Teil von **Konvektionsströmungen** im Erdmantel. Ursache für diese Mantelkonvektion sind gewaltige Wärmemengen im Erdinneren. Dabei handelt es sich um Wärme, die im Erdkern durch radioaktive Zerfallsprozesse freigesetzt wird, sowie „Restwärme" aus der Entstehungszeit der Erde. Diese Wärme wird im Erdmantel durch großräumige **Konvektion**, eine Form des Energietransportes über geologisch lange Zeiträume, transportiert. Man kann sich daher den gesamten Erdkörper als gigantische Wärmekraftmaschine vorstellen. Obwohl viele Zusammenhänge noch unverstanden sind, ist unbestritten, dass die Platten von der Mantelkonvektion angetrieben werden.

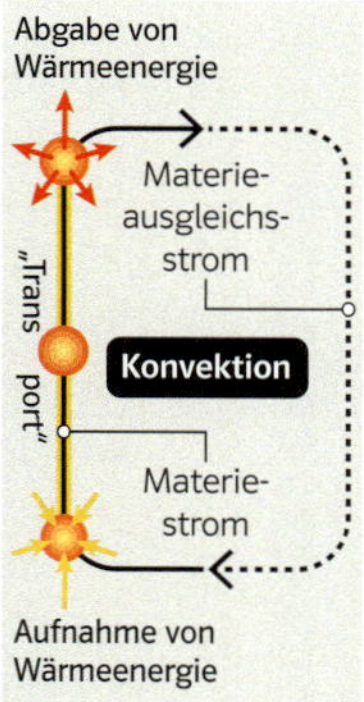

4 Thermische Konvektion (Mantelkonvektion)

1 Beschreiben Sie den Schalenbau der Erde.

2 Vergleichen Sie den Aufbau der Lithosphäre im Bereich der Kontinente und Ozeane.

3 Erklären Sie den Vorgang der thermischen Konvektion in M2 mithilfe des Textes zur D"-Schicht.

4 Erläutern Sie die seismische Tomografie für den Erkenntnisgewinn zum Aufbau der Erde.

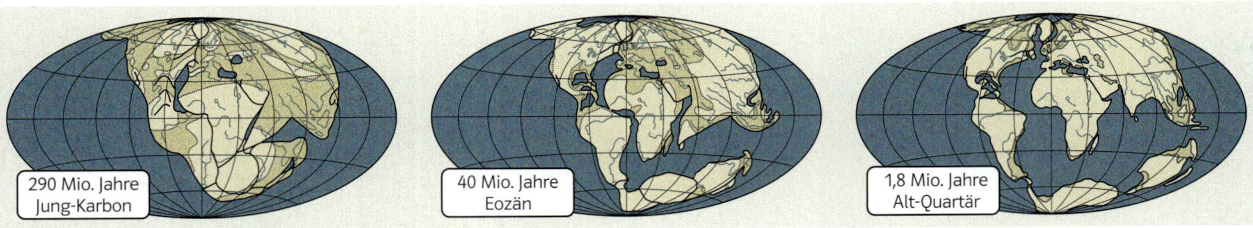

1 Lage der Kontinente nach A. Wegener (1929)

Plattentektonische Prozesse

Heute ist es möglich, mit modernsten Methoden der GPS-Messung millimetergenau die Bewegungen der Erdkruste nachzuweisen. Doch wie lassen sich die unterschiedlichen Geschwindigkeiten erklären und welche Kräfte sind für die Bewegungen verantwortlich? Wie ist es überhaupt möglich, dass sich feste Gesteine bewegen können? Warum treten Erdbeben und Vulkanismus immer nur in bestimmten Regionen der Erde auf und gibt es vielleicht einen Zusammenhang zwischen den Bewegungen der Kontinente und bestimmten Oberflächenformen?

Von der Kontinentverschiebung zur Plattentektonik
Bereits 1620 verwies Francis Bacon (engl. Philosoph, 1561–1626) auf den passgenauen Verlauf der Atlantikküsten von Afrika und Südamerika und auch Alexander von Humboldt hat sich in seinem Werk „Kosmos“ mit dem Aufbau der Erde und der Wirkung von Vulkanismus beschäftigt. Als Meilenstein in der Entwicklung der Vorstellungen über die Bewegung der Kontinente gelten allerdings die Veröffentlichungen von Alfred Wegener aus dem Jahre 1912. Bis dahin gingen die meisten Wissenschaftler davon aus, dass sich die Lage der Kontinente und Ozeane nicht verändert. Ihre Auffassungen werden deshalb als fixistisch bezeichnet.
Bei der Darlegung seiner Kontinentverschiebungstheorie beschränkte sich Alfred Wegener im Gegensatz zu seinen Vorgängern nicht darauf, die Kontinente allein nach ihren geometrischen Umrissen und geologischen und paläontologischen Übereinstimmungen wie Puzzleteile zu einem Kontinent zusammenzufügen. Er stellte auch dar, wie sich die aus leichterer Kruste aufgebauten Kontinente auf der schwereren Kruste der Meeresböden bewegen. Es gelang ihm allerdings nicht, Kräfte nachzuweisen, die diese gewaltigen horizontalen Bewegungen ermöglichen.
Ein wichtiges Ziel der Forschung bestand daher darin, die Entstehung von Gebirgen zu erklären. Man suchte nach den endogenen Kräften, die solch gewaltige Veränderungen der Erdoberfläche bewirken können. Heute wissen wir, dass vor allem Wärmeströme im Erdinneren die Ursache für tektonische Bewegungen sind. In den späten 1960er-Jahren entwickelte sich aus der Kontinentverschiebungstheorie von Alfred Wegener die Theorie der Plattentektonik. Damit ist es erstmals gelungen, alle geowissenschaftlichen Phänomene in einer Synthese gemeinsam zu vereinigen.

2

Plattenbewegung auf einer Kugeloberfläche

Auch wenn die Erkenntnisse der Kontinentverschiebungstheorie von A. Wegener anerkannt waren, so blieb die Frage nach den Antriebskräften aber noch lange ungeklärt. Erst in den 1990er-Jahren setzte sich die Auffassung durch, dass nicht das aufsteigende Magma innerhalb der **Mittelozeanischen Rücken** die Platten aktiv auseinanderdrückt, sondern dass die **Rifts** sich im Ergebnis von Rückendruck und Plattenzug passiv öffnen. Nach heutigem Wissensstand geht man von unterschiedlichen Antriebskräften aus, die auch zusammenwirken können.

- **Rückendruck (ridge push):** Die Platten „rutschen“ infolge ihres Gewichts von den Aufwölbungen der Mittelozeanischen Rücken weg (Höhenunterschied bis zu 1000 m).
- **Plattenzug (slab pull):** Die spezifisch schwerere, absinkende Platte (ozeanische Kruste) sinkt durch ihr Eigengewicht in den **Subduktionszonen** in die **Asthenosphäre**, zieht die Platte mit sich und öffnet dadurch den Mittelozeanischen Rücken. Diese Kräfte sind wahrscheinlich bis zu zehnmal so groß wie die des Rückendrucks.
- **Konvektionsströme:** Sie entstehen in der Asthenosphäre durch Temperatur- und Dichteunterschiede zwischen Kern und Erdoberfläche. Diese Materieströmungen schleppen die Platten mit sich oder bremsen als Reibungskräfte die Plattenbewegung. Fördern sie Magma bis in die **Lithosphäre**, kommt es zur Bildung sogenannter **Hotspots** und **Plumes**.

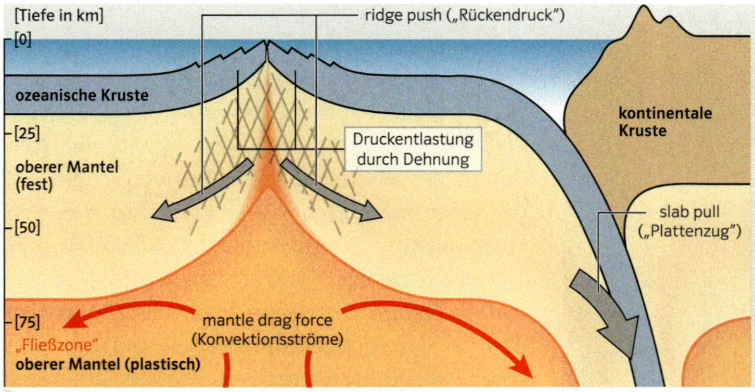

Als **Tektonik** (griech. tektonikös = die Baukunst betreffend) bezeichnet man Aufbau, Struktur und Bewegungen der Erdkruste. Gebirgsbildungen (griech.: Orogenese) und Plattentektonik sind grundlegende endogene Prozesse.

3 Vermutete Antriebskräfte der Plattenbewegung

Relativbewegungen und Tripelpunkte

„Die Relativbewegungen zweier Platten erfolgen an verschiedenen Stellen ihrer gemeinsamen Grenze nicht gleich schnell, nur die Winkelgeschwindigkeit ist die gleiche. Entlang ein und derselben Transformstörung ist die Bewegung gleich groß, weil alle Punkte entlang der Störung gleich weit vom gemeinsamen Rotationspol der beiden Platten entfernt liegen. Entlang der Grenze zwischen zwei divergierenden Platten wird die Spreizungsrate desto kleiner sein, je mehr man sich dem Rotationspol nähert, im Pol selbst wird sie auf Null reduziert. Das Gleiche gilt sinngemäß für Einengungsraten zwischen konvergierenden Platten."

Wolfgang Frisch und Martin Meschede: a.a.O., S.24

4

Änderungen von Streckenlängen auf der Grundlage von GPS-Messungen

Bezugspunkte der Messungen: Kokee Bay auf Hawaii (KOKB) und Wettzell im Bayerischen Wald (WETB); Messwerte (in mm/a) für Januar 1993 bis Mai 1995.

Lesebeispiel: Neufundland hat sich von 1993 bis 1995 um 16 mm von Wettzell entfernt, die Halbinsel Florida sogar um 22 mm. In der selben Zeit hat sich Sizilien 4 mm an Wettzell angenähert.

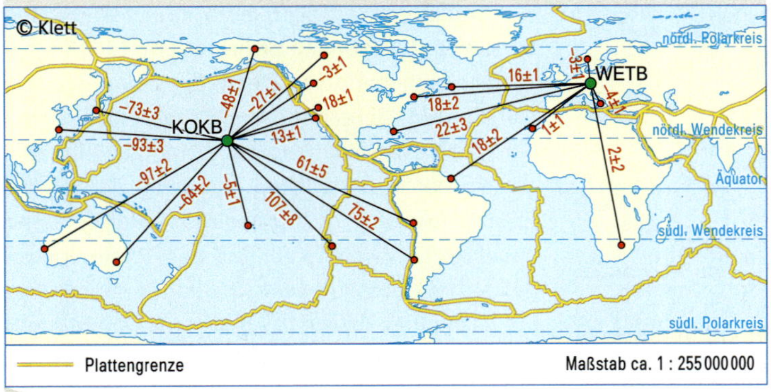

5

Relativbewegung zwischen zwei Platten

„Die Bewegung zweier aneinandergrenzender Platten A und B lässt sich als Rotation um einen gemeinsamen Rotationspol (Eulerpol) darstellen. Dabei ist die Relativbewegung am „Bewegungsäquator" am größten und nimmt zu den Bewegungspolen hin ab."

Wolfgang Frisch und Martin Meschede: a.a.O., S.24

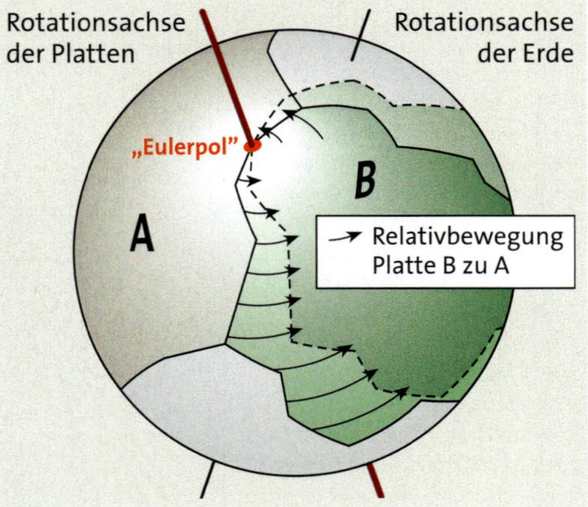

6

1 Erläutern Sie die Antriebskräfte der Plattenbewegungen.

2 Beschreiben Sie mithilfe der Materialien 3, 4 und 6 Bewegungsrichtungen und -geschwindigkeiten der an die Pazifische Platte angrenzenden Platten.

3 Erklären Sie den Unterschied zwischen der Kontinentverschiebungstheorie von Alfred Wegener und der Theorie der Plattentektonik.

Vorgänge an Plattenrändern

7 Mittelatlantischer Rücken auf Island

Die Mittelozeanischen Rücken zeigen ein paläomagnetisches Streifenmuster, zuerst entdeckt am Reykjanes-Rücken südlich von Island. Bei der in unregelmäßigen Sprüngen stattfindenden Umpolung des Erdmagnetfeldes wird im Gestein die Magnetisierung „eingefroren", wenn es unter 500 °C, den sogenannten „Curiepunkt", abkühlt. Symmetrisch zur Rückenachse zeichnen sich dadurch parallele, gleichbreite und jeweils umgekehrt magnetisch gepolte Gesteinsstreifen ab.

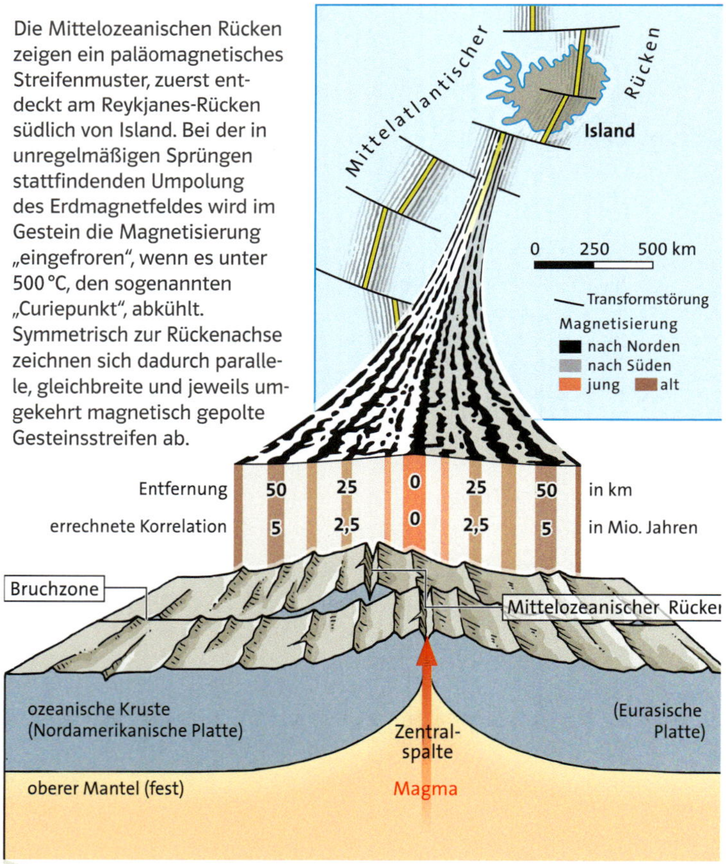

8 Magnetisches Streifenmuster des Mittelatlantischen Rückens

Die individuellen Bewegungen der Platten lassen sich mithilfe der drei Arten von Plattengrenzen erklären. Global gesehen wird das Auseinanderdriften der Platten (Divergieren) verbunden mit der Entstehung ozeanischer Kruste an den **Mittelozeanischen Rücken** von der **Subduktion** (Konvergieren) ozeanischer Kruste an den destruktiven Plattenrändern kompensiert. Vervollständigt werden die Bewegungen durch das Aneinander-Vorbeigleiten (Konservieren) von Platten. Der kanadische Geologe Wilson hat auf der Grundlage damaliger Erkenntnisse die Kontinentverschiebungstheorie Wegeners weiterentwickelt und Ende der 1960er-Jahre des letzten Jahrhunderts die Theorie des Plattentektonischen Zyklus vorgestellt.

Die„Seafloor-Spreading"-Hypothese

Bei der großflächigen Vermessung und Erkundung der Ozeanböden in den 1960er-Jahren machten die Wissenschaftler sensationelle Entdeckungen: Am Meeresboden der großen Ozeane erstrecken sich gewaltige Gebirge, 3000–4000 m hoch und fast 2000 km breit. Der größte Teil liegt durchschnittlich 2000–3000 m unter Wasser. Nur an wenigen Stellen ragen diese Mittelozeanischen Rücken über die Wasseroberfläche hinaus und bilden Inseln, z. B. Island oder die Azoren. Ihre zentralen Teile werden von Spaltensystemen durchzogen, die sich teilweise zu breiten (25 bis zu 50 km) und tiefen Gräben, den **Rifts**, ausweiten. Die Rifts sind in unregelmäßigen Abständen an Querbrüchen, den **Transformstörungen**, horizontal versetzt. Die Versatzbeträge können mehrere 100–1000 km betragen. Ausgehend von dieser Entdeckung wurde die „Seafloor-Spreading"-Hypothese (Theorie von der Meeresbodenausbreitung) aufgestellt. Die Mittelozeanischen Rücken markieren danach die Grenze zwischen verschiedenen Platten. Hier bricht die **Lithosphäre** auf und zwei Platten bewegen sich voneinander weg. In Spalten steigt Magma nach oben, das beim Austritt und Kontakt mit dem Wasser sofort erstarrt. Dadurch entsteht neue ozeanische Kruste. Bewegen sich die Platten weiter auseinander, dringt neues Magma nach und erkaltet gleich wieder.
Ob die Dehnung so groß ist, dass sich in einem Grabensystem ozeanische Lithosphäre ausbilden kann wie im Roten **Meer** oder trotz einer Dehnung von 400 km wie im Südwesten der USA der konti-

nentale Charakter erhalten bleibt, ist von vielen Faktoren abhängig. Die **Mittelozeanischen Rücken** sind in ihren morphologischen Formen die ozeanischen Gegenstücke zu den kontinentalen **Grabenbrüchen**. Im Unterschied dazu stellen sie aber Plattengrenzen dar, an denen durch aufsteigendes Magma ozeanische Kruste neu gebildet wird.

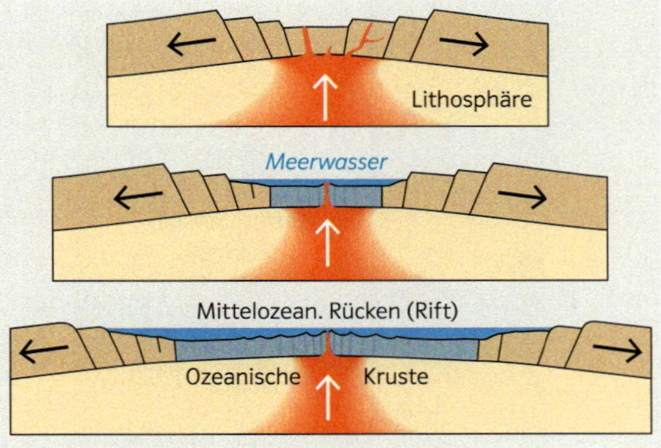

9 Vom Grabenbruch zum Ozean

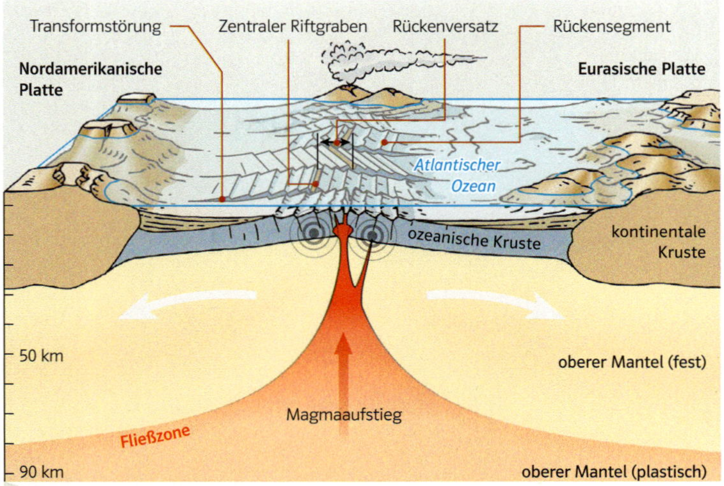

10 Vorgänge am Mittelatlantischen Rücken

An den Grenzen der divergierenden Platten herrscht zwar andauernde vulkanische Aktivität, aber wegen der fehlenden Reibung ist die Erdbebengefahr vergleichsweise gering. Auch liegen die Epizentren nur wenige Kilometer unter der Oberfläche in einer Tiefe von bis zu 20 km.

Magmenbildung

Alle geologischen Vorgänge, die zur Entstehung und Bewegung von Magma führen, fasst man unter dem Begriff des **Magmatismus** zusammen. Innerhalb der Erdkruste spricht man dabei von Plutonismus, an der Erdoberfläche von Vulkanismus. Damit Magma entsteht, müssen die festen Gesteine der **Lithosphäre** aufgeschmolzen werden. Der Schmelzpunkt von Gestein (Solidus) wird jedoch unter den statischen Bedingungen von Erdkruste und Erdmantel nicht erreicht, obwohl die Temperatur mit der Tiefe zunimmt. Gestein schmilzt nur, wenn ganz bestimmte Temperatur- und Druckverhältnisse herrschen. Das Diagramm M11 zeigt, unter welchen Bedingungen Magma entstehen kann. Beim Erreichen des Solidus wird aber nicht das gesamte Gestein verflüssigt. Zur Bildung einer beweglichen Gesteinsschmelze reicht es, wenn ca. 2 % des Gesteins aufgeschmolzen sind, also eine sogenannte partielle Schmelze existiert. Dabei ist die Schmelzbildung durch Druckentlastung (Druckerniedrigung), beispielsweise durch die Zufuhr von Wasser, der wichtigste Prozess.

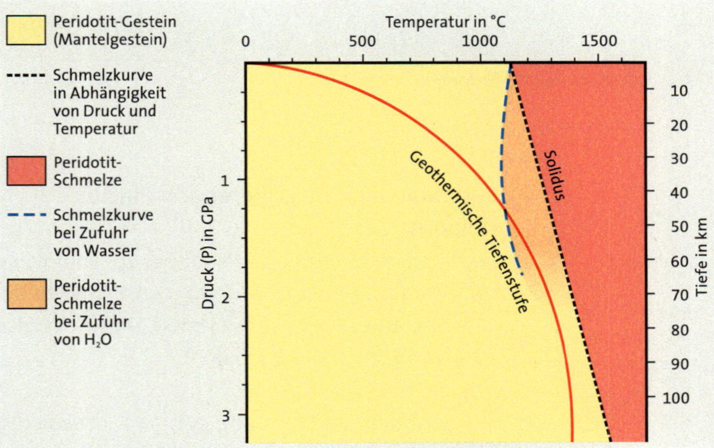

11 Der Zusammenhang von Temperatur, Druck und Wasser bei der Entstehung von Basaltmagma

Lesebeispiel: An der Erdoberfläche beträgt der Schmelzpunkt etwas über 1100 °C, in 100 km Tiefe dagegen etwa 1500 °C. Wenn in 50 km Tiefe dem Gestein Wasser zugeführt wird, verringert sich der Schmelzpunkt von etwa 1300 °C auf 1100 °C. Bei einem Druck von 2 GPa beträgt der Schmelzpunkt ohne Wasser etwa 1400 °C, bei einem Druck von 0,5 GPa dagegen 1200 °C.

4

Erklären Sie den Vorgang des „Seafloor-Spreading“ aus plattentektonischer Sicht.

5

Erläutern Sie die Magmenbildung an Mittelozeanischen Rücken.

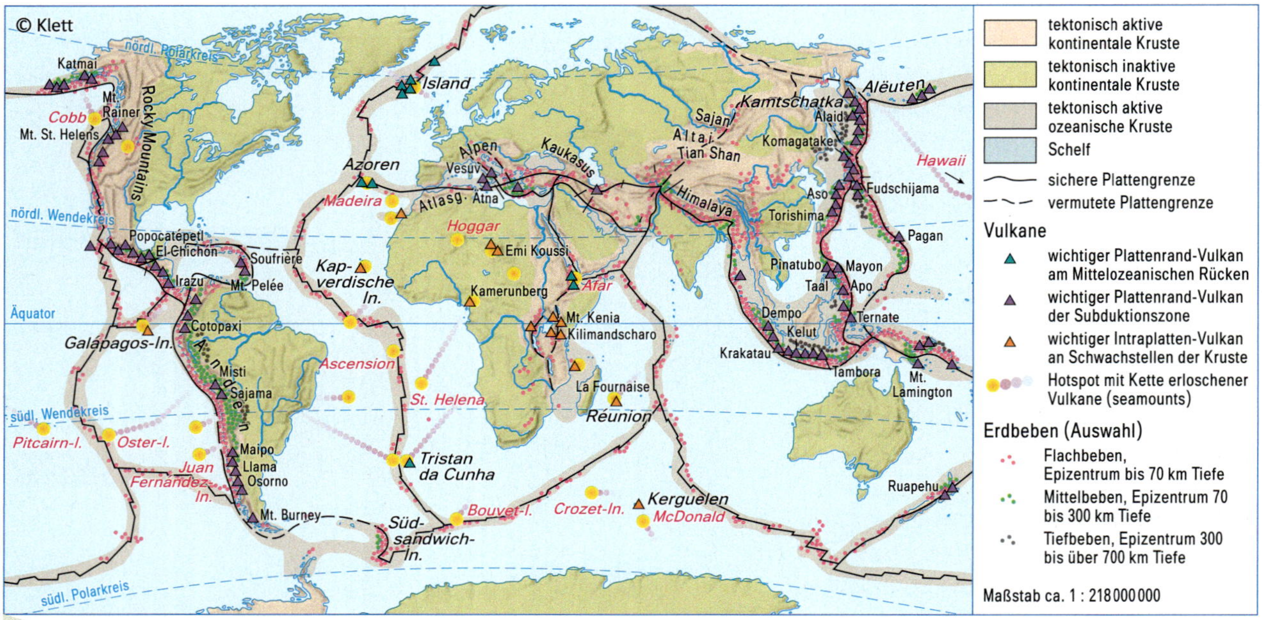

12 Vulkanismus und Erdbeben

Vorgänge an konvergierenden Plattenrändern

Bewegen sich Platten aufeinander zu, kommt es zum Abtauchen oder Abführen von Plattenteilen in die Tiefe des oberen Erdmantels. Dieser Prozess wird als **Subduktion** bezeichnet.

Freie Subduktion. Bewegen sich zwei ozeanische Krusten aufeinander zu, wie es bei den Marianen oder den Kleinen Antillen der Fall ist, bildet sich auf ozeanischer Krustenunterlage ein Inselbogen. Hierbei taucht die ältere und damit spezifisch schwerere Kruste unter die Jüngere ab.

Erzwungene Subduktion. Bewegt sich eine ozeanische Kruste in Richtung kontinentaler Kruste, wird sie aufgrund ihrer größeren Dichte gezwungen, unter die kontinentale Kruste abzutauchen. Auf dem Rand der unter dem Meeresspiegel liegenden kontinentalen Krustenunterlage bildet sich ein Inselbogen heraus. Beispiel dafür sind die japanischen Inseln oder der östliche Sundabogen.
Ist der Kontinentrand aktiv in die Subduktion eingebunden, sinkt die ozeanische Kruste am Rand ab, während sich am aktiven Kontinentrand Gebirge auftürmen, wie das bei den Anden, Alaska oder Sumatra zu erkennen ist. Dauert der Prozess an, sodass die ozeanische Kruste vollständig abtaucht, kann es auch zur Kollision zweier kontinentaler Plattenränder kommen, in deren Ergebnis sich riesige Gebirgsmassive wie das Himalaya-Gebirge oder die Alpen auftürmen. Unabhängig von der Art der Subduktion entsteht in jedem Fall am Plattenrand eine **Tiefseerinne**. Besonders auffällig ist die bei allen Subduktionstypen auftretende Bogenform der Plattengrenzen.

Bogenform

„Drückt man einen Gummiball ein, dann wird die konvexe Wölbung des Balls zu einer konkaven Wölbung in der Delle, die Umbiegungslinie zeichnet einen Kreisbogen nach. Eine der Subduktionszone sich annähernde Platte ist entsprechend der Erdkrümmung gewölbt. Wird sie beim Eintritt in die Subduktionszone hinabgebogen, bilden die Plattengrenze und alle parallel zu ihr angeordneten Zonen nach außen konvexe Bögen."

Wolfgang Frisch/Martin Meschede: Plattentektonik. Darmstadt: Wissenschaftliche Buchgesellschaft, 2007, S. 102

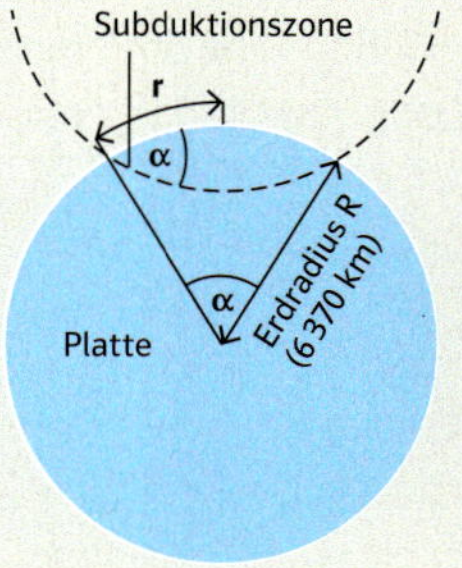

Geometrische Beziehung zwischen dem Abtauchwinkel einer Subduktionszone (α) und dem Krümmungsradius **r** eines Tiefseerinnen-Inselbogen-Systems (Bott 1982)

13

Kollision zweier Ozeane – der Marianentyp. Die sich an divergierenden Plattengrenzen bildende ozeanische Kruste bewegt sich aufgrund ihrer geringeren Dichte auf der **Asthenosphäre**. Mit zunehmendem Alter steigt aber ihre Dichte an. Nach rund 30 Mio. Jahren kommt es zu einer Dichteumkehr, sodass die ozeanische Kruste schwerer ist als die darunter befindliche Fließzone. Um eine neue Subduktionszone zu bilden, muss der Alterungsprozess jedoch wesentlich weiter fortgeschritten sein, da es einer ausgeprägten Dichteumkehr bedarf, ehe es zum Durchreißen der **Lithosphäre** kommt.
Beim Marianentyp wird alte, spezifisch schwere Lithosphäre unter jüngere, noch heiße und daher spezifisch leichtere Lithosphäre subduziert. Durch ihr Eigengewicht sinkt sie sehr steil in den oberen Mantel. Am Westrand der Pazifischen Platte gelangt mehr als 100 Mio. Jahre alte Lithosphäre in die Subduktionszone, weshalb hier freie **Subduktion** herrscht. Die in diesem Bereich aufsteigenden basaltischen Schmelzen sind wenig explosiv und bilden daher kaum vulkanische Aktivitäten aus.

Die jüngere Lithosphäre an der Ostseite des Pazifiks, aber auch jene der Philippinischen Platte oder im westlichen Sundabogen sinkt hingegen nicht frei in den tieferen Mantel ein, sondern wird von hinten geschoben, also unter die jeweilige Oberplatte gedrückt.

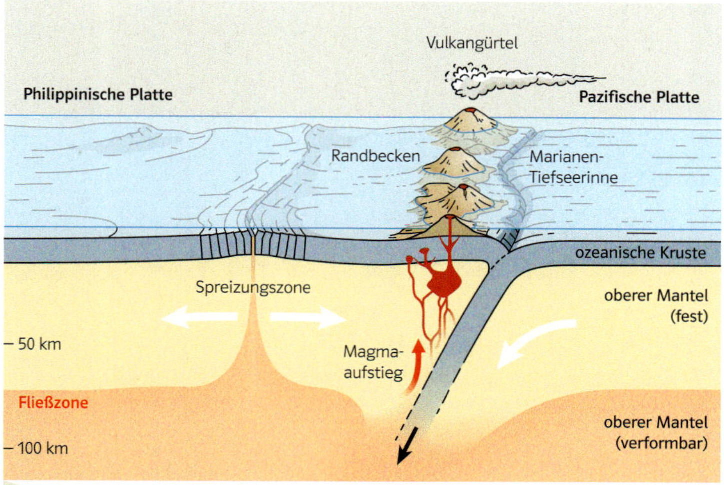

14 Vorgänge am Marianengraben

Japan- oder Inselbogentyp. Beim Japantyp bilden sich am Rand eines Ozeans durch lang anhaltende Subduktionstätigkeit magmatische Inselbögen und Randbecken heraus. Die Subduktion wird zu Beginn dieser Entwicklung durch die Dichte der gealterten ozeanischen Lithosphäre eingeleitet. Sie sinkt in die Tiefe und bildet am Rand eine **Tiefseerinne** aus. Gelangt die ozeanische Lithosphäre in die Asthenosphäre, wird sie durch die hohen Drücke in **metamorphes Gestein** umgewandelt. In großen Tiefen kann es zu einem Plattenabriss kommen. Gleichzeitig steigt Magma auf. Erste untermeerische Vulkane bilden sich. Setzt sich dieser Vulkanismus fort und ragen die ersten Vulkankegel über die Meeresoberfläche hinaus, entsteht ein Inselbogensystem. Auf deren Rückseite, dem gezerrten, passiven Kontinentrand zugewandt, bildet sich ein flaches, gering-mächtiges Randbecken (backarc) aus, in dessen Untergrund es zu Mantelkonvektion mit aufsteigendem Magma und Bildung ozeanischer Kruste kommt. Der Inselbogen selbst ist durch eine rege, explosive vulkanische Tätigkeit gekennzeichnet. Zwischen der Tiefseerinne, die sich mit Sedimenten aus dem Inselbogen auffüllt, und dem Inselbogen entsteht ein mehrere Kilometer breites weiteres Becken (forearc) ohne vulkanische Aktivitäten.

Die subduzierende Platte taucht mit hoher Geschwindigkeit und einem flachen Winkel unter die kontinentale Kruste ab. Durch die dabei auftretenden Spannungen im Gestein kommt es zu Flachbeben mit einer hohen Intensität. In größeren Tiefen werden die Erdbeben durch Spannungen innerhalb der subduzierenden Platte ausgelöst.

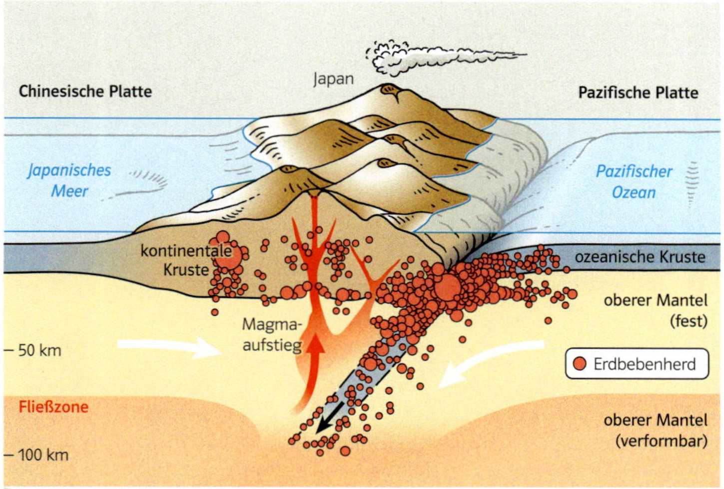

15 Ensialischer Inselbogen: Japan

Andentyp. Erfolgt die **Subduktion** ozeanischer unter kontinentaler **Lithosphäre** bei aktiven Kontinenträndern, schmiegt sich die etwa 20 Mio. Jahre alte ozeanische Lithosphäre durch ihren Auftrieb unmittelbar nach dem Abtauchen an die kontinentale Lithosphäre an. Diese Verdickung führt zur Bildung hoher Gebirge. Als Folge dieser Ozean-Kontinent-Kollision bilden sich auf der nicht abtauchenden Platte Gebirge, die durch aktiven Vulkanismus gekennzeichnet sind. Gleichzeitig wird durch den Druck der sich aufeinander zu bewegenden Platten der kontinentale Krustenrand gestaucht. Es entstehen Verwerfungen, an denen sich die Kruste übereinanderstapelt. Die sich in der **Tiefseerinne** abgelagerten Festlandsedimente werden als Anwachskeil in die Subduktion einbezogen. Damit sind eine weitere Krustenverdickung und Hebung kontinentaler Kruste verbunden.
Auch bei diesem Typ ist neben dem aktiven Vulkanismus eine rege Erdbebentätigkeit zu verzeichnen. Flach- und Tiefbeben treten sehr häufig auf, wobei die tiefsten Bebenherde noch in einer von 700 km nachgewiesen wurden.

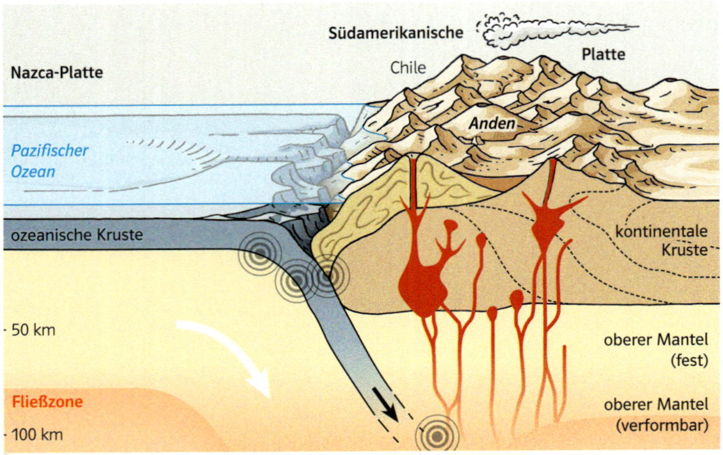

16 Vorgänge am Atacamagraben

→ isostatische Heraushebung S. 42

Alpiner Typ. Wenn die Subduktion so weit fortgeschritten ist, dass kontinentale auf kontinentale Kruste trifft, kommt es zur Gebirgsbildung, die Plattengrenzen verschwinden. Aufgrund der Beteiligung von großen Massen wird die Kruste verdickt, verformt und herausgehoben. Zu Beginn der Kollision zweier kontinentaler Krusten herrschen die gleichen Prozesse wie bei jeder anderen Subduktion vor. Vor der Stirn der überschiebenden Platte erstreckt sich eine tiefe Rinne, die von dem dahinter aufsteigenden Deckenstapel mit Sedimenten gefüllt wird. Die Rinne liegt jetzt aber über der kontinentalen Kruste der unterschiebenden Platte. Durch die Verlangsamung der Plattenbewegung und im Zuge der weiteren Einengung wird das Restmeer durch weitere festländische Sedimente aufgefüllt und verschwindet gänzlich.
Die Krustenverdickung führt zu einer isostatischen Heraushebung. In vielen Gebirgen, z. B. in den Alpen oder im Himalaya, ist der Aufstieg eine Folge des Abrisses der schweren ozeanischen Lithosphäre in der Subduktionszone. So verliert die verdickte Kruste ihr Gewicht und kann aufsteigen.
Bei der Kollision zweier kontinentaler Platten ist die Bildung von Magma vergleichsweise gering. Dagegen kommt es häufig zu starken Erdbeben, deren Epizentrum sich sowohl nahe der Oberfläche als auch in Tiefen bis zu 300 km befinden können.

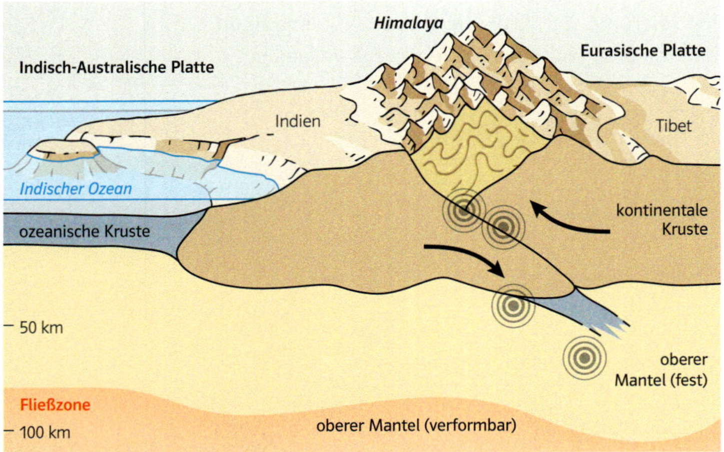

17 Gebirgsbildungsprozess im Himalaya

6
Fertigen Sie eine Übersicht über die Vorgänge an konvergierenden Plattenrändern an. Beachten Sie dabei folgende Kriterien: Bewegungsrichtung, vorherrschende Antriebskräfte, morphologische Formen, Erdbebentiefe, Lage der Epizentren, Magmatismus und Beispielräume.

7
Erläutern Sie die Ursachen für die unterschiedlichen Subduktionsvorgänge.

8
Erklären Sie die Bogenform der Plattenränder bei der Subduktion.

18 San-Andreas-Störung

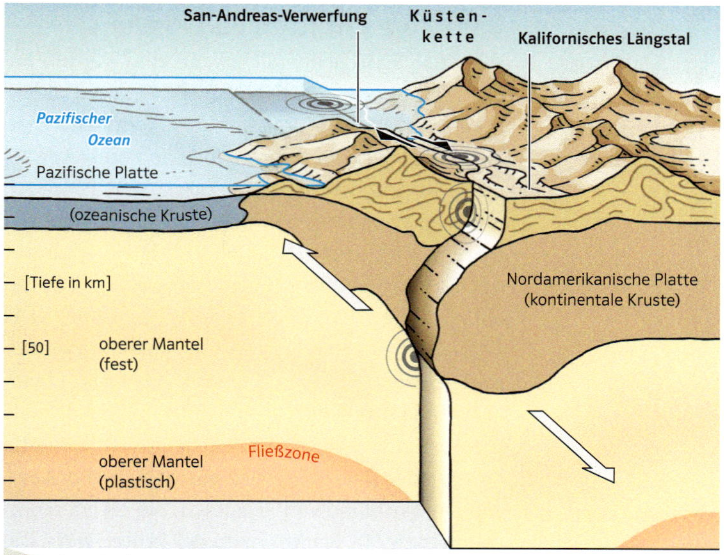

19 San-Andreas-Störung

Vorgänge an konservierenden Plattenrändern

An diesen Plattengrenzen wird weder neue Kruste gebildet noch abgebaut. Die Platten gleiten aneinander vorbei (Scherung). Diese Grenzen werden als **Transformstörungen** bezeichnet. Ein Beispiel dafür ist die Plattengrenze zwischen der Nordamerikanischen und der Pazifischen Platte. Ihre Nahtstelle ist die über 1300 km lange San-Andreas-Störung. Diese und viele der sie begleitenden Störungen sind durch ständige Erdbebentätigkeit gekennzeichnet und sind der direkte Hinweis auf aktive tektonische Plattenbewegungen.

Die Erdbebenherde in bis zu 30 km Tiefe konzentrieren sich auf die spröde, durch Bruch reagierende Plattengrenze, wo die Bewegung im Allgemeinen episodisch und ruckartig erfolgt. Allein im Jahr 1978 wurden in Südkalifornien 7500 Erdbeben registriert. Durch die Plattenbewegungen entstehen im unmittelbaren Störungsbereich lang gestreckte Rinnen und Täler. Zahlreiche Flussläufe werden durch die Störungsaktivität abgelenkt. Senkrecht auf die Störung zulaufende Flüsse schwenken für eine gewisse Strecke in die Störung ein, um sie dann versetzt im alten Bett wieder zu verlassen.

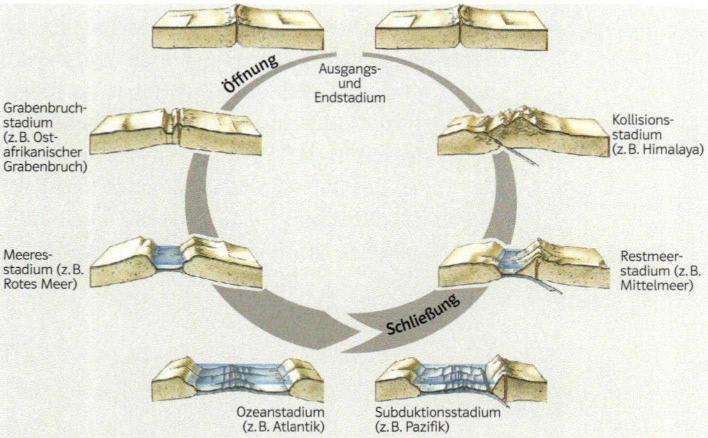

Der Plattentektonische Zyklus – eine Zusammenfassung

Der kanadische Geowissenschaftler John Tuzo Wilson beschreibt die Entstehung, die Entwicklung und das Verschwinden eines Ozeans mit einem Öffnungs- und Schließungsprozess. Der Plattentektonische Zyklus ermöglicht es, viele Erscheinungen auf der Erde zu deuten, ist jedoch als Idealschema aufzufassen. Es ist durchaus möglich, dass die Entwicklung nicht alle Stadien durchläuft. So muss nicht jede kontinentale Grabenbildung zur Entwicklung eines Ozeans führen. Es ist auch eher unwahrscheinlich, dass die Kontinente genau wieder dort zusammentreffen, wo sie vorher auseinandergerissen sind. Auch konnte Wilson keine physikalisch glaubhafte Erklärung darüber liefern, wie eine Subduktionszone erstmals entsteht.

20

9 Begründen Sie die Erdbebenhäufigkeit und den fehlenden Magmatismus an konservierenden Plattenrändern.

10 Erläutern Sie mithilfe des Plattentektonischen Zyklus Entwicklungstendenzen des Mittelmeeres unter Verwendung von Grafik 19.

11 Vergleichen Sie den Plattentektonischen Zyklus von Wilson mit Wegeners Kontinentverschiebungstheorie.

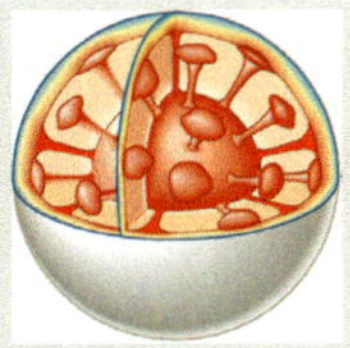

Simulation
Mithilfe numerischer Computermodelle haben Wissenschaftler der Universität Münster versucht, Strömungen in der Kugelschale zu simulieren.
In Abhängigkeit von der Temperatur und Viskosität zeigen sich sehr schmale plumeförmige Aufströme, die aus einer thermischen Grenzschicht hervorgehen.

21

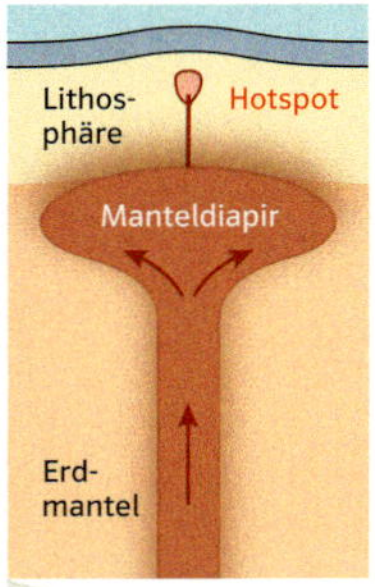

22 Manteldiapir

Vorgänge inmitten von Platten

Während 95% aller Vulkane an den Plattenrändern vorkommen, verteilt sich der Rest auf die inneren Bereiche der Ozeane oder Kontinente. Die als **Hotspots** bezeichneten Vulkane verdanken ihren Ursprung den Manteldiapiren (griech. diapeirein = durchbohren) oder **Plumes**.

Gegenwärtig existieren etwa fünfzig Hotspots auf der Erde. Sie befinden sich zumeist im Inneren einer Platte, dem Intraplattenvulkanismus (z.B. Hawaii), in einzelnen Fällen auch an einem **Mittelozeanischen Rücken** (z.B. Island) oder nahe daran (z.B. Kanaren). Die Manteldiapire bilden oftmals mehrere Tausend Kilometer lange vulkanische Ketten oder Deckenergüsse aus basaltischer Lava, wie das Hochland von Äthiopien. Die meisten entspringen der D″-Schicht in etwa 2900 km Tiefe. Die heiße Quelle im Erdmantel ist dabei relativ ortsfest. Das aufsteigende heiße Mantelgestein ist aufgrund des hohen Drucks nicht geschmolzen. Da es aber heißer ist als das umgebende Material und damit auch eine geringere Dichte hat als dieses, kann es im Mantel aufsteigen. Dabei bildet sich ein Gang von etwa 150 km Durchmesser aus. An der Spitze des aufsteigenden Magmas formt sich ein breiter pilzartiger Kopf aus, da der Diapir durch das umgebende Mantelmaterial beim Aufstieg gebremst wird.

Hotspot Hawaii

Bei der Vulkankette des Hawaii-Emperor-Rückens bewegt sich die Pazifische Platte mit einer relativ hohen Geschwindigkeit von 10 cm pro Jahr in nordwestliche Richtung. Der am Südostende dieser Vulkankette liegende Manteldiapir befindet sich zu einem großen Teil unter Hawaii. Der Hauptvulkan der Insel, der Mauna Loa, ragt 4000 m über den Meeresspiegel hinaus. Misst man ihn von seinem Fußpunkt auf dem Meeresboden aus, so ist er mit fast 10000 m der höchste Berg der Erde. 30 km südöstlich davon speist der Manteldiapir schon wieder einen neuen Vulkan, der noch unter der Wasseroberfläche liegt. Erreichen die Laven die Wasseroberfläche, können die im Magma gelösten Gase den Außendruck überwinden und es kommt zu vulkanischen Explosionen. Die Intensität wird durch das Eindringen von Meereswasser in die oberflächennahe Magmakammer noch verstärkt.

Richtung Nordwesten erlöschen die Vulkane und sinken aufgrund der Abkühlung der Lithosphäre sowie der fortschreitenden **Erosion** und Abrasion wieder unter den **Meeresspiegel**. Dieser Bereich der Vulkankette wird als Emperor-Seamounts bezeichnet, weil es sich hier um eine Kette von Tiefseebergen handelt. So ist abzusehen, dass auch Hawaii in naher Zukunft aus dem Einflussbereich des Manteldiapirs herausdriftet.

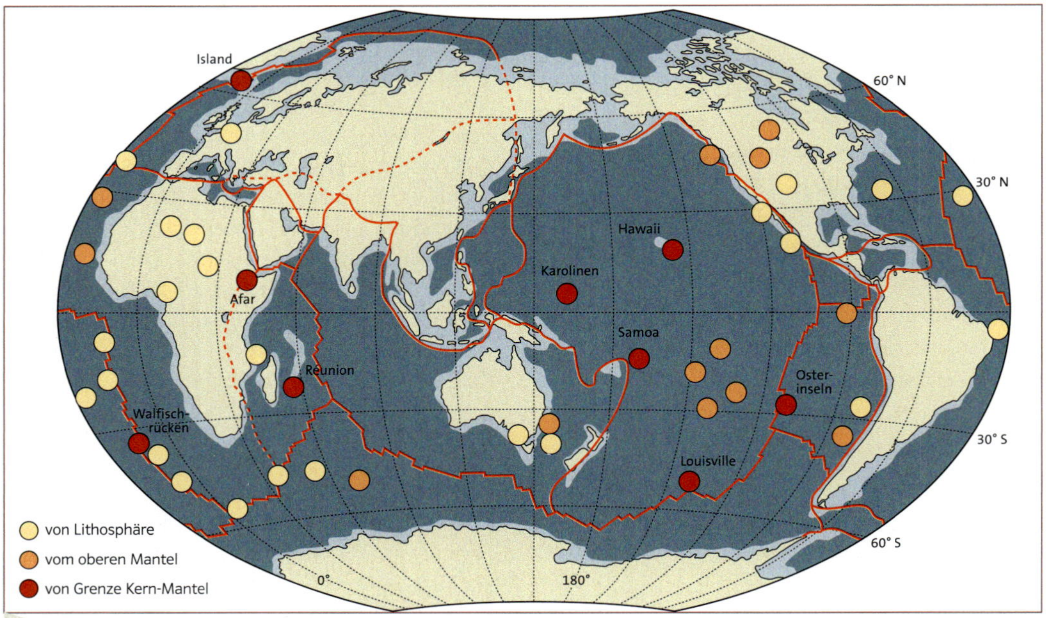

23 Vermutete Ursprungsgebiete von Plumes und darüberliegenden Hotspots

24 Der Kilauea-Vulkan auf Hawaii

Plattentektonik mit oder ohne Plumes?

Unmittelbar nach der Veröffentlichung des Wilson-Zyklus sorgte der US-amerikanische Geophysiker Jason Morgan mit der Plumes-Theorie für Aufsehen. Wie er gehen die meisten Forscher davon aus, dass der Vulkanismus in Island im Zusammenhang mit einem großen Plume gesehen werden kann, der Teil des Mittelatlantischen Rückens ist und aus der D"-Schicht nach oben steigt. Andere Geologen sind der Ansicht, dass zwischen oberem und unterem Mantel kein Materialaustausch stattfindet oder dass eventuell jeweils zwei voneinander getrennte Konvektionsmuster existieren. Es war ein Paukenschlag, als 2003 die britische Geologin G. Foulger die Existenz von **Plumes** infrage stellte. Die plattentektonischen Vorstellungen ohne Plumes gehen von einem inhomogenen oberen Mantel aus. Dieser enthält Reste älterer ozeanischer Kruste und recyceltes Material unterschiedlichen Alters sowie verschiedener Gebiete. Durch Dehnung oder Stauchung der Erdkruste kann Magma entstehen und aufsteigen. Lange Inselketten wie Hawaii spiegeln dann das langsame Aufreißen von Bruchzonen wider.

Es ist bis heute noch nicht gelungen, die Existenz eines Plume nachzuweisen, genauso wie es noch nicht gelungen ist, seine Nichtexistenz zu beweisen.

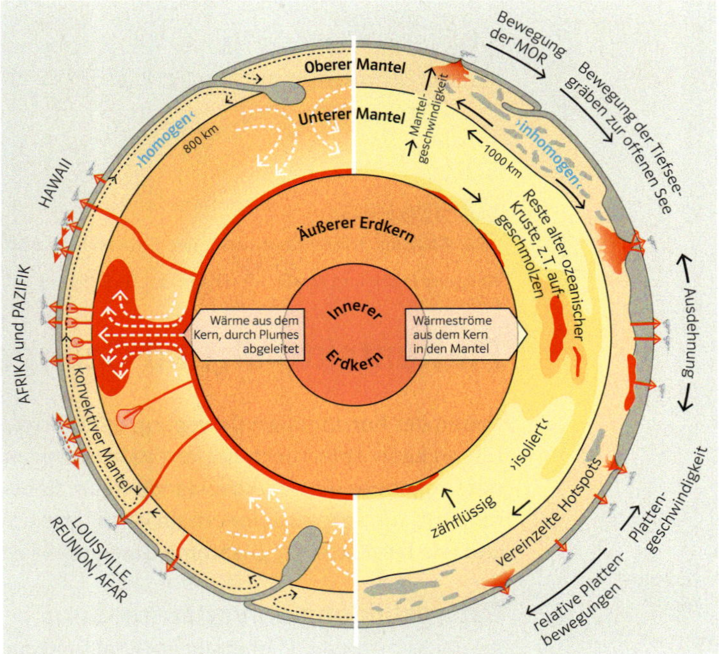

25 Plattentektonisches Modell mit Plumes (links), ohne Plumes (rechts)

Nach: Don L. Anderson: Scoring Hotspots; the Plume & Plate paradigms. In: G. R. Foulger, D. L. Anderson, J. H. Natland and D. C. Presnall (Hrsg.): Melting Anomalies: Their Nature and Origin. Special Paper, Geological Society of America 2004

D"-Schicht S. 31

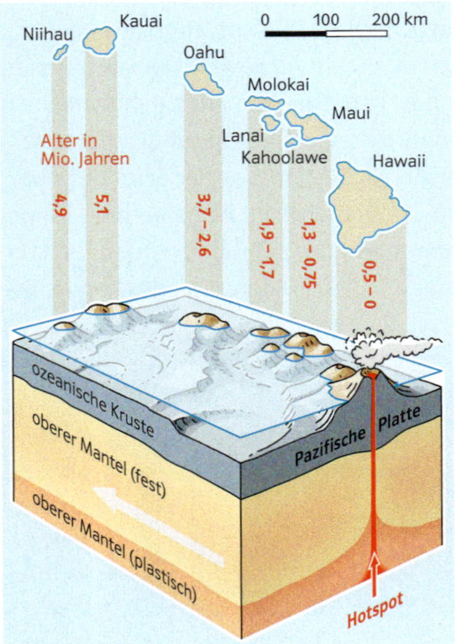

26 Hotspot Hawaii

12 Begründen Sie die unterschiedlichen Ursprungsgebiete von Plumes (Karte M23).

13 Erklären Sie die Entstehung und das unterschiedliche Alter der Hawaii-Inseln.

14 Benennen Sie weitere Inseln und Inselgruppen, deren Entstehung auf Hotspotvulkanismus zurückzuführen sind.

15 Vergleichen Sie die Vorstellungen zur Plattentektonik und Struktur des Erdmantels mit und ohne Plumes und stellen Sie diese in Form einer Tabelle dar.

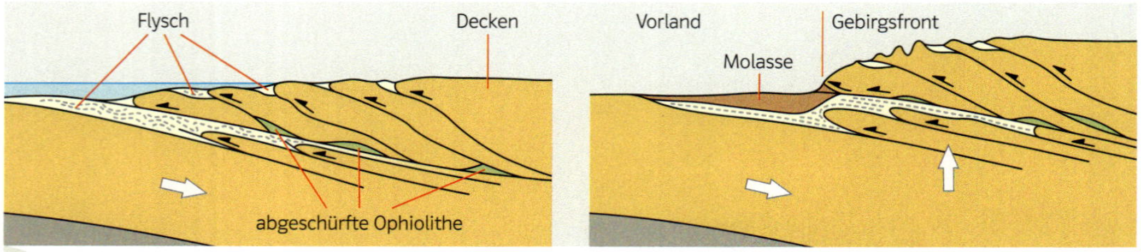

3 **Kollision zweier Kontinente und Entwicklung vom Flyschstadium (links) zum Molassestadium (rechts)**

Wolfgang Frisch und Martin Meschede: a. a. O., S. 154

Plattentektonik und Gebirgsbildung

Neben der horizontalen Bewegung der Platten, die zur Kollision von Lithosphäre führen kann, spielt auch die vertikale Bewegung der Platten bei der Gebirgsbildung, der Orogenese eine entscheidende Rolle. Gebirge entstehen nicht nur an Plattenrändern, sondern auch innerhalb von Platten. Welche Kräfte sind hier verantwortlich und wie lässt sich der Zusammenhang zur Plattentektonik erklären?

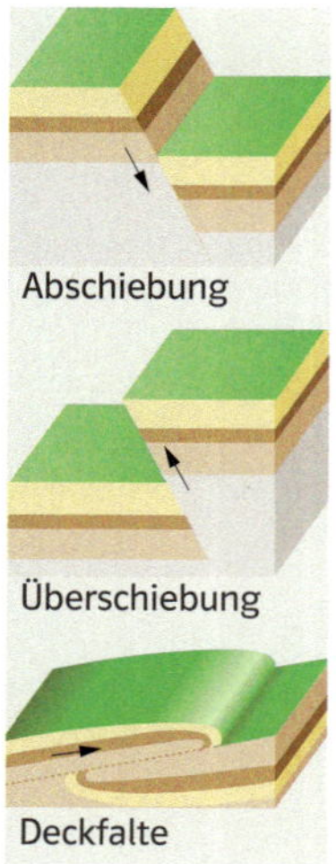

1 **Kollisionsformen**

Gebirgsbildung an Plattenrändern

Bei der Kollision von Plattenrändern kommt es zur Verdickung der Kruste zwischen 50 – 70 km. Dass es nicht zur sofortigen Gebirgsbildung kommt, liegt daran, dass die in der **Subduktionszone** abtauchende Platte den Kontinentrand mit nach unten zieht und damit ein Gegengewicht zur verdickten Kruste bildet. Der sofortige isostatische Aufstieg wird dadurch verzögert. Der anhaltende Plattenzug der subduzierten Platte bewirkt ein Verkeilen kontinentaler Kruste und die Herausbildung immer neuer Decken. Vor der Stirn der überschiebenden Platte erstreckt sich eine tiefe Rinne, die mit Sedimenten, dem Flysch, aus den Decken, die zum Teil unter dem Meeresspiegel liegen, gefüllt wird.

Wird der Widerstand gegen die Einengung in der Kollisionszone zu groß, reißt die schwerere subduzierte **Lithosphäre** ab und sinkt in den Mantel ein. Damit verliert die verdickte Kruste ihr Gegengewicht und kann den isostatischen Aufstieg beginnen.

Im Ergebnis dieses Vorgangs kommt es zur Hebung der Oberfläche und Bildung von Hochgebirgen. Gleichzeitig setzt eine verstärkte Abtragung ein, sodass die Rinne am Plattenrand weiter aufgefüllt und das **Meer** verdrängt wird. Die marinen Ablagerungen werden durch Flusssande und -schotter, der Molasse, überlagert.

Die Lehre von der Isostasie

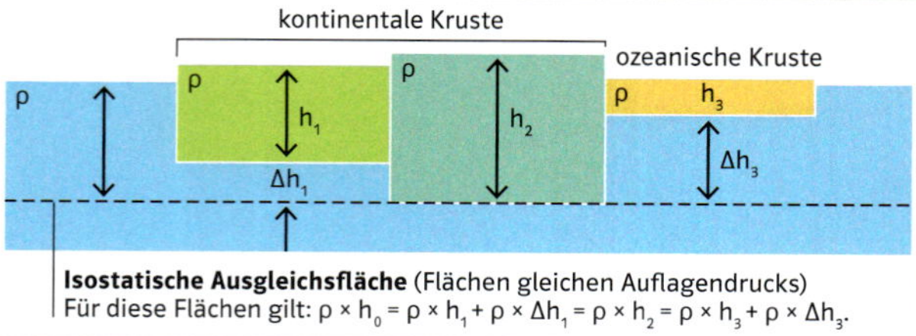

Bereits im 19. Jh. hatte man durch Schweremessungen festgestellt, dass die Schwerkraft unter großen Gebirgen nicht in dem Maße vom Tiefland abweicht, wie man es aufgrund der großen Gebirgsmassive erwartet hätte. Messungen im Bereich der Ozeane ergaben ähnliche Werte wie unter Gebirgen, obwohl die großen Ozeanbecken Massendefizite darstellen. Zur Erklärung dieser Unterschiede entwickelte man 1855 die Lehre von der Isostasie. Erhöht sich also das Gewicht der Lithosphäre, z. B. durch Vergletscherung, so erhöht sich auch der Druck auf die Asthenosphäre. Diese gibt nach und die darüberliegende Lithosphärenplatte sinkt tiefer in den oberen Erdmantel ein. Verringert sich die Last durch Abschmelzen der Gletscher, so erfolgt eine Hebung der Lithosphärenplatte, bis das hydrostatische Gleichgewicht zwischen Auftrieb und Gewichtskraft, die Isostasie, wiederhergestellt ist. Alfred Wegener nutzte die Erkenntnisse der ersten Isostasiemodelle zur Erklärung der Kontinentverschiebungstheorie: „[...] schwimmen also die Kontinentalschollen wirklich in einer, wenn auch sehr zähen Flüssigkeit, so ist offenbar kein Grund einzusehen, warum sich ihre Beweglichkeit nur in der Vertikalen äußern solle, und nicht auch horizontale Bewegungen vorkommen sollten."

2

FALLBEISPIEL: Alpen

„Plattentektonische Alpenchronik"
Gewaltige Abtragungsvorgänge hatten den Urkontinent Pangäa bis in die Zeit des Perms fast eingeebnet, sodass er nur noch geringe Erhebungen aufwies. Ein Flachmeer (Tethys), in dem sich vor allem Flachwassersedimente wie Sand und Ton ablagerten, überflutete weite Teile des Urkontinentes. Durch Untergrundabsenkung erlangten die Sedimente eine Mächtigkeit von mehreren Tausend Metern. Das Riftstadium der Ostalpen zeigte eine erste Nord-Süd-Dehnung der Erdkruste mit der Bildung von Grabenbrüchen. Im Driftstadium erfolgte eine verstärkte Krustendehnung. Zur Jurazeit entstand dabei der Penninische Ozean von einigen Hundert Kilometern Breite zwischen den auseinanderdriftenden Platten, gekennzeichnet durch die Neubildung ozeanischer Kruste. Im Subduktionsstadium kam es zur Umkehr des Öffnungsprozesses und zur starken Krustenverkürzung zwischen Eurasien und Afrika. Die ozeanische Kruste des Penninischen Ozeans verschwand an einer Subduktionszone unter den übereinandergestapelten Krustenstücken der Adriatischen Platte. Die auf der Basaltkruste aufgelagerten Sedimente hatten eine zu geringe Dichte, um in den Erdmantel subduziert zu werden, sodass sie von der Adriatischen Platte abgeschürft und zu einem Keil aufgetürmt wurden. Im Kollisionsstadium verschwand die ozeanische Kruste. Der Eurasische Kontinent begann sich unter die Adriatische Platte zu schieben, während sich zeitgleich die Afrikanische Platte in nördliche Richtung bewegte. Es entstand eine extreme Erdkrustenverdickung mit Deckenüberschiebungen. Starke Hebungen ließen ein frühes Hochgebirge entstehen.
Die Gesteine des Alpenhauptkamms sind um viele Kilometer herausgehoben worden. Der Abtragungsschutt wurde als Molasse in den Becken am Alpenrand abgelagert. Die horizontale und vertikale Bewegung der Platten hält noch an, sodass wir heute von einem vorläufigen Zwischenstadium sprechen können.

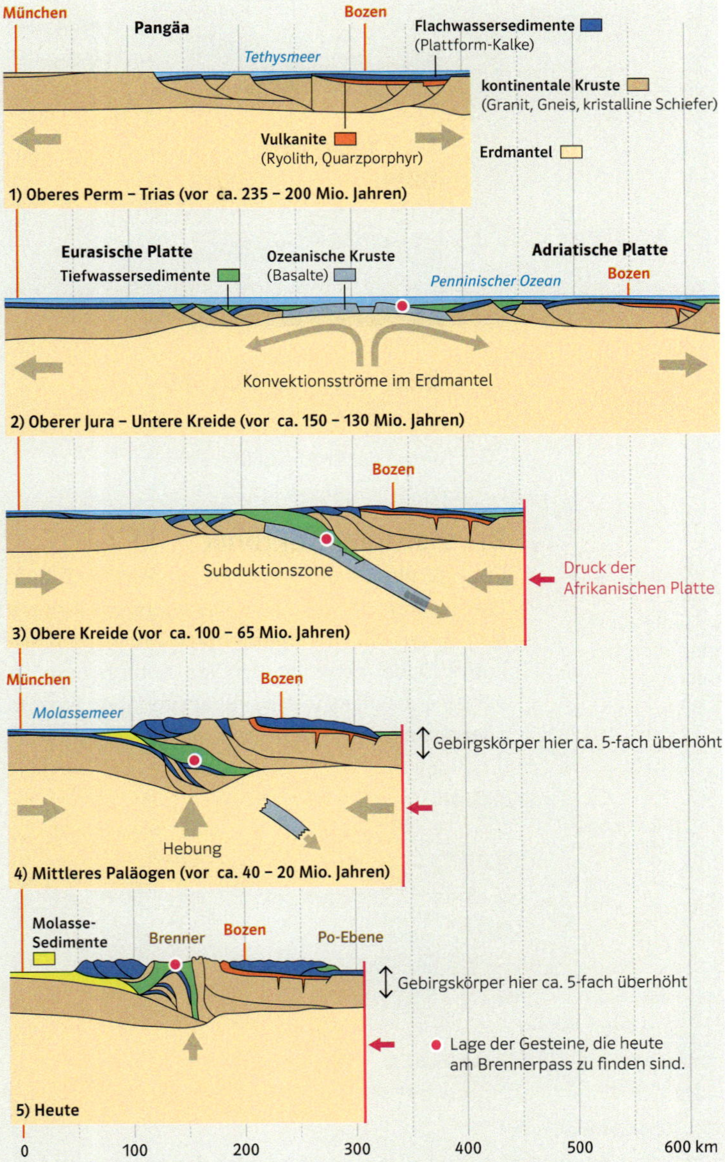

4 Entstehungsphasen der Alpen

1 Erklären Sie den Einfluss der Isostasie auf gebirgsbildende Vorgänge.

2 Beschreiben Sie die Entstehung der Alpen.

3 Begründen Sie das Vorhandensein von Kalkgestein am Alpennordrand.

4 Erläutern Sie die Aussage „In den Alpen sind zwei Gebirge in einem vereint".

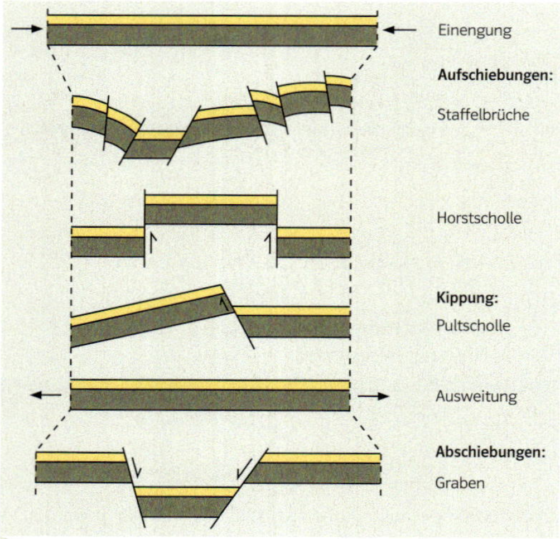

7 Formen der Bruchschollentektonik

Bruchschollentektonik

→ Entstehung metamorpher Gesteine S.49

Gebirge entstehen nicht nur an Plattenrändern durch deren großräumige Bewegungen, sondern auch innerhalb von Platten durch Druck- und Zugkräfte. Dabei zerbricht der alte Gebirgsrumpf in einzelne Schollen, welche herausgehoben werden oder absinken. Dieser Prozess wird als Bruchtektonik bezeichnet, in deren Ergebnis sich die heutige **Mittelgebirgslandschaft** herausgebildet hat.

Die Art der Deformation wird durch die geologische Beschaffenheit der Gesteine und die Druck- und Temperaturverhältnisse bestimmt. Bei der Kollision von Bruchschollen werden diese aufgeschoben, gekippt oder abgeschoben. Dabei entstehen Verwerfungen von wenigen Millimetern bis zu Hunderten Metern. Die dafür verantwortlichen Kräfte können auch Schichtenfolgen zerbrechen. Mächtige Gesteinspakete werden als Decken übereinander geschoben. Der Übergang von einer Scholle, die im Vergleich zu einer angrenzenden Scholle relativ gehoben wurde, vollzieht sich häufig treppenartig. Solch ein treppenartiger Übergang zwischen zwei Schollen wird auch als Staffelbruch bezeichnet. Bei weniger starker Deformation entstehen Verwerfungen, Horste und Gräben, welche die heutigen Mittelgebirgslandschaften bilden.

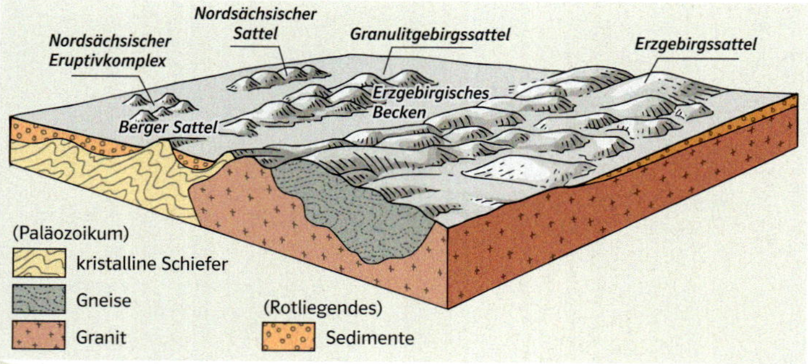

5 Oberkarbon/Perm

Nach: Otfried Wagenbreth und Walter Steiner (Hrsg.): Geologische Streifzüge. Heidelberg: Springer Spektrum 1990

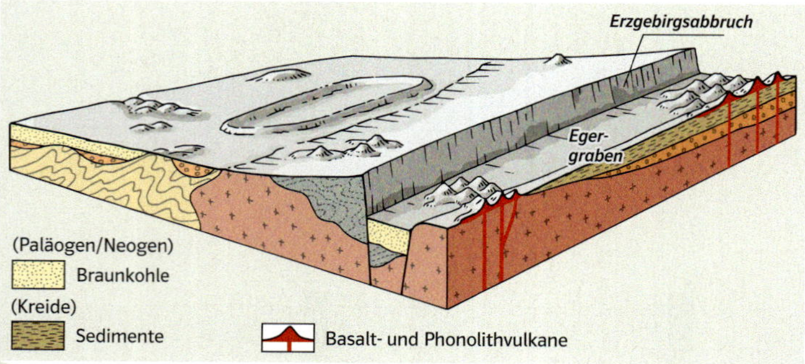

6 Paläogen

Nach: Otfried Wagenbreth und Walter Steiner (Hrsg.): a.a.O.

FALLBEISPIEL: Erzgebirge

Die Entstehung des Gebirgssockels, aus welchem später das Erzgebirge als **Bruchschollengebirge** hervorging, reicht in das Karbon zurück. Die Kollision der Kontinente Laurasia und Gondwana führte zur Entstehung des Variskischen Gebirges. Das Gebiet des heutigen Erzgebirges wurde dabei zu Sätteln und Mulden aufgefaltet.

Die starke Deformation durch endogene Kräfte während dieser Gebirgsbildung führte zur Entstehung **metamorpher Gesteine**. In der Spätphase der variskischen Gebirgsbildung drang Magma zwischen die erzgebirgischen Metamorphite ein, sodass heute in einigen Gebieten Granite das Landschaftsbild bestimmen.

Im Rotliegenden kam es dann zur Abtragung der Gesteine und völligen Einebnung des Gebietes. Es entstand der permische Rumpf. Flüsse lagerten Verwitterungsschutt über dem Gebirgsrumpf, vor allem aber in den Mulden ab.

Im Zuge der Entstehung der Alpen gerieten auch die alten, stark verfestigten Gebirgsrümpfe wieder unter Druck. Da die Gesteine jedoch bereits metamorph überprägt und somit stark verfestigt worden waren, war keine weitere Deformation im Sinne von Faltung möglich. Der Druck der Afrikanischen Platte in Richtung Norden wirkte sich auch auf den starren Gebirgsrumpf aus. Durch die gewaltigen inneren Kräfte und die geringe Verformbarkeit zerbrach dieser in viele einzelne Schollen. Als Folge des Drucks und durch lokale Hebungs- und Senkungsvorgänge wurden die Schollen gegeneinander versetzt. Dadurch entstanden **Bruchschollengebirge**, die von einer Vielzahl von Bruchlinien durchzogen wurden, an denen es zu lokalem Vulkanismus kam. Die Hebungskräfte beim Erzgebirge waren im Süden deutlich stärker als am Nordrand der Bruchscholle, sodass diese angekippt wurde und die Form einer Pultscholle mit einem Steilabfall in den Egergraben annahm. Zeitgleich mit der Gebirgsbildung begannen exogene Vorgänge die heutigen Oberflächenformen herauszuarbeiten.

FALLBEISPIEL: Oberrheingraben

Der Oberrheingraben – geologischer Steckbrief

„Der Oberrheingraben erstreckt sich von Basel bis Frankfurt über 300 km und stellt nur einen Abschnitt in einem großen Bruchsystem dar, das von der Rhônemündung bis in die Nordsee zieht. Er weist parallel verlaufende Randstörungen und eine ziemlich konstante Breite von etwa 36 km auf. Die begrenzenden Störungen fallen nahe der Oberfläche zwischen 55° und 85°, meist aber zwischen 60° und 65° zur Grabenmitte hin ein, gegen die Tiefe werden sie meist etwas flacher. Die Dehnung quer zum Graben beträgt knapp 5 km. Die Krustenausdünnung beträgt maximal etwa 6–7 km, um den Kaiserstuhl bis auf 24 km verringert. Der Graben befindet sich in der Achse einer längs gestreckten Aufwölbung, die ihren Ausdruck in der Grabenschulter findet. Die Grabenschultern neigen sich mit 2–4° vom Graben weg, fallen aber zum Graben hin infolge der abschiebenden Grabenrandstörungen wesentlich steiler ab. Die Grabenränder sind durch Bruchstaffeln geprägt, sodass eine Grabenrandzone entstand, in der über dem metamorphen Sockel noch Reste der ursprünglichen Sedimentauflage erhalten sind, die auf den Grabenschultern gänzlich der Erosion zum Opfer gefallen ist."

Wolfgang Frisch und Martin Meschede: a.a.O., S. 39–40

8

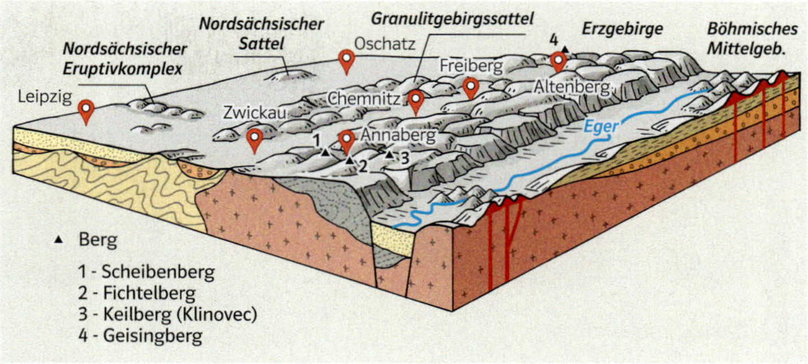

9 Neogen

Nach: Otfried Wagenbreth und Walter Steiner (Hrsg.): a.a.O.

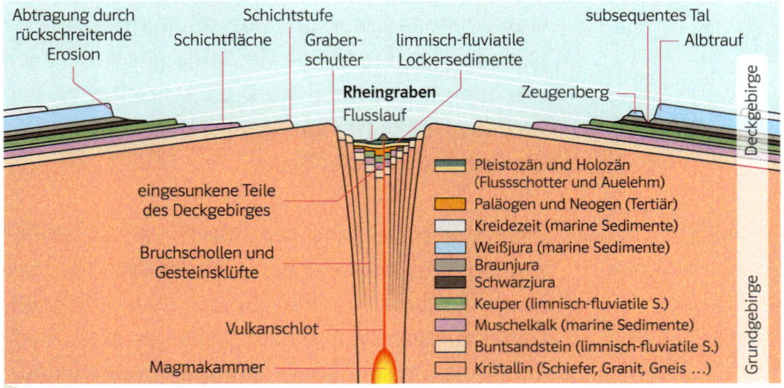

10 Schematisch überhöhtes Profil vom Schichtstufenland

Nach: Sciencia58 (2014) de.m.wikipedia.org/wiki/Datei:Rheingraben_und_Schichtstufenland.png

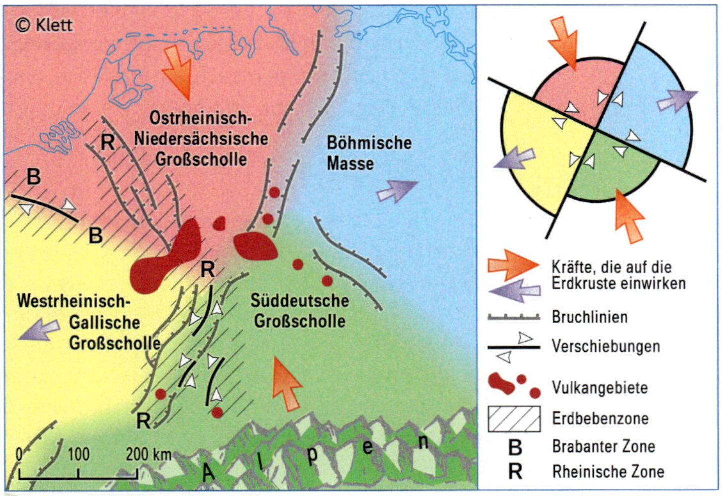

11 Stressfeld Mitteleuropa

Nach: Günter Olbert: Geologie. Die Wissenschaft von der Erdgeschichte. Stuttgart: Klett 1980, S. 45

5

Erläutern Sie die Formen der Bruchtektonik (1–5) in der Grafik 7.

6

Vergleichen Sie die Entstehung des Erzgebirges mit der des Oberrheingrabens.

7

„Das westeuropäische Grabensystem ist Ergebnis großräumiger Plattenbewegungen." Erklären Sie diese These mit der Abbildung 11.

1 Gesteinshandstücke

Plattentektonik und Gesteinsentstehung

Gesteine begegnen uns überall. Manche sind sehr fest, während sich andere leicht zerteilen lassen. Einige Gesteine glitzern in den verschiedensten Farben, viele erscheinen sehr schlicht. Die Eigenschaften von Gesteinen und ihre Lagerungsverhältnisse in der Landschaft geben uns Auskunft über den geologischen Bau und die Entwicklung der Erde.

Gesteine
Relativ stationäre geologische Körper der Lithosphäre, die aus einem oder mehreren Mineralen bestehen.

Dichte wichtiger Gesteine: Granite 2,5 – 2,7 g/cm³, Basalte 2,9 – 3,1 g/cm³

Die Natur bietet eine beachtliche Vielfalt an Gesteinen. Bei genauerer Betrachtung kann man bei vielen Gesteinen kleinere Bestandteile erkennen. Das sind Minerale. Die häufigsten gesteinsbildenden Minerale sind Quarz, Feldspäte, Glimmer, Augit, Olivin, Hornblende. Dabei handelt es sich um stofflich einheitliche, natürliche Körper der Erdkruste, meist in kristallisiertem Zustand, das heißt mit Raumgitterstruktur. Gesteine können aus einem oder mehreren Mineralen zusammengesetzt sein. Ein Gestein ist demnach ein natürlich entstandenes Gemenge von Mineralen.

Die Entstehung der Gesteine ist eng an die Vorgänge der **Plattentektonik** gebunden. So bilden sich zum Beispiel Gesteine durch das Aufsteigen von Magma in Schwächezonen an den Kontinenträndern. Andere werden durch entsprechenden Druck und entsprechende Temperatur aus schon vorhandenen Gesteinen umgewandelt und wieder andere sind das Ergebnis von **Verwitterungsprozessen**.
Viele von ihnen haben auch als **Rohstoffe** für den Menschen größte Bedeutung.

Kreislauf der Gesteine

Endogene und exogene Prozesse bilden die „Motoren" für die Entstehung und Veränderung von Gesteinen in geologisch langen Zeiträumen. Dabei kann es zu Umwandlungen in vielfältigsten Formen kommen. Die drei großen Gesteinsgruppen stehen dabei in einem Kreislauf miteinander in Beziehung. Ein erster Teilkreislauf, der überwiegend durch exogene Kräfte gesteuert wird, beginnt mit der Verwitterung des an der Erdoberfläche anstehenden Gesteins. Fließendes Wasser, Wind oder Eis transportieren die Verwitterungsprodukte und lagern diese im Meer oder auf dem Festland ab. Werden diese Lockersedimente von weiteren Ablagerungen überdeckt, kommt es zur Verfestigung (Diagenese). Danach ergeben sich zwei Möglichkeiten. Erstens, die Gesteine gelangen durch Hebung wieder an die Erdoberfläche und der Zyklus beginnt von vorn. Und zweitens, die Sedimente gelangen in größere Tiefen und werden durch hohen Druck sowie hohe Temperaturen in metamorphe Gesteine umgewandelt. Mit zunehmender Erhitzung kann es dann zum Aufschmelzen kommen. Aus dem entstandenen Magma können Tiefen-, Gang- oder Ergussgesteine entstehen. Ergussgesteine geraten sofort wieder in den Einflussbereich exogener Kräfte, Tiefen- und Ganggesteine erst nach Hebung und Abtragung der darüberliegenden Gesteinsschichten.

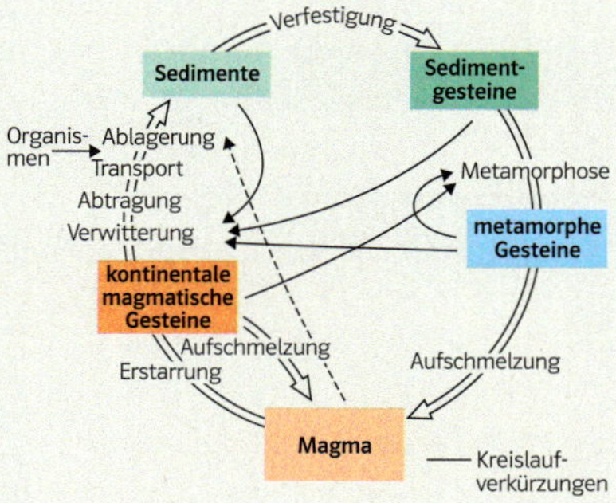

Ein solcher Kreislauf stellt nur eine Variante unter vielen dar, weil einzelne Teilprozesse auch übersprungen werden können. Durch die Plattentektonik entstehen die endogenen Kräfte, die den Kreislauf in ständiger Bewegung halten.

2

3 Granitabbau in Demitz-Thumitz (Lausitz)

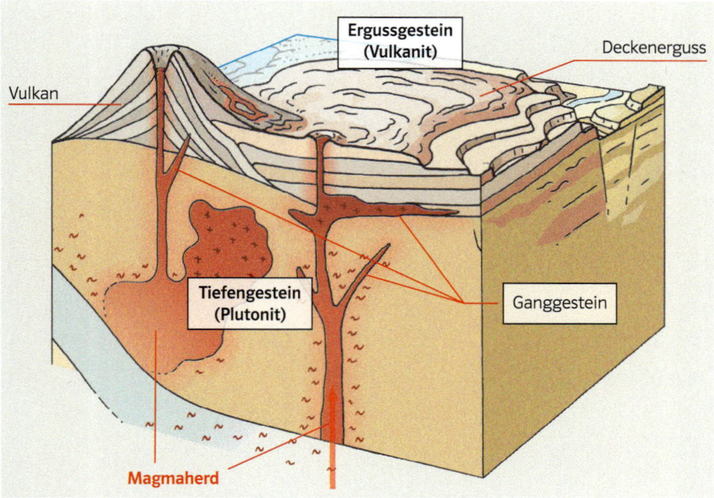

4 Entstehungsmöglichkeiten magmatischer Gesteine

Magmatische Gesteine

Magmatische Gesteine (Magmatite) bilden sich beim Erstarren von Magma oder Lava. Ihre Entstehung ist untrennbar mit endogenen Vorgängen verbunden. Sie haben mit 65 % den größten Anteil an den Gesteinen der Erdkruste. Die Tektonik ermöglicht das Aufsteigen von Magma in Klüften und Rissen der Erdkruste zum Teil bis an die Erdoberfläche. Erstarrungsort, Zeitdauer der Abkühlung und die chemische Zusammensetzung der Schmelze können dabei völlig unterschiedlich sein. Dringt das Magma in größere Hohlräume der Erdkruste ein und kühlt sich dort langsam ab, entstehen **Plutonite** (Tiefengesteine). Die lange Erstarrungszeit führt zur Kristallisation und deutlichen Ausbildung der Minerale. Deshalb haben Tiefengesteine eine körnige Struktur. Gelangt Magma bis an die Erdoberfläche, entstehen **Vulkanite** (Ergussgesteine). Da sich hier die Abkühlung sehr rasch vollzieht, können sich nur sehr kleine Minerale bilden. Oft bleibt dabei die Kristallbildung völlig aus. Deshalb haben Ergussgesteine eine dichte, einheitliche Grundmasse. Grafik 4 zeigt noch eine dritte Möglichkeit: die Entstehung von **Ganggesteinen** innerhalb schmaler Bruchzonen. Die Struktur dieser Gesteine weist auf zwei Phasen der Erstarrung hin. Zum einen führt die relativ schnelle Abkühlung im Gang zur Ausbildung einer einheitlichen Grundmasse. Zum anderen konnten sich auf dem Weg bis dorthin bereits Minerale auskristallisieren, die im Ganggestein große Einsprengungen bilden. Diese Zweiphasigkeit verdeutlicht sich auch in der Namensgebung der Gesteine, die Zusammensetzungen aus den Begriffen für Tiefen- und Ergussgestein darstellen, z. B. Granitporphyr. Eine weitere große Gruppe von Ganggesteinen sind Lamprophyre, die eine Vielzahl unterschiedlicher Gesteine umfassen. Der Aufstieg von Magma führt im umliegenden Gestein zu einer Temperaturerhöhung. In deren Folge kann es zur regionalen Aufschmelzung von Festgestein kommen. Diese Vorgänge werden als Anatexis (griech. = Aufschmelzung) bezeichnet. Das Aufschmelzen kann dabei auch nur einzelne Gesteinskomponenten betreffen oder teilweise (partiell) erfolgen. Beim Aufstieg von Magma an die Erdoberfläche kühlt sich dieses langsam ab. Dadurch ändert sich die Zusammensetzung der restlichen Schmelze. Man spricht von einer chemischen Differenziation des Magmas. So können während einer eruptiven Phase eines Vulkans unterschiedliche Lavaarten gefördert werden.

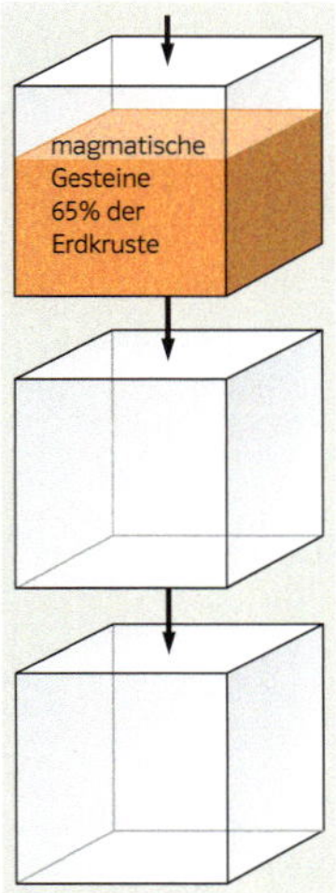

5 Anteil der Gesteinsart in der Erdkruste

1 Beschreiben Sie den Kreislauf der Gesteine.

2 Stellen Sie die Entstehung und Eigenschaften magmatischer Gesteine (Plutonite, Vulkanite und Ganggestein) in einer Übersicht zusammen.

3 Erklären Sie den unterschiedlichen Mineralbestand magmatischer Gesteine.

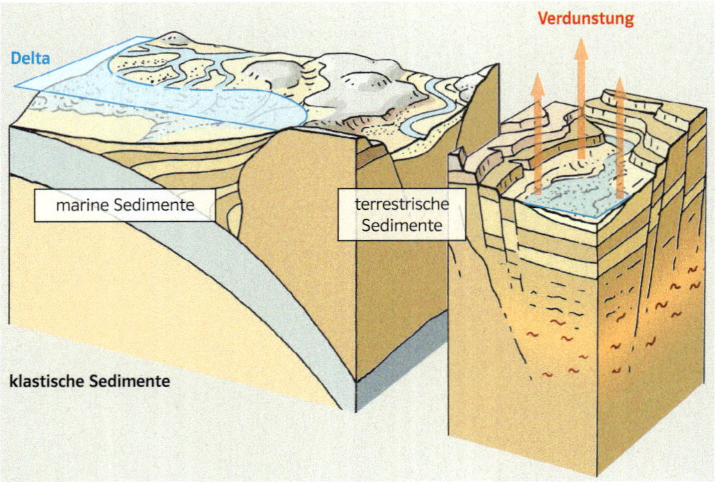

6 Entstehungsmöglichkeiten von Sedimentgesteinen

8 Sandsteinfelsen mit Wabenverwitterung

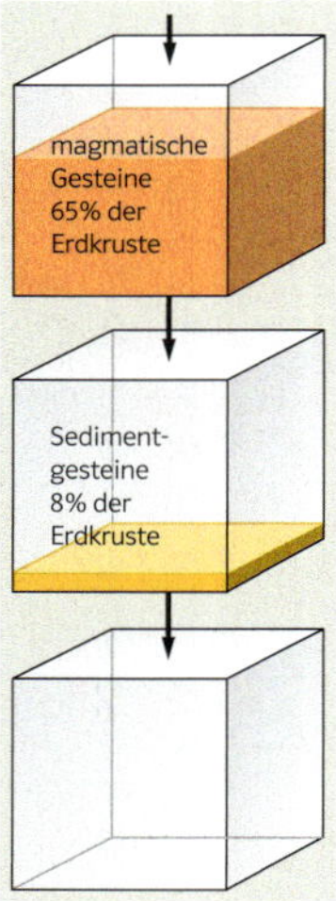

7 Anteil der Gesteinsart in der Erdkruste

Sedimentgestein

An der Erdoberfläche unterliegen alle Gesteine ständiger **Verwitterung**. Die Verwitterungsprodukte werden durch Schwerkraftwirkung, fließendes Wasser, **Meeresströmungen**, Gletscher und **Wind** transportiert. Beim Nachlassen der Transportkraft kommt es zur Ablagerung (Sedimentation). So entstandene Ablagerungen werden als klastische (physikalische) **Sedimente** bezeichnet. Sie weisen eine deutliche Schichtung auf. Ablagerungen können aber auch im Ergebnis chemischer Reaktionen, durch Ausfällung oder Verdunstung des Wassers entstehen. Dann spricht man von chemischen Sedimenten, bei denen jedoch kaum eine Schichtung zu erkennen ist.

Eine Sonderstellung nehmen die biologischen Sedimente ein. Das sind Gesteine, die aus Ablagerungen pflanzlicher oder tierischer Organismen gebildet wurden (z.B. Kohle, Kreide und Bitumengesteine wie Erdöl). Es gibt Sedimente wie Kalkstein, die sowohl chemisch als auch biologisch entstanden sein können. Sie bilden sich entweder in warmen Flachmeerbereichen durch Ausfällung der Carbonate Calcit und Dolomit aus übersättigten Lösungen oder durch Ablagerung von Schalenresten (Muscheln), Knochen oder Korallenstöcken. Auch bei der Einteilung nach dem Entstehungsort gibt es solche Ausnahmen. So können Sandsteine im **Meer** (marin) oder auf dem Festland (terrestrisch) entstanden sein. Lagern die Flüsse die Sedimente am Grund eines Sees ab, entstehen sogenannte limnische Sedimente.

Bei der Ablagerung entstehen zuerst Lockergesteine wie Schlamm, Sand oder Kies. Durch den zunehmenden Druck immer neuer aufliegender Ablagerungen, aber auch durch Temperaturzunahme wird Wasser aus den Poren der Lockersedimente gedrückt. Die Ablagerungen werden dichter und fester. Dieser Vorgang wird als Diagenese bezeichnet. Dabei entstehen Festgesteine. Oftmals führen auch Stoffe im Sediment selbst oder solche, die dem Sediment zugeführt werden, zu einer Verfestigung. Diese übernehmen dann die Funktion eines Bindemittels. Im Bauwesen nutzt man diesen natürlichen Vorgang zum Beispiel zur Herstellung von Beton.

1 Klastische Sedimente (Trümmergesteine):
Sie entstehen durch die Ablagerung eines transportierten und zuvor durch Verwitterung zerkleinerten Gesteins. Sand/Sandstein ist ein typischer Vertreter dieser Gruppe.
2 Biogene Sedimente:
Sie entstehen aus abgestorbenen Organismen wie Pflanzen oder Tieren. Torf/Kohle oder Bruchstücke aus Muschelschalen/Kalkstein sind typische Beispiele.
3 Chemische Sedimente:
Sie bilden sich durch die Ausfällung von gelösten Stoffen. Salze/Salzgesteine als Rückstände aus verdunstetem Wasser zählen zu dieser Gruppe.

9 Sedimenttypen

10 Marmorsteinbruch in den Alpi Apuane (Apenninen)

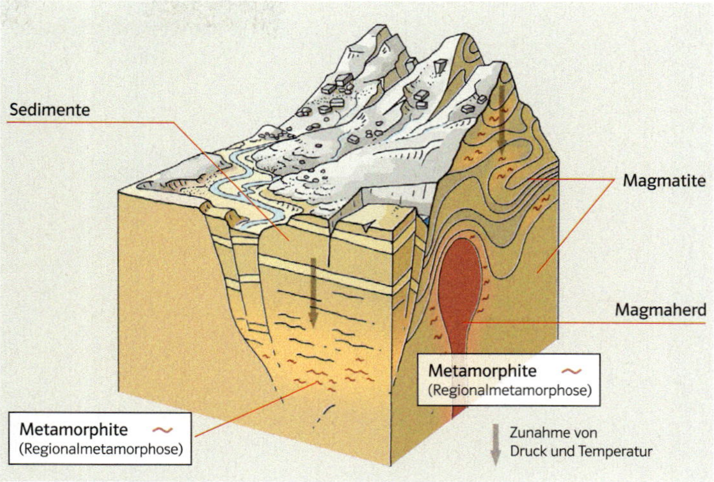

11 Entstehungsmöglichkeiten metamorpher Gesteine

Metamorphe Gesteine

Metamorphe Gesteine können aus Sedimenten, aus **Magmatiten**, aber auch aus älteren **Metamorphiten** hervorgehen. Sie sind zu 27% am Aufbau der Erdkruste beteiligt. Der Begriff Metamorphose (griech.) bedeutet Umwandlung. Für die Gesteinsbildung heißt das „Änderung der Form". Die Prozesse der Umwandlung vollziehen sich unter hohem Druck und/oder hohen Temperaturen. Der Druck bestimmt dabei die Anordnungsrichtung der Minerale, während die Temperatur für den Grad der partiellen Aufschmelzung des Ausgangsgesteins verantwortlich ist. Als Metamorphosearten werden die Regional- und die Kontaktmetamorphose unterschieden. Bei der Regionalmetamorphose gelangt das Ausgangsgestein durch Überlagerung anderer Gesteine oder endogene Absenkungsprozesse in größere Tiefen, wo Druck und Temperatur zunehmen. Auch seitlicher Druck durch Faltung oder Überschiebung bei gebirgsbildenden Prozessen leiten die Metamorphose ein. Die Minerale des Ausgangsgesteins werden auf das Äußerste beansprucht. Sie werden „gezwungen", sich neu einzuregeln. Plattenartige Minerale werden in eine Richtung gepresst. Es kann auch zu einer Streckung der ursprünglichen Minerale kommen. Als Folge werden schiefrige und streifige Texturen ausgebildet.

Bei der Kontaktmetamorphose gelangt das Ausgangsgestein in die Nähe eines Magmaherdes (Kontakthof). Je nach dessen Größe und den herrschenden Temperaturen im Randbereich werden die angrenzenden Gesteine in unterschiedlicher Intensität umgewandelt. Bei einem Ausgangsgestein können bei zunehmender Tiefe ganz unterschiedliche Metamorphite entstehen. Ein markantes Merkmal ist die Anordnung der Minerale in parallelen Lagen (schiefrige Textur). Bezeichnungen wie Glimmerschiefer weisen darauf hin. Je höher Druck und Temperatur werden, umso massiger und in der Struktur einheitlicher wird das Gestein. Metamorphe Gesteine, die aus Sedimenten gebildet wurden, heißen Paragesteine. Orthogesteine haben ihren Ursprung in Magmatiten.

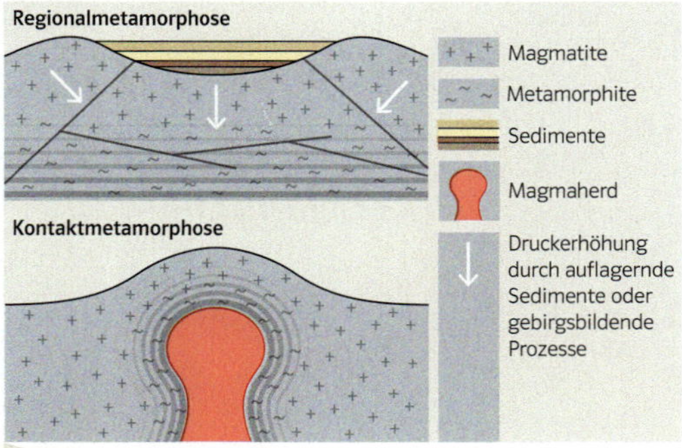

12 Metamorphosearten

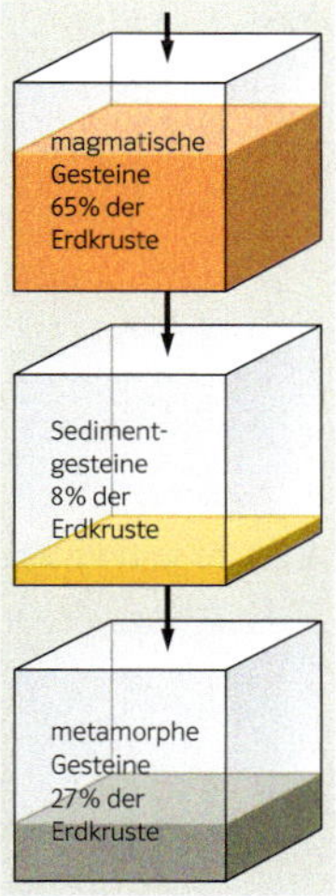

13 Anteil der Gesteinsart in der Erdkruste

4 Vergleichen Sie die Entstehung der Sedimentgesteine mit den metamorphen Gesteinen.

5 „Ein Sedimentgestein wird nicht in ein magmatisches Gestein umgewandelt." Begründen Sie diese Aussage.

6 Erläutern Sie die Umwandlung metamorphen Gesteins in magmatisches Gestein mithilfe des Gesteinskreislaufes.

7 Ordnen Sie die Handstücke aus dem Foto 1, S. 46 den entsprechenden Gesteinsarten zu.

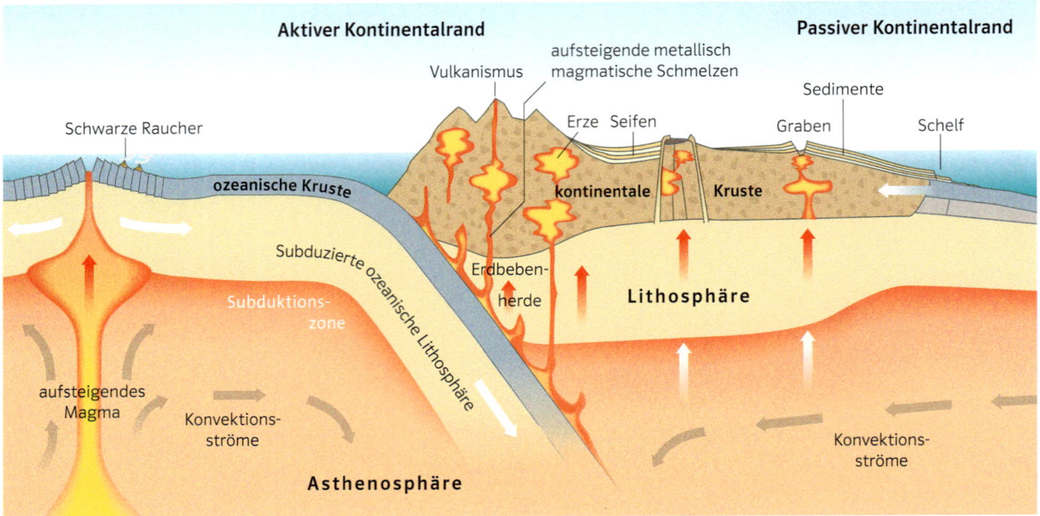

2 Lagerstätten und Tektonik

Nach: Heiner Barsch, Klaus Bürger: Naturressourcen der Erde und ihre Nutzung. Gotha: Haack 1988, S. 47

Plattentektonik und Lagerstätten

Die räumliche Verteilung von Lagerstätten ist eng mit den globalen plattentektonischen Strukturen verknüpft. Doch was sagt das über die Entstehung der Rohstoffe aus. Wo findet man die meisten Rohstoffe angereichert und lässt sich damit das Verteilungsmuster erklären?

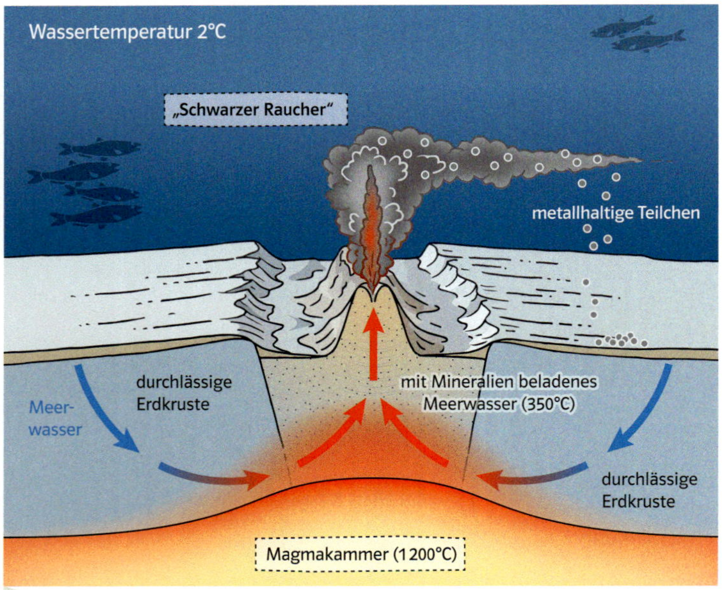

1 Modell einer hydrothermalen Lagerstätte

Rohstoffe lagern sich im Wesentlichen in magmatischen oder sedimentären **Lagerstätten** an und sind das Ergebnis endogener oder exogener Vorgänge. So findet man die bedeutendsten magmatischen Erzlagerstätten an den konvergierenden oder divergierenden Plattenrändern im Zusammenhang zu den magmatischen Prozessen.

An **Grabenbrüchen** entstehen durch den Aufstieg glutflüssiger Schmelzen oft heiße, salzhaltige Laugen, aus denen wertvolle Buntmetalle als Sulfide und Oxide ausgefällt werden. In den untermeerischen Riftgebirgen dringt durch Spalten Wasser ins Gestein, das dann mit Mineralien angereichert, oft an kleinen Vulkanschloten wieder austritt. In diesen hydrothermalen Lagerstätten bilden sich zum Beispiel Kupferkies, Zinkblende oder Manganknollen.

In **Subduktionszonen** führen Aufschmelzvorgänge zur Anreicherung zahlreicher Erze, vor allem Kupfer, Eisen, Nickel, Mangan, Silber und Gold. Diese findet man auch in den unteren Stockwerken junger aufgefalteter Gebirge, hervorgerufen etwa durch magmatische Intrusion.

Auf den stabilen Kontinentalbereichen oder den Schelfgebieten bilden sich durch exogene Prozesse überwiegend sedimentäre Lagerstätten, wie zum Beispiel Seifen, Kohlen-, Salz-, Erdgas- bzw. Erdöllagerstätten.

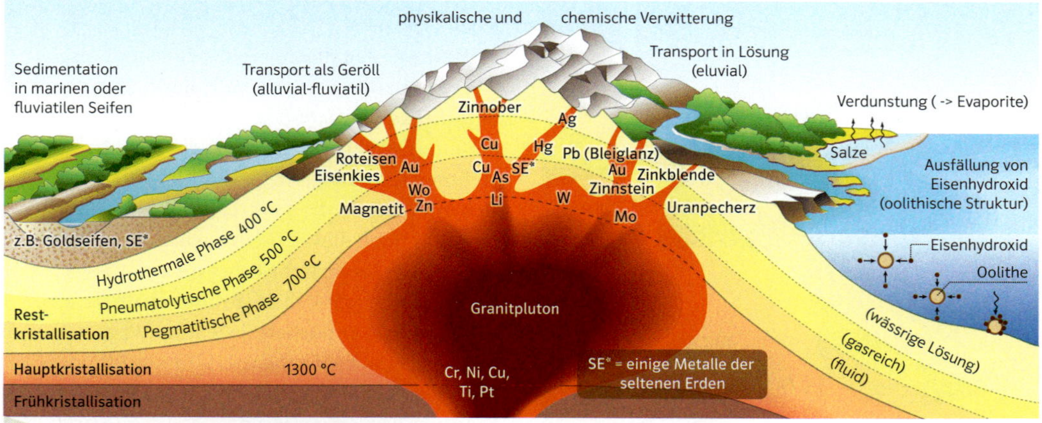

3 Primäre und sekundäre Erzlagerstätten

Erzlagerstätten

Magmatische oder primäre Lagerstätten. Sie entstehen beim Eindringen von Gesteinsschmelzen aus dem oberen Erdmantel in die Erdkruste. Während der Kristallisationsphase erfolgt eine Aufspaltung der Schmelzen in Teilschmelzen mit unterschiedlicher chemischer Zusammensetzung (Differenziation).

Ist das Magma noch flüssig (liquid), erstarren bei Temperaturen zwischen 1300 °C und 700 °C zuerst Erzmineralien mit hohem Schmelzpunkt. Sie werden als Kristalle ausgeschieden und sinken aufgrund ihrer Schwere in der Schmelze ab. Erst dann erfolgt die Erstarrung der gesteinsbildenden Minerale, wobei „schichtige" Erzkörper entstehen. Bei weiterer Abkühlung der Schmelzen bildet sich die Hauptmasse der Gesteinsmineralien heraus.

Nach dieser Hauptkristallisation weist die Restschmelze Eigenschaften von Gasen und Flüssigkeiten auf. Bei Temperaturen von nunmehr 600 °C – 400 °C dringen die hochkomprimierten Gase in Hohlräume und Spalten des Nebengesteins ein und bilden Erzstöcke und Erzlinsen (pneumatolytische Phase). Sinken die Temperaturen unter 400 °C, entstehen wässrige Lösungen, in denen es zur Ausscheidung von Erzen kommt (hydrothermale Phase). Sie enthalten eine Vielzahl von Metallen, sodass sich oft sogenannte Polyerze, wie Gold-Silber oder Kobalt-Nickel-Silber bilden. Die ausgeschiedenen Erze treten hauptsächlich in Form von Gangerzlagerstätten oder in feiner Verteilung im Nebengestein auf.

Seltene Erden kommen meist nur in jeweils kleinen Mengen und in sehr vielen weit verstreut lagernden Mineralien sowie als Beimischungen in anderen Mineralien vor. Ein Großteil der industriellen Gewinnung von Seltenerdmetallen geschieht daher als Nebenprodukt durch die chemische Aufbereitung bei der Gewinnung anderer, stärker konzentriert vorliegender Metalle aus deren Erzen.

Sedimentäre oder sekundäre Lagerstätten. Sie entstehen, wenn magmatische Erzlagerstätten durch Hebung und Abtragung an die Erdoberfläche gelangen und der **Verwitterung** ausgesetzt sind. Dabei werden widerständige Erztrümmer und -mineralkörner durch Bäche und Flüsse transportiert und bei nachlassender Transportkraft wegen ihres spezifischen Gewichts in bestimmten Gefälleabschnitten bevorzugt abgelagert. Diese sedimentären Anreicherungen heißen Seifen. Wenn erzreiche Abtragungsprodukte durch Flüsse in das **Meer** gelangen, kommt es zu Wechselwirkungen mit dem Meereswasser. Dabei können Eisenhydroxide ausgefällt werden und sich in Sedimenten anreichern. Im Tiefseebodenbereich bilden sich Manganknollen, Kobaltkrusten und Erzschlämme aus.

Lagerstätten sind abbauwürdige, räumliche Anreicherungen nutzbarer Minerale oder Gesteine.

Rohstoffe sind Teile der Ressourcen, die vom Menschen aus der Natur herausgelöst wurden, um sie im Produktionsprozess weiterzuverarbeiten.

1 Erläutern Sie den Zusammenhang zwischen tektonischen Vorgängen und der Bildung von Erzlagerstätten.

2 Erläutern Sie den Unterschied zwischen primären und sekundären Lagerstätten.

3 Beurteilen Sie die Gefährdung von Ökosystemen durch den Abbau von Erzen.

4 „Die Goldsuche beginnt oft als Goldwäsche in Bächen und Flüssen, und meist erst danach folgt der bergmännische Abbau." Beurteilen Sie diese Aussage.

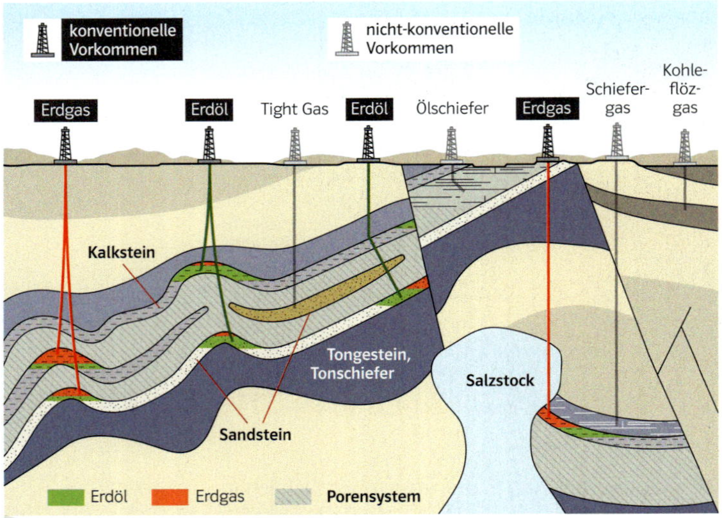

4 Typen von konventionellen und nicht konventionellen Erdgas- und Erdöllagerstätten (Fallen)

Nach: Energiestudie 2013, BGR, Hannover, unter: www.bgr.bund.de (Zugriff 29.05.2021)

Neue Theorie
„Seit einiger Zeit diskutieren vor allem russische Wissenschaftler eine andere Theorie. ‚Rohöl und natürliches Erdgas haben keine eigentliche Verbindung mit in der Nähe der Erdoberfläche vorkommenden biologischen Substanzen. Es handelt sich um Urstoffe, die aus großen Tiefen hervorbrechen.' Nach dieser Theorie würde Erdöl abiotisch, durch geologische Prozesse aus Wasser, Wasserstoff sowie Kohlenstoffmonoxid und Kohlenstoffdioxid entstehen. So will ein Wissenschaftler ‚bewiesen haben, dass fossile Pflanzen und Tiere nicht notwendig sind, um Rohöl und Erdgas entstehen zu lassen.'"

Michael Odenwald: Neue Mythen um das Ende des Öls, auf: FOCUS Online v. 14.02.2016, unter: www.focus.de/wissen/weltraum/odenwalds_universum/tid-15600/rohstoffe-neue-mythen-um-das-ende-des-oels_aid_438109.html (Zugriff 05.06.2021)

5

Erdgas- und Erdöllagerstätten

Erdöl- und Erdgaslagerstätten treten im Zusammenhang mit mächtigen marinen Sedimentpaketen auf. Diese Bedingungen findet man vor allem in weiträumigen Becken mit flach liegenden marinen Sedimentserien im Bereich der Kontinentaltafeln, aber auch in mit Sedimenten gefüllten tektonischen Gräben, den Rand- und Zwischenbecken der jungen Faltengebirge oder in Schelfgebieten der Erde.

Sapropel
ist eine geologische Ablagerung, deren Rohstoff Wasserpflanzen und tierische Überreste sind, zusammen mit den aus dem Festland herangetragenen Fragmenten des Gewebes der höheren Pflanzen mit Sand, Blütenstaub, Roherde sowie auch den Lösungen verschiedener Mineralstoffe.

Entstehung und Lagerstättenbildung. Eiweißstoffe, Fette und Kohlenhydrate von pflanzlichem und tierischem Plankton und Bakterien, die im Wasser gelebt haben, bilden das Ausgangsmaterial für die Erdölentstehung.

In der oberflächennahen licht- und sauerstoffreichen (aeroben) Zone bilden sich große Mengen an Plankton. Nach dem Absterben sinkt es in die schlecht durchlüftete Unterzone ab, wo es sich zusammen mit anorganischen Sedimenten als Faulschlamm (Sapropel) anreichert. Infolge der Sauerstoffarmut und unter Einwirkung von anaeroben Bakterien werden die organischen Substanzen zu Fettsäuren abgebaut und danach in Kohlenwasserstoffe umgewandelt. Es entsteht Bitumen. Den unter Druck zu Gestein verfestigten und mit Bitumen durchsetzten Faulschlamm bezeichnet man als Erdölmuttergestein. Durch den Überlagerungsdruck nachfolgender Sedimente wird Erdöl und Erdgas aus dem Bitumen bei Temperaturen zwischen ca. 70 °C und 150 °C herausgepresst.

Diese aus dem Muttergestein herausgepressten Kohlenwasserstoffe wandern durch die Poren oder entlang der Spalten zum sogenannten Speichergestein. Den Prozess der Wanderung bezeichnet man als Erdölmigration. Werden die Kohlenwasserstoffe nicht am Aufsteigen gehindert, erreichen sie die Erdoberfläche und bilden dort sogenannte „Ölkuhlen" oder „ewige Feuer". Innerhalb des Speichergesteins sammelt sich das Erdöl in besonders günstigen Krustenstrukturen, den Erdölfallen (M4). Das sind vor allem Antiklinalen (Schichtsattel), Verwerfungen (tektonische Fallen) sowie Flanken und Dächer von Salzstöcken. In den **Lagerstätten** tritt das Öl meist mit dem Gas und **Salzwasser** gemeinsam auf, wobei die drei Fraktionen ihrer Dichte entsprechend getrennt sind. Ab ca. 150 °C wird das Erdöl durch natürliches Cracken in Erdgas überführt, die maximale Tiefengrenze von Erdöllagerstätten liegt somit bei etwa 3 500 m. Neben der beschriebenen Umwandlung entsteht Erdgas auch häufig durch Entgasung von Kohleschichten. Ab einem Gehalt von ca. 37 % flüchtiger Bestandteile gibt die Kohle große Mengen an Methan ab. So sind viele der europäischen Erdgasfelder durch Kohleentgasung entstanden.

Nicht-konventionelles Erdöl. Erdöl, das nicht mittels althergebrachter, konventioneller Verfahren gefördert wird, heißt nicht-konventionelles oder unkonventionelles Erdöl. Die Unterscheidung richtet sich nach den Eigenschaften des Erdöls bezüglich seiner

Viskosität und Dichte sowie nach der Art des Vorkommens.
Zum nicht-konventionellen Erdöl zählen aufgrund der Eigenschaften sowohl Schwerstöl, welches eine sehr hohe Dichte aufweist und aufgrund seiner hohen Viskosität nur schwer fließfähig ist, als auch in Ölsand gebundenes Bitumen und Ölschiefer. Hierbei handelt es sich um ein „unreifes" Erdölmuttergestein mit einem hohen Anteil an organischen Bestandteilen. Dessen organisches Material (Kerogen) wurde noch nicht in flüssige Kohlenwasserstoffe umgewandelt.
Bezüglich der Art des Vorkommens besteht nicht-konventionelles Erdöl aus dichten Tongesteinen (Schieferöl).

Ölsand. Das Öl aus dem Ölsandstein, landläufig Ölsand genannt, enthält ein Gemisch schwerer Kohlenwasserstoffe, das jedes Sandkorn, noch getrennt durch eine dünne Wasserhaut, als feiner Film umgibt. Die Ölsande im weltgrößten Fördergebiet in Alberta (Kanada) sind ein Gemisch aus durchschnittlich 83 % Sand, 10 % Kerogen, 4 % Wasser und 3 % Ton. Das Problem besteht zum einen darin, die äußerst zähen Kerogene vom Sand zu trennen und für die weitere Verarbeitung aufzubereiten, zum anderen in der Entsorgung der im Produktionsprozess entstehenden giftigen Abwässer.

Verteilung der Lagerstätten. Erdöl- und Erdgaslagerstätten bilden sich in Räumen mit folgenden Voraussetzungen:
- weiträumige Becken mit flach liegenden marinen Sedimentserien im Bereich der Kontinentaltafeln,
- Sedimentfüllungen in tektonischen Gräben,
- Rand- und Zwischenbecken der jungen Faltengebirge,
- Schelfgebiete der Erde.

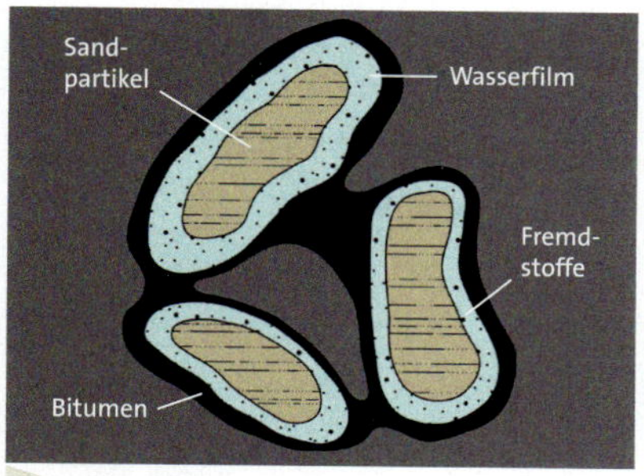

6 Ölsand

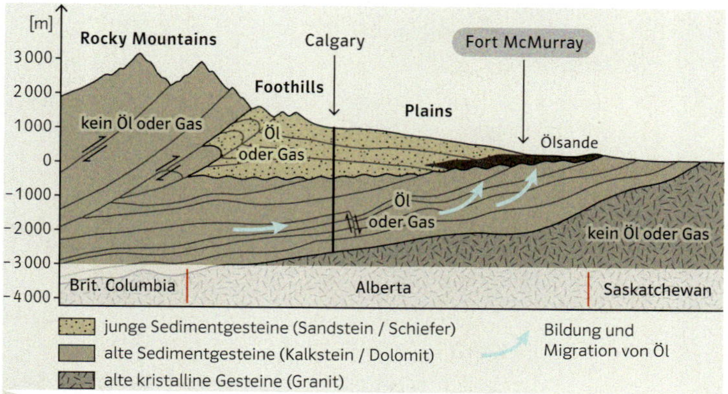

7 Western Canadian Sedimantary Basin
Nach: www.centreforenergy.com (Zugriff 05.06.2021)

Die Entstehung der Ölsande
Die Entstehung der Ölsandlagerstätte von Athabasca ist zunächst vergleichbar mit der Entstehung konventioneller Lagerstätten: Abgestorbene Kleinstlebewesen (Plankton, Algen) haben sich in einem sauerstoffarmen Inlandseebecken abgelagert. Durch den Druck der darüberliegenden Sedimentschichten (bis 1000 m mächtig) erhöhte sich die Temperatur, sodass sich über Millionen von Jahren flüssige Kohlenwasserstoffe im Muttergestein, dem sogenannten schwarzen Schiefer, bildeten. Durch geotektonische Prozesse, wie die Heraushebung der westlich liegenden Rocky Mountains, vor allem aber durch den Druck der aufliegenden Kalksteinschichten, begann die Migration durch die porösen Sedimentschichten. Die flüssigen Kohlenwasserstoffe wanderten mehr als 1000 km ostwärts und aufwärts, bis sie die Sandsteinschichten im Gebiet von Nordalberta erreichten. Im Gegensatz zu konventionellem Öl lagerten sie sich nicht in abgedichteten Fallen ab, sondern wanderten bis in die oberflächennahen Sandsteinschichten. Die jetzt darin enthaltenen, in Wasser und organischen Lösungsmitteln unlöslichen Substanzen (Kerogene) haben eine höhere Dichte. Die Gewinnung von Rohöl erfolgt in mehreren Stufen nach speziellen Methoden.

8

5 Beschreiben Sie Bedingungen und Vorgänge, die zur Entstehung von Erdöllagerstätten führen.

6 Begründen Sie die Verbreitung der Erdöllagerstätten.

7 Erläutern Sie die Unterschiede zwischen konventionellen und nicht konventionellen Lagerstätten.

8 MK Beurteilen Sie die mit dem Ölsandabbau verbundenen Umweltschäden. Nutzen Sie dafür das Internet.

Bildungsgebiet	Lagerstättengröße	Inkohlungsintensität/ Kohlequalität	Beispielvorkommen
Zentralbereich von Tafeln, stabile Schelfe	bedeutend	gering	Moskauer Becken
Randbereich von Tafeln, labile Schelfe	unterschiedlich	wechselnd (meist mäßig bzw. gering)	Kansk-Atschinsk (Südwestsibirien)
Außensenken von Faltengebirgen (paralisch = Küstenrandmilieu)	bedeutend	hoch	Ruhrgebiet
Innensenken von Faltengebirgen (limnisch = Seen und Sümpfe)	meist unbedeutend	hoch	Saargebiet

9 Zusammenhang zwischen Lagerstättenbedingungen und Kohlequalität

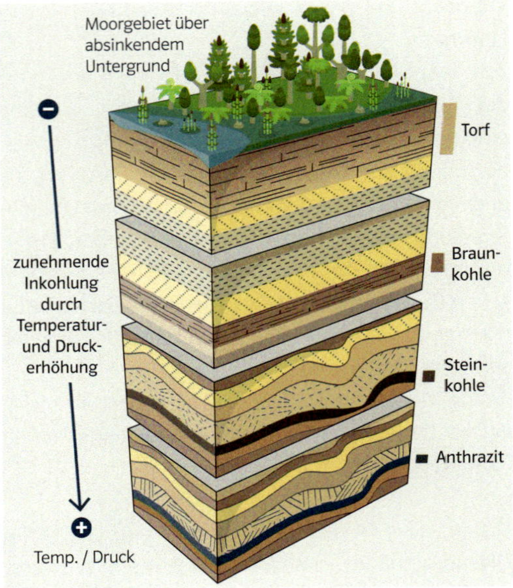

10 Inkohlung
Nach: Geologischer Dienst NRW (Gross-Dohme, Barbara), Krefeld, nach: www.geodz.com/deu/d/Inkohlung (Zugriff 05.06.2021)

Kohle

Zu den wichtigsten Voraussetzungen für die Kohlebildung gehören ein feuchtwarmes Klima und hoher **Grundwasserstand**. Unter diesen Bedingungen entstehen ausgedehnte Sumpf- und Moorwälder. Gerät das dort angehäufte Pflanzenmaterial unter Wasserbedeckung und Luftabschluss, kann es nicht verwesen. Der dabei einsetzende Prozess der Umwandlung pflanzlicher Materialien in Kohle wird als **Inkohlung** bezeichnet. Er läuft in zwei Phasen ab.

Beim **biochemischen Inkohlungsprozess** wird durch chemische Reaktionen, ausgelöst von Bakterien und Pilzen, Torf gebildet. Diese Torfschicht wuchs bei Absenkung dieser Gebiete und damit steigender Grundwasseroberfläche immer weiter an. Flüsse und Bäche aus dem höher gelegenen Umland spülten sandig-tonige **Verwitterungsprodukte** in diese Flachmoorbereiche hinein. Bei weiterer Absenkung wurden die Moore durch Meeres- und Flusssedimente zugedeckt. Verringert sich dann die Absenkung, bildet sich eine weitere Torfschicht aus. Diese Vorgänge konnten sich mehrfach wiederholen, sodass mehrere Torfschichten entstanden.

Mit fortschreitender Untergrundabsenkung setzte der **geochemische Inkohlungsprozess** ein. Durch fortgesetzte Überlagerung mit Sand- und Tonmassen nahmen Druck und Temperatur zu. Dadurch wurden aus den Torfschichten vor allem flüchtige Bestandteile wie Wasserstoff und gebundener Sauerstoff, aber auch Methan herausgepresst. Die Kohlenstoffanteile dagegen haben sich erhöht. In Abhängigkeit von der Intensität des Inkohlungsprozesses wandelte sich durch zunehmende Verfestigung und Veränderung der Struktur Torf in Braunkohle, Steinkohle oder Anthrazit um.

Diese Vorgänge liefen in Millionen von Jahren mehrfach ab. Je nach Krustenbewegung, Pflanzenwachstum und Sedimentation wechseln sich die Mächtigkeit der Flöze und die des tauben Gesteins ab. Für die Umbildung spielen auch gebirgsbildende Prozesse eine Rolle. Dabei erfuhren die Flöze eine mehr oder weniger starke Schiefstellung, Verbiegung oder Verwerfung.

9
Erstellen Sie eine Übersicht zu den Gemeinsamkeiten und Unterschieden bei der Entstehung von Erdöl, Erdgas und Kohle.

10
Unter welchen Bedingungen war es möglich, dass die Braunkohle im Moskauer Becken älter ist als die Steinkohle im Ruhrgebiet?

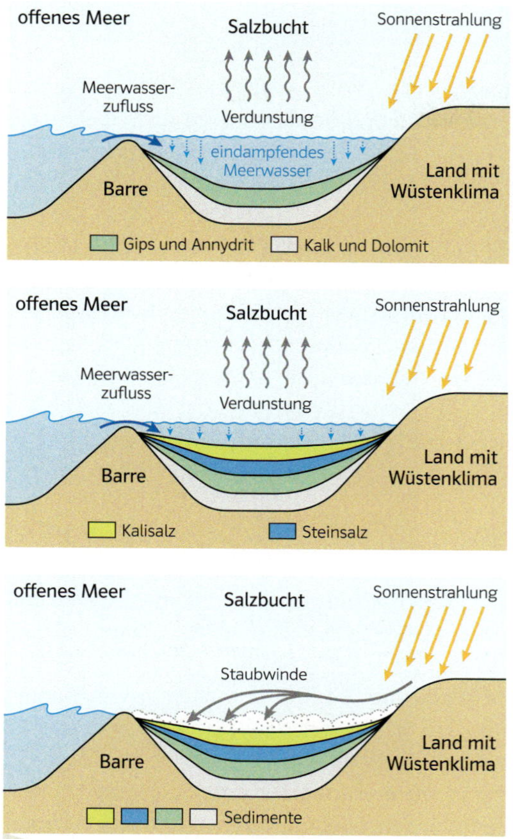

11 Entstehung von Salzlagerstätten

Salz

Salz ist für die menschliche Ernährung unentbehrlich. Deshalb wurde dieser **Rohstoff** zu jeder Zeit gewonnen. Drei unterschiedliche Gewinnungsarten sind möglich: die Salzgewinnung aus dem Meereswasser, das Siedesalz aus Solquellen oder Salzseen und die Salzgewinnung im Bergbau. Letztere ist am ergiebigsten und brachte der chemischen Industrie im Ausgang des letzten Jahrhunderts einen Aufschwung. Dabei spielte der Einsatz von Kalisalz in der Düngemittelproduktion eine große Rolle.

In Nord- und Mitteldeutschland lagern Salzschichten mit über 500 m Mächtigkeit. Bei einem normalen Eindampfvorgang von 1000 m tiefen Meeresbecken könnten sich höchstens 16 m mächtige Salzschichten bilden.

12 Abbau im Kaliwerk Werra

Entstehung von Salzlagerstätten. Im Perm bedeckte ein flaches Zechsteinmeer dieses Gebiet. Eine untermeerische Schwelle, Barre genannt, trennte Meeresbuchten oder Lagunen vom offenen **Meer**, sodass kein ungehinderter Frischwasseraustausch möglich war und sich eine immer stärker anreichernde Salzlauge gebildet hat. Durch das feuchtwarme Klima in dieser Zeit kam es zu Meerwasserverdunstungen verbunden mit einer Übersättigung der Salzlauge und damit zum Absinken von Schwebstoffen und Ausfällungen unterschiedlicher im Wasser gelöster Stoffe wie Kalke, Gips oder Salze. Die Abscheidung der Salze aus konzentrierten Lösungen erfolgt immer in der Reihenfolge der zunehmenden Löslichkeit. Da die Barre sich mehrfach hob und senkte, entstanden Ablagerungsserien mit Zwischenlagerungen von Sedimenten aus Sand und Ton. Unter den Einwirkungen von Druck und Temperatur werden Salze plastisch verformbar, bis sie zu fließen beginnen. Dabei wandern sie in Zonen schwächerer Belastung und bilden Salzstöcke. An deren Rändern werden die begleitenden Schichten aufgebogen. Durch Auseinanderfließen im oberen Bereich infolge des geringer werdenden Drucks nehmen die Salzstöcke oft keulenförmige Gestalt an. Diese Salzstöcke oder Diapire können Durchmesser von 1000 – 2000 m und Höhen bis zu 7000 m erreichen. Gelegentlich findet sich Erdöl an den Flanken der Salzstöcke.

Kleine Salzkunde

Steinsalz ist im Bergbau gewonnenes Natriumchlorid. Als Nahrungsmittel und in der chemischen Industrie genutzt.

Sole ist eine Lösung von Steinsalz oder auch anderen Salzen in Süßwasser.

Meersalz wird in „Salzgärten" durch Verdunsten aus Meerwasser gewonnen. Dieses Mischsalz wird ausschließlich zum Verfeinern von Speisen genutzt.

Kalisalz wird unter Tage abgebaut. Aus ihm wird das für die Landwirtschaft sehr wichtige Kaliumsulfat, ein Spezialdüngemittel, hergestellt, aber auch technische Salze.

11 Beschreiben Sie die Entstehung von Salzlagerstätten.

12 Erläutern Sie die Bedeutung von Salz.

13 Lange galten Salzlagerstätten wie Gorleben als die sichersten Endlager für den radioaktiven Atommüll. Heute sucht man in anderen Gesteinsschichten nach diesen. Nehmen Sie zu dieser Entwicklung kritisch Stellung.

Wichtige Begriffe

- Asthenosphäre
- Bruchschollengebirge
- Diskontinuitätsflächen
- Grabenbruch
- Hotspot
- Isostasie
- Konvektionsströme
- Lagerstätten
- Lithosphäre
- magmatische Gesteine
- metamorphe Gesteine
- Mittelozeanische Rücken
- Plattentektonik
- Plumes
- Rift
- Rohstoffe
- Schalenbau
- Sedimentgestein
- Subduktion
- Tiefseerinne
- Transformstörung

Wissen vernetzen

Die Theorie der Plattentektonik ermöglicht es, wichtige Vorgänge und Erscheinungen auf der Erdoberfläche, wie die Anordnung der Kontinente und Ozeane, die Lage der Gebirge, die Verbreitung der Vulkane, das Vorkommen unterschiedlicher Gesteine an bestimmten Orten oder die Verteilung der Bodenschätze in der Erdkruste zu erklären.

Ohne endogene Prozesse gäbe es kein Leben auf der Erde, keine mineralischen Rohstoffe, keine wirtschaftlich nutzbaren Gesteine und keine Wasservorräte. Damit der wachsenden Weltbevölkerung auch in Zukunft ausreichende Georessourcen zur Verfügung gestellt werden können, ist ein umfassendes Verständnis des Systems Erde nötig. Die Verfügbarkeit von Georessourcen ist dabei ein Schlüssel für die Zukunft der Menschheit.

Zur Entwicklung von Szenarien für eine nachhaltige Nutzung der Erde werden komplexe Modelle benötigt, bei denen auch endogene Prozesse Berücksichtigung finden müssen.

Mit dem Strukturschema ist es möglich, das komplexe Zusammenwirken der endogenen Kräfte bei der Plattentektonik in einem Gesamtzusammenhang darzustellen. Sie können zum Beispiel Ihr Wissen zu ausgewählten Themen wie die Entstehung eines Grabenbruchs in den plattentektonischen Zyklus, einordnen und vertiefen.

Allerdings sind in dem Schema nicht alle Grundbegriffe enthalten bzw. es wurden nur die Oberbegriffe aufgeführt. Mit den Pfeilen können Sie Zusammenhänge herstellen. So können Sie erkennen, dass zum Beispiel bestimmte Erscheinungen in der Lithosphäre oder des Vulkanismus an die Plattenränder gebunden sind. Expertenwissen über Ursachen und Zusammenhänge von Erdbeben und Vulkanismus ist aber auch nötig, um geeignete Vorsorgemaßnahmen treffen zu können.

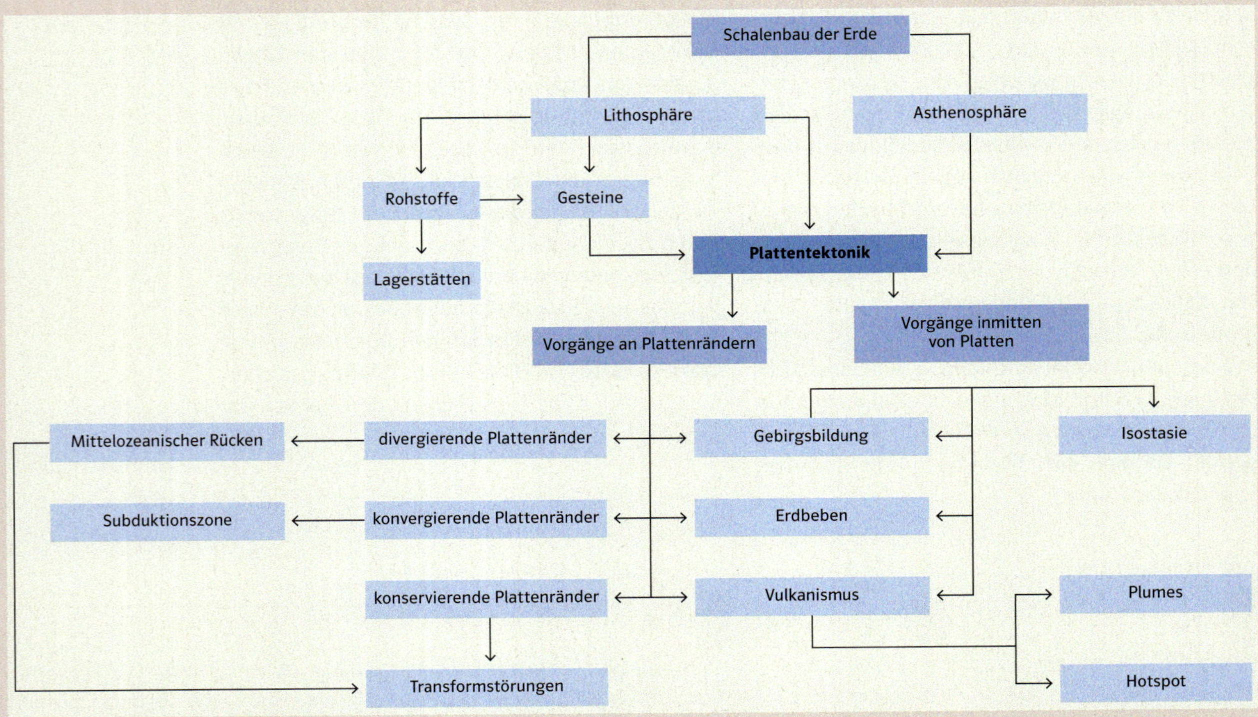

1 Geodynamische Prozesse

Kompetenzen überprüfen

Sich orientieren

1 Beschreiben Sie mit einer geotektonischen Karte die Verteilung der Platten und ihrer Bewegungsrichtungen auf der Erde.

2 Benennen Sie Inseln bzw. Inselgruppen, deren Entstehung auf Hotspotvulkanismus zurückzuführen ist.

Wissen und verstehen

3 Erläutern Sie die Bedeutung endogener Vorgänge für das Leben der Menschen.

4 Ordnen Sie folgende Begriffe in das Schema 1 (S. 56) begründet ein: Diskontinuitätsflächen, Überschiebung, Konvektionsströme, Rift, Tiefseerinne, Kohle.

5 Stellen Sie in einer Übersicht die Erscheinungen des Vulkanismus und der Erdbeben an den unterschiedlichen Plattengrenzen zusammen.

6 Erläutern Sie mithilfe der Isostasie die Hebung kontinentaler Kruste im Zuge einer Kontinent-Kontinent-Kollision.

Fachmethoden anwenden

7 **Plattentektonik und Gesteinsentstehung**

a) Analysieren Sie die tektonische Profilskizze (M2) zur Lage der Gesteine des Elbsandsteingebirges.

b) Ordnen Sie die Gesteine aus dem Blockbild den drei Gesteinsgruppen zu.

c) Begründen Sie das Vorhandensein und die Lage des Elbtalschiefergebirges.

d) Erläutern Sie den Zusammenhang zwischen Gebirgsbildung und Metamorphose.

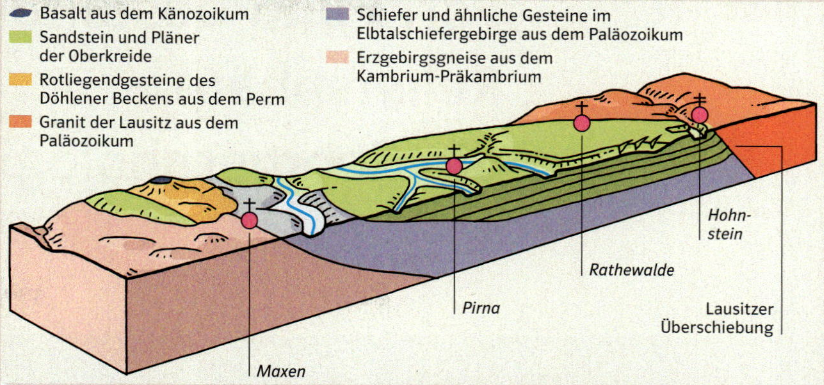

2 **Geologische Verhältnisse des Elbsandsteingebirges und angrenzender Gebiete**

A. Gerth, „Geologische Exkursionen in der Oberlausitz und im Elbsandsteingebirge". Spitzkunnersdorf: Oberlausitzer Verlag, 2006, S. 66

8 Werten Sie auf der Basis des Schalenbaus die Diagramme (M3) aus und begründen Sie den unterschiedlichen Verlauf der Kurven.

Beurteilen und bewerten

9 „Das Verteilungsbild von Kontinenten und Ozeanen ist in ständiger Bewegung. Mit dem Driften der Kontinente verändern auch die Kontinente und Ozeane ihre Größe und Form."
Beurteilen Sie diese Aussage.

10 „Die Verfügbarkeit von Georessourcen ist ein Schlüssel für die Zukunft der Menschheit."
Beurteilen Sie diese Aussage.

Handeln

11 Entwickeln Sie eigene Handlungsstrategien für den schonenden Umgang mit den begrenzten Georessourcen Kupfer, Kohle, Erdöl und Wasser und bewerten Sie deren praktische Umsetzungsmöglichkeiten.

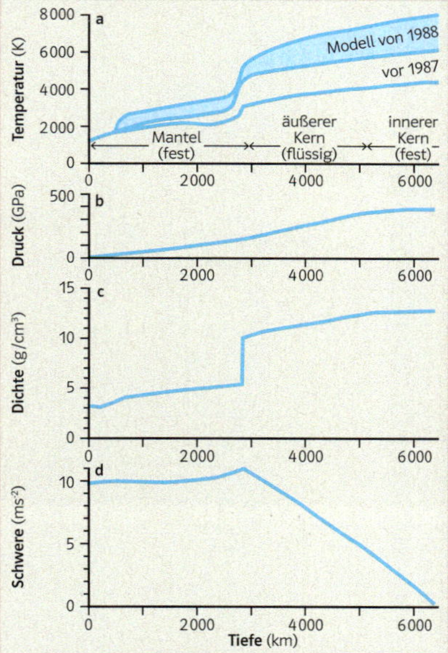

3 **Eigenschaften der Erdschalen**

Heinrich Bahlburg/Christoph Breitkreuz: Grundlagen der Geologie. Stuttgart: Enke 1998, S. 189

Wenn Sie alle Seiten dieses Kapitels bearbeitet haben, können Sie …

- Ursachen und Auswirkungen plattentektonischer Prozesse auf der Grundlage aktueller wissenschaftlicher Erkenntnisse erläutern,
- die Entstehung und Verbreitung von Gesteinen und ausgewählten Rohstoffen erklären und begründen,
- geologische Profilskizzen auswerten,
- die Notwendigkeit einer nachhaltigen Ressourcennutzung beurteilen und eigene Handlungsansätze dazu entwickeln.

3

Form und Gestaltung der Reliefsphäre – die Geomorphologie

1 Bild oben: Blick über den Hohlaub- und den Allalingletscher zum Strahlhorn (4190 m), Walliser Alpen

Das Relief unserer Erde ist extrem vielgestaltig und umfasst schroffe Gipfelregionen, unterschiedlichste Küstenlandschaften, ausgedehnte Wüsten, flache Tafelländer, Flusslandschaften und vieles mehr. Jede gegenwärtig auf der Erde beobachtete Oberflächenform bildet das Ergebnis teilweise langer und komplexer Formungsprozesse. Diese Formung durch Erosion, Transport und Ablagerung wird nie abgeschlossen sein, das „Gesicht der Erde" wird sich auch weiterhin verändern. Nicht zuletzt auch durch den intensiven Einfluss menschlicher Aktivitäten. Welche Kräfte prägen das Landschaftsbild und wie wirkt der Mensch auf den Wandel des Reliefs ein? Werden Siedlungs- und Wirtschaftsräume durch unangepasste Landnutzung zunehmend verwundbar?

2 Bild unten: Cathedral Cove, Küstenlandschaft in Neuseeland

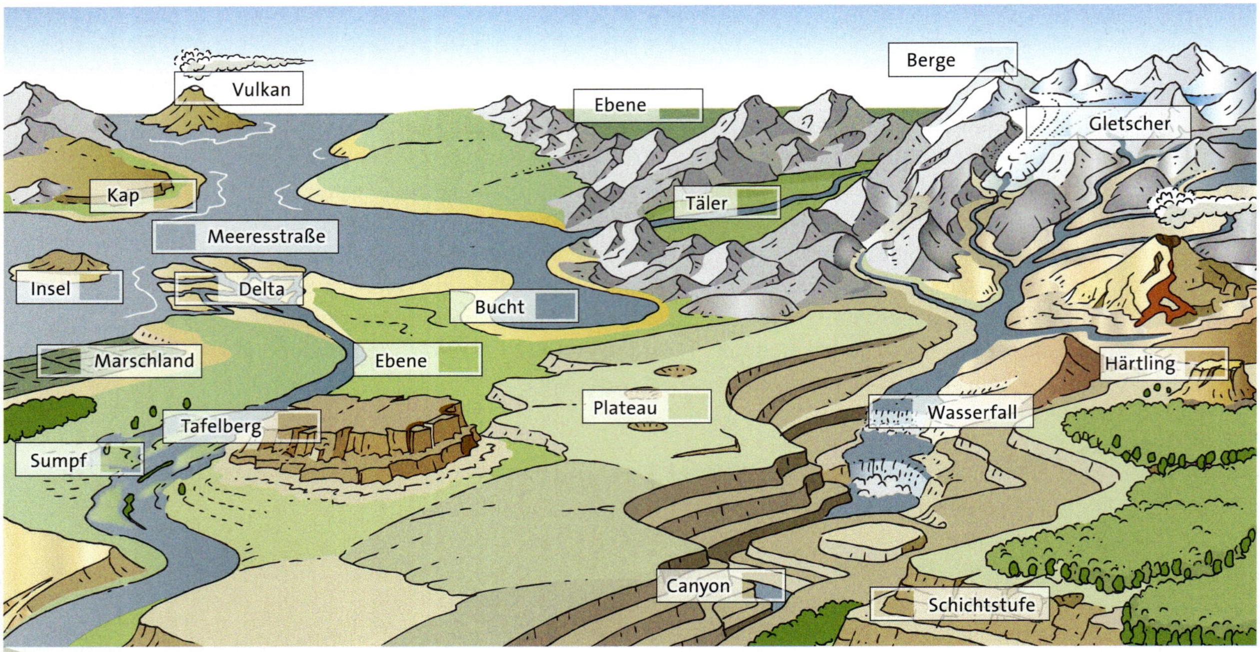

1 Landschaftsformen im Überblick

Entstehung der Landschaftsformen

Die Oberflächenformen auf der Erde sind unter unterschiedlichen Bedingungen entstanden. Es sind die Prozesse und Zyklen, die in und zwischen den einzelnen Geosphären ablaufen, die zur Formung der Erdoberfläche führen. So entstehen schließlich Höhenzüge, steile Täler, Dünen, flache Flussauen und viele weitere Formen. Dabei wirken sowohl endogene als auch exogene Geofaktoren. Welche Rolle spielt der wirtschaftende und siedelnde Mensch neben den natürlichen Geofaktoren bei der Gestaltung der Landschaft?

← Gebirgsbildung S. 42 ff.

← Potsdamer Schwerekartoffel (Geoid) S. 29

Zu den **endogenen Geofaktoren** zählen alle Kräfte, die aus dem Erdinneren heraus auf die Gestaltung der Erdoberfläche einwirken. Dies sind nicht nur spektakuläre und oft äußerst schnell ablaufende Ereignisse wie Vulkanausbrüche oder Erdbeben, sondern auch langwierige Prozesse wie die Auffaltung von Gebirgen in Jahrmillionen. **Exogene Geofaktoren** wirken hingegen von außen auf die Erdoberfläche ein. Insbesondere **Wind** und Wasser, aber auch Eis modellieren die **Landschaft**. Einen ganz wesentlichen Einfluss auf das Relief hat das Klima einer Region, denn der Jahresrhythmus von Temperatur und **Niederschlägen** bestimmt mit, wie schnell Gesteine und andere an der Oberfläche befindliche Materialien zersetzt werden.

Gliederung der Erdoberfläche

Meer und Festland prägen das Antlitz unseres Planeten. Von den 510 Mio. km² seiner Gesamtoberfläche entfallen knapp 29 % auf das Festland. Gut 3 % der gesamten Oberfläche liegen unter einer dauerhaften Eisdecke. Neben diese übergeordneten horizontalen Gliederungsmerkmale tritt die vertikale Gliederung der Erde, die die durchschnittliche Verteilung auftretender Geländehöhen wiedergibt. Die unterschiedliche Verteilung von Höhen und Tiefen auf der Erde, aber auch Massenunregelmäßigkeiten in Erdkruste und Erdmantel sorgen dafür, dass die Schwereverhältnisse (Anziehung/Fliehkraft) auf der Welt uneinheitlich verteilt sind. Mathematisch betrachtet ist die Erde keine Kugel, sondern eher ein leicht abgeflachter, verbeulter und um die eigene Achse „eiernder“ Körper, der auch als Geoid bezeichnet wird. Im Bereich des Indischen Ozeans wurde mit ca. –108 m die größte „Einbeulung“ dieses Körpers nachgewiesen.

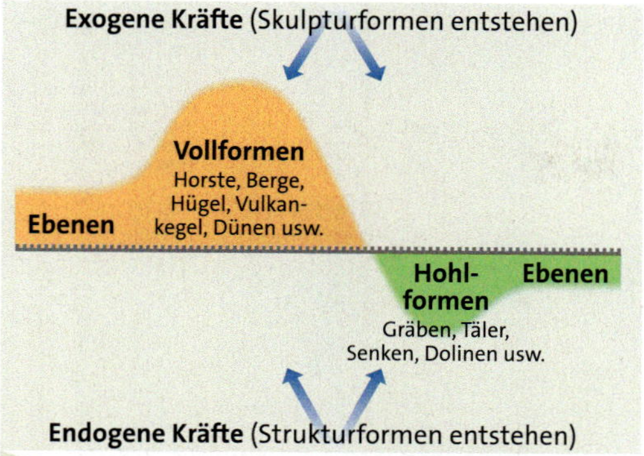

2 **Systematik der Oberflächenformen der Erde**

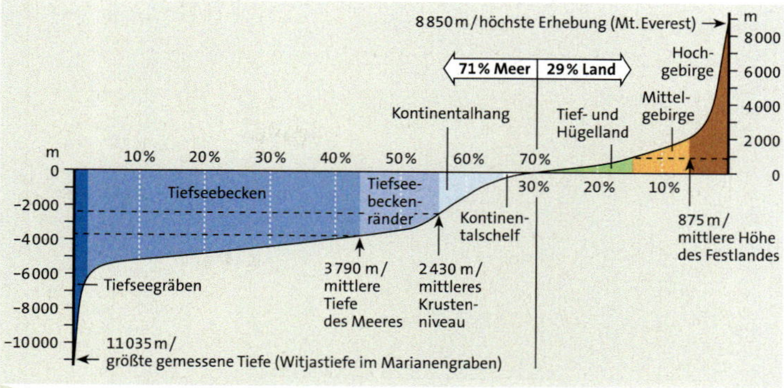

3 **Schematisierte hypsometrische Kurve der Erde**

Nach: Herbert Wilhelmy: Geomorphologie in Stichworten, Kiel 1992

Die heutige Erdoberfläche ist ein Resultat des Zusammenspiels **endogener** und **exogener Geofaktoren**, deren Wirkung geologisch unterschiedlich lange Zeiträume umfasst. Spontane Massenbewegungen infolge von Erdbeben oder vulkanischer Tätigkeit, aber auch Hangrutschungen nach Starkregenfällen zählen zu den kurzfristigen Veränderungen des Reliefs. Im Gegensatz dazu kann sich die langsame Heraushebung eines Gebirges an der Grenze zweier konvergierender Platten über Millionen von Jahren erstrecken. Dort wo Magma, also endogenes Material, bei Vulkanausbrüchen die Erdkruste durchdringt und als Lava an die Oberfläche gelangt, entstehen Vollformen, die ebenfalls dem endogenen Formenschatz zuzuordnen sind. Die Art der vulkanischen Tätigkeit (explosiv, effusiv, gemischt) und die Fließfähigkeit (Viskosität) der Lava bestimmen die dabei entstehenden Oberflächenformen. Diese reichen von weit ausgedehnten, flach geneigten Lavatafeln oder Ergussdecken über Schicht- und Schildvulkane bis zu einzelnen Quell- oder Staukuppen.

Was ist Landschaft?

Umgangssprachlich verbinden wir mit dem Begriff die Wiese, durch die sich ein Bach schlängelt, Wälder, die Bergrücken und Hänge bedecken, Vulkanlandschaften, Gebirge oder Meeresküsten. **Landschaft** kann aber auch als komplexer Natur- und Kulturraum begriffen werden, wie z.B. das Allgäu oder der Schwarzwald. Geographisch wird der Begriff **Landschaft** für einen räumlichen Ausschnitt eines Landschaftsökosystems verwendet. Dieser wird durch das Zusammenwirken verschiedener Geofaktoren wie z.B. Relief, Wasser, **Boden**, Klima und menschliche Aktivitäten als einheitliches Erscheinungsbild wahrgenommen. Sind in einer Landschaft die Einflüsse des Menschen deutlich erkennbar, z.B. in Form land- und forstwirtschaftlich genutzter Flächen, spricht man von einer **Kulturlandschaft**. Weitgehend vom Menschen unbeeinflusst ist dagegen die **Naturlandschaft**. Der Landschaftshaushalt beschreibt den Funktionszusammenhang der in einem abgegrenzten Teil des Landschaftsökosystems wirkenden Geofaktoren.

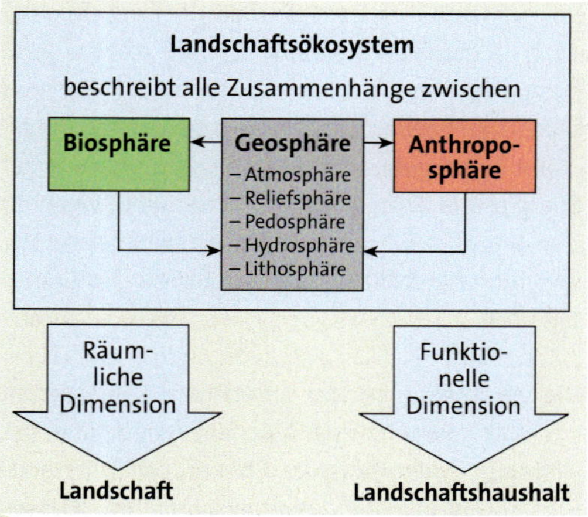

4 **Landschaft, Landschaftshaushalt und Landschaftsökologie**

1 Beschreiben Sie mithilfe von Grafik 1 die verschiedenen Landschaftsformen.

2 Definieren Sie ausgehend von Grafik 4 den Begriff Landschaft.

3 Erstellen Sie eine grafische Übersicht zu den die Landschaft prägenden Geofaktoren.

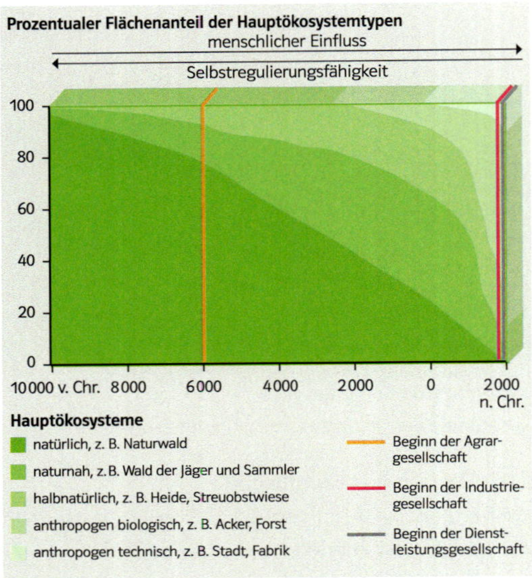

5 Flächenanteile der Landnutzung seit der Jäger-und-Sammler-Zeit

Nach: Wolfgang Haber: Kulturlandschaft versus Naturlandschaft. In: Raumerfassung und Raumordnung, 4. Jg., H. 2/3. Köln: Heymann 1991, S. 110

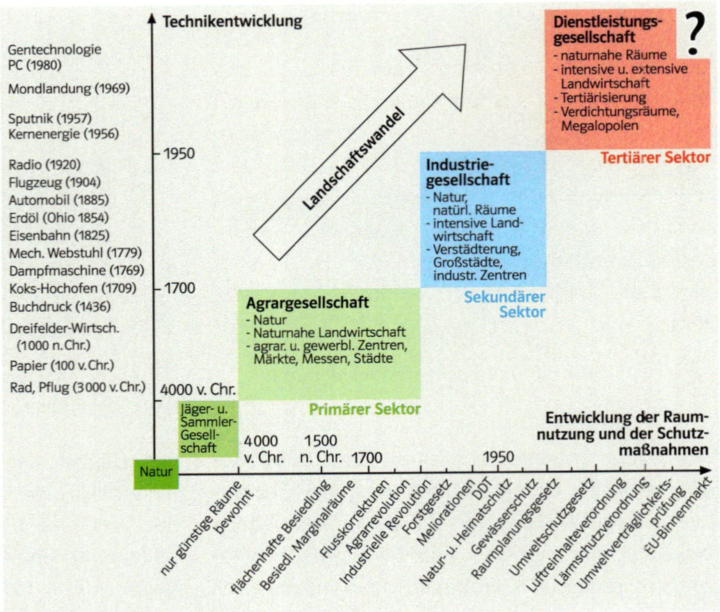

6 Landschaftswandel und gesellschaftliche Entwicklung

Nach: Hartmut Leser (Hrsg.): Umwelt: Geoökosysteme und Umweltschutz. Handbuch des Geographieunterrichts, Bd. 11. Köln: Aulis 1997, S. 255

Cash Crops
landwirtschaftliche Produkte, die für den Verkauf bestimmt sind, also nicht dem eigenen Verzehr dienen

Landnutzungswandel

In Bezug auf die vielfältigen globalen und lokalen Veränderungen wird deutlich, dass weder Naturräume noch Gesellschaften isolierte Systeme darstellen. Es existieren wesentliche Schnittmengen im Wirkgefüge von Gesellschaft und Naturraum. Die teilweise irreversible Veränderung ökologischer Dynamiken in der **Geosphäre** stellt eine direkte Folge menschlicher Eingriffe dar. Der vom Menschen bewirkte **Landnutzungswandel** und die damit einhergehenden Störungen der natürlichen Energie und **Stoffkreisläufe** bilden eine wesentliche Ursache für globale Umweltveränderungen und führen zu einer Veränderung der Naturlandschaften.

Die Auswirkungen der intensiven Landnutzung z.B. durch Rodung oder Flächenversiegelung sind vielfältig und umfassen Effekte wie verstärkte Erosionsanfälligkeit, Veränderungen im **Wasserhaushalt** (Verdunstung, **Versickerung** usw.), Bodenverlust und -kontamination oder veränderte Wärmebilanzen (u.a. **städtische Wärmeinseln**). Auch im Zusammenhang mit globalen Klimaveränderungen und den daraus resultierenden Folgen spielt menschliches Handeln inzwischen eine wesentliche Rolle.

Die Artenvielfalt der Fauna und Flora ist durch die **Degradierung** natürlicher Habitate deutlich zurückgegangen, zahlreiche Tiere und Pflanzen sind vom Aussterben bedroht oder bereits verschwunden. Insbesondere die Ausweitung landwirtschaftlich genutzter Flächen steht in direktem Zusammenhang mit einem dramatischen Biodiversitätsverlust.

Während sich der Waldverlust in den USA, Südamerika, Südasien und Teilen Afrikas zugunsten von **Cash Crops** vollzieht, trägt die Gewinnung natürlicher Ressourcen (z.B. **Energierohstoffe**) insbesondere in Regionen nördlich des Polarkreises massiv zur Abholzung bei.

4

Beschreiben Sie die Veränderungen der Landnutzung in Mitteleuropa seit der Industrialisierung.

Ebenso wie die Ausweitung der Agrarflächen führt die durch das rasante Bevölkerungswachstum verursachte Ausbreitung von Siedlungs- und Verkehrsflächen zu erheblichem „Flächenverlust". Diese Aufzählung ließe sich beliebig erweitern und zeigt auch, dass die Prozesse keineswegs nur Erscheinungen unserer jüngsten Vergangenheit darstellen, sondern teilweise schon vor Jahrhunderten ihren Anfang nahmen. Insbesondere landwirtschaftliche Aktivitäten, z.B. in Form von Rodungen und Terrassierungen, leiteten bereits vor Tausenden von Jahren den Wandel von einer Natur- in eine Kulturlandschaft ein.

Die letzten „Wildnisse"
Basierend auf Berechnungen der International Union for Conservation of Nature and Natural Resources (IUCN) umfasst die Fläche der Erde nur noch 10,9 % relativ unberührte Natur. Dazu zählen weite Teile der Antarktis und der ausgedehnten Wendekreiswüsten. Ansonsten wurde die Wildnis auf kleine inselartige Flächen zurückgedrängt. Die vom Europaparlament eingesetzte European Wilderness Working Group definiert Wildnis als „ein ausgedehntes, ursprüngliches oder leicht verändertes Gebiet, das seinen ursprünglichen Charakter bewahrt hat, eine weitgehend ungestörte Lebensraumdynamik und biologische Vielfalt aufweist, in dem keine ständigen Siedlungen sowie sonstige Infrastrukturen mit gravierendem Einfluss existieren und dessen Schutz und Management dazu dienen, seinen ursprünglichen Charakter zu erhalten."

8

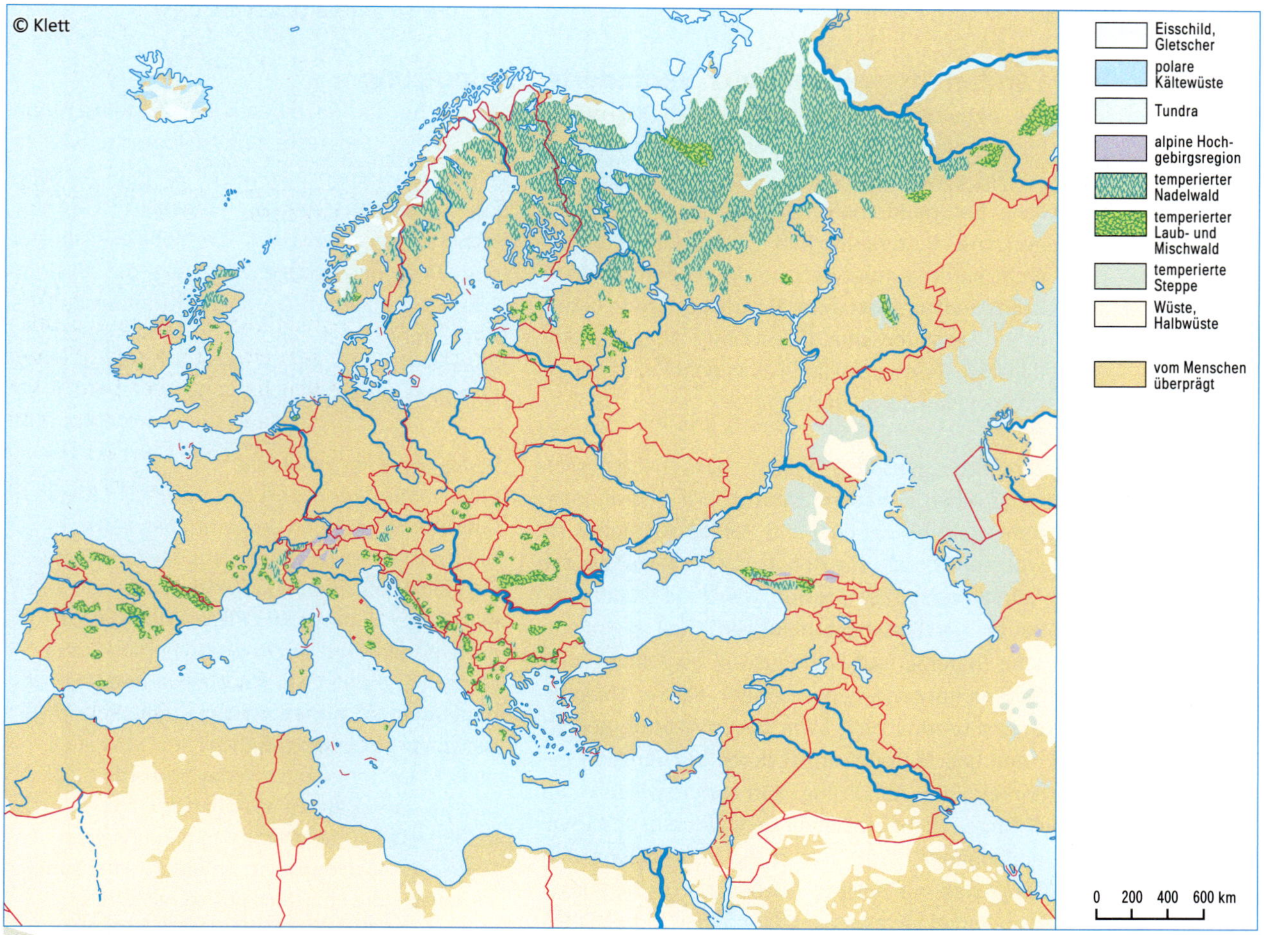

7 Die Wildnisse Anfang des 21. Jahrhunderts

5

Erörtern Sie aus ökologischer, ökonomischer und sozialer Perspektive die Auswirkungen der globalen Landnutzungsveränderungen.

9 Palm Island, Dubai

11 Drei-Schluchten-Staudamm, China

Landschaftswandel durch veränderte Landnutzung

Die Aktivitäten des wirtschaftenden Menschen hinterlassen rund um den Globus deutliche Spuren im Landschaftsbild. Längst ist die ursprüngliche Naturlandschaft vielerorts in eine intensiv genutzte Kulturlandschaft umgeformt worden. Nicht immer erfolgt der vom Menschen bewirkte **Landschaftswandel** unter Berücksichtigung natürlicher Gleichgewichte. Übermäßige Nutzung ökologischer Ressourcen kann auch dem Reliefgefüge irreversiblen Schaden zufügen.

Zahlreiche Beispiele zeigen, dass neben wirtschaftlichen Schäden unmittelbare Bedrohungspotenziale für Lebens- und Wirtschaftsräume erwachsen können. Die Abholzung der **Regenwälder** führt zu verstärkter **Erosion**, gewaltige Staudammbauten und **Flussbegradigungen** stören hydrologische Systeme und beeinflussen die Abfluss- und Sedimentationsdynamik großer Flüsse. Unangepasste Landnutzung kann **Desertifikation** hervorrufen und Materialverlust durch **Winderosion** bewirken, die Abholzung von Schutzwäldern im Gebirge erhöht die Gefahr durch Muren- und Lawinenabgänge. Nicht zuletzt die Versiegelung und Umgestaltung riesiger Flächen durch Siedlungs- und Verkehrswegebau bildet einen erheblichen Eingriff in die **Reliefsphäre**. Erst langsam setzt in vielen Ländern ein bewusster und verantwortungsvollerer Umgang mit der uns umgebenden Oberfläche ein. So müssen bei Gesteinsentnahmen aus der Erdkruste (z. B. Steinbrüche oder Tagebau) inzwischen europaweit strenge Auflagen des Landschaftsschutzes eingehalten werden. Nach wie vor erweist sich die globale Ausgestaltung einer **nachhaltigen Nutzung** des Systems Erde als problematisch, da Entwicklungsdefizite, Bevölkerungsdruck und politisch-wirtschaftliche Interessen dem Landschaftsschutz in vielen Regionen der Erde enge Grenzen setzen.

10 Gully-Bildung auf Ackerflächen im Hochland von Bolivien

Verlagerung der Probleme?

Vor dem Hintergrund der historischen Entwicklung und der globalen ökonomischen Verflechtungen ist es sehr schwierig, aus der Perspektive des globalen Nordens mahnend den ethischen Zeigefinger zu heben. Viele Ökosysteme der Industrieländer sind längst zu artenarmen Kultursteppen degradiert worden. Viele „schmutzige" Industrien sind nicht etwa vom Globus verschwunden, sondern lediglich in die Schwellen- und Entwicklungsländer verlagert worden. Zukünftige Entwicklungen können durch intelligente Raumordnungs- und Energiekonzepte, aber auch durch ein verändertes Konsumverhalten jedes einzelnen positiv beeinflusst werden. Die ökologisch und sozial nachhaltige Gestaltung globaler Wirtschaftsstrukturen stellt eine zentrale Herausforderung dar.

12

Aus dem Bundesnaturschutzgesetz

§ 1 Ziele des Naturschutzes und der Landschaftspflege

(1) Natur und Landschaft sind aufgrund ihres eigenen Wertes und als Grundlage für Leben und Gesundheit des Menschen auch in Verantwortung für die künftigen Generationen im besiedelten und unbesiedelten Bereich [...] zu schützen [...].

(4) Zur dauerhaften Sicherung der Vielfalt, Eigenart und Schönheit sowie des Erholungswertes von Natur und Landschaft sind insbesondere

1. Naturlandschaften und historisch gewachsene Kulturlandschaften, auch mit ihren Kultur-, Bau- und Bodendenkmälern, vor Verunstaltung, Zersiedelung und sonstigen Beeinträchtigungen zu bewahren [...].

(5) Großflächige, weitgehend unzerschnittene Landschaftsräume sind vor weiterer Zerschneidung zu bewahren. Die erneute Inanspruchnahme bereits bebauter Flächen sowie die Bebauung unbebauter Flächen im beplanten und unbeplanten Innenbereich, soweit sie nicht für Grünflächen vorgesehen sind, hat Vorrang vor der Inanspruchnahme von Freiflächen im Außenbereich. Verkehrswege, Energieleitungen und ähnliche Vorhaben sollen landschaftsgerecht geführt, gestaltet und so gebündelt werden, dass die Zerschneidung und die Inanspruchnahme der Landschaft sowie Beeinträchtigungen des Naturhaushalts vermieden oder so gering wie möglich gehalten werden. Beim Aufsuchen und bei der Gewinnung von Bodenschätzen, bei Abgrabungen und Aufschüttungen sind dauernde Schäden des Naturhaushalts und Zerstörungen wertvoller Landschaftsteile zu vermeiden; unvermeidbare Beeinträchtigungen von Natur und Landschaft sind [...] durch Förderung natürlicher Sukzession, Renaturierung, naturnahe Gestaltung, Wiedernutzbarmachung oder Rekultivierung auszugleichen oder zu mindern.

13

14 Weinbauterrassen am Kaiserstuhl

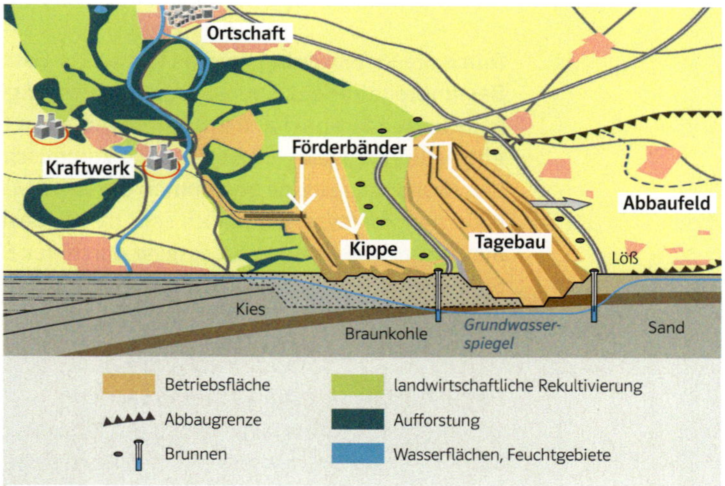

15 Tagebau Garzweiler (westliche Kölner Bucht)

6 Die Fotos zeigen beispielhaft, wie sich Landschaften durch menschliche Aktivitäten verändern. Erstellen Sie unter Einbeziehung weiterer Quellen jeweils ein Ursachen-Wirkungsgefüge (Gruppenarbeit).

7 MK Nehmen Sie unter Berücksichtigung des Bundesnaturschutzgesetzes, der Grafik 15, aber auch ökonomischer Gesichtspunkte (Internetrecherche) kritisch zum Braunkohletagebau in der Kölner Bucht Stellung.

8 Diskutieren Sie folgende Aussage: „Der Erhalt natürlicher Ökosysteme muss nicht im Widerspruch zur Befriedigung der Bedürfnisse einer wachsenden Weltbevölkerung stehen."

1 Tafoni-Bildung an Sandsteinfelsen am Westrand des Djadoplateaus, Niger

Verwitterung: Voraussetzung für die Landschaftsformung

Durch die Verwitterung werden kompakte Gesteine aufbereitet und in verlagerbare Bestandteile zerlegt. Das aus seinem ursprünglichen Gesteinsverbund gelöste oder gelockerte Material kann z. B. durch Deflation (Ausblasung) oder Erosion (linienhafte Abtragung) umgelagert werden. Die klimatischen Rahmenbedingungen und die Härte des Ausgangsgesteins bestimmen die Geschwindigkeit der chemischen und physikalischen Prozesse. Kann auch sehr hartes Gestein verwittern? Alle Prozesse greifen ineinander und zersetzen Gesteine durch das Einwirken von Wasser, Wind, Eis und Sonneneinstrahlung. Welche Komponente dominiert in welcher Ökozone?

Ursachen der Verwitterung

Physikalische (mechanische) Ursachen

Besonders in den Trockengebieten der Erde, aber auch in Regionen, die einen markanten Frostwechsel aufweisen, dominiert die mechanische Gesteinszerkleinerung. Die stoffliche Zusammensetzung verändert sich dabei nicht. Zunächst wird das ursprüngliche Mineralgefüge durch Temperaturwechsel oder Eisbildung in den Klüften gelockert, um dann schließlich vollständig zerstört zu werden. Dadurch vergrößert sich die Oberfläche des Gesteins und auch die chemische **Verwitterung** kann nunmehr zur weiteren Aufbereitung der Gesteine beitragen.

Verwitterungsprozess	Druck (in hPa)
Wurzelsprengung	10 000
Salzsprengung	100 000
Insolationsverwitterung	500 000
Frostsprengung	2 000 000

2 Auftretende Drücke während der physikalischen Verwitterung

Chemische Ursachen

Die chemische Verwitterung verändert die stoffliche Zusammensetzung des Gesteins. Nicht mehr die bloße Zerkleinerung prägt die ablaufenden Prozesse, sondern chemische Reaktionen, die sich je nach Lage im Raum und je nach mineralischer Zusammensetzung des Materials unterschiedlich intensiv vollziehen. Hohe Temperaturen, ausreichend Feuchtigkeit, aber auch die Dichte der vorhandenen Vegetation sind entscheidende Größen, die die chemischen Prozesse beeinflussen. So ist durch die intensive Sonneneinstrahlung und die hohe Feuchtigkeit der Einfluss chemischer Prozesse in den immerfeuchten Tropen viel intensiver als in unseren Breiten. Die Mineralien werden entweder direkt gelöst oder gehen unter dem Einfluss von Wasser, Säuren oder anderweitigen Stoffen der Bio-, Hydro- und **Atmosphäre** neue Verbindungen ein. So entstehen schließlich neue Stoffe mit veränderten physikalischen und chemischen Eigenschaften.

Verwitterungsformen

Mechanische Verwitterungsformen

Thermische Verwitterung (Insolationsverwitterung). Ursache der thermischen Verwitterung ist die unterschiedliche Erwärmung und Abkühlung der Gesteine an der Erdoberfläche. Zunächst wird ein Teil des Gesteins von der Sonne aufgeheizt. Insbesondere die sonnenzugewandten Flächen erwärmen sich, die Kontaktflächen zum Untergrund und das Gesteinsinnere bleiben kühl. Infolge der Erwärmung nimmt das Volumen der aufgeheizten Teile zu und es kommt im Gestein zu Spannungen. Auch die Zusammensetzung trägt aufgrund unterschiedlicher Ausdehnungskoeffizienten der verschiedenen Mineralien zur Lockerung des Gesteinsgefüges bei. Besonders wirksam ist die thermische Verwitterung in Regionen mit ständigen, kurzfristigen Temperaturschwankungen, wie beispielsweise am Nordrand der Sahara. Dort kommt es zu Tag-Nacht-Temperaturunterschieden von mehr als 50 K. Von Kern- oder Trümmersprüngen spricht man, wenn unter diesen Bedingungen große Gesteinsblöcke schlagartig in große Teile zerspringen. Besonders die abschreckende Wirkung des kühlen Wassers bei Gewittern kann Kernsprünge auslösen. Weitere Erscheinungen sind das Abschuppen oder Abblättern kleinerer Partikel vom Außenrand des Gesteins oder die Ablösung plattiger, je nach Klüftung des Materials oft schalenförmiger Teile (Exfoliation).

3 Formen der physikalischen Verwitterung

Frostverwitterung (Frostsprengung). Die Grundvoraussetzungen der Verwitterung durch Frostsprengung sind Wasser und das Auftreten von Frösten. Dabei gilt: Je häufiger sich Gefrier- und Auftauperioden abwechseln und je extremer die Frostwechsel auftreten, desto intensiver vollzieht sich die Zerkleinerung des Gesteins. Wasser vergrößert sein Volumen beim Gefrieren um bis zu 9 % – wohl jeder kennt die geplatzte Flasche im Eisfach. In Gesteinsklüften und Spalten, in denen eingedrungenes Wasser gefriert, führt der Eisdruck schließlich zum Absprengen ganzer Steinteile. Die Druckwirkung und die Sprengkraft des Spaltenfrostes (Congelifraktion) führen in Hochgebirgen wie den Alpen zur Ausbildung weitflächiger Schutthalden. Zusätzlich werden die Prozesse der Gesteinszerlegung in den Gebirgen je nach Hangexposition durch den Schwarz-Weiß-Effekt (unterschiedliche Aufheizung von Schnee und Fels) forciert. Die Volumenzunahme während des Gefrierprozesses erhöht nicht nur den Druck auf das unmittelbar umgebende Gestein, sondern auch auf das vorhandene Kluft- und Porenwasser in tieferen Schichten (kryostatischer Druck). Dadurch kommt es auch im Inneren des Gesteins oder **Bodens** zu Spannungen, die ebenfalls zu einer **Fragmentierung** des Materials beitragen. Dieser Vorgang wird als Gefrierdrucksprengung bezeichnet. Neben natürlichen Oberflächen können auch Straßen oder Gebäude von der Frostverwitterung in Mitleidenschaft gezogen werden.

1 MK

Foto 1 zeigt einen „Tafoni".

a) Überlegen Sie, wie es zur Bildung derartiger Formen kommen kann.

b) Überprüfen Sie Ihre „Hypothesen" mithilfe des Internets.

2

Ordnen Sie die Fotos dieser Doppelseite den verschiedenen Verwitterungsformen zu. Erläutern Sie die Entstehung der Formen.

5 Kristallisationskruste (Wüste Atacama)

6 Wurzelsprengung

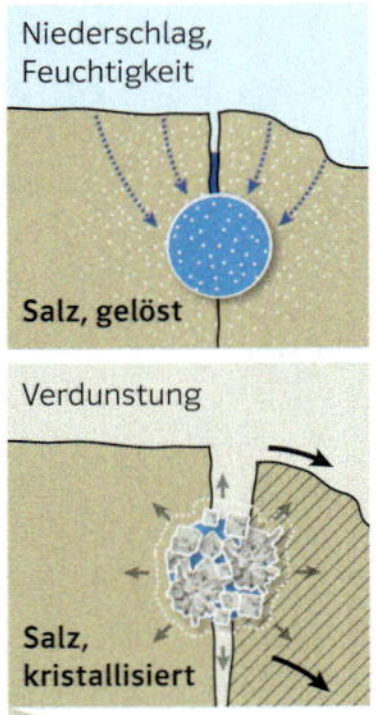

4 Kristallisationsverwitterung

Kristallisationsverwitterung (Salzsprengung). Die Kristallisation von in Wasser gelösten Stoffen in Klüften und Spalten eines Gesteins übt Druck auf die angrenzenden Gesteinsflächen aus, der zur mechanischen Zerlegung führt. Bevor es dazu kommt, müssen mehrere Voraussetzungen erfüllt sein. Dazu zählen die Durchfeuchtung des Gesteins mit Wasser und die anschließende Verdunstung durch hohe Temperaturen. Zunächst löst Wasser im Untergrund vorhandene Salze. Infolge einsetzender Verdunstung beginnen die zuvor gelösten Salze zu kristallisieren. Durch das Wachstum der Kristalle entstehen Druckkräfte, die das Gestein zerlegen können. Insbesondere ein häufiger Wechsel von trockenen und feuchteren Abschnitten bei vergleichsweise hohen Temperaturen forciert das Wachstum von Salzkristallen.
Ein Beispiel, das die Ausfällung von gelösten mineralischen Bestandteilen eindrucksvoll dokumentiert, bilden die Krustenböden in ariden Regionen der Erde. Starke Sonneneinstrahlung und hohe Temperaturen verursachen eine kräftige Verdunstung in den oberflächennahen Bodenschichten. Dadurch kommt es zum Aufstieg von Kapillarwasser aus tieferen Schichten, das in Oberflächennähe ebenfalls verdunstet. Dabei werden die mitgeführten Salze oder andere mineralische Bestandteile ausgefällt und verbleiben als relativ harte Schicht im **Boden**. Dort, wo diese von **Wind** oder von Wasser freigelegt wird, entstehen feste Krusten.

Wurzelsprengung und Hydrovarianz. Eine weitere Ursache der mechanischen Gesteinszerlegung ist die biologisch-physikalische **Verwitterung**, bei der die Einwirkung von Wurzeln zur Sprengung von Gesteinen führen kann. Vorhandene Gesteinsspalten und Klüfte eignen sich als Wachstumsbahnen für das Wurzelwerk von Büschen und Bäumen. Das Wachstum der Wurzeln führt dazu, dass sich der Druck auf das umgebende Gestein erhöht und Teile „abgesprengt" werden. Selbst feinste Haarwurzeln sind bereits am Prozess der biogenen Verwitterung beteiligt. Schließlich kann auch ein ständiger Wechsel von Durchfeuchtung und Austrocknung, die Hydrovarianz, zur Zermürbung des Gesteins führen.

Druckentlastung. Gesteine werden nicht nur abgelagert, in größere Tiefen verlagert und verändert, sondern gelangen durch Hebung oder Abtragung der hangenden Schichten auch an die Oberfläche. Damit einher geht eine Veränderung des auf das Gestein wirkenden Druckes. Es kommt zur Bildung von Druckentlastungsklüften, Rissen und Spalten. An diesen Schwachstellen setzen dann die exogenen Kräfte die Verwitterung fort.

3

Als Architekt erhalten Sie den Auftrag, ein Gebäude aus Natursteinen in der Innenstadt zu errichten. Verfassen Sie ein Gutachten, welches die Gesteine benennt, die Ihnen am besten geeignet erscheinen.

7 „Sandsteinkrebs“ an einer Skulptur in Avignon/Südfrankreich

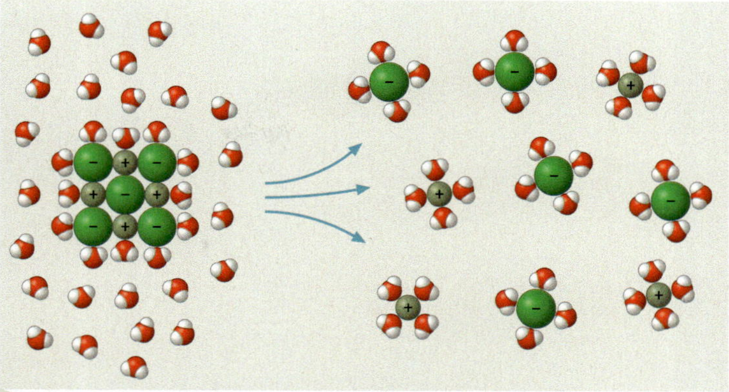

8 Lösen von Natriumchlorid in Wasser (Teilchenmodell)

Chemische Verwitterungsformen

Hydratationsverwitterung. Die Hydratation ist die erste Stufe der Gesteinslockerung im Zuge der chemischen **Verwitterung**. Sie basiert auf Anlagerung von Wassermolekülen an die Grenzflächenionen der Kristallränder eines Gesteins. Diese Wasseranlagerung bewirkt ein Aufquellen und führt zur Vergrößerung des Volumens. Dadurch wird eine Lockerung des Gesteins bewirkt. Obgleich die Hydratation, also die Bildung von Hydrathüllen, abgesehen von der **Wasserverfügbarkeit**, weitgehend unabhängig von der jeweils herrschenden klimatischen Situation abläuft, stellt sie die dominante Form chemischer Gesteinsumwandlung in den kühlhumiden Breiten dar.

Lösungs- und Kohlensäureverwitterung. Lösungsverwitterung beschreibt das Lösen von Gestein in Wasser. Die Löslichkeit variiert mit der chemischen Zusammensetzung des Gesteins. Salze (z.B. NaCl und verschiedene Sulfate) sind besonders gut löslich. Bei der „Auslösung“ aus dem Gestein lagern sich Wassermoleküle mit ihrer negativen „Sauerstoffseite“ an die Kationen und mit ihrer positiven „Wasserstoffseite“ an die Anionen des Salzes an. Dadurch werden die Ionen aus dem Kristallgitter herausgelöst und in der Lösung abtransportiert. Wasser enthält in der Natur verschiedene Säuren, deren Gegenwart die Lösungsprozesse beschleunigt. Kohlensäure, die durch Reaktion von Kohlenstoffdioxid aus der Luft mit **Niederschlagswasser** gebildet wird, unterstützt das Lösen von sonst nur schwer löslichen Kalkgesteinen.

Biologisch-chemische Verwitterung. Alle Lebewesen und Pflanzen setzen organische Säuren frei, die zu chemischen Veränderungen der Gesteinsstruktur führen können. Vor allem Huminsäuren sind für zahlreiche bodenbildende Prozesse unabdingbar.

Oxidationsverwitterung. Der Begriff Oxidationsverwitterung beschreibt die chemische Reaktion einzelner Gesteinsbestandteile mit Sauerstoff, der im Wasser oder in der Luft vorliegt. Ein Beispiel ist die Oxidation von Eisen(II)- zu Eisen(III)-Ionen (Fe^{2+} zu Fe^{3+}). Das „gerostete“ Gestein ist erheblich lockerer als das Ausgangsmaterial und kann somit leichter ver- und umgelagert werden. Tropische Verwitterungsböden, die Eisen(III)-Ionen enthalten, weisen meist eine kräftige Rotfärbung auf.

Kalklösung

Kohlenstoffdioxid (CO_2) aus der Luft wird in Wasser gelöst, es bildet sich Kohlensäure (H_2CO_3).
$CO_2 + H_2O \rightarrow H_2CO_3$

Kohlensäure löst Kalk
$H_2CO_3 + CaCO_3 \rightarrow Ca(HCO_3)_2$ (gelöstes Calciumhydrogencarbonat)

Wie viel Kalk ($CaCO_3$) gelöst werden kann, hängt vom Druck, von der Temperatur des Wassers und von der Menge des zur Verfügung stehenden Kohlenstoffdioxids ab.

4 Ermitteln Sie mithilfe der Klimakarte im Atlas, welche Form der Verwitterung an den nachfolgend genannten Orten dominiert: Jakutsk, London, In Salah, Juba, Pontianak. Begründen Sie Ihre Überlegungen.

5 Stellen Sie tabellarisch die Hauptmerkmale der Verwitterungsformen dar (klimatische Bedingungen, ablaufende Prozesse, Ergebnisse).

9 Flachmuldentalrand mit Inselberg im zentralen Hochland Südafrikas

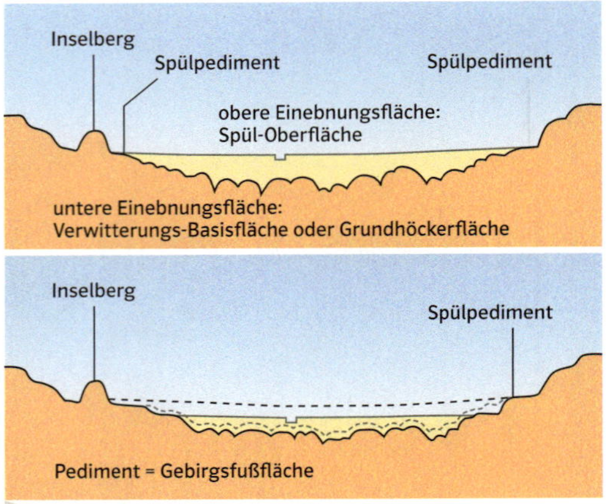

11 Doppelte Einebnungsfläche

Nach: Julius Büdel, in Herbert Wilhelmy: Geomorphologie in Stichworten, Bd. 2. 6. Aufl. Berlin/Stuttgart: Bornträger 2002, S. II/132

Von der Verwitterung bis zur Sedimentation

Transport und Materialumlagerung

Eine Voraussetzung zur Formung der Erdoberfläche ist das Vorhandensein transportierbarer Materialien. Gesteine werden im Zuge der **Verwitterung** in kleinere, umlagerbare Bestandteile zerlegt. Abhängig von den klimatischen und geologischen Rahmenbedingungen erfolgt der Transport entweder durch bewegtes Wasser (Flüsse, Wellen), bewegtes Eis (Gletscher), bewegte Luft **(Wind)** oder das Eigengewicht der Materialien (Schwerkraft). Während in den kühlgemäßigten Breiten Flüsse zum Abtransport des verwitterten Materials und zur Talbildung beitragen, dominieren in den warmhumiden Tropen flächenhafte Gestaltungsprozesse (Denudation).

denudare (lat.) entblößen

Flächenbildung. Die wesentlichen Voraussetzungen für den Prozess der Flächenbildung werden durch die klimagesteuerten Rahmenbedingungen wie hohe Bodenfeuchtigkeit und hohe Bodentemperaturen geschaffen. Die chemische Verwitterung sorgt für die tiefgründige Aufbereitung des Gesteins. Gröbere Gesteinspartikel, die der **Erosion** Vorschub leisten würden, fehlen weitgehend. **Niederschläge**, die häufig in Form von Starkregen niedergehen, tragen das entstandene Lockersediment weitflächig ab, Spülmulden entstehen. Nur noch einzelne Inselberge dokumentieren als Reste das einstige Höhenniveau der durch Flächenspülung eingerumpften **Landschaft**. Im Tertiär, unter subtropischen Bedingungen, dominierte auch in Mitteleuropa die flächenhafte Abtragung der Verwitterungsdecken.

Gegen Ende der 1950er-Jahre wurde von dem deutschen Geomorphologen Julius Büdel die Theorie aufgestellt, dass die Flächenbildung in den wechselfeuchten Tropen das Ergebnis einer Kombination geologischer, klimatischer und geomorphologischer Faktoren darstellt. In der Tiefe, im Bereich der unteren Einebnungsfläche, erfolgt die eigentliche Verwitterung des Gesteins entlang vorgezeichneter Schwächezonen. Dabei entstehen Grundhöcker. Wie in einer großen Wanne wird das verwitterte Material bei Starkregenereignissen in der Spülmulde umgelagert, wobei im Bereich der oberen Einebnungsfläche eine nahezu waagerechte Ebene entsteht (Grafik 11, oben). Kommt es im Zuge tektonischer oder klimatischer Veränderungen zur Abtragung des Verwitterungsmaterials, wird die Grundhöckerfläche nach und nach freigelegt (Grafik 11, unten). Eindrucksvolle Granitformationen, sogenannte Wollsäcke, in den deutschen Mittelgebirgen bilden Reste der ehemaligen Grundhöcker (Foto 10).

10 Beispiel für „Wollsackverwitterung" (Burg Falkenberg in der Oberpfalz)

6

Beschreiben Sie den Einfluss des Klimas auf die Bildung und die Umlagerung von Sedimenten.

7

Erörtern Sie, inwiefern menschliche Eingriffe das Sedimentationsgeschehen beeinflussen.

Transport und Ablagerung von Sedimenten

Verwittertes, abgetragenes, in der Luft, im Wasser oder mit dem Gletschereis transportiertes oder gelöstes Material kann unter verschiedenen Voraussetzungen wieder abgelagert werden. Dieser Vorgang wird als Sedimentation bezeichnet. Je nach Transportmedium wird zwischen marinen, fluviatilen, glazialen oder äolischen Sedimenten unterschieden. Die Sedimentation kann auf dem Land (terrestrisch), am Grunde eines Sees (limnisch) oder im **Meer** (marin) stattfinden. Lagern sich über den abgesetzten Lockersedimenten weitere Materialien ab, werden diese durch den zunehmenden Druck nach und nach verfestigt, und es entstehen kompakte **Sedimentgesteine**.

↖ Fallbeispiel Alpen S. 43

FALLBEISPIEL: Deltas

Deltas – Eingriffe in das Sedimentationsgeschehen

„Alle Deltas der Erde stellen geomorphologisch junge, nacheiszeitlich entstandene Landschaften dar. Prägend für die Deltaentwicklung waren zunächst ein rascher Anstieg des Meeresspiegels, ein enormer Sedimenteintrag über geomorphologisch sehr dynamische Flusssysteme und variable klimatische Rahmenbedingungen. Durch den raschen nacheiszeitlichen Meeresspiegelanstieg ertranken zunächst viele Unterläufe der Flüsse, doch wurde das Vordringen der See durch den kräftigen Sedimenteintrag der Flüsse teilweise kompensiert. Im späten Atlantikum beginnen dann die intensive Vorschubphase der asiatischen Deltas und die damit verbundene deutliche seewärtige Verschiebung der Küstenverläufe in den Mündungsbereichen der Flüsse. Bis in die Gegenwart hinein kommt es zu einer Überkompensation des Meeresspiegelanstiegs durch erhebliche Sedimenteinträge. Insbesondere der Sommermonsun bildet den entscheidenden Steuerfaktor der Deltaentwicklung. Regelmäßige sommerliche Überschwemmungen prägen die Sedimentationsdynamik und führen zu einer kontinuierlichen Aufschlickung und dem damit verbundenen Wachstum der Deltakörper. Dieses natürliche Wechselspiel zwischen Hochwasser einerseits und Sedimentation andererseits bildet in Asien seit Jahrtausenden die Grundlage der agrarischen Nutzung, insbesondere der weitflächigen Reiskultivierung. Es ist davon auszugehen, dass auch unter den projektierten Meeresspiegelszenarien sämtliche Deltas weiter aufwachsen könnten, sofern die Sedimentation nicht durch anthropogene Eingriffe im Küstenbereich und im Hinterland negativ beeinflusst wird. Besonders problematisch ist der Bau von Staudämmen im Mittel und Oberlauf der Flüsse, da dies mittelfristig zu einer Reduzierung der Sedimenteinträge im Unterlauf führt. Dammkonstruktionen und Wasserentnahmen sind verbunden mit deutlich reduzierten Abflussraten der Flüsse im Mündungsbereich, sodass in den tidebeeinflussten Zonen der Deltas auch die Versalzung in erheblichem Maße ansteigt. Wasserbauliche Maßnahmen wie die Anlage von künstlichen Flussdämmen, Kanälen und Drainagesystemen tragen zu einer langfristig kaum prognostizierbaren Destabilisierung der Küstenlinie bei. Für den Unterlauf des Yellow Rivers dokumentieren Chen et al. (2005) eine deutliche Zunahme der ‚Dry-up'-Ereignisse. Teilweise fällt der Yellow River über 200 Tage im Jahr trocken."

Nach Falk, G. C. (2016): Deltagebiete Asiens. Amphibische Räume im Spannungsfeld ökologischer und ökonomischer Dynamik. In: Geographische Rundschau, H. 7/8

12

14 Sedimenteintrag an der Mündung des Huang He in das Gelbe Meer

13 Farakka-Damm (Indien)

8 MK

Diskutieren Sie die positiven und negativen Auswirkungen des Farakka-Damms (Internetrecherche).

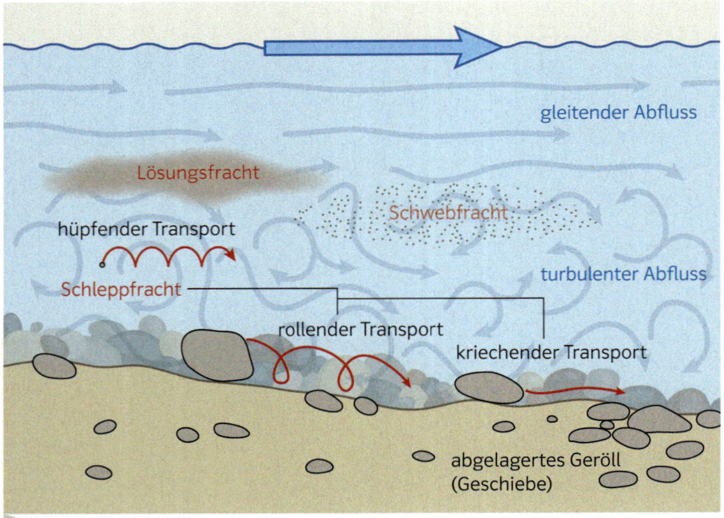

1 Materialtransport in Fließgewässern

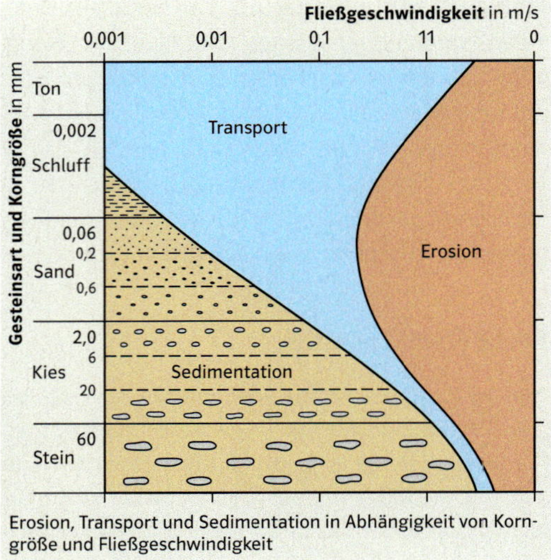

3 Hjulström-Diagramm

Exogene Dynamik prägt die Erdoberfläche

Alle Kräfte, die von außen auf die Erdoberfläche einwirken und zur Formung des Reliefs beitragen, werden als exogene Kräfte bezeichnet. Dazu zählen Fließgewässer, Wellen und Brandung, Gletscher, der Wind, Lösungsprozesse, aber auch schwerkraftbedingte Massenbewegungen. Wie laufen die Prozesse ab und welche Formen können dabei entstehen?

Fließendes Wasser formt die Erdoberfläche

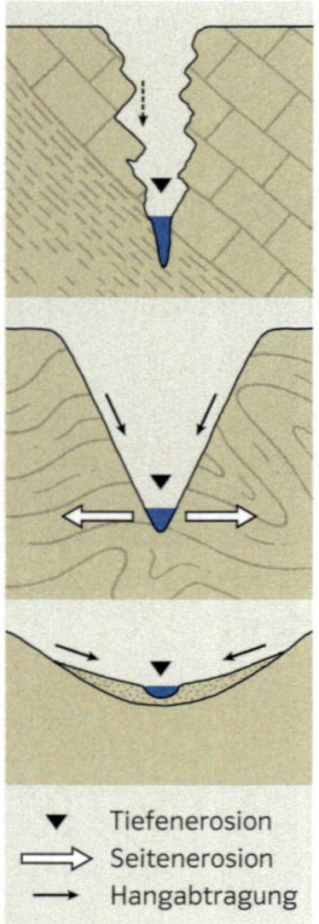

2 Erosion und Denudation

Von allen geomorphologisch wirksamen Kräften hat die Kraft des fließenden Wassers den stärksten Einfluss auf die Formung der Erdoberfläche. Dabei formt nicht in erster Linie das Wasser selbst die **Landschaft**, sondern die transportierten Teilchen, die Schlepp- und Schwebfracht.

Je nach Fließgeschwindigkeit, die vom Gefälle und der Wassermenge abhängt, werden zunächst tonige und mit zunehmender Geschwindigkeit sandige und kiesige Teilchen im Flußbett entweder hüpfend, rollend oder schwebend bewegt. Einem Sandstrahlgebläse ähnlich haben diese Teilchen am Grund des Fließgewässers abhobelnde oder schleifende Wirkung und bewirken eine Eintiefung der Täler. In Abhängigkeit von der Abflussgeschwindigkeit wird zwischen laminarem (gleitendem) und turbulentem Abfluss unterschieden.

Neben der linearen Tiefenerosion findet an den Rändern des Flussbetts Seitenerosion statt. Die Bildung von Tälern hängt jedoch nicht nur von der Transportkraft des Wassers, sondern auch von der Beschaffenheit des geologischen Untergrundes ab. Da alle Flüsse letztendlich ins **Meer** münden, arbeiten sie wie große Transportbänder, die das durch die **Verwitterung** zerkleinerte Material der Kontinente in die Ozeane verfrachten.

Talformen

Täler resultieren aus der erosiven Kraft des fließenden Wassers und der flächenhaften Abtragung der Talflanken, der sogenannten Denudation. Die **Erosion** kann wirken, wenn die Schleppkraft des Flusses $E_{KIN} = 0{,}5\,m \cdot v^2$ (m = Wassermenge, v = Fließgeschwindigkeit) höher ist als die zu bewältigende Materialfracht. Übersteigt die Menge des mitgeführten Sediments die Schleppkraft des Gewässers, kommt es zur Akkumulation (Ablagerung).

Im Oberlauf eines Flusses dominiert aufgrund des steileren Gefälles eher die Tiefenerosion, im Unterlauf die Ablagerung. Die Korngröße der mitgeführten Sedimente verringert sich dabei mit zunehmendem Transportweg.

Daneben hängt die Intensität der Talformung aber auch von der Härte des Gesteinsuntergrundes ab.

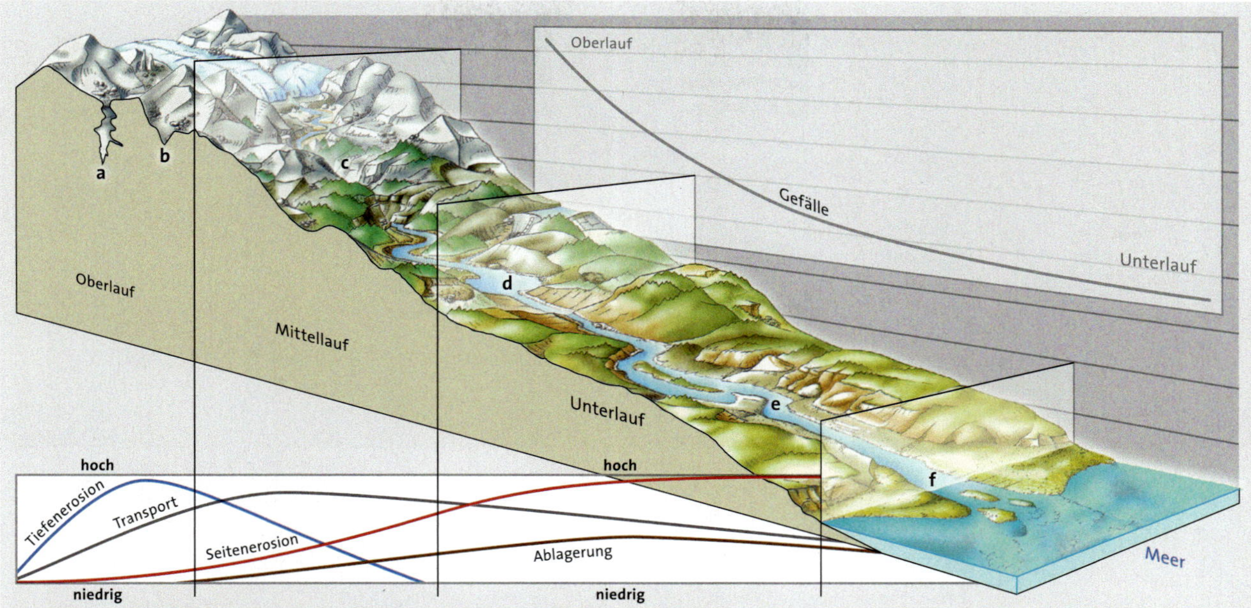

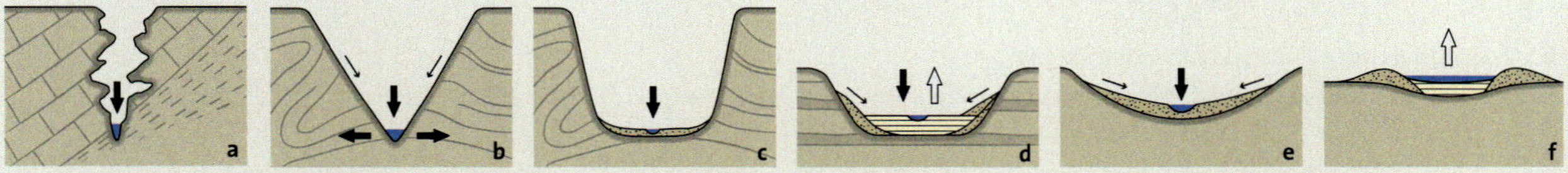

Klamm: Starke lineare Erosion, sehr steile Hänge, turbulent fließender Fluss nimmt die gesamte Breite der Sohle ein. **Vorkommen:** häufig einst vergletscherte Gebirgsregionen, wenn das Haupttal durch Eis tiefer ausgeschürft ist als das Nebental.

Kerbtal: Kräftige Tiefen- aber auch Seitenerosion, oft ausgeprägte Abtragung der Hänge, Fluss nimmt meist die gesamte Breite der Talsohle ein. **Vorkommen:** Gebiete mit kräftigen Niederschlägen und tektonischer Hebung des Geländes.

Trogtal: Starke Seiten- und Tiefenerosion durch Gletschereis, präglaziale fluviale Vorform (meist Kerbtal) übertieft; U-förmiger Querschnitt mit muldenförmigem Talboden und steilen Trogwänden. **Vorkommen:** im Bereich ehemaliger Talgletscher.

Sohlental: Kaum mehr lineare Erosion, Hangabtragung. Talboden, z. B. ehemaliger Kerbtäler, aufgefüllt mit Schotter oder anderen Sedimenten. **Vorkommen:** Mittel- und Unterläufe vieler Flüsse.

Muldental: Keine Tiefenerosion, kaum Seitenerosion, flächige Umlagerung der Hangsedimente. **Vorkommen:** Unterläufe vieler Flüsse, flache Hohlformen wechselfeuchter Tropen („Spülmulden"), oft aus Sohlentälern hervorgegangen.

Dammfluss: Nur noch Akkumulation. Dabei Flussbetterhöhung soweit, dass der Fluss auf seiner Talsohle oder Flussebene zwischen selbst aufgeschütteten Dämmen fließt. **Vorkommen:** häufig oberhalb von Deltamündungen. Bei Hochwasser Ausbrechen und Laufveränderungen.

4 Fluviale Prozesse und Talformen im Überblick

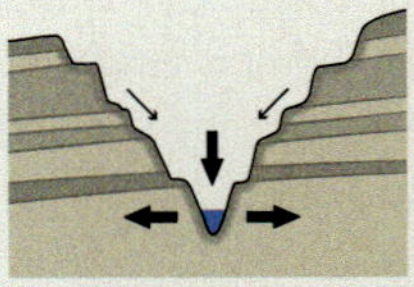

Grand Canyon, Arizona, USA

Lineare Erosion, kaum Seitenerosion, teilweise Denudation. Abwechselnd flache und steile Hänge in Abhängigkeit vom Gesteinsuntergrund. Fluss nimmt volle Breite der Sohle ein. **Vorkommen:** aride und semiaride Gebiete.

5 Talbildung in Trockengebieten: Sonderfall Canyons

1

Bestimmen Sie mithilfe des Hjulström-Diagrammes, welche Fließgeschwindigkeit nötig ist, um Kies von 6 mm Korngrößendurchmesser zu transportieren.

2 MK

Talformen

a) Ermitteln Sie mithilfe von Fotos aus dem Internet die Formen folgender Täler: Partnachklamm, Sognefjord, Fish River, Brahmaputra in Bangladesch.

b) Beschreiben Sie den Formenschatz auf diesen Fotos unter Zuhilfenahme von Grafik 4.

3

Erklären Sie, warum es auch im Oberlauf zur Bildung von Mulden- und Sohlentälern kommen kann.

4

Nicht jeder Fluss lässt sich in Ober-, Mittel- und Unterlauf gliedern. Weisen Sie diese Aussage an Beispielen nach.

6 **Mäandrierender Fluss und Mäanderbildung**
Grafiken nach: Frank Press, Raymond Sievers: Understanding Earth, 2. Aufl. New York: W. H. Freeman 1998, S. 325

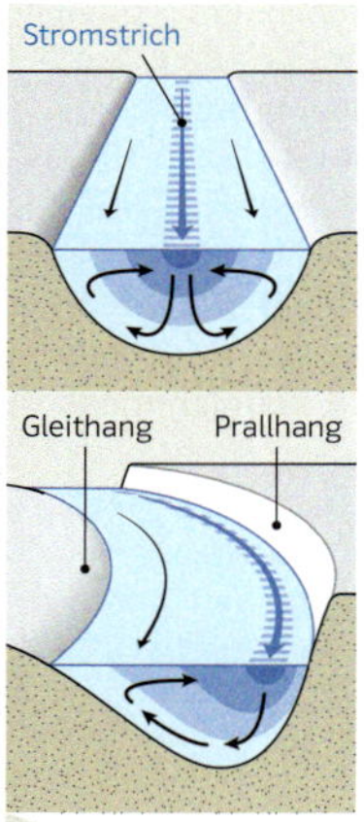

7 **Strömungsverhältnisse im Flussbett**

Mäander

Flüsse und Bäche folgen auf ihrem Weg zum **Meer** dem natürlichen Gefälle. Dies geschieht meist nicht auf dem kürzesten Weg in gerader Linie bergab, sondern aufgrund der physikalischen Eigenschaften fließenden Wassers eher in einem pendelnd schwingenden Lauf. Die entstehenden Flussschlingen werden als **Mäander** bezeichnet (altgriech. für türkischen Fluss Menderes). Die Reibungsverhältnisse im Bett eines Fließgewässers führen zu unterschiedlichen Abflussgeschwindigkeiten. Während an den Ufern die Reibung besonders hoch ist, kann das Wasser zur Mitte hin quasi ungebremst abfließen. Auch im Bereich der Sohle wird der Wasserabfluss abgebremst. Der Stromstrich, der Bereich mit der höchsten Strömungsgeschwindigkeit, befindet sich nur bei linear fließenden Gewässern, z. B. Kanälen, in der Mitte. Er verlagert sich wegen der Flussschlingenbildung zu den Rändern. Dies führt dazu, dass dort, wo der Stromstrich auf die Biegung prallt, die Schleppkraft ihre größte Wirkung entfaltet und Material lateral erodiert wird **(Seitenerosion)**. Mitunter wird an den Prallhängen die Uferkante unterschnitten. Gegenüber, am Gleithang, ist die Fließgeschwindigkeit am niedrigsten, dort wird mitgeführtes Material akkumuliert, da aufgrund des laminaren Abflusses am Gleithang die Schleppkraft deutlich nachlässt.

↼ Deltas S. 71

Bei fortgesetzter Schlingenbildung können Mäander abgeschnitten werden. Altwässer, die später oft verlanden, bleiben zurück. Im hügeligen Gelände entstehen so die „Umlaufberge". Wiesenmäander oder freie Mäander bilden sich auf den großen Schwemmlandebenen im Unterlauf, wo das natürlich fließende Gewässer seinen Verlauf immer wieder verändert. Talmäander entstehen in Gebieten starker tektonischer Hebung, die zur Eintiefung des Flusslaufes führt.

Zur Ablagerung von mitgeführten Materialien kommt es auch in gefällsarmen Bereichen eines Flusses, weil sich dort ebenfalls die Fließgeschwindigkeit deutlich verringert. Die Schleppkraft reicht nicht mehr aus. Sortiert vom groben bis zum feinkörnigen Material erfolgt die Ablagerung entlang des Längsschnittes. Ein durch Tide- oder Sturmfluthochwasser stark gebremster Abfluss im Mündungsbereich kann aus Flüssen fast stehende Gewässer machen. Dann ist die Akkumulation besonders stark und führt zur natürlichen Höherlegung des Flussbettes gegenüber dem Umland. Kommt es bei Hochwasser zur flächenhaften Überschwemmung und Akkumulation, können sich über einen längeren Zeitraum Aufschüttungsebenen bzw. im Mündungsbereich von Flüssen **Flussdeltas** bilden.

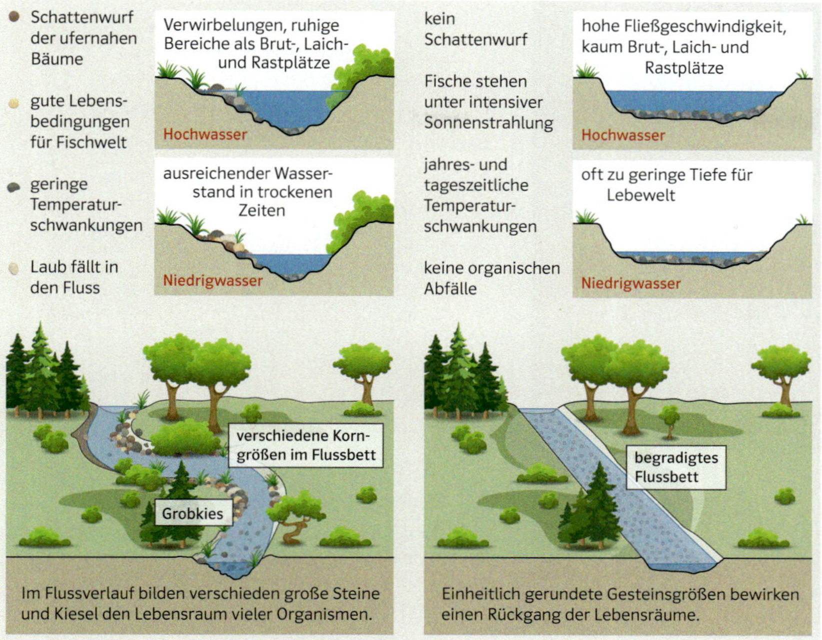

8 **Anthropogene Umgestaltung eines Fließgewässers**

Nach: James Hutton in: Barbara W. Murck, Brian J. Skinner, Stephen C. Porter: Dangerous Earth. New York: Wiley 1997, S. 211

10 **Der Rhein bei Ketsch**

Flussbegradigung und Hochwasser

Niederschlagsabhängig führen alle Gewässer unterschiedlich viel Wasser. Bei außergewöhnlichen Starkregenereignissen, vielerorts oft durch die Schneeschmelze noch verstärkt, können die Flüsse aus ihrem Bett treten, im Tiefland weite Flächen überschwemmen oder sich im Gebirge in reißende Ströme verwandeln. Diese natürlichen Prozesse bedrohen immer wieder den Lebensraum des Menschen in dicht besiedelten Gebieten.

Durch wasserbauliche Maßnahmen, beispielsweise durch **Flussbegradigungen**, wird versucht, das Abflussregime der Gewässer zu kontrollieren, um so die Nutzungspotenziale eines Flusses für den Menschen zu erhöhen.

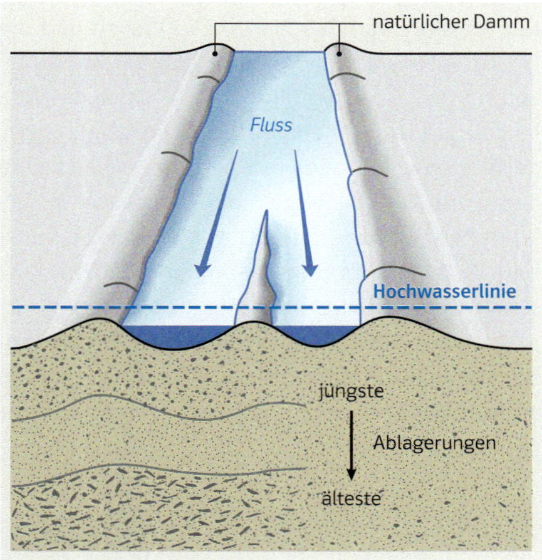

9 **Bildung einer Aufschüttungsebene**

5

Erklären Sie mithilfe der Abbildungen und des Textes dieser Doppelseite die Bildung und Zerstörung von Mäandern und Flussaufschüttungsebenen.

6

Erörtern Sie die Auswirkungen einer Flussbegradigung auf das natürliche System. Berücksichtigen Sie dabei insbesondere folgende Aspekte: Vegetation, Grundwasser, Hochwasserproblematik, Fließgeschwindigkeit, Schiffbarkeit, Nutzung der Wasserkraft.

11 Das Meer formt die Küste

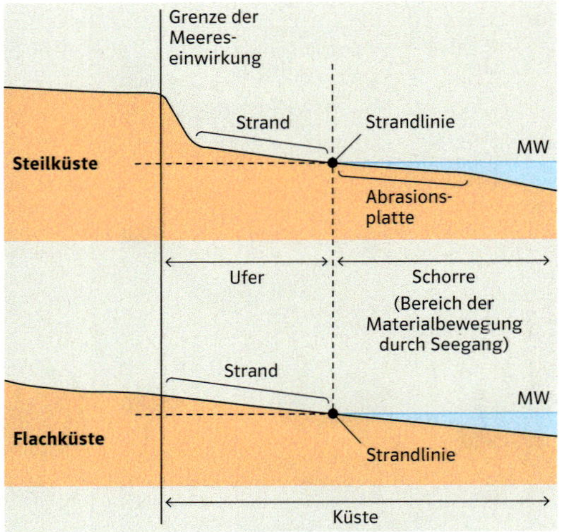

13 Küstenmorphologische Grundbegriffe

Nach: Hans Kugler, Daniel Schaub in: Manfred Hendl, Herbert Liedtke (Hrsg.): Lehrbuch der Allgemeinen Physischen Geographie. Gotha: Perthes 1997, S. 210

Entstehung und Formung von Küsten und Meeren

Die Küsten bilden den Grenzsaum zwischen **Meer** und Festland, dessen Gestaltung von vielen Faktoren abhängt. Von See her wirken Wellen und die Gezeiten auf das Land ein und tragen zur Modellierung des Küstenverlaufs bei. Je höher die Wellenenergie, desto mehr Material wird abgetragen, der Küstenverlauf verlagert sich binnenwärts. Eine geringere Wellenenergie, beispielsweise in geschützten Buchten, führt oft zu Materialakkumulation. Zu den landwärtigen Komponenten der Küstenformung zählen die Härte des Gesteins, die tektonische Struktur, aber auch die klimatischen Bedingungen. Je nachdem ob Material abgetragen oder abgelagert wird, entstehen Abrasions- oder Akkumulationsküsten.

Kliffbildung und Abtragung

Während die Sedimentumlagerungen an **Flachküsten** im Landschaftsbild mitunter nur schwer abzulesen sind, dokumentieren **Kliffküsten** die Kräfte des Meeres eindrucksvoll. Trifft die See auf ansteigendes Gelände und widerstandsfähiges Material, kommt es zur Herausbildung von **Steilküsten**. Als „Angriffswaffen" stehen der Brandung Gerölle, Kiese und Sande zur Verfügung, die bei stärkerem Seegang immer wieder gegen das ansteigende Land geschleudert werden. Nach und nach wird der anstehende Fels am Klifffuß, dem Bereich zwischen mittlerer Hoch- und Niedrigwasserlinie, gelockert, bis das Meer schließlich einzelne Gerölle aus dem Gesteinsverbund herauslöst.

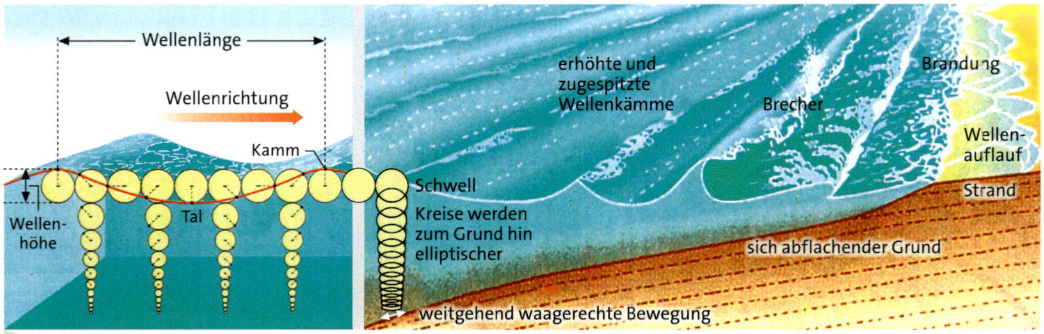

12 Wellenbewegung und Brandung

Nach: Frank Press, Raymond Sievers: Understanding Earth, 2. Aufl. New York: W. H. Freeman 1998, S. 422 f.

Auch die bloße Druckkraft der in Klüfte und Spalten eindringenden Wellen sowie die **Verwitterung** durch salziges Spritzwasser lockern den Fels. Der fortwährende Angriff der Brandung führt zur Unterschneidung des **Kliffs**, bis schließlich das überhängende Gestein abbricht. Schrittweise wird die Kliffkante binnenwärts verlegt, bis sie schließlich nicht mehr regelmäßig von den Brechern erreicht wird. Das aktive Kliff geht dann in ein passives oder „fossiles" Kliff über. Nun wirken nur noch die Verwitterungskräfte des Festlandes und der Neigungswinkel der Steilkante verringert sich. Ferner können tektonische Hebungen Kliffs dem marinen Einfluss entziehen. Bei anhaltender Hebung sind dem so entstandenen fossilen Kliff häufig ein oder mehrere marine Terrassen vorgelagert, die ihrerseits entweder Hebungsvorgänge oder Meeresspiegelschwankungen dokumentieren.

Genetischer Prozess		Präexistentes Relief	Küstentyp	
Transgression	Abtragung, Kliff- und Schorrenbildung	Trogtäler	Fjordküste	Steilküste
		subglaziäre Rinnentäler und Zungenbecken	Fördenküste	
		Rundhöcker	Schärenküste	
		fluviale Gebirgstäler	Riasküste	Steilküste
	Abtragung, Auflandung	Grund- und Endmoränenrelief/breite Zungenbecken	Boddenküste	
	Wirkung von Gezeitenströmen	Flachtäler großer Tieflandsflüsse	Ästuarküste	Flachküste
Transgression, Regression	Auflandung im Gezeitenbereich unter Mitwirkung der Vegetation		Wattküste	Flachküste
			Mangrovenküste	Flachküste
	biogener Küstenaufbau		Korallenriffküste	

Nach: Hans Kugler, Daniel Schaub: a.a.O., S.209

15 Küstenformen und ihre Entstehung

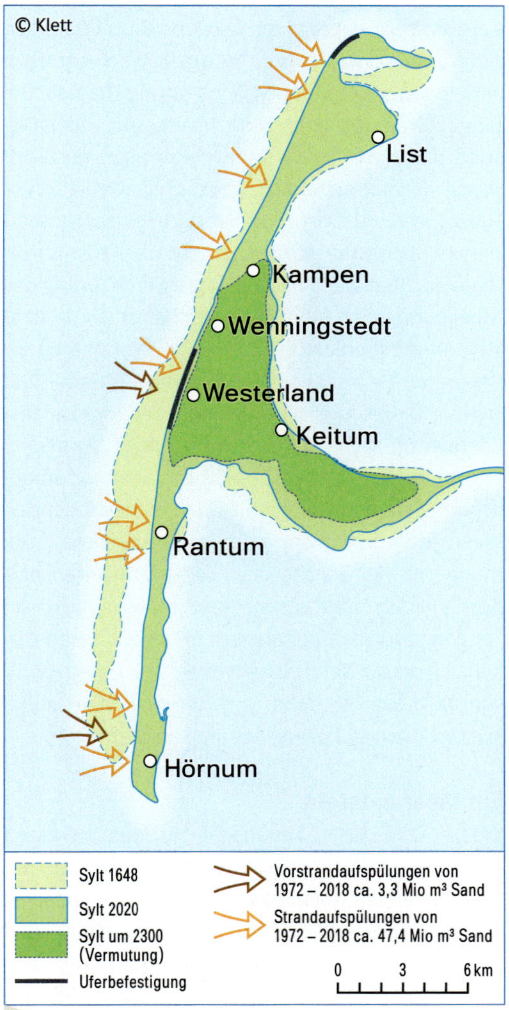

14 Veränderung der Insel Sylt

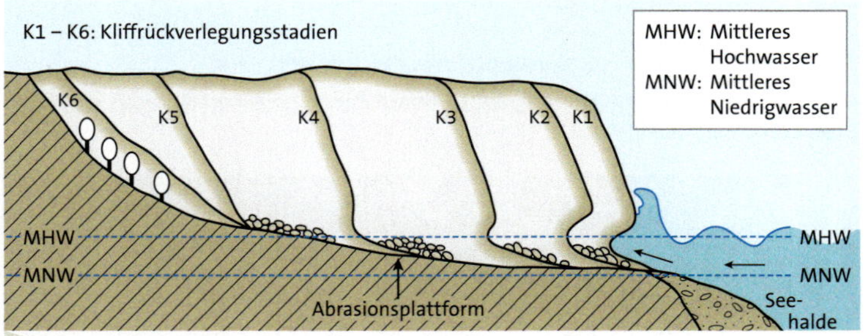

16 Entstehung eines Kliffs

Nach: Otto Maull, in Herbert Wilhelmy: Geomorphologie in Stichworten, Bd. 3. 5. Aufl. Berlin/Stuttgart: Bornträger 1992, S. III/117

7 Küsten gehören zu den dichtestbesiedelten Gebieten der Erde. Nennen Sie Gründe dafür.

8 „Küsten sind die Kampfzonen zwischen Land und Meer." Erläutern Sie diese Aussage.

9 Erörtern Sie die Zukunft der Insel Sylt unter geomorphologischen und ökonomischen Aspekten.

10 Die globale Temperaturerhöhung lässt einen Anstieg des Meeresspiegels erwarten. Erläutern Sie die möglichen Auswirkungen auf die verschiedenen Küstentypen.

FALLBEISPIEL Ingressions- und Ausgleichsküsten: Ostsee

17 Elemente der Flachküste bei Hirtshals (DK)

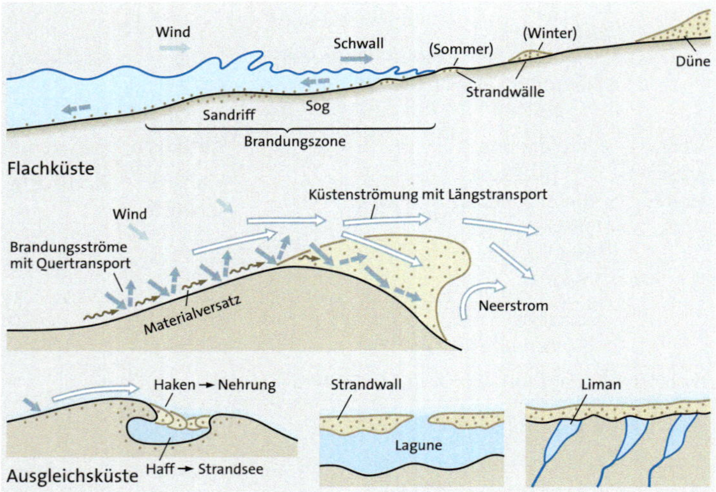

18 Entstehung von Flachküste und Ausgleichsküste

Nach: Manfred Hendl, Herbert Liedtke, Lehrbuch der Allgemeinen Physischen Geographie. Gotha Perthes 1997, S. 212

19 Haffküste bei Danzig (Frisches Haff), Blick von Norden

Im Gegensatz zur Nordsee ist die Ostsee ein gezeitenschwaches Binnenmeer ohne die weiten, bei Ebbe trockenfallenden Wattflächen. Der Tidenhub beträgt nur wenige Dezimeter. Auch hinsichtlich ihrer Entstehung und der gegenwärtigen Formenbildung unterscheiden sich beide **Meere** und ihre Küsten deutlich voneinander.

Küstenformen der Gegenwart

Im Zuge der Eiszeiten entstand im Bereich der heutigen südlichen Ostseeküste zunächst ein leicht hügeliges Relief, geprägt von End- und Grundmoränen. Aufgrund isostatischer Ausgleichsbewegungen senkte sich die Landoberfläche geringfügig ab. Bedingt durch den holozänen Meeresspiegelanstieg stieß die Ostsee nach dem Niedertauen der Gletscher in die eiszeitlich geprägten Gebiete vor (Transgression). Dort, wo Täler und Schmelzwasserrinnen überflutet wurden, entstanden trichterförmige Buchten wie die Flensburger Förde. Drang das Meer in hügelige Moränenlandschaften ein, bildete sich die **Boddenküste**, an der nur die höheren Erhebungen als Inseln oder Halbinseln aus dem Meer ragten. Damit war die Formung der **Ingressionsküste** noch nicht abgeschlossen, denn **Wind** und Wellen sorgen seither für eine Umlagerung erheblicher Sedimentmengen. Die vorherrschenden Westwinde bewirken eine küstenparallele Strömung, mit der Sandteilchen nach Osten transportiert werden. Das verfrachtete Material wird an Landvorsprüngen abgelagert und baut Strandhaken auf, die als Nehrungen weiter nach Osten wachsen. Buchten, die dabei vom offenen Meer abgeschnürt werden, bezeichnet man als Haff.

Ein Meer entsteht

Weite Teile der Landoberfläche des heutigen Mecklenburg-Vorpommern wurden während der Weichseleiszeit durch glaziale Prozesse überformt. Mit dem Niedertauen der Gletscher bildeten sich größere Süßwasserstauseen zwischen den festländischen glazialen Vollformen und dem im Norden liegenden Eiskörper, der das heutige Ostseebecken noch weitgehend ausfüllte. Nach und nach dehnte sich die transgredierende Ostsee in die zahlreichen Becken und Hohlformen eiszeitlichen Ursprungs aus. Im Hinblick auf die Ostseeentwicklung werden üblicherweise vier Stadien ausgewiesen:

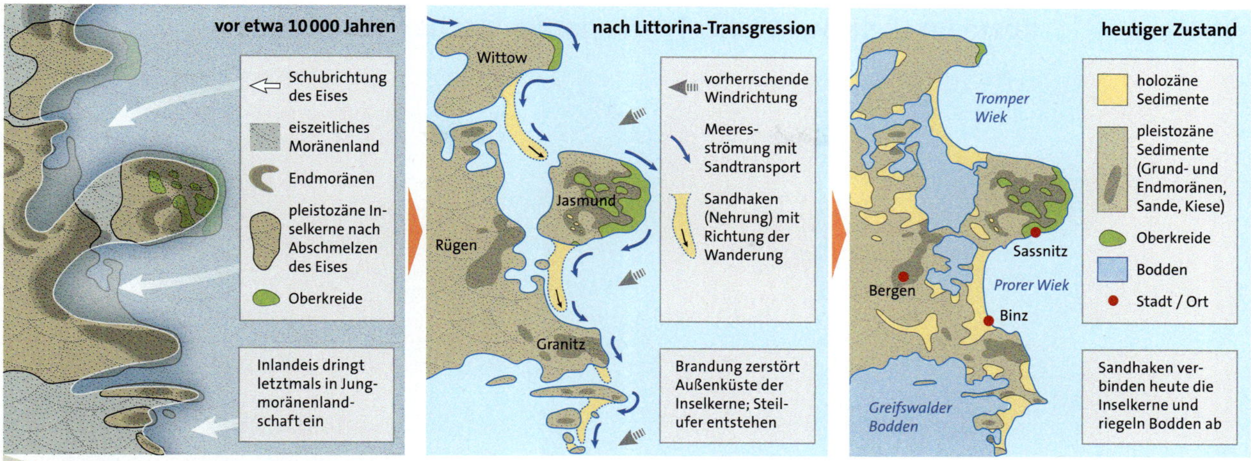

20 Entstehung der Boddenküste von Rügen

Baltischer Eisstausee. Vor etwa 13 000 Jahren sammelte sich hinter einer mächtigen Eisbarriere Schmelzwasser der abtauenden Inlandeismassen im sogenannten Baltischen Eisstausee. Als die Eisbarriere vor ca. 10 000 Jahren niedertaute, lief der Eisstausee in Richtung Nordsee aus.

Yoldiameer. Erstmals besaß damals die spätere Ostsee über die Mittelschwedische Senke direkten Anschluss an die salzhaltige Nordsee, sodass für einige Jahrhunderte salzhaltiges Wasser in die Ostseesenke vordringen konnte. Die Küste des Yoldiameeres (benannt nach der Leitmuschel Yoldia arctica) verlief aber noch nördlich der heutigen Küstenlinie.

Ancylussee. Aufgrund der kräftigen glazialisostatischen Aufstiegsbewegung Skandinaviens wurde jedoch vor ca. 9 500 Jahren der Zufluss salzhaltigen Wassers abgeschnürt. Eine Aussüßung durch die in das Becken entwässernden Flüsse setzte ein. Der steigende Seespiegel des Ancylussees (benannt nach der Leitschnecke Ancylus fluviatilis) drang in sämtliche unter −8 m NN gelegene Gebiete vor. An den Rändern des Sees kam es durch den steigenden **Grundwasserspiegel** zu Moorbildungen.

Littorinameer. Der kräftige Meeresspiegelanstieg nach dem Ende der letzten Kaltzeit führte dazu, dass die Landbrücke zwischen Norddeutschland und Skandinavien immer kleiner wurde. Vor 8 500 – 8 000 Jahren konnte das **Meer** diese Landbrücke überspülen und sich in Richtung Osten ergießen. Dieses Ereignis wird als Littorina-Transgression (benannt nach der Strandschnecke Littorina littorea) bezeichnet und leitete die Bildung der heutigen Ostsee ein.
Wie an der Nordsee führte der deutliche Meeresspiegelanstieg im Atlantikum auch in den später überfluteten Zonen der südlichen Ostsee zur Ausbildung weiter Transgressionsmoore. Nachfolgend (bis 5 700 vor heute) drang die Ostsee bis weit in das eiszeitlich angelegte Relief des Hinterlandes ein. Erst im nachfolgenden Subboreal begannen abrasive und akkumulative Prozesse die Küste nachhaltig zu gestalten. Das vorläufige Resultat dieser Entwicklung bildet die heutige, noch immer im Wandel befindliche, Küstenmorphologie der **Bodden- und Ausgleichsküsten.**

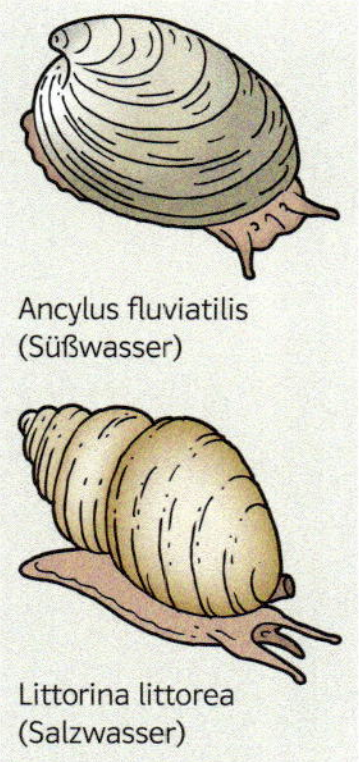

21 Leitfossilien: Schnecken geben Auskunft über die Paläoökologie der Ostsee

↞ Isostasie Seite 42

11
Foto 17 zeigt einen typischen Flachküstenabschnitt.
a) Beschreiben Sie die Formen.
b) Erläutern Sie deren Entstehung.

12
Erarbeiten Sie zu den Teilabbildungen von Material 20 jeweils einen kurzen Text, der die dargestellte Situation beschreibt.

13
Erörtern Sie mögliche künftige geomorphologische Entwicklungen der Ostseeküste.

Küste im täglichen Wandel – die norddeutsche Wattenküste

22 Deichbruch: „Hollandflut“ 1953

25 Landsataufnahme vom Nordteil der schleswig-holsteinischen Wattenküste

23 Details des Wattenmeers: Wattwurm und Rippelmarken

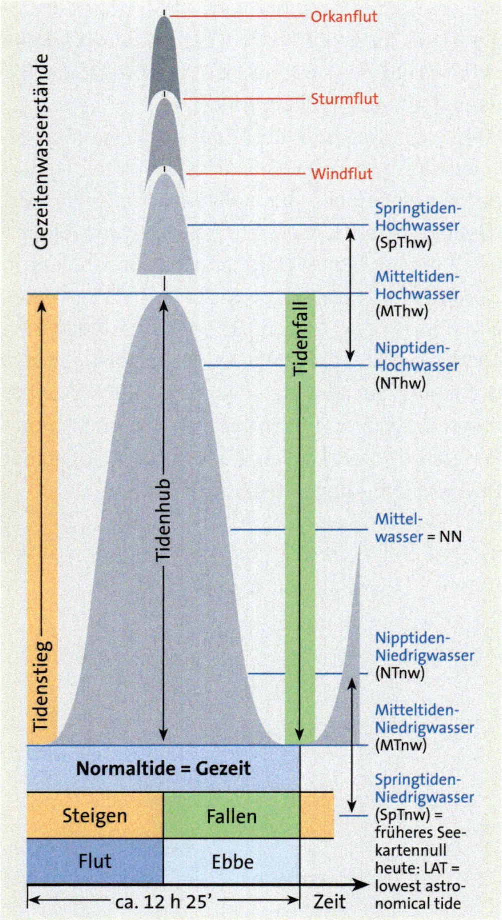

24 Gezeiten und Gezeitenterminologie

Nach: Bruno P. Kremer: Wasserreservoire der Erde. Köln 2001

Auf den zweiten Blick entpuppt sich die vielleicht eintönig braun und langweilig wirkende **Wattenküste** als ein einzigartiger Lebensraum für viele seltene Tier- und Pflanzenarten. Unter anderem deshalb wurde sie Mitte der 1980er-Jahre zum Nationalpark erklärt.

Neben den vielfach verzweigten Rinnen und Prielen haben die Wellen filigrane Rippelmarken in den Sand gezeichnet. Auch die üppige Fauna hinterlässt, wie z.B. der Wattwurm Arenicola marina, markante Spuren.

Die wohl erste Beschreibung der deutschen Nordseeküste liefert der römische Schriftsteller und Offizier Gaius Secundus Plinius in seiner Naturgeschichte, in der es unter anderem heißt: „In ungeheurem Andrang stürzt dort in einem Zeitraum von Tag und Nacht zweimal das **Meer** heran, breitet sich ins Unermessliche aus und bedeckt einen ewig in der Natur strittigen Raum“. Treffend beschreibt Plinius bereits vor rund 2000 Jahren das zyklische Auftreten der Tide, die für die Formung des Watts von entscheidender Bedeutung ist.

An tidebeeinflussten Flachwasserbereichen wie der deutschen Nordseeküste wird nicht nur Material abgetragen, sondern auch abgelagert, was zur Ausbildung der weiten sandigen und schlickigen Wattflächen führt. Das Wattenmeer in seiner heutigen Form ist das Ergebnis eines seit Jahrtausenden andauernden **Landschaftswandels** mit einem dynamischen Ablauf von Abrasion und Akkumulation.

Während der Weichseleiszeit verlief die Nordseeküste mehrere Hundert Kilometer weiter westlich, doch verlagerte sich die Küste im Zuge des Meeresspiegelanstiegs immer weiter nach Osten. Dabei wurde Material abgelagert und das heutige Wattenmeer wuchs stetig. Noch bis ins Mittelalter hinein waren weite Gebiete zwischen den Nord- und Westfriesischen Inseln Festland, doch verheerende Sturmfluten sorgten für Landverluste.

Erst durch moderne Deichbauten konnte die Gefahr verheerender Überschwemmungen minimiert werden. Dennoch wirken im „amphibischen Übergangsbereich" nach wie vor die gewaltigen Material umlagernden Kräfte des **Meeres**, denen sich auch der moderne Mensch trotz größter technischer und finanzieller Aufwendungen immer wieder stellen muss.

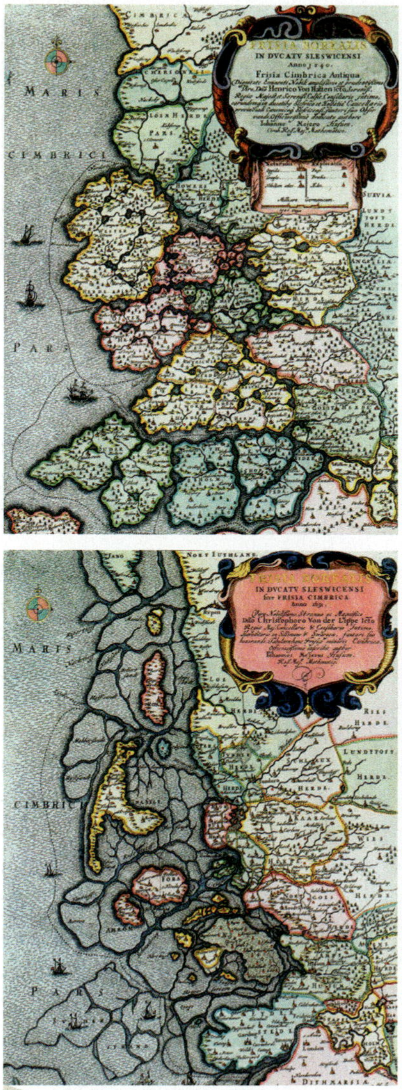

26 Küste im Wandel – historisches Kartenmaterial (oben 1240, unten 1651)

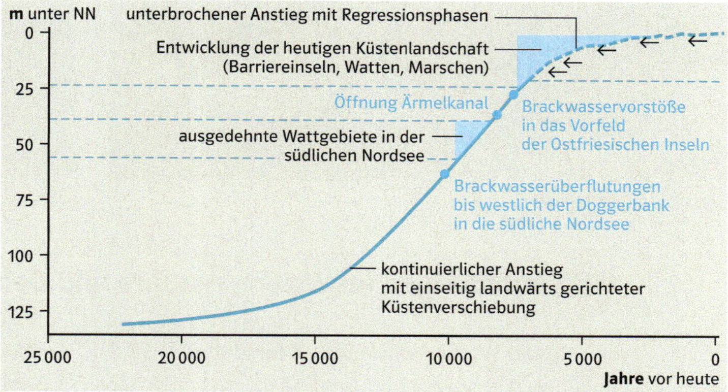

27 Meeresspiegelanstieg der Nordsee im Weichsel-Spätglazial und Holozän mit Angaben zur Entwicklung des niedersächsischen Küstenraumes

Nach: Holger Freund, Hansjörg Streif: Natürliche Pegelmarken für Meeresspiegelschwankungen der letzten 2 000 Jahre im Bereich der Insel Juist. In: Peterm. Geogr. Mitt., 134. Jg., Pilotheft. Gotha: Klett-Perthes 2000, S. 35

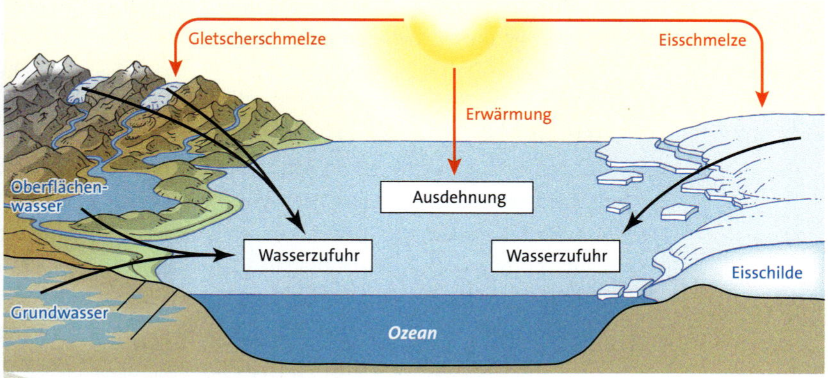

28 Mögliche Ursachen für einen Meeresspiegelanstieg

14

Ermitteln Sie mithilfe des Atlas die Namen der auf dem Satellitenbild 25 sichtbaren Inseln und die geomorphologischen Merkmale des Wattenmeeres.

15 MK

Recherchieren Sie die wesentlichen Aufgaben und Ziele des Integrierten Küstenzonenmanagements (IKZM) in Deutschland.

16

Erörtern Sie vor dem Hintergrund der Kurve in Grafik 27 und des historischen Kartenmaterials 26 den für die kommenden 100 Jahre vom Weltklimarat (IPCC) prognostizierten Anstieg des Meeresspiegels.

29 Delta der Lena in Ostsibirien

30 Ästuare von Elbe und Weser mit Jadebusen

Flussmündungen ins Meer – Ästuare und Deltas

→ Coriolis-ablenkung S.114

aestuarium (lat.) niedere Flussmündung

Die heute vorfindbaren Flussmündungen sind geologisch sehr junge Formen, da sie erst nach der letzten Kaltzeit entstanden. Damals führte das Abschmelzen der Gletscher zu einem deutlichen Anstieg des Meeresspiegels. Die Unterläufe der Flüsse, deren Mündungen damals teilweise mehrere Hundert Kilometer weiter seewärts lagen, wurden überflutet. Als häufig vorkommende Flussmündungsformen bildeten sich im Laufe der Zeit **Ästuare** und **Deltas** heraus.

Ästuare

Bei den Ästuaren handelt es sich um Trichtermündungen von Flüssen im Einflussbereich der Gezeiten. Sie entstehen an **Flachküsten** mit großem Tidenhub. An der Nordsee zählen zu den Ästuaren die Mündungen von Elbe, Weser und Themse. Besonders eindrucksvoll sind aber die bis zu 30 km breiten Mündungsarme des Amazonas.

Ästuare werden unter dem Einfluss des bei Ebbe und Flut ein- und ausströmenden Wassers gebildet, wobei die Flussmündung trichterförmig erweitert wird. Das schwere **Salzwasser** dringt bei Flut von der See her keilförmig in den Fluss vor und wird vom **Süßwasser** des Flusses überlagert. Dabei werden durch den starken Flutstrom das Flussbett und die Ufer erodiert. Die Sedimente werden flussaufwärts transportiert. Dieses Material kann durch den meist schwächeren Ebbestrom nicht wieder komplett abtransportiert werden. So entstehen Sandbänke, die für die Schifffahrt hinderlich werden können. Die an den Ästuaren meist weit im Landesinneren liegenden Häfen (z.B. Hamburg, Bremen, London) müssen daher regelmäßig ausgebaggert werden.

Aufgrund der **Coriolisablenkung** fließt das Meerwasser bei Flut auf der Nordhalbkugel stärker am linken Flussufer aufwärts, dort finden sich deshalb die Steilufer. Bei Ebbe fließt das Wasser mehr am rechten Ufer wieder ins **Meer** zurück, dort dominieren die Sandbänke. Auf der Südhalbkugel ist es umgekehrt.

Deltas

Ein Delta kann nur entstehen, wenn die Sedimentzufuhr des Flusses größer ist als die Abtragung im Mündungsbereich. Die größten Deltas können sich im Bereich gezeitenschwacher, tektonisch stabiler Flachwasserküsten ohne nennenswerte **Meeresströmungen** im Mündungsbereich bilden. Diese idealen Voraussetzungen treffen jedoch selten alle zusammen, sodass quasi alle Deltas in Bezug auf ihre Genese individuell charakterisiert werden müssen.

Jedes Delta besteht aus einem Netz weitverzweigter Arme. Wegen der Verlangsamung der Fließgeschwindigkeit wird dort das mitgeführte Sediment, meist tonig-schluffiges Material, abgelagert. Die entstehenden Schwemmkegel schieben sich so weit seewärts vor, bis die marine Abrasion die Sedimentation übersteigt. Nicht nur die Menge und die Größe des vom Fluss herantransportierten Materials sowie die Intensität der Gezeiten bestimmen die Größe und die Wachstumsgeschwin-

31 Thames Barriers

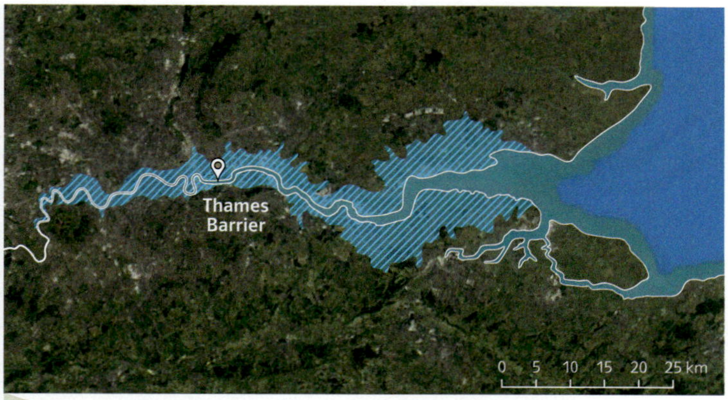

33 Potenzielles natürliches Überschwemmungsgebiet der Themse

digkeit eines **Deltas**, sondern auch die tektonischen Verhältnisse im Mündungsbereich. Sowohl ein schneller, steiler Abfall des submarinen Schelfbereiches als auch eine tektonisch bedingte Senkung des Küstenraumes wirken sich negativ auf die Deltabildung aus. Insbesondere die Anzahl der Mündungsarme bestimmt die Breite eines Deltas.

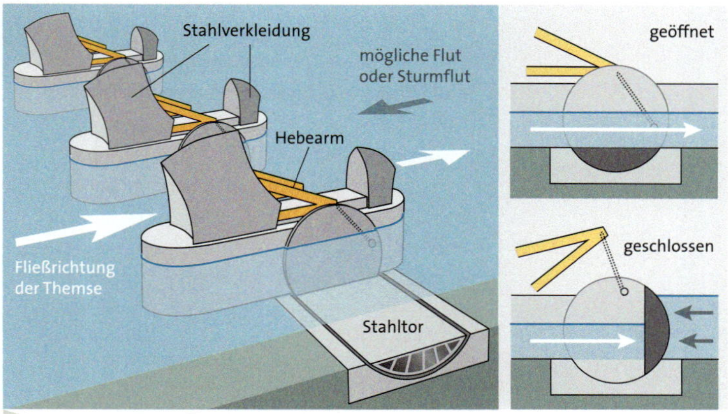

34 Funktionsweise der Thames Barriers

Die „Thames Barrier"

Seit Jahrhunderten beeinflussen die Tide und außergewöhnliche Hochwasserereignisse das Leben und Wirtschaften an der Themse. Insbesondere zum Hochwasserschutz der ufernahen Zonen im Bereich der Londoner Innenstadt wurde in den 1980er-Jahren die „Thames Barrier" errichtet. Dieses Sperrwerk kann bei Sturmfluten geschlossen werden und verhindert so einen Anstieg des binnenwärtigen Flusspegels. Vor dem Hintergrund des prognostizierten Meeresspiegelanstiegs und der Möglichkeit einer Zunahme und Intensivierung von Hochwasserereignissen durch künftige klimatische Veränderungen muss dieser Hochwasserschutzmaßnahme eine besondere Bedeutung beigemessen werden. Kaum absehbar wären die wirtschaftlichen und sozialen Folgen eines „Katastrophenhochwassers" in „Central London". Ein derartiges Naturereignis würde nicht nur Teile des U-Bahn-Systems lahmlegen, sondern auch die Strom-, Gas- und Wasserversorgung umliegender Wohn- und Geschäftsviertel in erheblichem Maße beeinträchtigen.

32

17

Erstellen Sie eine Tabelle, die die wesentliche Faktoren der Bildung von Ästuaren und Deltas vergleicht.

18

Auswertung der Satellitenbilder dieser Doppelseite:
a) Lokalisieren Sie die Bilder mittels Atlas.
b) Charakterisieren Sie wichtige topografische Elemente auf den Bildern.
c) Ermitteln Sie die Jahreszeit der Aufnahme von Bild 29 mithilfe des Internets. Begründen Sie Ihre Überlegungen.

19

Erörtern Sie die Notwendigkeit technischer Schutzmaßnahmen (Thames Barriers) im Bereich des Themseästuars.

35 Phasen der Landnutzungsveränderungen an der Küste Bangladeschs: A – ursprünglicher Küstenurwald, B – Shrimp Farm nach Rodung, C – Industrieflächen nach Versalzung

Bedrohung der Küsten Bangladeschs: Ursache Klimawandel?

„In der Todeszone des Klimawandels"
Dramatische Meldungen erreichen uns über die Medien, z. B.
„Der Klimawandel treibt die Meerespegel in die Höhe – und bedroht damit den Lebensraum von Millionen Menschen. Bangladeschs bettelarme Bevölkerung ist akut bedroht, viele Hütten liegen nur Zentimeter über der Flutkante. […]"
Matthias Gebauer: In der Todeszone des Klimawandels. Beitrag vom 23.4.2007, unter www.spiegel.de/wissenschaft/natur/bangladesch-in-der-todeszone-des-klimawandels-a-477669.html (Zugriff 08.05.2021)

36

Klimawandel als „Sündenbock"

Die Küsten Bangladeschs zählen zu den Regionen der Erde, die durch die Auswirkungen des globalen **Klimawandels** besonders gefährdet sind. Vielfach werden Untergangsszenarien aufgezeigt, die mit dem Ansteigen des Meeresspiegels in Verbindung gebracht werden, aber auch mit den **Zyklonen**, die jedes Jahr über den Golf von Bengalen ziehen. Derartig zugespitzte Aussagen wie in Quellentext 36 greifen jedoch zu kurz und vernachlässigen wesentliche Tatsachen im komplexen Wirkungsgefüge.

Zyklon
tropischer Wirbelsturm

Die Küstenlandschaft im Wandel

Der Naturraum ist vom **Delta** geprägt, dass die Flüsse Brahmaputra, Ganges und Meghna aufgeschüttet haben. Unzählige Wasserläufe durchziehen das nur wenige Meter über dem **Meeresspiegel** liegende Gebiet. Regelmäßig überschwemmen die Flüsse zur **Monsunzeit** Teile des Landes. Auch fruchtbarer Schlick wird dabei abgelagert.
Ursprünglich war die Gezeitenküste im Mündungsbereich von dichten **Mangroven** umsäumt, doch wurden die Küstenurwälder zur Anlage von Garnelenfarmen nahezu vollständig gerodet. Lediglich ein kleiner Restbestand, die Sundarbans, wurde unter Schutz gestellt. Als wertvolles Habitat beherbergen die Mangroven eine einzigartige Fauna und Flora. Als natürlicher Schutzwall mindern die Mangroven die Auswirkungen von Stürmen, da die Wälder die **Windgeschwindigkeiten** reduzieren. Darüber hinaus haben die Mangroven eine große Bedeutung für die Küstenmorphologie. Sie reduzieren die **Erosion** und tragen zur verstärkten Sedimentation bei. Insbesondere die Luftwurzeln fangen den Schlick regelrecht ein.
Die sturmflutbedingten Hochwasserereignisse trugen einen anderen Charakter, dem sich die Menschen über viele Jahrhunderte angepasst hatten. Durch den Rückstau der Flüsse drang insbesondere für die Landwirtschaft unbedenkliches **Süßwasser** in die Weite des Deltas ein. Auch der Anstieg des Wasserspiegels erfolgte bei Sturmfluten langsamer als heute.

Aquakulturen

Garnelenzucht war in Bangladesch eine traditionelle, den natürlichen Bedingungen angepasste Wirtschaftsform. Mit den Gezeiten und bei Überschwemmungen gelangten Garnelenlarven in die Reisfelder, wo sie kultiviert wurden. Anfang der 1980er-Jahre stieg die weltweite Nachfrage nach Garnelen stark an und die industrielle Zucht der Tiere im Deltabereich begann. Diese intensive Produktion erwies sich als nicht nachhaltig. Nach einigen Jahren mussten die Flächen aufgegeben werden.
Insbesondere die starke Versalzung macht eine Wiederaufforstung oder gar **landwirtschaftliche Nutzung** nahezu unmöglich. Stattdessen werden auf den ehemaligen Aquakulturen neue Industrieanlagen errichtet. Die Folgen der weitflächigen

Abholzung sind u.a. höhere Windgeschwindigkeiten, rascherer und höherer Wasserauflauf und Sedimentverlust. Ohne die Abholzung der **Mangroven** könnte das **Delta** trotz des Meeresspiegelanstieges weiter wachsen, die vom Weltklimarat prognostizierten Szenarien wären bei intakten Ökosystemen weitaus weniger bedrohlich für Bangladesch.

Bevölkerung und Migration

Bangladesch ist eines der am dichtesten besiedelten Länder der Erde (1240 Einw./km²), die Bevölkerungszahl wächst kräftig. Immer intensivere Landnutzung ist nötig, trotz der eng begrenzten Agrarressourcen. Dabei werden auch Flächen kultiviert, die durch Wirbelstürme und Hochwasser extrem gefährdet sind. Die Armutsrate geht aufgrund des raschen Wirtschaftswachstums von teilweise über sechs Prozent pro Jahr seit 1991 stetig zurück, doch lebt noch immer fast die Hälfte der Bevölkerung unter der Armutsgrenze. Insbesondere die exportorientierte Textilindustrie sorgt für Wachstum. Viele Arbeiter in der städtischen Bekleidungsindustrie sind Migranten, die aus ländlichen Regionen abwandern mussten. Sie stehen den Textilfabriken als billige Arbeitskräfte zur Vefügung. Die überwiegende Mehrheit von ihnen wohnt in einem der Slums von Dhaka.

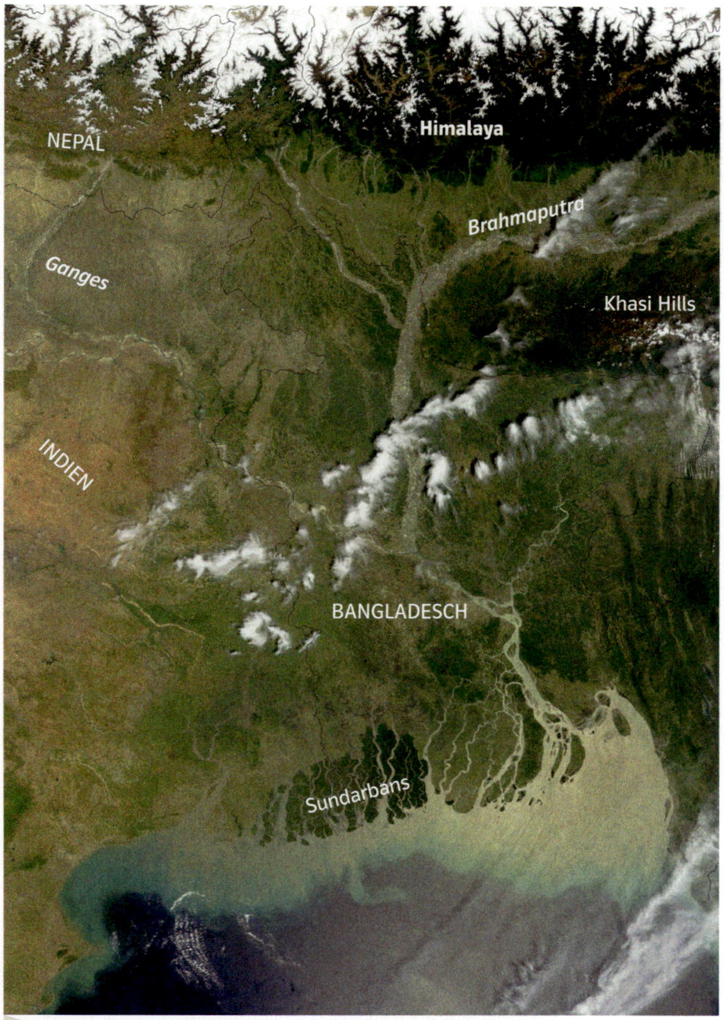

38 Bangladesch: eine gefährdete Region (Satellitenbild)

37 Vom Feld in die Textilfabrik

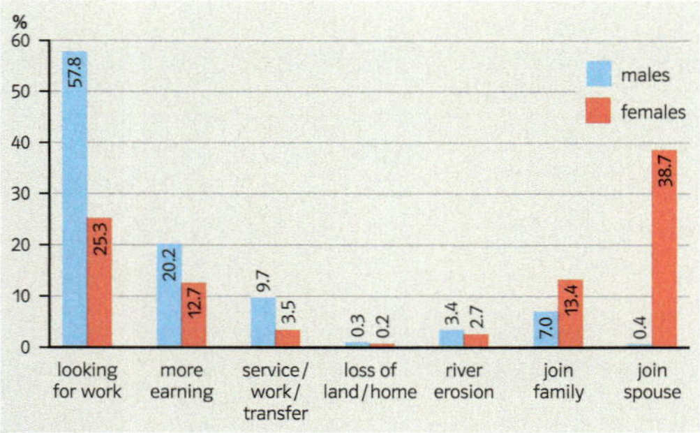

39 Gründe für die Abwanderung in die Stadt

Armutsgrenze
Einkommen von weniger als 1 US-$ pro Tag

20 Charakterisieren Sie die Küstenlandschaft unter Berücksichtigung der Bedeutung der Mangrovenwälder (Atlas).

21 Arbeiten Sie Aspekte der Landnutzungsveränderungen im Küstenbereich Bangladeschs heraus.

22 Erörtern Sie Ursachen für die Migration in die Städte (Grafik 39).

23 Diskutieren Sie die Bedeutung des Klimawandels für die Küstenregion in Bangladesch.

Malediven – Land unter im Tropenparadies?

40 Tropisches Strandparadies auf den Malediven

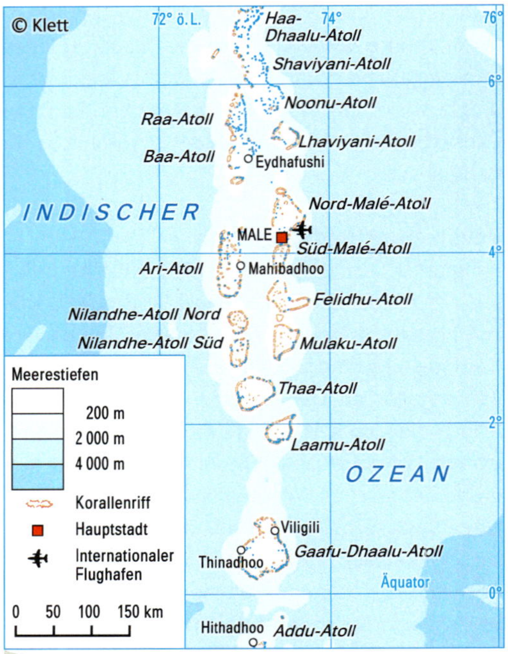

43 Die Malediven: 26 Atolle im Indischen Ozean

Schlagzeilen

„Malediven: 2100 vom Meer verschluckt"

Meldung vom 11.3.2010 in der BZ

„Malediven könnten mit steigendem Meeresspiegel mitwachsen"

Meldung vom 13.1.2010, Der Standard

41

Mit einer spektakulären Kabinettsitzung der Regierung der Malediven unter Wasser sollte der Weltöffentlichkeit die dramatische Situation auf dem Inselarchipel vor Augen geführt werden: Die Malediven versinken aufgrund des steigenden Meeresspiegels im **Meer**. Dem gegenüber stehen die Forschungsergebnisse der Geowissenschaften.

Die Entstehung der Malediven

Die Malediven bestehen aus 1190 Koralleninseln, die sich im Indischen Ozean erstrecken und rund 90 000 km² einnehmen. Es ist das niedrigste Land der Welt mit einer mittleren Höhe der Inseln von nur 1,5 m über NN. Die Inselgruppe liegt im Bereich der Feuchttropen. Von Mai bis Oktober gelangt die Region in den Einfluss des **Südwestmonsuns** mit seinen feuchteren Luftmassen.

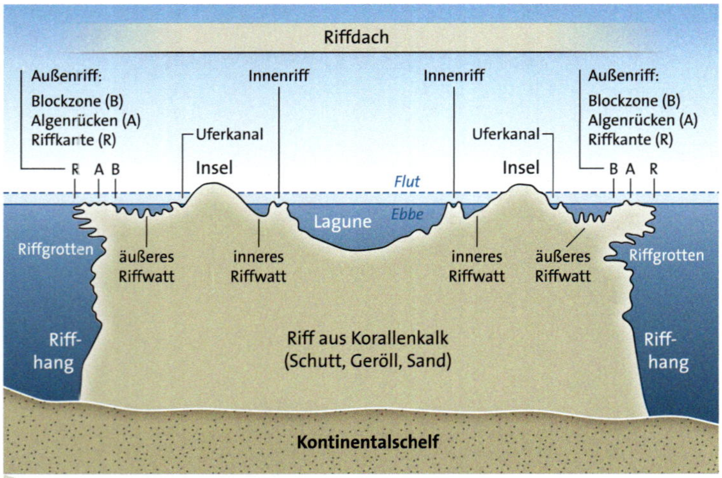

42 Schematische Darstellung eines Riffs

Nach: Oliver Arndt: Malediven. Geographie eines Inselstaates. Hamburg u.a.: LIT-Verlag 2006

Die Riffinseln liegen auf einem untermeerischen Rücken von 960 km Länge und umschließen dessen Erhebungen jeweils wie ein Ring. Jedes Riff wird von lebenden Korallenstöcken aufgebaut, die sich auf den Resten abgestorbener Korallen neu bilden. Das Wachstum der Riffe begann vor rund 8 000 Jahren und konnte mit dem rasanten nacheiszeitlichen Meeresspiegelanstieg mithalten. Je stärker der Meeresspiegel steigt, desto rascher wachsen die Korallenstöcke. Sehr gut ist die Geschwindigkeit des Meeresspiegelanstiegs an Bohrungen durch die Korallenriffe ablesbar. Sind die Korallenschichten weniger kompakt ausgebildet, so weist das auf einen beschleunigten Anstieg des Meeresspiegels und rasches Wachstum hin.

Es ist davon auszugehen, dass das Wachstum der **Korallenriffe** unter natürlichen Bedingungen auch weiterhin mit dem Anstieg des Meeresspiegels Schritt halten kann. So dokumentieren Luft- und Satellitenbilder der letzten Jahrzehnte, dass fast die Hälfte der Inseln deutlich gewachsen ist. Lediglich 14 % zeigen eine Verringerung der Inselfläche. Dabei handelt es sich fast ausschließlich um besiedelte Inseln, auf denen menschliche Aktivitäten die ökologischen Rahmenbedingungen für das Wachstum der Korallen nachhaltig gestört haben.

44 Male, Hauptstadt der Malediven

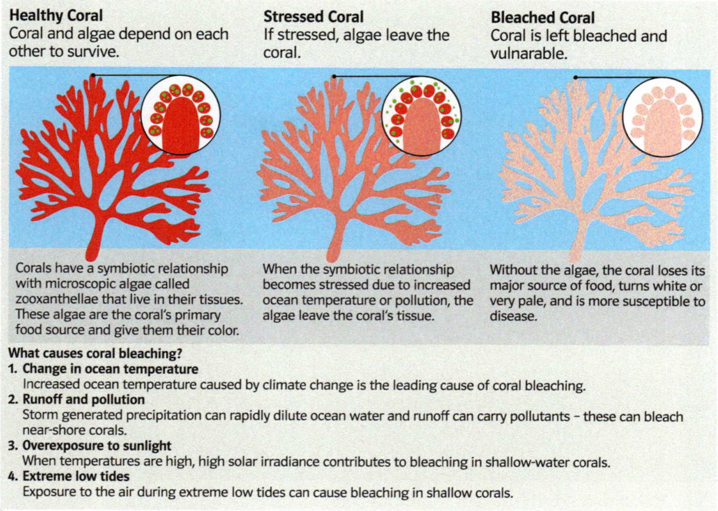

45 **Korallenbleiche: Ursachen**

Nach: NOAA's Coral Reef Conservation Program

Von einer Natur- zur Kulturlandschaft

Im Laufe der letzten Jahrzehnte haben einige der MaledALiveninseln durch intensive Wirtschafts- und Siedlungstätigkeiten ihr Gesicht völlig verändert. Die Landnutzung durch den Menschen stellt einen massiven Eingriff in das fragile Ökosystem vieler Inseln dar. Problematisch sind das Eigengewicht vieler Gebäude, die Störung der marinen Fauna und Flora durch die Einleitung von Abwässern, die intensive touristische Erschließung, aber auch Küstenschutzmaßnahmen. Unter normalen Bedingungen spülen Sturm und Hochwasser Korallensand in die Inselkerne und unterstützen so das natürliche Wachstum. Die Anlage von Deichen unterbindet diese Sedimentanlieferung fast vollständig.

Korallenbleiche durch Klimawandel

Korallen sind Organismen, die unter anderem mit einer Algenart, den Zooxanthellen, in Symbiose leben. Diese Algen reagieren sehr empfindlich auf eine Erhöhung der Wassertemperatur und beginnen, Giftstoffe zu produzieren, sodass sie von den Korallen abgestoßen werden. Zunächst bleichen die Korallen aus, um schließlich ebenfalls abzusterben. Insgesamt hat sich die Temperatur der tropischen **Meere** in den letzten Jahren durch den Klimawandel im Mittel um mehr als 1°C erhöht, Tendenz steigend. Zusätzlich bewirken **El-Niño-Ereignisse** eine zeitlich begrenzte Erhöhung der Wassertemperaturen im tropischen Pazifik und im Indischen Ozean. Dies sorgt für zusätzlichen Hitzestress und beschleunigt das Absterben der Korallen.

Die Korallenbleiche ist ein globales Phänomen und betrifft eine Vielzahl der Riffe dieser Erde. Zu den in jüngster Vergangenheit stärksten Korallenbleichen kam es in den Jahren 1998 und 2002. Seit 2014 hat sich das Phänomen erneut verstärkt. Vor dem Hintergrund der hohen Bedeutung dieser marinen Ökosysteme ist dies besonders problematisch. Neben den **tropischen Regenwäldern** bilden die Korallenriffe die artenreichsten und ältesten Ökosysteme der Welt. Schon vor über 225 Mio. Jahren stellten Riffsysteme wichtige marine Lebensräume dar.

24 Beschreiben Sie die Entstehung der Malediven.

25 Erläutern Sie den Zusammenhang zwischen Klimawandel und Korallenbleiche.

26 Stellen Sie den Einfluss menschlicher Aktivitäten auf das Ökosystem der Koralleninseln in einem Wirkungsgefüge dar.

27 Überprüfen Sie die Aussagen der beiden Zeitungsschlagzeilen (Material 41).

46 Rand des grönländischen Inlandeises

50 Tschiervagletscher, Graubünden (Schweiz)

→ Wasservorkommen S.146

Gletscher formen die Oberfläche

Die Formenbildung durch das Eis erfolgt durch die großen Plateaugletscher der Erde, die z.B. Grönland und die Antarktis bedecken, sowie durch die Gletscher der Hochgebirge. Rund 10% der Erde sind eisbedeckt und 1,2% des gesamten Wassers der Erde ist als Eis gebunden. Während der Erdgeschichte führten längerfristige Klimaveränderungen immer wieder zu Schwankungen des globalen Eisvolumens.

Die eigentliche Reliefformung geschieht durch die Bewegung der Gletscher und die dadurch hervorgerufene abhobelnde und schleifende Wirkung auf den Untergrund, die Glazialerosion. Entscheidend für die Erosionsleistung sind sowohl die Beschaffenheit des Untergrundes als auch der Druck der aufliegenden Eismassen. Immerhin liegt die Mächtigkeit der großen Inlandgletscher teilweise bei über 3 km.

Grundvoraussetzung für die Entstehung von Gletschern sind dauerhaft so niedrige Temperaturen, dass der gefallene Schnee im Laufe eines Jahres nicht vollständig abschmilzt und die Schneemassen in den darauffolgenden Jahren weiter wachsen. Durch den jährlich hinzukommenden Neuschnee und ein sommerliches Antauen geraten die tiefer liegenden, ursprünglich lockeren, Schneemassen mehr und mehr unter Druck und über Zwischenstufen entsteht schließlich kompaktes Gletschereis. Durch den hohen Druck an der Gletscherbasis schmilzt Eis sogar bei Temperaturen unter 0 °C und tritt oft als Gletscherbach aus.

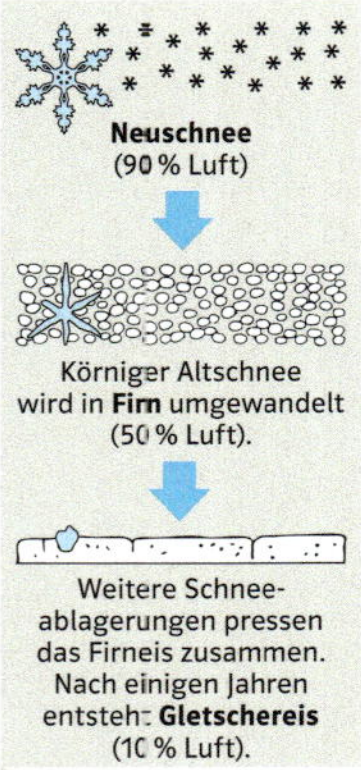

47 Gletschereisentstehung

48 Gletscherschliff

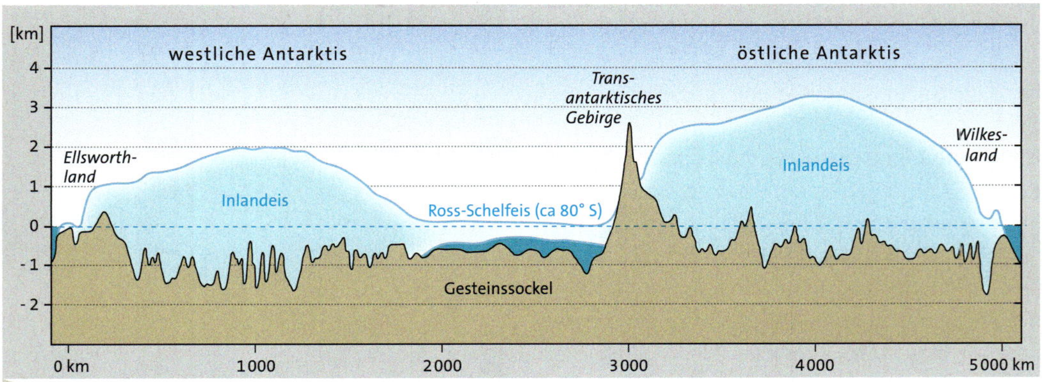

49 Querschnitt durch die Antarktis

Nach: John May 1988; in: Wolf Dieter Blümel: Physische Geographie der Polargebiete. Stuttgart u.a.: Teubner 1999, S.59

Weiße Riesen auf dem Rückzug

„Gletscher prägen nicht nur die Hochgebirgsregionen der Erde, in den Polargebieten bedecken ihre Eispanzer ganze Kontinente. Sie kalben Eisberge so hoch wie ein Mehrfamilienhaus und speichern mehr als drei Viertel der weltweiten Süßwasserreserven. Wo sie sich vorschieben, prägen sie die Landschaft.

Doch trotz ihrer Größe und Mächtigkeit, die ‚weißen Riesen' sind extrem empfindlich. Auf das immer wärmer werdende Klima reagieren sie mit Abschmelzen. Vor allem in den Alpen schrumpfen die Gletscher mit alarmierender Geschwindigkeit. Die Folgen sind Erdrutsche, Murgänge und Überschwemmungen. Auch am Meeresspiegel zeigen sich bereits erste Auswirkungen. Würden alle Gletscher der Welt schmelzen, könnte der Meeresspiegel statt weniger Zentimeter sogar um 70 m ansteigen. Aber nicht überall sind die weißen Riesen auf dem Rückzug. In manchen Regionen wachsen sie sogar noch. Dennoch geben die Klimatologen keine Entwarnung – die globale Erwärmung ist Realität und die Gletscher sind die ersten Indikatoren der kommenden Veränderungen [...]"

Jens Oppermann in: scinexx vom 26.03.2003, unter: www.scinexx.de/dossier/gletscher/(Zugriff 08.05.2021), geringfügig verändert

51

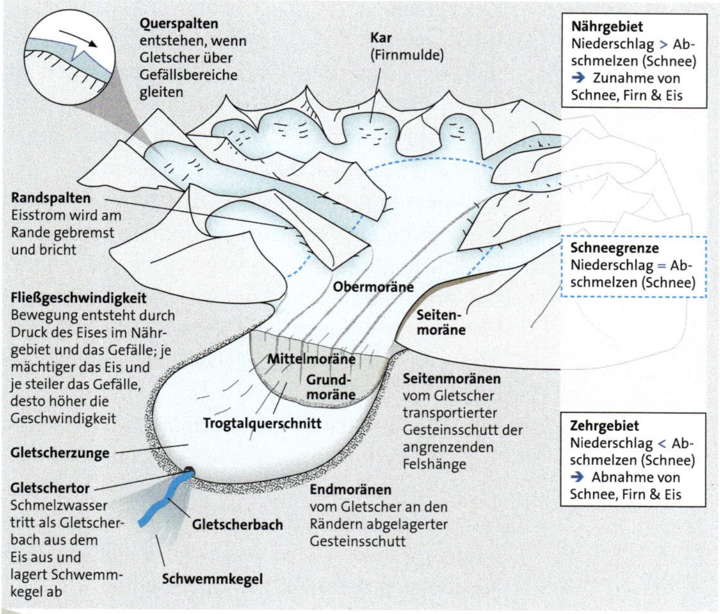

52 Modell eines Talgletschers

Talgletscher

Im Hochgebirge sammelt sich der Schnee zunächst in kleineren Firnmulden, die durch die Glazialerosion vergrößert werden. Diese oft steilwandigen Kare sind das eigentliche Ursprungsgebiet der Gletscher. Bedingt wird das zähplastische Fließen des Eises durch das natürliche Gefälle, den Eisnachschub in den höheren Gebirgsregionen und die Gleitfähigkeit auf den Schmelzwasserbildungen an der Unterseite des **Talgletschers**. In seiner Vorwärtsbewegung vertieft und verbreitert der Gletscher das von ihm überfahrene Tal.

Der Gletscherrand oszilliert. In früher stärker vergletscherten Gebieten dokumentieren die markant U-förmigen **Trogtäler** die einstige Eisbedeckung und erosive Arbeit der Gletscher. Wurden diese Täler nacheiszeitlich überflutet, entstanden Fjorde. Häufig wurden kleinere Seitentäler weniger stark tiefer gelegt, sodass seit dem Abtauen des Eises Wasserfälle von den Rändern in das Trogtal stürzen. Auch die Bildung einer **Klamm** oder eines Hängetals kann auf die Vertiefung der ursprünglichen Erosionsbasis zurückgeführt werden. Neben Seiten-, Mittel- und Obermoräne ist den Talgletschern eine Endmoräne vorgelagert, die von einem Gletscherbach durchflossen wird. Vor ihr wird vom Schmelzwasser ein Schwemmkegel aus Geröll und Gesteinsschutt abgelagert. Unter dem Eis zu feinem Gesteinsmehl zerriebener Fels gibt dem Schmelzwasser eine milchige Färbung, die Gletschertrübe.

→ Talbildung S.73

28

Beschreiben Sie den Einfluss von Gletschern auf die Formung der Landschaft.

29

Arbeiten Sie aus den Materialien dieser Doppelseite wesentliche Voraussetzungen für die Entstehung eines Gletschers heraus.

30

Benennen Sie mithilfe der Grafik 52 die glazialen Formen des Tschiervagletschers (Foto 50).

31

Nicht alle Gletscher der Erde schmelzen zurück, einige wachsen. Bewerten Sie diese Beobachtungen von Geowissenschaftlern.

Kaltzeiten

Im Pleistozän (ca. 1,8 Mio. bis 10 000 Jahre v. h.) führten wiederholte Temperaturabsenkungen um bis zu 10 K zur weltweiten Ausbreitung der Gletscher auf weite Teile Nord- und Mitteleuropas, Nordamerikas, Skandinaviens und Asiens.

Im Alpenraum stießen sie als Eisstromnetze bis in tiefer gelegene Täler vor. Dort wurden vier Hauptvereisungsphasen nachgewiesen, die von wärmeren Abschnitten unterbrochen wurden. Benannt sind sie vom Älteren zum Jüngeren nach Nebenflüssen von Donau und Isar: Günz, Mindel, Riss und Würm.

In Norddeutschland finden sich an der Oberfläche Spuren von drei Kaltzeiten, während auf eine vierte, die Elbeeiszeit, nur durch Bohrungen geschlossen werden kann. Namensgebend waren auch hier heutige Flüsse, die in etwa die maximale Südausdehnung der Gletscher nachzeichnen.

Neben den glazigenen Formen dokumentieren u. a. Eisbohrkerne aus den Polargebieten die klimatische Situation während der Kaltzeiten. Die Ursachen für die Temperaturschwankungen sind noch nicht eindeutig geklärt. Das Klima der zwischengeschalteten Warmzeiten (Interglaziale) war dem heutigen ähnlich, zeitweise sogar wärmer.

Aus der Geschichte der Eiszeitforschung. Noch vor 150 Jahren herrschte über die Entstehung der **Landschaften** Norddeutschlands Unklarheit. Die Vulkanisten behaupteten, dass die Findlinge vom Harz und den Alpen weit ins Land hinaus geschleudert wurden. Die Neptunisten meinten, dass eine Wasserflut die Gesteine herantransportiert hätte, nach der Drifttheorie wären es Eisberge auf einem Norddeutschland bedeckenden **Meer** gewesen. Einen Durchbruch erlebte die Eiszeitforschung 1875 mit den Erkenntnissen des schwedischen Geologen Otto Torell, der im Rüdersdorfer Kalkstein bei Berlin Gletscherschrammen nachwies. Daraus schloss er, dass Teile Nord- und Mitteleuropas einst unter Eismassen begraben waren. Bald darauf konstatierte Albrecht Penck, dass Norddeutschland dreimal vom Inlandeis überdeckt wurde.

Eiszeit in Nord- und Mitteleuropa. Zu Zeiten seiner größten Ausdehnung reichte das skandinavische Inlandeis bis an den Nordrand unserer Mittelgebirge. Die Oberfläche nördlich davon wurde maßgeblich durch die pleistozänen Eismassen gestaltet.

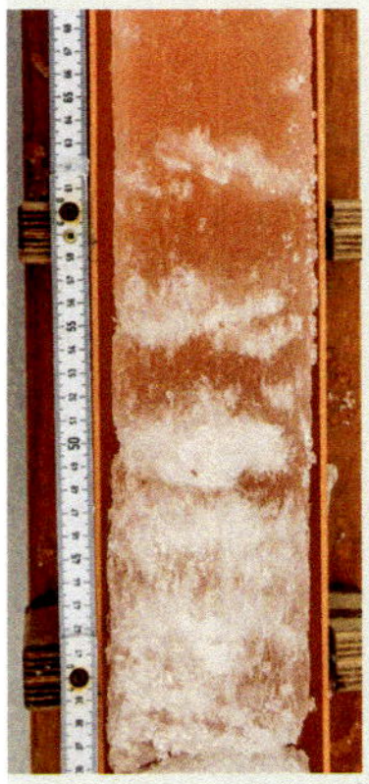

Eisbohrkern aus der Antarktis – polares Klimaarchiv

Mithilfe von Eisbohrkernen lässt sich die klimatische Entwicklung der Erde rekonstruieren. Das mit 800 000 Jahren älteste erbohrte Eis stammt aus einer Tiefe von über 3 200 m.

Aufschluss über das Paläoklima liefern u. a. Analysen im Eis eingeschlossener Luftbläschen und Festteilchen. Das Verhältnis der Sauerstoffisotope (18_0 und 16_0) im Vergleich zum heutigen Wert gibt Aufschluss über die jeweiligen Temperaturschwankungen. Der 18_0-Gehalt ist von der Kondensationstemperatur abhängig. Niedrige 18_0-Gehalte stehen deshalb für niedrige Temperaturen, hohe 18_0-Gehalte für hohe Temperaturen.

53

Mögliche Ursachen globaler Temperaturveränderung

Verlagerung der Erdachse: Derzeit beträgt der Neigungswinkel der Erde, die Schiefe der Ekliptik, 23° 27'. Innerhalb von rund 40 000 Jahren schwankt der Winkel zwischen 22,1° und 24,5°.

Exzentrizität: Dieser Begriff bezeichnet das Verhältnis zwischen großer und kleiner Achse der elliptischen Erdumlaufbahn um die Sonne. Derzeit ist die Erde der Sonne im Nordwinter etwas näher. Die Ellipsenbahn verändert sich.

Kontinentaldrift: Über geologisch längere Zeitabschnitte werden mit der Verschiebung der Kontinente unter anderem die klimatischen Bedingungen und die Meeresströmungen modifiziert.

Vulkane: Kräftige explosive Ausbrüche schleudern gewaltige Mengen an Staub und Gasen bis in die Stratosphäre, wo sie z. T. über Jahre hinweg verbleiben. Dort absorbieren sie Strahlung.

Meteoriten: Einschläge größerer Meteoriten können die Erdbahnparameter und somit auch das globale Klima verändern. Im Zuge eines Impacts können gewaltige Staubmengen in die Atmosphäre geschleudert werden.

Sonnenaktivität: Auf der Sonne kann man wärmere und kältere Zonen lokalisieren. Es scheint Zusammenhänge zwischen Protuberanzen und vergrößerter Strahlungsintensität auf der Erde zu geben.

54

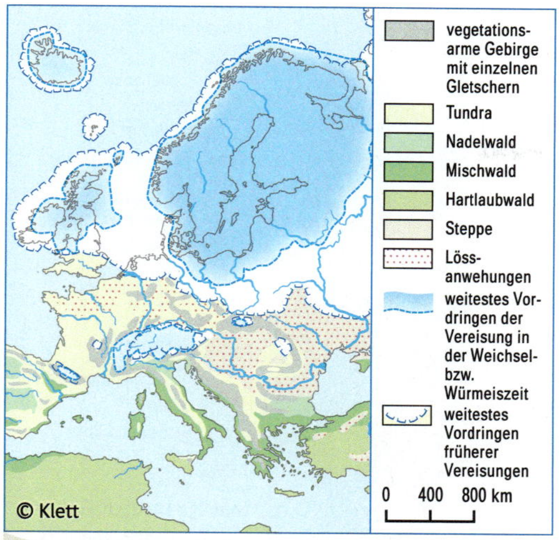

55 Weichseleiszeit in Europa

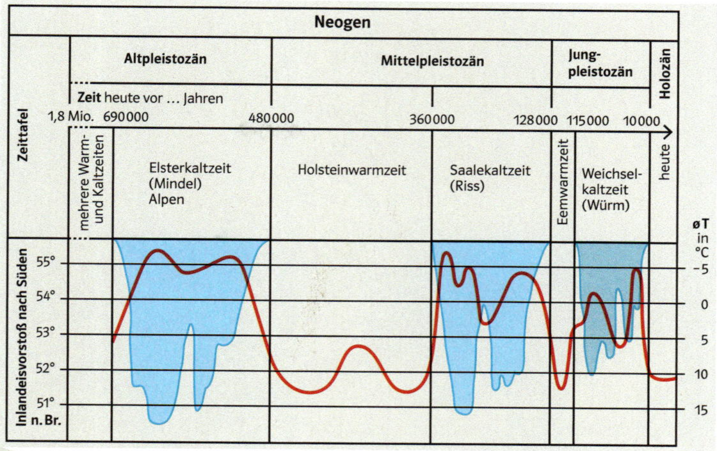

56 Temperaturveränderungen und Eisvorstöße im Pleistozän

Skandinavien

Durch die Absenkung der klimatischen **Schneegrenze** vereinigten sich die dortigen Gebirgsgletscher zu einem Eiskomplex. Schneefälle bei fortwährend kühlen Temperaturen ließen den Gletscher im Nährgebiet auf bis zu 3 km Mächtigkeit anwachsen. Die Auflast in den zentralen Vereisungsgebieten führte zu einer radialen Ausdehnung als Inlandeisdecke bis nach Mitteleuropa.

Das Inlandeis verlagerte erhebliche Materialmengen. Im Nährgebiet dominierte die **Erosion**, im Zehrgebiet die Akkumulation. Die Gletscher „entblößten" die Oberfläche bis auf das Grundgebirge und verfrachteten das Material nach Süden. Wie Schmirgelpapier wirkten die mitgeführten Sande und Kiese. Im anstehenden Felsgestein zeichnen Gletscherschrammen die Bewegungsrichtung des Eises nach. Auch größere Blöcke wurden aus dem Gesteinsverbund herausgelöst, vom Eis umschlossen und abtransportiert. Zurück blieben eine leicht wellige Felslandschaft mit abgeschliffenen Felskuppen, den Rundhöckern sowie **Trogtälern**. Nacheiszeitlich füllten sich die flachen Senken mit Wasser. Ausgedehnte Seen sowie Moore verleihen den Fjells einen abwechslungsreichen Landschaftscharakter.

Durch den postglazialen Meeresspiegelanstieg gerieten Teile Skandinaviens unter Wasser. Dort wo das **Meer** Trogtäler überflutete, entstanden die Fjorde. Drang das Wasser in flachwelliges Relief vor, bildete sich eine Schärenküste aus. Hier ragen inzwischen aufgrund glazialisotatischer Hebung zahlreiche Rundhöcker als kleine Inselgrüppchen aus dem Wasser.

Alpenraum

Nur besonders hohe Alpengipfel ragten aus dem Eisstromnetz heraus. Im inneralpinen Raum dominierte glaziale Erosion, Kare und Trogtäler entstanden. Am Rande des Eises wurde mitgeführtes Gesteinsmaterial als Endmoräne abgelagert. Vom Schmelzwasser verfrachtete Materialien wurden als Schotterfelder vor den Moränen abgelagert. Gut erhalten sind die fluvioglazialen Schotter der letzten beiden Eiszeiten, die würmeiszeitlichen Niederterrassen und die risseiszeitlichen Hochterrassen.

Auch Teile des heutigen Alpenvorlandes waren von Gletschern bedeckt, die sich fächerförmig ins Vorland ausbreiteten. Nach Norden vorstoßende Gletscherzungen schürften Hohlformen aus, die sich nach dem Eisrückschmelzen mit Wasser füllten, die heutigen Zungenbeckenseen.

Zwischen den Alpengletschern und dem Inlandeis Norddeutschlands, dem Periglazialraum, herrschte während der Eiszeiten Tundrenklima mit den typischen Permafrosterscheinungen. In den Hochlagen der Mittelgebirge, z. B. am Feldberg (Südschwarzwald), weisen Moränen und Kare auf lokale Vergletscherungen hin.

57 Findling in Ostjütland

← Gletscherschliff S. 88

← Glazialisostasie S. 42

→ Permafrost S. 94

← Trogtal S. 73

32 Beschreiben Sie die klimatische Entwicklung der Erde während der vergangenen 2 Mio. Jahre.

33 Erörtern Sie mögliche Gründe für globale Temperaturschwankungen.

58 Quartäre Landschaftsgliederung Norddeutschlands

Die Weichseleiszeit in Norddeutschland:
Vor rund 100 000 Jahren endete die Eemwarmzeit und ein Temperaturrückgang setzte ein. Schließlich drang das Inlandeis von Skandinavien nach Süden vor, um vor rund 18 000 Jahren etwas südlich von Berlin seine maximale Ausdehnung zu erreichen. Dabei überfuhren die Gletscher ein Gelände, das bereits in früheren Eiszeiten modelliert worden war. Die Gletscher transportierten Gesteine unterschiedlicher Art und Größe, die nach dem Niedertauen in der **Landschaft** zurückblieben: große Findlinge, Kiese und Sande. Wie ein gewaltiger Bulldozer schob das Eis an seinem Rand Gesteinsmaterial vor sich her.

Weit geschwungene Endmoränenzüge, die sich während längerer Stillstandsphasen des Gletschers bildeten, dokumentieren den lobenartigen Verlauf des Eisrandes. Bei Eisvorstößen wurden zuvor abgelagerte Moränenzüge in Stauchmoränen umgeformt. Insgesamt entstand durch das Gletschereis eine typische Abfolge von Landschaftselementen, die glaziale Serie.

Die unter dem Eis wirkenden Druckkräfte zerreiben auch größere Blöcke zu Sand oder feinem Gesteinsmehl, das vom Schmelzwasser abtransportiert wurde. Vor den Moränen wurde dieses Material abgelagert, die Sander entstanden.

59 Einblick in eine Endmoräne

60 Seen als Zeugen der jüngsten Eiszeit

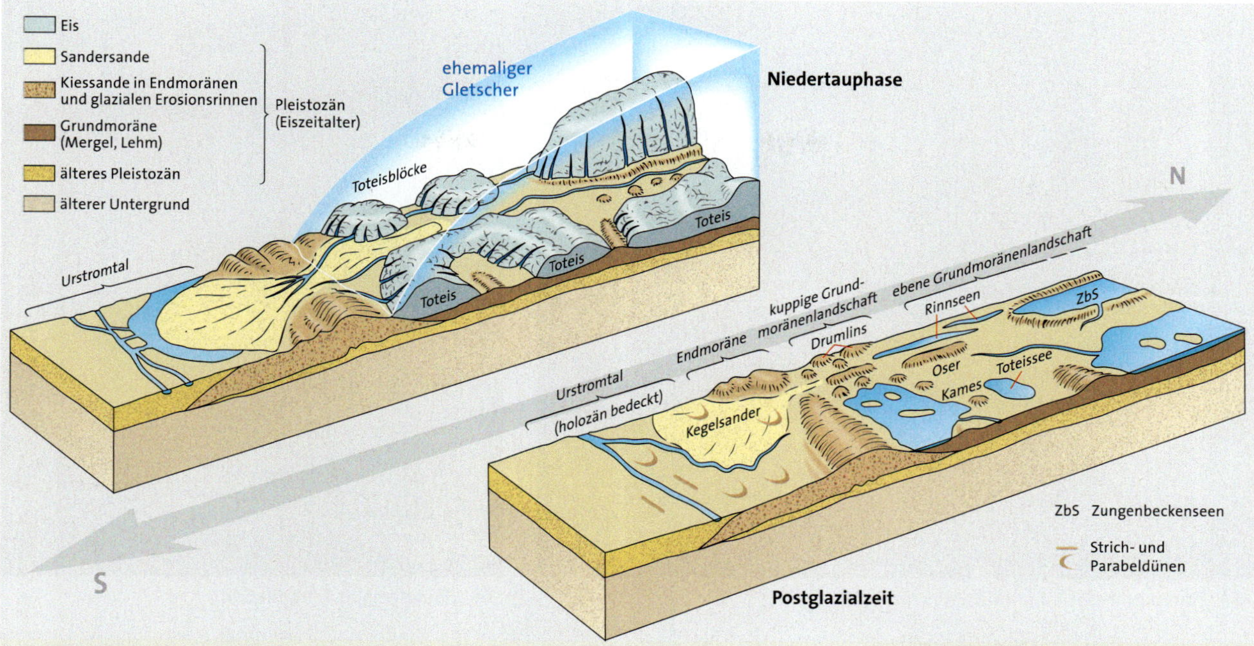

1. Phase (Vorschubphase):
Der Gletscher dehnt sich nach Süden aus. Im Eis eingeschlossene Gesteine aller Größen werden transportiert. Das Material stammt entweder aus den Ursprungsgebieten des Gletschers oder wurde aus dem von ihm überfahrenen Untergrund herausgelöst. Unter dem Eis abfließendes Schmelzwasser erodiert rinnenartige Vertiefungen in den Untergrund.

2. Phase (Stillstandsphase):
Das Eis dehnt sich nicht mehr weiter nach Süden aus. Am Gletscherrand werden durch Absetzungs- oder auch Stauchungsvorgänge Moränenzüge abgelagert, die sich aus unsortierten Steinen, Kiesen, Sanden und Tonen zusammensetzen. Das abfließende Schmelzwasser durchbricht an einigen Stellen die Endmoräne und fließt in Bächen und Flüsschen dem natürlichen Gefälle folgend ab. Im Wasser mitgeführte Sande, die aus der Moräne ausgewaschen werden, lagern sich unmittelbar südlich der Endmoräne ab, Sander entstehen.

3. Phase (Niedertauphase):
Der Gletscher schmilzt ab und gibt das zuvor eisbedeckte Gelände frei. Ausgetaute Steine, Kiese, Sand und Ton bilden die Oberfläche der Grundmoräne. Verstärkt fällt Schmelzwasser an, das die zuvor angelegten Rinnen füllt bzw. im Urstromtal abfließt. Zwischen Gletscher und Moränen entstehen im Bereich ehemaliger Gletscherzungen die Zungenbeckenseen. Insbesondere in Mulden und Geländesenken bleiben Toteisreste noch lange erhalten. Vor direkter Sonneneinstrahlung geschützt, wird ihr Abtauen durch eine Sand und Staubauflage verzögert. Taut auch das Toteis endgültig ab, entstehen in den Senken kleinere Seen, die die Bezeichnung Sölle oder Pfuhle tragen. In die wassererfüllten Hohlformen transportiert das Schmelzwasser auch feine Sedimente, die Seetone. Wegen der jahreszeitlich wechselnden Transportkraft weisen diese eine unterschiedliche Körnung auf: Bei sommerlich starkem Abfluss sind sie grobkörniger, im Winter feinkörniger. Die Analyse der Wechsellagerung erlaubt Rückschlüsse auf die einstigen klimatischen Bedingungen (Warvenchronologie). Auch die Dünenbildung und Lössverfrachtung setzen sich in der Niedertauphase weiter fort.

61 **Entstehung des glazialen Formenschatzes in Norddeutschland**

In einigen Gegenden formte der **Wind** aus dem Sand Längs- und Parabeldünen oder blies die feinsten Partikel (Schluff) fort. Dieser Staub **(Löss)** wurde nördlich der Mittelgebirge abgelagert. Die auf ihm ausgebildeten fruchtbaren **Böden** (z.B. Schwarzerden) sind heute eine wichtige Grundlage der landwirtschaftlichen Nutzung. Von kurzen Vorstoßphasen abgesehen, taute das Eis langsam ab. Mit dem Beginn des Holozäns um 10000 v.h. endete diese vorerst letzte Eiszeit.

Zurück blieb eine gegliederte **Landschaft** mit zahlreichen Zungenbeckenseen, Rinnenseen, Söllen, vermoorten Talungen, trockenen Sandergebieten, **Dünenfeldern**, Drumlins, Kames und Moränenzügen.

→ äolische Prozesse S.96

→ Schwarzerde S.191

34

Erklären Sie die während der Eiszeiten entstandenen Landschaftsformen in Skandinavien, den Alpen und in Norddeutschland.

35

Erläutern Sie die Karte 58 der quartären Landschaftsgliederung Norddeutschlands.

62 Sommer in der Taiga (Alaska)

64 Periglaziales Hangfließen

63 Eiskeil im Permafrost

permanere (lat.) fortdauern

gelare (lat.) gefrieren

Permafrost

In Gebieten mit Jahresmitteltemperaturen ≤1°C und **Niederschlägen** ≤1000 mm bildet sich ausgedehnter **Permafrost**. Ein entscheidender Faktor für die Bildung des bis in große Tiefen dauerhaft gefrorenen **Bodens** ist die Schneebedeckung, da eine lang andauernde Schneedecke als isolierende Schicht wirkt und das Auftauen tiefer liegender Schichten unterbindet.

Permafrost besteht aus zwei Schichten, der geringer mächtigen sommerlichen Auftauschicht (Active Layer) und der darunter liegenden dauerhaft gefrorenen Schicht.

Je nach Ausprägung wird zwischen kontinuierlichem, diskontinuierlichem und sporadischem Permafrost unterschieden. Unter Einfluss der klimatischen Rahmenbedingungen variiert der Permafrost von Zone zu Zone in seiner räumlichen Ausdehnung und Tiefe. In den arktischen Tundren sind z.B über 90 % der Fläche dauerhaft bis in eine Tiefe von über 500 m gefroren. Die größte Tiefe erreicht der Permafrost mit über 1500 m in Teilen Nordsibiriens. Etwas weiter südlich, in der nördlichen Taiga, nimmt Permafrost zwischen 30 % und 80 % der Fläche ein. Nur noch sporadisch tritt er in der südlichen Taiga auf, und auch die Mächtigkeit der gefrorenen Schichten liegt hier unterhalb des „Active Layer" nur noch bei wenigen Dezimetern.

Außerhalb der arktischen und subarktischen Areale ist Permafrost in den Hochgebirgen verbreitet. Insgesamt ist fast ein Viertel aller Landflächen der Erde von Permafrost geprägt.

Weil der Untergrund ab einer bestimmten Tiefe ganzjährig gefroren bleibt, bildet er eine Stauschicht für das **Bodenwasser**. So entstehen beim sommerlichen Auftauen der aktiven Schicht ausgedehnte sumpfig-moorige Gebiete. Derartige Extrembedingungen stellen Bauingenieure vor große Herausforderungen: Pipelines, Schienen und Gebäude müssen auf Stelzenkonstruktionen errichtet werden. Straßenbau ist unter diesen Bedingungen kaum möglich. Der Gütertransport erfolgt deshalb meist im Winter auf den gefrorenen Flüssen. Auch Exploration und Förderung von Bodenschätzen (z. B. sibirisches Erdgas) wird durch die gefrorene Schicht erschwert.

Die Dynamik des Permafrostes prägt die **Landschaft**. Bereits auf schwach geneigten Hängen beginnt die obere, aufgetaute und durchtränkte Schicht im Sommer über dem in der Tiefe gefrorenen Boden abzugleiten (Gelifluktion/Solifluktion). Es können wulstartige Loben entstehen. Die waldlosen Ebenen der **Tundra** sind weitflächig durch polygonale Steinringe gekennzeichnet. Über Eislinsen im Untergrund, die über viele Jahre wachsen, können sich Bodenerhebungen – Palsas oder Pingos – bilden.

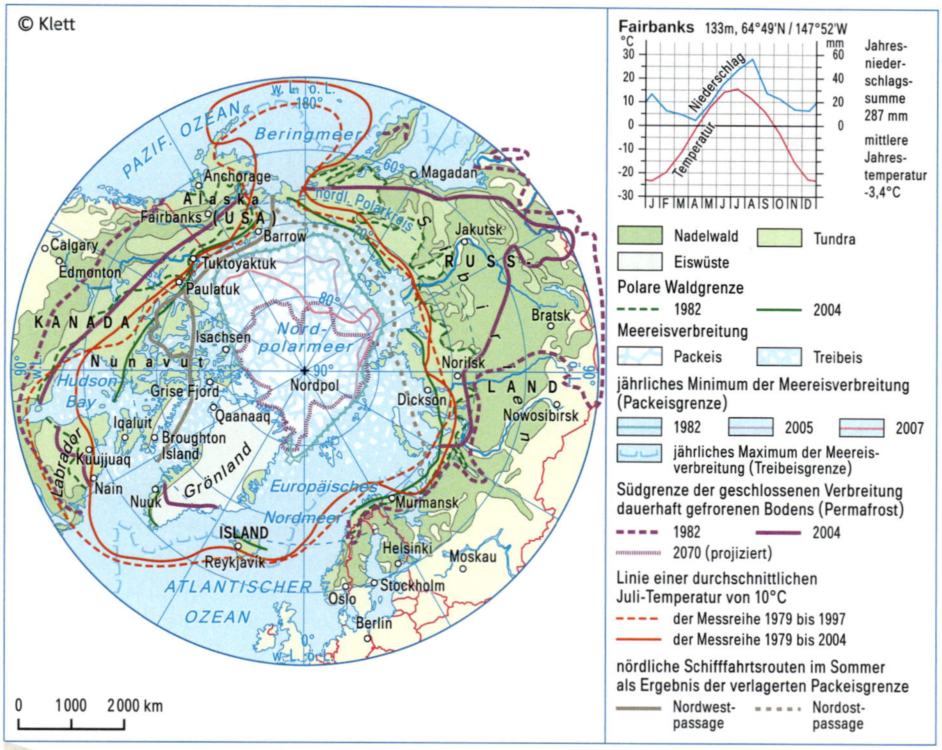

65 Zirkumarktische Permafrostgebiete und arktische Eisdecke

68 Steinringe im Permafrostgebiet: Im Untergrund wachsende Eislinsen führen zum seitlichen Abrutschen größerer Gesteinstrümmer

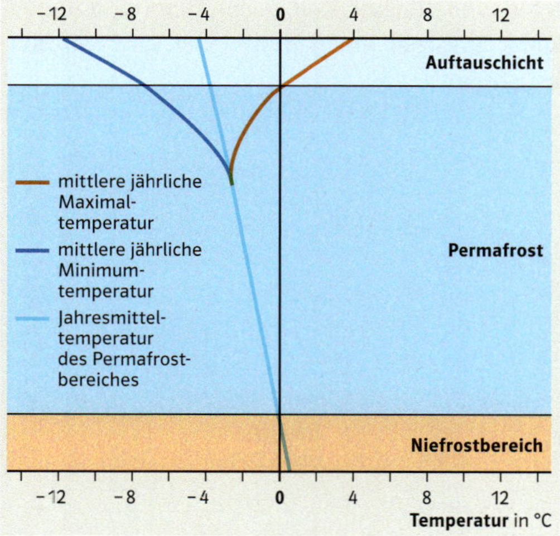

66 Struktur des Permafrostes

Nach: Samuel Weber: Permafrost – ein unsichtbares Phänomen, vom 17.11.2014, unter: tik-old.ee.ethz.ch/file//763ced57e4fc321b6437ec00f97fc458/2014_NfGO_Brig_small.pdf (Zugriff 08.05.2021)

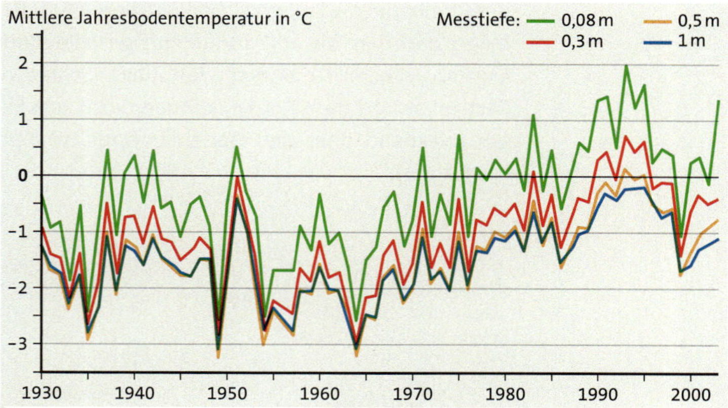

67 Entwicklung der Bodentemperatur in Fairbanks, Bonanza Creek

Nach: Romanovsky et al. 2002, unter: web.stanford.edu/class/ee380/Abstracts/060405-permafrost.ccsm3.stanford.2006.pdf, S.7 (Zugriff 08.05.2021)

36

Lokalisieren Sie die Verbreitungsgebiete des Permafrostes (Karte 65).

37

Charakterisieren Sie die in den Fotos 62–64 und 68 sichtbaren Permafrostphänomene.

38

Erläutern Sie die Auswirkungen des globalen Temperaturanstiegs auf die Permafrostareale (Grafik 67 und Karte 65).

39 MK

Erstellen Sie eine Übersicht der Folgen, die sich aus dem Abtauen des Permafrostes ergeben. Recherchieren Sie hierzu auch im Internet.

69 Pilzfelsen

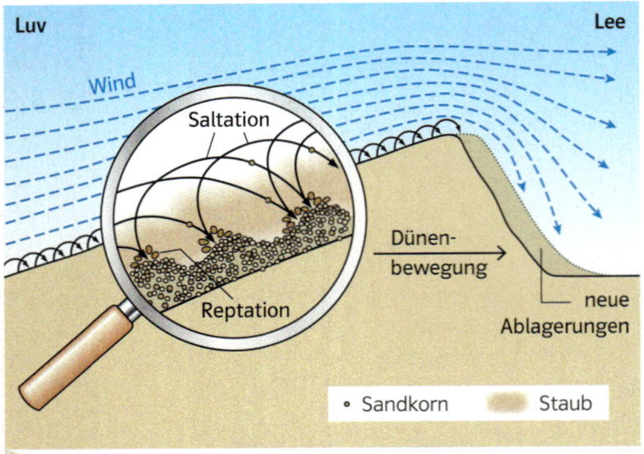

70 Äolischer Transport und Dünenbildung

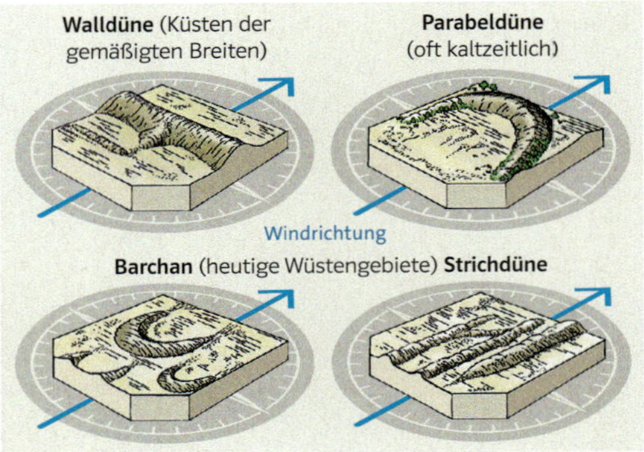

72 Dünenformen

Landschaftsformung durch äolische Prozesse

Die Windenergie kann die Erdoberfläche verändern. Dabei ablaufende äolische Prozesse sind z.B. das Ausblasen von Partikeln (Deflation), die abschleifende Wirkung von in der Luft transportiertem Sand oder Staub (Korrasion) sowie die Ablagerung des transportierten Materials. Damit äolischer Transport erfolgen kann, müssen mehrere Bedingungen erfüllt sein. Zunächst muss die Windenergie ausreichen, um Teilchen in Bewegung zu setzen. Diese werden je nach Korngröße unmittelbar in die Luft gewirbelt und verweht oder fallen, nachdem sie kurz in die Luft geschleudert wurden, wieder zu **Boden** (Saltation). Schlagen Partikel auf größere Körner, können diese scheinbar kriechend über den Boden bewegt werden (Reptation).

Je glatter eine Oberfläche, desto ungehinderter kann der darüber streichende **Wind** Partikel erfassen und forttragen. Auch Vegetationsbedeckung und Bodenfeuchte beeinflussen den Materialtransport erheblich. Die mechanische Schleifwirkung der im Wind mitgeführten Teilchen (Sandschliff), poliert an der Oberfläche liegende Gesteine oder formt zum Teil bizarre Gesteinsformationen. Hindernisse oder nachlassende Windgeschwindigkeit bewirken Materialakkumulation. Dabei entstehen Sand- und Staubdecken. Auch **Dünen** sind das Resultat äolischer Ablagerungs- und Verfrachtungsvorgänge.

71 Wüstentypen der Sahara

Winderosion

Knapp ein Viertel der landwirtschaftlich intensiv genutzten **Böden** Deutschlands sind erheblich durch Winderosion gefährdet. Jedes Jahr werden Tausende Tonnen wertvollen Ackerbodens regelrecht vom Winde verweht und gehen langfristig verloren. Das ist besonders besorgniserregend, da die bodenbildenden Prozesse sehr lange Zeiträume umfassen. Derzeit geht weit mehr Boden durch **Erosion** verloren als neu gebildet wird. Die Gründe für den Bodenverlust liegen vor allem in der Umwandlung kleinparzellierter Nutzflächen, die noch vor wenigen Jahrzehnten von Wallhecken (Knicks) geprägt waren, in eine große strauch- und baumlose Agrarsteppe.

Löss – ein äolisches Sediment

Löss ist ein vom **Wind** transportiertes, gelbliches, sehr feinkörniges Sediment. Es wurde in Europa während und nach den Eiszeiten durch kalte Fallwinde (katabatische Winde) als Staub aus den Sanderflächen und trockengefallen Schmelzwasserabflüssen ausgeweht und in begünstigten Lagen an den Rändern der Mittelgebirge (z.B. in Norddeutschland) und in der Vorbergzone (Oberrheingraben) abgelagert. Voraussetzung für großflächige Staubauswehungen und die Sedimentation zu Löss ist das Vorhandensein großer Mengen an Feinmaterial, speziell der Korngrößen Schluff und Ton. Aus Lössablagerungen bilden sich aufgrund der stofflichen Zusammensetzung kalkhaltige, wertvolle Böden, die sich zu Schwarzerde weiterentwickeln können. Von den Eigenschaften wirkt sich dabei besonders günstig der gute **Wasserhaushalt** auf das Pflanzenwachstum aus, auch lassen sich Böden auf Löss besonders leicht bearbeiten. Die fruchtbaren Lössböden Norddeutschlands werden seit Jahrhunderten intensiv landwirtschaftlich genutzt. Weltweit ist der Löss weiterhin in China, Afrika, Nord- und Südamerika zu finden. In Asien gibt es noch heute starke Staubverwehungen, sodass es hier noch zu aktuellen Lössbildungen kommt.

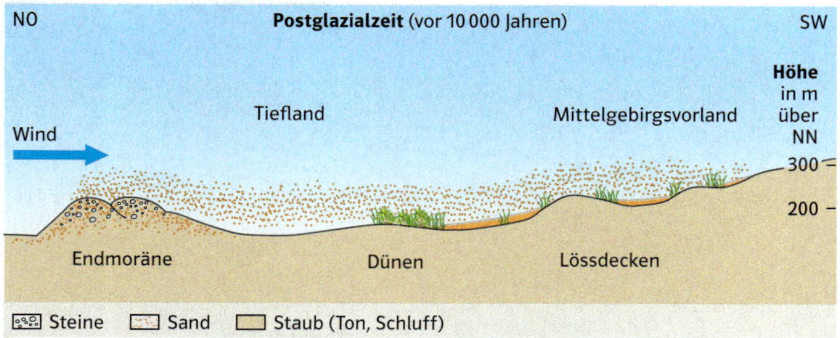

73 **Bildung äolischer Akkumulationsformen am Beispiel von Sachsen**

74 **Staubsturm in Mecklenburg-Vorpommern**

A19 – Sandsturm-Inferno auf der Autobahn mit vielen Toten
„Hat es solch einen Unfall in Deutschland jemals gegeben? In einem Sandsturm rasen Dutzende Autos ineinander. Mindestens acht Menschen sterben. Der Sandsturm wütet noch Stunden nach der Massenkarambolage über die Autobahn zwischen Rostock und Güstrow. Dutzende ausgebrannte und ineinandergeschobene Fahrzeuge haben die Fahrbahn in ein Trümmerfeld verwandelt.".
Katrin Schüler in Die Welt 8.4.2011. Unter www.welt.de (Zugriff 13.02.2021)

„Im Rahmen des INKA BB (Innovationsnetzwerk Klimaanpassung Berlin–Brandenburg) kamen Wissenschaftler zu dem Schluss, dass eine ungünstige Kombination aus mehreren Faktoren zu dem Unglück führte, so Dr. Carsten Hoffmann [...] INKA BB. Trockenheit, starker Wind und offene Böden sind danach zum einen die Ursache für das Phänomen. Geringere oder vernachlässigte Windschutzhecken und zum Teil übergroße Ackerflächen führen aber ebenfalls dazu, dass Sand und Staub aufgewirbelt wird und verweht."
NABU Schleswig-Holstein, ILu, akt. 14.11.2014.
Unter: https://schleswig-holstein.nabu.de (Zugriff 13.02.2021)

75

40 Beschreiben Sie die Entstehung von Dünen.

41 Erklären Sie die Entstehung verschiedener Wüstentypen in der Sahara.

42 MK Erstellen Sie ein Wirkungsgefüge, das die Ursachen für den Unfall auf der A19 beschreibt. Ziehen sie dafür auch weitere Quellen (Internet) heran.

43 Diskutieren Sie Maßnahmen, die zu einer Verringerung der Winderosion in Norddeutschland beitragen können.

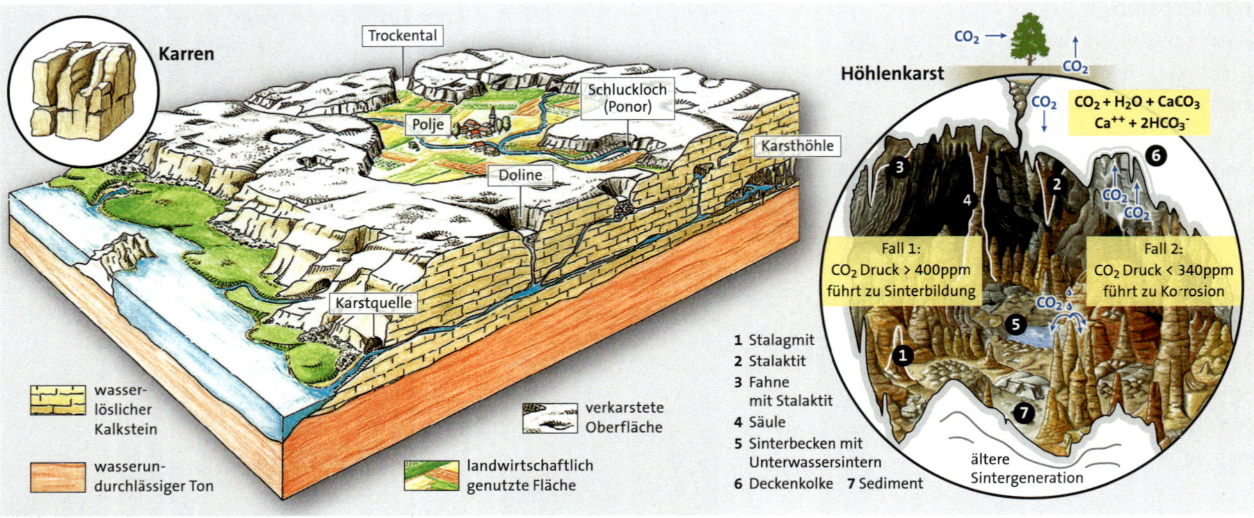

76 Die mediterrane Karstlandschaft

Reliefformung durch Lösung – Karst

In Gebieten, deren Gesteine anfällig für chemische Verwitterungsprozesse sind, spielt die Formung der Oberfläche durch Lösung (Korrosion) eine entscheidende Rolle. Das **Grundwasser** erweitert Gesteinsklüfte und schafft riesige unterirdische Höhlen. Auch an der Oberfläche entsteht der typische Formenschatz des **Karsts**.

Außertropischer Karst

Karst war ursprünglich die Bezeichnung für die vegetationsarme und durch Kalkgesteine gekennzeichnete Region nordöstlich von Triest, wird aber inzwischen für alle **Landschaften** der Welt gebraucht, welche die Merkmale dieser **Verwitterungsform** zeigen. Zu den verkarstungsfähigen Gesteinen zählen neben Kalk und Dolomit auch Gips, Salzgesteine und Kalksandstein.

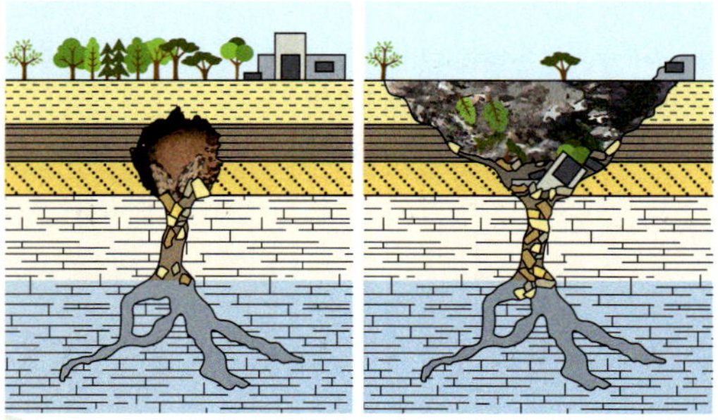

77 Einsturzdoline Winter Park, Florida

Translated and adapted after: Barbara W. Murck, Brian J. Skinner, Stephen C. Porter: Dangerous Earth. New York: Wiley 1997, p. 177. Reprinted with permission of John Wiley & Sons, Inc.

Infolge der Lösungsvorgänge bildet sich je nach Ausgangsgestein und klimatischen Rahmenbedingungen das Karstrelief aus. Dabei entstehen an der Oberfläche durch Korrosion Karren: rillen- oder schüsselartige Hohlformen, deren Größe zwischen einigen Millimetern und Metern variiert. In den Gesteinsuntergrund einsickerndes Wasser höhlt entlang tektonisch vorgezeichneter Klüfte oder Spalten den Untergrund aus und schafft im Laufe der Zeit unterirdische Hohlformen unterschiedlicher Größe. Bricht das über einer Lösungshohlform lagernde Gestein ein, entstehen steilwandige Einsturzdolinen.

Eine Einsturzdoline entsteht

„Auf einem verlassenen Grundstück in Winter Park bei Orlando in Florida verschwindet plötzlich ein kleines Bäumchen im Erdboden. Innerhalb von nur 10 Stunden entwickelte sich dort, wo noch kurz zuvor der Baum stand, ein steilwandiger Krater mit einem Durchmesser von über 20 m. Im weiteren Verlauf der Nacht wuchs der Krater weiter an und bereits am Mittag des darauf folgenden Tages war er 100 m breit und 30 m tief. Langsam füllte sich das ‚Loch' mit Wasser. Vorläufige Schadensbilanz: Teile eines Wohnhauses, sechs Industriegebäude und das öffentliche Schwimmbad waren ganz oder teilweise vom Krater verschlungen worden."

Übersetzt und verändert nach Barbara W. Murck u. a.: Dangerous Earth. 1997, p. 173

78

79 Tropfsteinhöhle

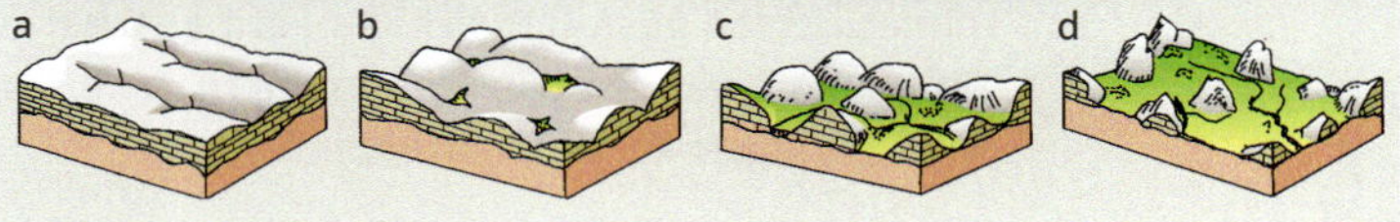

80 Turmkarst in den Tropen (Guilin, Südchina)

Grafiken nach: H. Lehmann, in Herbert Wilhelmy: Geomorphologie in Stichworten, Bd. 3. 5. Aufl. Berlin/Stuttgart: Bornträger 1992, S. III/54

Die Karstlandschaften kennzeichnet ein unzusammenhängendes oder sogar fehlendes oberflächiges Gewässernetz. Dagegen existiert ein komplexes System unterirdischer Flussläufe.

Im globalen Maßstab eher kleinere **Karstgebiete** sind die Schwäbische und Fränkische Alb sowie der Französische und Schweizer Jura.

Tropischer Karst

Im Gegensatz zu Poljen, Dolinen und Karren in den Gemäßigten Breiten prägen Vollformen mit zwischengeschalteten flachen Ebenen die Karstgebiete der feuchtwarmen Tropen. Das vorläufige Endresultat der Verkarstung über einen langen geologischen Zeitraum ist eine von Karsttürmen und -kegeln geprägte **Landschaft**.

Intensive **Niederschläge** über 2 500 mm fließen im Initialstadium zunächst oberflächig auf den mächtigen Kalkablagerungen ab. In den entstehenden Senken werden Tone sedimentiert, und langsam setzen Bodenbildung sowie Pflanzenwachstum ein. Damit stehen Huminsäuren bereit, die den Lösungsprozess beschleunigen. Sternförmig wachsen die Hohlformen (Cockpits) in die Kalkablagerungen hinein. Begünstigt durch die hohen Temperaturen setzt sich die Kalklösung bis zum Vorfluterniveau fort. In diesem Stadium kommt die Tiefenwirkung der **Lösungsverwitterung** zum Erliegen. Die entstandenen Kegel werden nur noch von den Seiten her angegriffen. Schließlich bleiben isolierte Karsttürme zurück, teilweise hundert und mehr Meter hoch.

Ursprünglich wurde nur die starke Lösungsaktivität wegen der in den Tropen höheren Temperaturen für diesen „reiferen" Formenschatz verantwortlich gemacht, doch kann wärmeres Wasser weniger CO_2 binden. Als unmittelbare Folge bildet sich auch weniger Kohlensäure (H_2CO_3). Insofern ist tropisches Niederschlagswasser zunächst weniger lösungsaktiv als das der Gemäßigten Breiten und der Wechselfeuchten Subtropen (Mittelmeerraum). Es ist die ganzjährig hohe biologische Aktivität, die üppige Vegetation, die reichlich die bereits erwähnten Huminsäuren bereitstellt. Sie greifen, begünstigt durch die höheren Temperaturen, die Gesteine besonders intensiv an. Lösung setzt somit im Verbund mit ausreichender Vegetationsbedeckung verstärkt am Sockel der Karsttürme an. Dabei entstehen Lösungshohlkehlen.

81 Hohlkehlenartige Unterschneidung durch Lösung am Fuße eines Karstturms

44 Beschreiben Sie die Entstehung der Winter-Park-Einsturzdoline.

45 Erläutern Sie die Entstehung der Karstformen in den Tropen.

46 Stellen Sie tabellarisch die Unterschiede zwischen tropischen und nichttropischen Karstgebieten dar.

1 Blick auf den Albtrauf von der Achalm

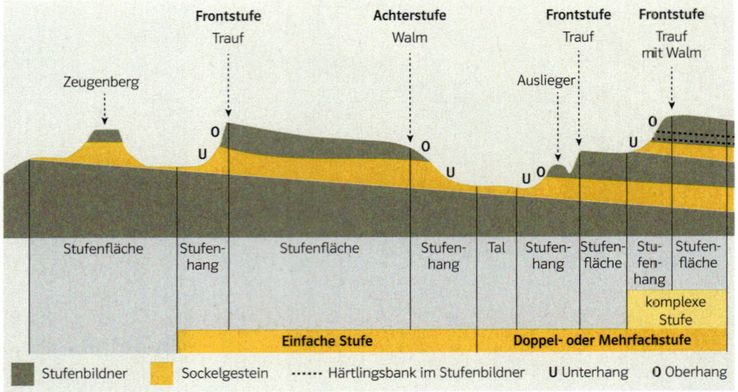

2 Elemente der Schichtstufenlandschaft

Ein Blick in die geologische Vergangenheit

Die Landschaften im Südwesten Deutschlands sind extrem vielgestaltig. Besonders eindrucksvoll gestaltet sich der Formenschatz der Schwäbischen Alb mit seinen steilen Talflanken und den wie Monumenten in der Landschaft stehenden Zeugenbergen. Wie ist dieses Relief entstanden?

↰ Entstehung Oberrheingraben S. 45

Die ältesten Gesteine bilden das Grundgebirge, das bereits im Paläozoikum angelegt wurde. Die Kollision des Südkontinents Gondwana mit dem Nordkontinent Laurasia führte im Karbon (358–299 Mio. Jahren v.h.) zur Bildung des Variskischen Gebirges, eine zusammenhängende Landmasse, der Großkontinent Pangäa entstand. Granite und Gneise bilden die Hauptgesteinsarten des Grundgebirges. Im anschließenden Perm wurde das Gebirge weitgehend abgetragen, das Germanische Becken als großer Sedimentationsraum entstand. Damals lag Mitteleuropa in etwa am Äquator. Im warmen Klima bildeten sich in Südwestdeutschland aus dem Abtragungsschutt des eingerumpften Gebirges als unterste Schicht des Deckgebirges die Gesteine des Rotliegenden. Im nachfolgenden Mesozoikum wechselten sich Meeresvorstöße mit festländischen Phasen ab und es entstanden zunächst in der Trias die Gesteine des Bundsandsteins, des Muschelkalks und des Keupers. Weitere **Meeresvorstöße**, verbunden mit der Ablagerung mächtiger mariner Kalke erfolgten im Jura.

In der späteren Kreidezeit (ab ca. 100 Mio. Jahre v.h.) begann, bedingt durch die Kollision Afrikas mit Eurasien, die alpidische Faltung. Gleichsam setzte auch Vulkanismus ein, der Kaiserstuhl als Stratovulkan entstand. Durch Magmenmobilisation in der **Asthenosphäre** nördlich der Alpen werden Teile des nördlichen Alpenvorlandes und auch unsere Region schildartig aufgewölbt. Im Tertiär, vor ca. 50 Mio. Jahren, begann die Einsenkung des Oberrheingrabens im Scheitelbereich der Aufwölbung. Diese Aufwölbung führt zur Ausdünnung der Kruste, zu Zerrungen in westlichen und östlichen Richtungen, aber auch zu einer weiteren Absenkung des Grabeninneren um fast 5000 m. Zeitgleich kommt es allerdings auch zu einer Auffüllung des Grabens durch Abtragungsmaterial der am Rande gelegenen, sich hebenden Grundgebirge, die heute den Schwarzwald und die Vogesen bilden.

Die Entstehung der Schichtstufenlandschaft

Im Zuge der Aufwölbung wurden die Bereiche östlich und westlich des entstehenden Oberrheingrabens stark angehoben und die Schichten aus zunächst horizontaler Lage verkippt. Die nun schräg gelagerten Schichten des Deckgebirges fallen in Südwestdeutschland nach Osten ein. Durch die intensive Hebung wurden Teile des Deckgebirges aufgrund ihrer Exposition durch **Erosion** vollständig abgetragen (Schwarzwald und Vogesen). Im Gegensatz dazu finden sich östlich des Schwarzwaldes noch Reste des Deckgebirges, beispielsweise im Bereich der Schwäbischen Alb. Aufgrund der unterschiedlichen Gesteinsbeschaffenheit (Petrovarianz) sind die Gesteine unterschiedlich erosions- und verwitterungsanfällig, sodass letztendlich eine vielgliedrige **Schichtstufenlandschaft** entstanden ist (Strukturformen).

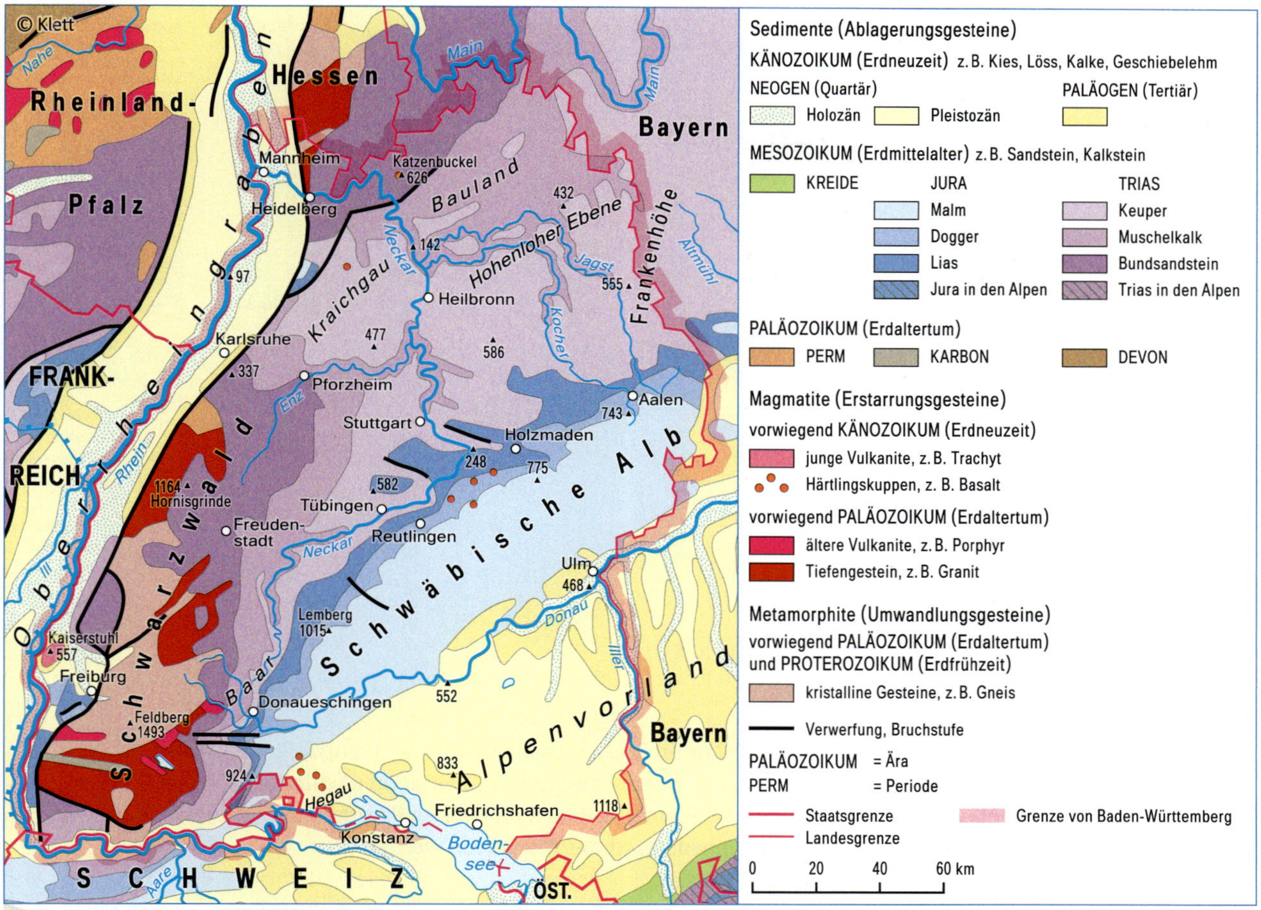

3 Geologische Karte und Profil Südwestdeutschlands

Schichtstufenlandschaften

„Schichtstufen sind typische Reliefformen in flach lagernden Sedimentgesteinen unterschiedlicher Resistenz. Sie bestehen aus zwei unterschiedlichen Reliefelementen, der meist ebenen Stufenfläche und dem steilen Stufenhang, der in Oberhang und Unterhang gegliedert wird. Der Stufenhang bildet einen Steilabfall. Der widerständige, am Oberhang und auf der Stufenfläche ausstreichende Stufenbildner besteht z. B. aus Kalken oder Sandsteinen, das weichere Sockelgestein im Unterhang aus Tonsteinen oder Mergeln. Der Übergang vom Hang zur Fläche kann als Trauf (mit scharfem Knick) oder als Walm (sanfter Übergang) ausgebildet sein. Vor dem Stufenhang liegen häufig Zeugenberge als Erosionsreste des ehemals weiter ausgedehnten Schichtpakets. Durch gravitative Massenverlagerungen und aquatische Prozesse am Stufenhang werden die Schichtstufen im Laufe der Reliefentwicklung in Vorsprünge und Buchten gegliedert und unterliegen dem Prozess der Stufenrückverlegung."

Gekürzt nach I. Beyer und K.-H. Schmidt (2000): Schichtstufenlandschaften. In: Nationalatlas der Bundesrepublik Deutschland, S. 84

4

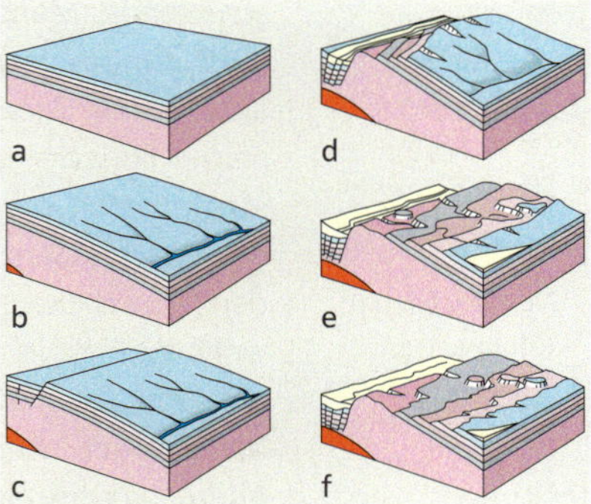

5 Schichtstufenbildung

1

Beschreiben Sie auf Grundlage des Textes die Phasen der Schichtstufenbildung (M4).

2

Benennen Sie im Foto 1 typische Elemente einer Schichtstufenlandschaft.

3

Geologische Karten nutzen
a) Beschreiben Sie die geologische Karte.
b) Erklären Sie die Verteilung der Gesteinsarten.

4

Benennen Sie Gebiete auf der Karte, in denen Sie Karsterscheinungen erwarten, und begründen Sie Ihre Überlegungen.

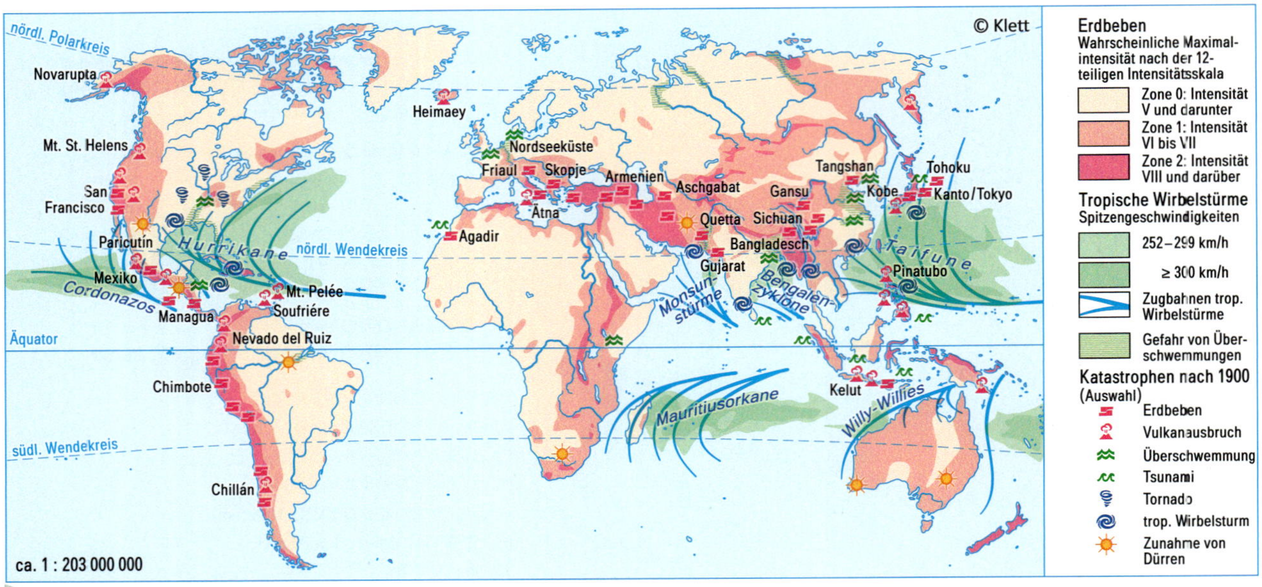

1 Weltkarte der Naturgefahren

Georisiken

Zu einem Georisiko werden Naturereignisse zuallermeist durch ungeeignete Inwertsetzung gefährdeter Räume oder durch eine für den Menschen nachteilige Einflussnahme auf Komponenten des Gesamtsystems. Wie können Prozesse im System Erde zu einer Bedrohung für den Lebensraum des Menschen werden?

Georisiken (Auswahl)

Wetter/Klima:
- Hagelschlag, Starkregen, Hitze, Kälte, Dürre, Sturm

Hydrologie:
- Meeresspiegel, Hochwasser, Tsunami, Lawine, Mure

Geologie:
- Massenbewegung, Fels-/Bergsturz, Meteoriten, Erdbeben, Vulkane

Biologie:
- invasive Arten, Schädlinge, Krankheiten

Seit dem Beginn der kulturlandschaftlichen Erschließung unseres Planeten entwickelt der wirtschaftende Mensch Strategien, seinen Lebensraum den Naturgegebenheiten möglichst optimal anzupassen. Dabei trug der wissenschaftlich-technische Fortschritt vergangener Dekaden zu einer scheinbaren Verbesserung der Sicherheitslage in den erschlossenen Gebieten bei und verleitete den Menschen sogar zu einer Ausweitung der bewohnten Erde in vormals bewusst gemiedene Naturräume wie Flussufer, Tallagen oder küstennahe Marschländer. Andernorts zwingt armutsbedingte Alternativlosigkeit Menschen dazu, in höchstgefährdeten Räumen zu siedeln. Der immer intensiveren „Inwertsetzung" erwächst aber gleichsam eine schleichende Erhöhung der Vulnerabilität (Verwundbarkeit) unserer Gesellschaft, eine Situation, die durch die Auswirkungen des anthropogenen Klimawandels weiter verschärft wird. Besonders problematisch, auch in volkswirtschaftlicher Hinsicht, ist in diesem Zusammenhang die teilweise hohe Bevölkerungsdichte in potenziell gefährdeten Gebieten. Alle Jahre wieder sorgen Jahrhunderthochwasser für Schlagzeilen und setzen entlang der Flussläufe weite Landstriche unter Wasser. **Niederschläge** fallen immer weniger als „seichter, lang anhaltender Landregen", sondern als Hagelschlag oder kurzer Starkregen, Stürme verwüsten immer öfter menschliche Siedlungsräume oder ganze Wälder. Murenabgänge, Schlammlawinen und Felsstürze zerstören Dörfer. Eine nachhaltige Störung gesellschaftlicher Strukturen (Verlust an Menschenleben und Sachwerten, massive Schäden im Bereich der Infrastruktur und an Umweltgütern etc.) durch Naturereignisse wird als Naturkatastrophe bezeichnet. Zur Risikoreduzierung müssen die jeweiligen Gefährdungspotenziale auf der Grundlage von wissenschaftlich fundierten Gefahrenabschätzungen (Risikoanalyse) erfasst werden, um letztendlich Präventions-, Anpassungs- und Bewältigungsstrategien zu entwickeln.

1

Beschreiben Sie die räumliche Verteilung verschiedener Georisiken anhand der Karte 1.

2 Lawinenabgang in der Schweiz

3 Eislast lässt Masten umknicken

Vulnerabilität, Resilienz und Adaption

Nach Robert Chambers (1989) meint Vulnerabilität „einen gesellschaftlichen Zustand, der durch Anfälligkeit, Unsicherheit und Schutzlosigkeit geprägt ist." In Bezug auf den Klimawandel beschreibt Vulnerabilität z. B. das Maß, „zu dem eine Person, Region oder ein System gegenüber nachteiligen Auswirkungen von Klimaänderungen anfällig ist." Inzwischen findet der Begriff auch in der Ökologie Anwendung. Betrachtet wird die Empfindlichkeit von Arten gegenüber veränderten Umweltbedingungen, wie zum Beispiel den Folgen des Klimawandels oder direkter menschlicher Eingriffe in die Ökosysteme. Sowohl Ökosysteme als auch Gesellschaftssysteme sind bis zu einem gewissen Grad in der Lage, schädigenden Einflüssen zu widerstehen und externe Störungen zu verkraften. Diese Widerstandsfähigkeit wird als Resilienz bezeichnet. In Bezug auf verschiedene Georisiken hängt die Resilienz in erheblichem Maße davon ab, inwiefern der Mensch in der Lage ist, sich an die veränderten Umweltbedingungen anzupassen (Adaption). Das kann durch veränderte Praktiken der Landnutzung oder Infrastrukturmaßnahmen geschehen. Auch die Überwindung von Armut und die Beseitigung sozialer Disparitäten steigert die Resilienz gesellschaftlicher Gruppen. Als Mitigation wird die Bekämpfung der Ursachen von Georisiken bezeichnet, also zum Beispiel die Reduktion von Treibhausgasemissionen durch neue Technologien.

Veränderte Extremereignisse

„Generell deutet sich in Deutschland ein weiter fortgesetzter Trend zu mehr Starkniederschlagsereignissen bei abnehmendem Dauerregen an. Kälteperioden, extremer Schneefall, Eisregen haben u. a. negative Auswirkungen auf kritische Infrastrukturen wie z. B. Energieversorgung und Transport. So knickten im sogenannten ‚Münsterländer Schneechaos' im November 2005 Strommasten aufgrund der Schneelast oder umstürzender Bäume um und führten bei etwa 250 000 Menschen zu teilweise mehrtägigem Stromausfall. Da der Klimawandel u. a. zu einer erhöhten Variabilität der Klimaparameter führt, ist eine Zunahme von Kälteextremen in Kombination mit Starkniederschlägen wahrscheinlich. Bei Winterstürmen sind in den letzten Jahrzehnten signifikante Veränderungen bei einigen ursächlich damit verbundenen Großwetterlagen zu beobachten, die mit dem Klimawandel in Zusammenhang gebracht werden können. Für bestimmte Westwindwetterlagen in Europa wurde eine signifikante Zunahme der Andauer seit den 1970erJahren festgestellt. Die Westwind-Großwetterlagen im Winter sind häufig mit extremen lokalen Niederschlägen und heftigen Stürmen verbunden [...]"

Manfred Stock, Oliver Walkenhorst: Einführung: Klimawandel, Auswirkungen und Unsicherheiten. In: Jörn Birkmann u. a. (Hrsg.): Anpassung an den Klimawandel durch räumliche Planung – Grundlagen, Strategien, Instrumente. E-Paper der ARL Nr. 13. Hannover 2012, S. 10 f.

4

„Katastrophen kennt allein der Mensch, sofern er sie überlebt; die Natur kennt keine Katastrophen".
Max Frisch

2 MK
Naturkatastrophen untersuchen
a) Recherchieren Sie Fallbeispiele verschiedener Naturkatastrophen der jüngeren Vergangenheit.
b) Erörtern Sie diese unter Anwendung der Begriffe Georisiko, Vulnerabilität, Resilienz und Adaption.

3
Nehmen Sie Stellung zur Aussage „Naturkatastrophen treffen vor allem die Armen".

4
Ermitteln Sie mögliche Georisiken in Ihrem persönlichen Wohnumfeld.

5
Bewerten Sie die Vulnerabilität „kritischer Infrastrukturen" (Bild 3).

5 Felssturz nach einem Erdbeben reißt Häuser in die Tiefe, bei Christchurch, Neuseeland

6 Bergrutsch, El Salvador 2001

Georisiko gravitative Massenbewegungen

Reliefformende **Massenselbstbewegungen** sind schwerkraftbedingt. Man unterscheidet langsam und schnell verlaufende Erscheinungen, z. B. einerseits in Sekundenschnelle zu Tal gleitende Hänge, andererseits das oft sehr langsame „Hangkriechen". Während die Gravitation zentrale Ursache derartiger Materialverlagerungen ist, sind Durchfeuchtung, Erdbeben, Vulkanausbrüche oder auch Baumaßnahmen oft die Auslöser.

Auch die steigenden Temperaturen erhöhen das Risiko von Massenbewegungen. In den Hochlagen der Gebirge herrscht verbreitet **Permafrost** vor, sodass der Untergrund teilweise bis in Tiefen von mehreren Hundert Metern gefroren ist. Taut nun der Permafrost aufgrund klimatischer Veränderungen auf, kann dies dazu führen, dass Hänge instabil werden. Eine Zunahme von Berg- und Felsstürzen bildet die unmittelbare Folge dieses Prozesses.

Bei den meisten Massenbewegungen handelt es sich um flächenhafte Abtragungsprozesse (Denudation). Durchfeuchtet das Wasser die Oberfläche, führt dies zu einer Herabsetzung der Reibungskräfte. Obere Bodenschichten, Gerölle oder ganze Gesteinspakete geraten hangabwärts in Bewegung. Oft bilden Gesteinsgrenzen oder wasserundurchlässige Schichten (z. B. tonige Lagen) eine Gleitebene für das hangende Material. „Erdrutsch" ist allerdings nicht gleich Erdrutsch. Unterschieden wird zwischen Bodenfließen, Bergrutsch, Schlammstrom, Schuttlawine und Felssturz. In besiedelten Gebieten haben derartige Naturereignisse oft katastrophale Auswirkungen.

Georisiken

„Durch Georisiken, wie beispielsweise durch gravitative Massenbewegungen (Fels-, Bergstürze, Erdrutsche, Murgänge etc.) oder auch durch spontan auftretende Verkarstungsstrukturen (Erdfälle) können katastrophenartige Gefährdungen für Straßen, Schienen oder auch Siedlungen (z. B. Gebäudeschäden) entstehen. Auch wichtige Versorgungsleitungen wie beispielsweise Strom-, Gas- oder Wasserversorgungsleitungen können beschädigt werden. Gravitative Massenbewegungen entstehen in Gebieten mit ausreichender Reliefenergie und können durch Extremwetterlagen (Starkregen, Hochwasser), Erdbeben oder menschliche Eingriffe ausgelöst werden."

Ministerium für Inneres, Digitalisierung und Migration Baden-Württemberg. Unter: www.service-bw.de (Zugriff 08.05.2021)

7

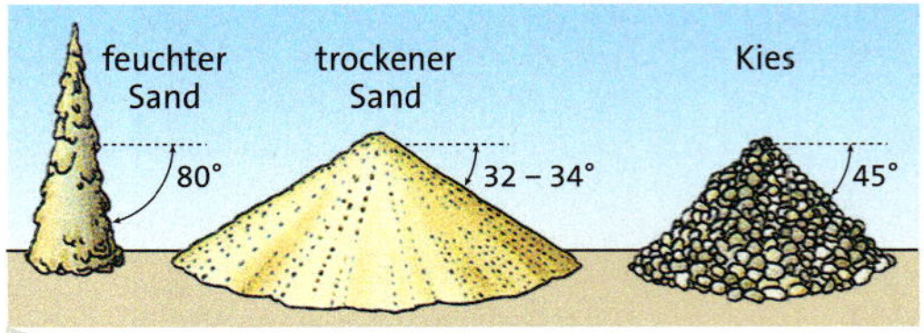

8 Maximale Hangwinkel verschiedener Materialien

Nach: Barbara W. Murck, Brian J. Skinner, Stephen C. Porter: Dangerous Earth. New York: Wiley 1997, S. 156

Transformation im Langtang-Tal (Nepal)

In den ländlichen Bergregionen wie dem Langtang-Tal stellen Lawinenabgänge, Hangrutschungen und Hochwasser ein permanentes Bedrohungspotenzial dar. Über viele Jahrhunderte haben die Kleinbauern angepasste Wirtschaftspraktiken entwickelt, die ihnen ein Überleben in den abgeschiedenen Tälern ermöglichen. Um die natürlichen Ressourcen zu schützen und den Tourismus auszubauen, wurde das Langtang-Tal im Jahr 1976 als Nationalpark ausgewiesen. Rasch entwickelte sich das Gebiet zu einer der wichtigsten Tourismusregionen des Landes. Diese Entwicklung führte zu einer Veränderung der traditionellen ökonomischen, ökologischen und sozialen Strukturen. Langtang wurde zu einem Zentrum des Trekkingtourismus ausgebaut, mehrstöckige Gebäude entstanden und viele Kleinbauern gaben ihre angestammten Beschäftigungen auf. Vom Ausbau des Tourismussektors profitierte aber weniger die Landbevölkerung, sondern vielmehr internationale Tourismusunternehmen.

Ortschaft Langtang (Nepal) nach dem Erdbeben vom 25.4.2015

Das Gorkha-Beben

„Das verheerende Hauptbeben mit einer Stärke von M 7,8 ereignete sich am 25. April 2015 in Nepal, wirkte sich aber auch auf die Nachbarländer aus. Dem Haupt- und unzähligen Nachbeben fielen rund 9 000 Menschen zum Opfer, die meisten von ihnen Nepalesen. Die Beben lösten über 4 000 Berg- und Felsstürze sowie zahlreiche Lawinenabgänge aus. Besonders hart traf es das bei Trekkingtouristen beliebte Langtang-Tal in Nepal, alleine hier starben mehr als 300 Menschen unter den Schuttmassen. Zahlreiche Ortschaften wurden vollständig verwüstet."

Übers. nach: ICIMOD and SERVIR Applied Sciences Team member contribute lessons learned from the 2015 Gorkha earthquake's induced geohazards, v. 12.05.2016, unter: https://servirglobal.net/Global/Articles/Article/2503/icimod-and-servir-applied-sciences-team-member-contribute-lessons-learned-from (Zugriff 05.06.2021)

10

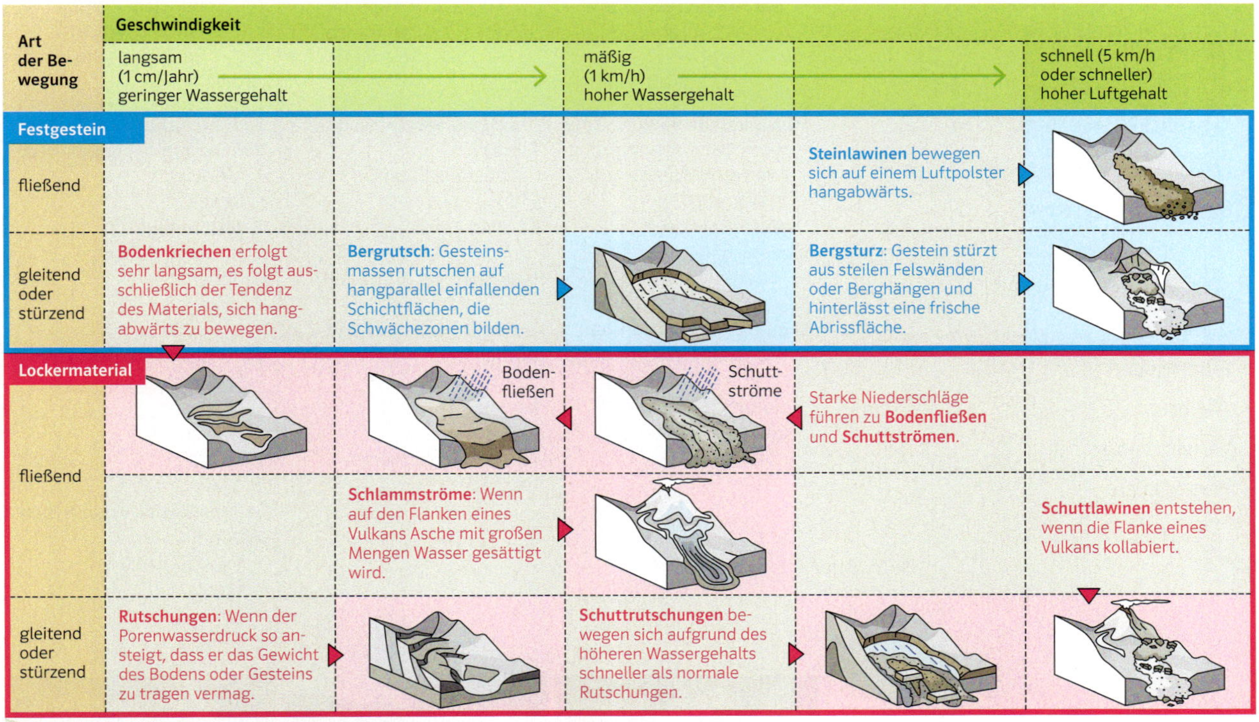

9 **Verschiedene Formen von Massenbewegungen**

Nach: https://media.springernature.com (Zugriff 05.06.2021)

6

Beschreiben Sie die unterschiedlichen Formen gravitativer Massenbewegungen.

7

Erörtern Sie, inwiefern klimatische Veränderungen die Georisiken durch Massenbewegungen erhöhen.

8

Charakterisieren Sie Ursache und Art der gezeigten Massenbewegungen auf den Fotos dieser Seite.

Kompetenzcheck

Wichtige Begriffe

- Ästuar
- Ausgleichsküste
- Boddenküste
- Deflation
- Delta
- Dünen
- endogene Geofaktoren
- Erosion
- exogene Geofaktoren
- Flachküste
- Flussbegradigung
- Geosphäre
- Gesteinskreislauf
- Ingressionsküste
- Karst
- Kerbtal
- Klamm
- Kliff
- Landschaft
- Landschaftswandel
- Mäander
- Massenselbstbewegung
- nachhaltige Nutzung
- Permafrost
- Schichtstufenlandschaft
- Steilküste
- Talgletscher
- Trogtal
- Verwitterung
- Wattenküste

Wissen vernetzen

Alle Formen der Erdoberfläche sind das Ergebnis der Wirkung unterschiedlicher exogener und endogener Geofaktoren. Eine wesentliche Grundlage für die Formung ist das Vorhandensein transportierbarer Materialien. Je nach Region und Klima sorgen unterschiedliche Verwitterungsarten für die Aufbereitung des Gesteins. Die Materialverlagerung übernehmen Wind, Wasser, Eis, die Schwerkraft aber auch menschliches Wirken. Reicht die Schleppkraft der Transportmedien nicht mehr aus, werden mitgeführte Sedimente abgelagert. Auch die deutschen Landschaften weisen einen sehr vielfältigen Formenschatz auf. Weite Teile des Norddeutschen Tieflandes aber auch die Alpen wurden intensiv von den eiszeitlichen Gletschern geformt. Während in Norddeutschland mächtige Ablagerungen aus Moränenmaterialien an der Oberfläche anstehen, prägen die festen Gesteine des Grundgebirges die Oberflächen der Mittelgebirgszone. Einen Einblick in die Entstehung der verschiedenen Oberflächenformen konnten Sie in diesem Kapitel gewinnen. Auch die Rolle des Menschen als „Nutzer" des Reliefs ist deutlich geworden.

Geomorphologie
(Lehre von der Entstehung des Reliefs)

Materialaufbereitung (Verwitterung)	**Materialumlagerung** (Dislokation und Transport)	**Materialablagerung** (Akkumulation und Sedimentation)
Physikalische Verwitterung - thermische Verwitterung - Frostverwitterung - Salzsprengung - Wurzelsprengung - Bioturbation - Druckentlastung **Chemische Verwitterung** - Hydrationsverwitterung - Lösung und Oxidation - biolog.-chem. Verwitterung	**bewegtes Wasser (z. B. Flüsse)** - lineare Erosion - Lösung Formen (z. B.): Täler, Dolinen **bewegtes Eis (Gletscher)** - Glazialerosion Formen: Trogtäler, Rundhöcker **bewegte Luft** - Deflation Formen: Ausblasungswannen	**Sedimentation klastischer Materialien** - Moränen - Deltas - Wattenmeer - Schwemmfächer - Dünen - Löss **Chemische Sedimentation** - Salzkrusten - Gipslager - Tropfsteine - Kalktuff **Sedimentation organischen Materials** - Muschelschalen - Moor - Torf - Kohle

exogene (z. B. Klima) und endogene Geofaktoren (z. B. Tektonik) bestimmen Reliefformungen

1 Das Schaubild zeigt das Prozessgefüge der Reliefformung im Überblick

Kompetenzen überprüfen

Sich orientieren

1 Charakterisieren Sie die vorherrschenden Formen der Verwitterung an folgenden Orten: Blaubeuren, Narjan-Mar, Mbandaka, Al Kufrah.

Wissen und verstehen

2 Beschreiben Sie den Einfluss menschlicher Aktivitäten auf die Formung der Landschaft.

3 Begründen Sie die Bedeutung des fließenden Wassers für die Reliefformung.

4 Vergleichen Sie die Küstenformen (M2).

5 Vergleichen Sie den eiszeitlichen Formenschatz der Alpen und Norddeutschlands.

6 Erklären Sie die Bedeutung der Anlage von Windschutzhecken.

7 Erörtern Sie die unterschiedlichen Entstehungsbedingungen für Karstformen in den Tropen und den Gemäßigten Breiten.

Fachmethoden anwenden

8 Das Bild 3 ist am Strand auf Amrum aufgenommen worden. Für das gezeigte Geophänomen gibt es bislang keinen Namen.
Erörtern Sie mögliche Ursachen für die Entstehung der gezeigten Formen.

Beurteilen und bewerten

9 „Das größte Georisiko ist der Mensch selbst!" Nehmen Sie Stellung zu dieser Aussage.

3 Am Strand auf Amrum

Handeln

10 Erstellen Sie eine Präsentation, die potenzielle Georisiken Ihrer Heimatregion erklärt.

2 Küstenformen im Vergleich

Wenn Sie alle Seiten dieses Kapitels bearbeitet haben, können Sie ...

- die Entstehung der verschiedenen Landschaftsformen erklären,
- den Einfluss unterschiedlicher Geofaktoren in Bezug auf die Reliefformen charakterisieren,
- die formbildenden Kräfte der Wirkgrößen Wasser, Eis, Wind, Gravitation und menschliches Handeln in unterschiedlichen regionalen Kontexten darstellen,
- die Gefährdung durch Georisiken bewerten.

4

Atmosphäre

1 Blick auf die dünne Hülle der Atmosphäre vom Space Shuttle Atlantis (8. Mai 1989)

Im Alltag nehmen wir die Atmosphäre meist als Luft zum Atmen, blauen Himmel, dunkle Wolken, Wind, Regen oder Schnee wahr. Doch sie schützt uns auch vor der Kälte des Weltraums, vor schädlicher Strahlung oder vor Meteoriten. Erst aus dem Weltall wird deutlich, wie dünn die Gashülle ist, die unser Leben ermöglicht. Der Klimawandel, das Ozonloch oder die Zunahme von extremen Wetterereignissen weisen auf tief greifende Veränderungen der Atmosphäre durch den Menschen hin.
Um dies zu verstehen, sind genaue Kenntnisse der atmosphärischen Prozesse notwendig.

Aufbau der Atmosphäre

Die dünne Gashülle der Erde ist lebenswichtig: Die Atmosphäre regelt die Temperatur an der Erdoberfläche und ermöglicht das Leben auf der Erde. Wie aber ist sie aufgebaut? Und wie schützt sie uns vor der Kälte des Weltraums?

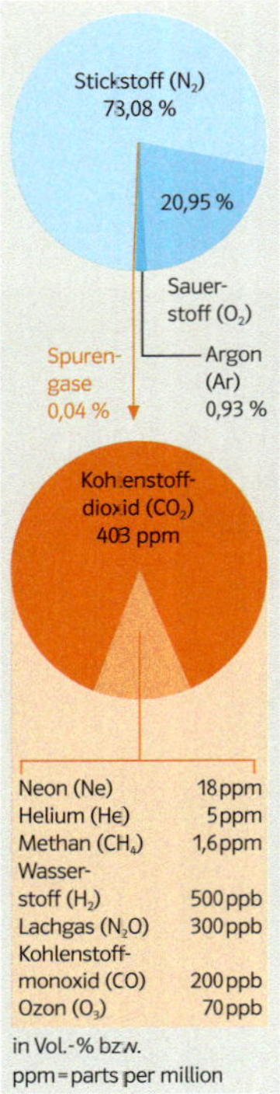

1 Zusammensetzung der Atmosphäre

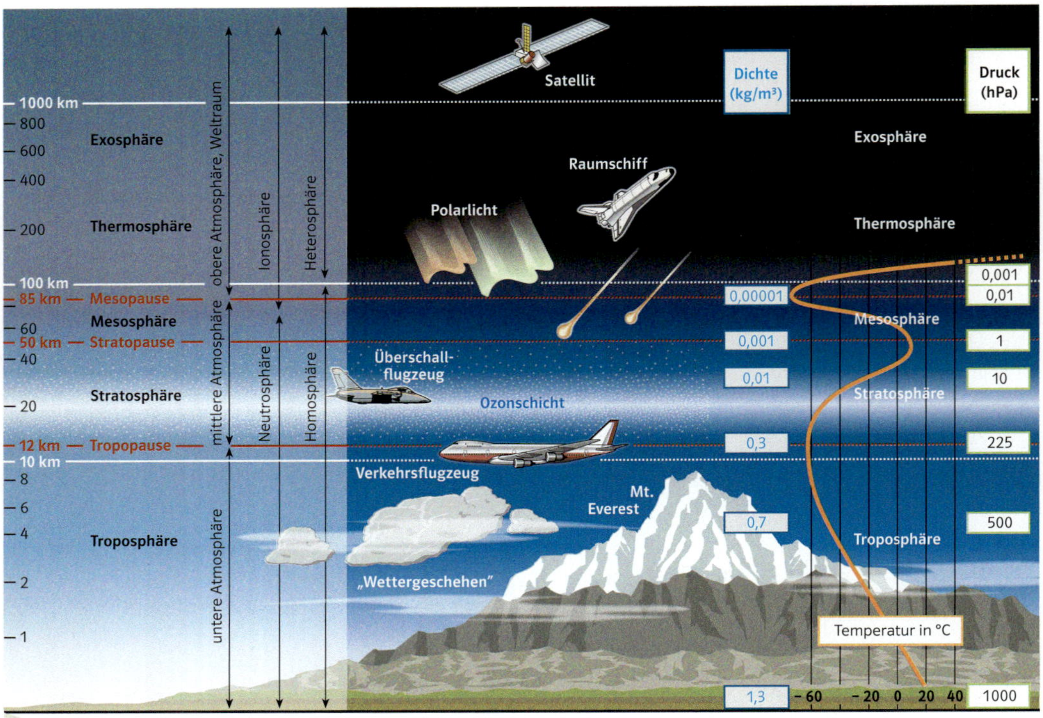

2 Aufbau der Atmosphäre

Die **Atmosphäre** ist eine durch die Schwerkraft an die Erde gebundene Gashülle. Ihre untere Grenze bildet die Erdoberfläche, nach oben wird eine fiktive Grenze von etwa 1000 km angegeben. Das ist der Bereich, in dem die Fluchtbewegung der Moleküle die Erdanziehungskraft überwindet.

Der **Luftdruck** ist der Druck, den die Atmosphäre infolge der Schwerkraft auf die Erdoberfläche ausübt. Er beträgt auf Meeresspiegelniveau durchschnittlich 1013 hPa (hPa = Hektopascal ≙ 100 Pascal). Auf jedem Quadratmeter Erdoberfläche lasten durchschnittlich 10 000 kg. Das entspricht ziemlich genau einer 10 m hohen Wassersäule. Mit der Höhe nimmt der Luftdruck jedoch stark ab: In 3 000 m Höhe beträgt der Luftdruck nur noch etwa 68 % des Wertes bei 0 m, auf dem Mount Everest sind es noch etwa 32 %.

Pascal
$1\,Pa = 1\,N \cdot m^{-2}$

99,9 % der Masse der Atmosphäre konzentrieren sich in den untersten 50 km der Lufthülle. Darüber ist die Dichte der Gasteilchen fast so gering wie in einem Vakuum.

Die Atmosphäre besteht zum größten Teil aus Stickstoff, Sauerstoff und Argon, die zusammen fast 99 % der Atmosphärengase ausmachen.

Die gebräuchliste vertikale Gliederung der Atmosphäre erfolgt nach der Temperatur, die mit zunehmender Höhe keinen linearen Verlauf zeigt. Dabei werden die Wendepunkte des Temperaturverlaufs als Pausen bezeichnet.

Die Troposphäre bildet dabei das unterste Stockwerk, auf das etwa 75 % der gesamten Gasmasse entfallen und in dem sich das **Wetter**- und Klimageschehen der Erde abspielt. Die Temperatur nimmt mit der Höhe im Mittel um 0,65 K pro 100 m ab. Das ist damit zu erklären, dass sich die untere Atmosphäre primär durch die von der Erdoberfläche emittierte langwellige Wärmestrahlung erwärmt. Da mit zunehmender Höhe der Luftdruck abnimmt und sich dadurch das Volumen aufsteigender Luftmassen vergrößert, wird die Intensität der Molekularbewegungen geringer, was zu einem Absinken der Temperatur führt.

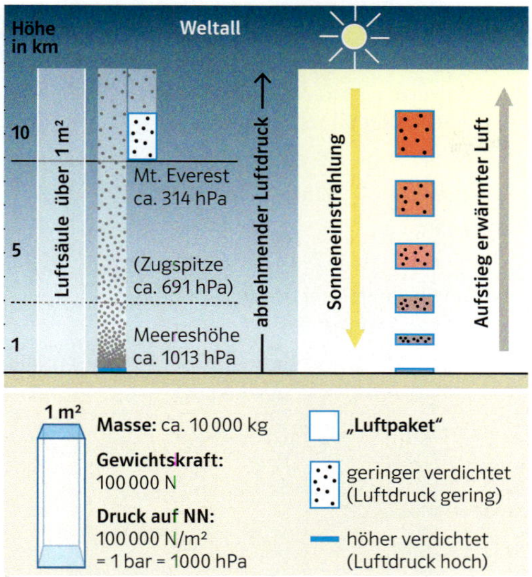

3 Luftdruck und Luftdichte

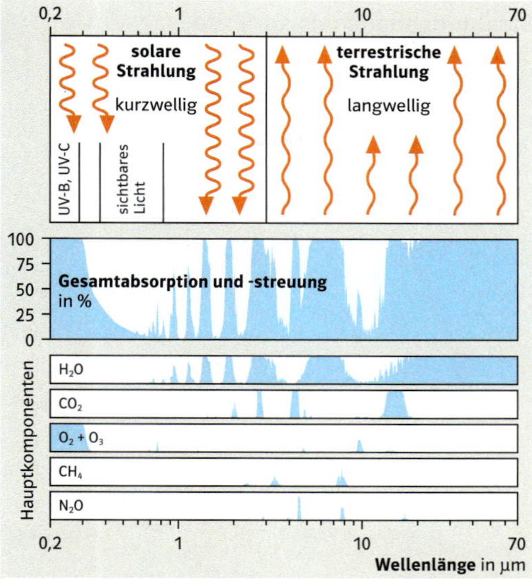

4 Strahlungsabsorption durch atmosphärische Gase

Die Tropopause trennt als Grenzschicht die darüber liegende Stratosphäre ab, ihre Höhe verändert sich mit der geographischen Breite. Sie liegt in den äquatorialen Bereichen bei 17–18 km mit Temperaturen um −75 °C, in den Gemäßigten Breiten bei etwa 12 km und −50 °C und an den Polen bei 8–10 km mit etwa −40 °C. In der Stratosphäre nimmt die Temperatur ab etwa 20 km Höhe wieder zu. Die Ursache dafür ist die Absorption von UV-Strahlung in der **Ozonschicht** und die dadurch freigesetzte Wärme. In der Mesosphäre mit ca. 60 km Mächtigkeit sinkt die Temperatur wieder. Oberhalb der Mesopause, in der Thermosphäre, steigt die Temperatur durch Absorption kurzwelliger und energiereicher UV-Strahlung wieder. In der Exosphäre ist die **Atmosphäre** so dünn, dass keine Wärmeleitung mehr erfolgt. Die angegebenen Temperaturen errechnen sich aus der kinetischen Energie der Atome.

Solare und terrestrische Strahlung

Der Einfluss atmosphärischer Gase auf die Ein- und Ausstrahlung ist bedeutend. Jeder Körper sendet thermische Strahlung in Form elektromagnetischer Wellen aus. Diese Strahlung, auch Wärmestrahlung genannt, zählt damit neben Wärmeleitung und **Konvektion** zu den drei Arten der Übertragung thermischer Energie. So wird ein Teil der Solarstrahlung durch Ozon, Wasserdampf und Kohlenstoffdioxid absorbiert und gelangt dadurch nicht zur Erdoberfläche. Die terrestrische Ausstrahlung wird vor allem durch Wasserdampf, Kohlenstoffdioxid, Methan und Distickstoffoxid eingeschränkt. Diese Gase absorbieren einen Teil dieser von der Erdoberfläche ausgehenden langwelligen Strahlung und strahlen sie zur Erde zurück.

Diese Prozesse werden als natürlicher **Treibhauseffekt** bezeichnet. Ohne Absorption und atmosphärische Gegenstrahlung würde die von der Erde abgestrahlte Energie ungehindert in den Weltraum entweichen. Die Jahresmitteltemperatur der Erde läge bei ca. −18 °C. Durch den natürlichen Treibhauseffekt beträgt sie global ca. +15 °C. Alle gasförmigen Stoffe, die zu diesem Treibhauseffekt beitragen, nennt man Treibhausgase. Dazu gehören vor allem Wasserdampf, Kohlenstoffdioxid, Methan und Distickstoffoxid.

Wellenlängenbereich der Sonnenstrahlung (Solarstrahlung) an der Obergrenze der Atmosphäre
- 9 % UV-Strahlung
- 45 % sichtbares Licht
- 46 % Infrarotstrahlung

Strahlungsabsorption
Wellenlängenabhängige Schwächung elektromagnetischer Strahlung beim Durchgang durch Materie. Dabei wird dem Strahlungsfeld Energie entzogen und in Anregungsenergie des Mediums (Gas, Flüssigkeit, Festkörper) umgewandelt.

Ausstrahlung
Wärmeabgabe der Erdoberfläche und der Atmosphäre an den Weltraum in Form langwelliger Strahlung

1 Erstellen Sie mithilfe der Materialien 1–4 eine Mindmap, welche die Bedeutung der Atmosphäre und der in ihr ablaufenden Prozesse für den Menschen darstellt.

2 Charakterisieren Sie die einzelnen Stockwerke der Atmosphäre hinsichtlich Temperaturverlauf, Luftdruck und Dichte.

3 Begründen Sie die unterschiedlichen Temperaturen der einzelnen Teilsphären der Atmosphäre.

4 Erläutern Sie die Auswirkung der Strahlungsabsorption durch atmosphärische Gase.

Strahlungshaushalt der Erde

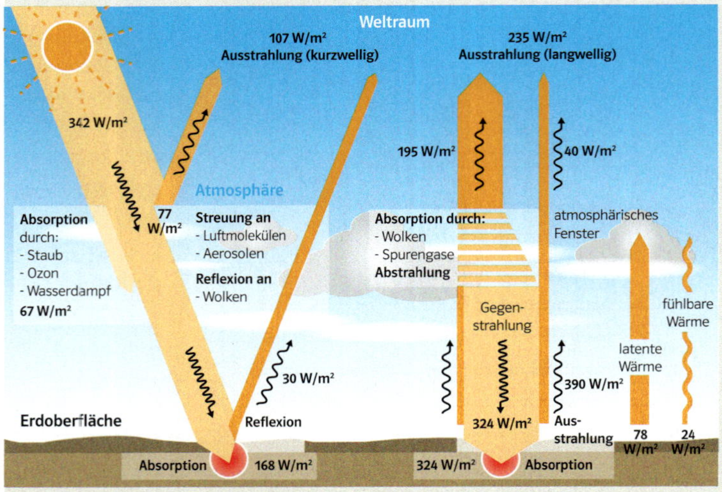

Globale Jahresmittel der Energiebilanz und Einflussgrößen

5

Albedowerte verschiedener natürlicher Oberflächen (in %)			
Neuschnee	75–95	Wasserflächen	5–22
Gletschereis	30–45	Regenwald	10–12
Dünensand	30–60	Laubwald	15–20
Ackerboden	7–17	Nadelwald	5–12

Beitrag ausgewählter Atmosphäregase zum natürlichen Treibhauseffekt

	Temperaturanstieg (K)	Anteil (%)
Wasserdampf	20,6	62,4
CO_2	7,2	22
bodennahes Ozon	2,4	7,2
N_2O (Lachgas)	1,4	4
CH_4	0,8	2,4

Die Erde erhält ihre Energie von der Sonne. Nur etwa zwei Milliardstel der abgestrahlten Energie der Sonne erreichen die Erde. Wegen der großen Entfernung der Erde zur Sonne (ca. 150 Mio. km) fallen die Sonnenstrahlen annähernd parallel ein. An der Obergrenze der **Atmosphäre** beträgt die als Solarkonstante bezeichnete Energiemenge $1386 W \cdot m^{-2}$. Aufgrund der Kugelgestalt der Erde wird im Mittel nur etwa ein Viertel wirksam.
Die Erdoberfläche reflektiert einen Teil der kurzwelligen Strahlung. Das Verhältnis von einfallender zu reflektierter Strahlung wird als **Albedo** bezeichnet. (M5). Einfallende kurzwellige Strahlung wird an der Erdoberfläche zum größeren Teil absorbiert und in langwellige Wärmestrahlung umgewandelt. Während kurzwellige Strahlung die Atmosphäre gut verlassen kann, wird die langwellige Strahlung von Wolken und Gasen der Atmosphäre absorbiert und als Gegenstrahlung zur Erdoberfläche abgestrahlt.
Entscheidend sind vor allem Wasserdampf und Kohlenstoffdioxid, dadurch verringert sich die Ausstrahlung in den Weltraum und an der Erdoberfläche wird es wärmer. In der Fachsprache hat sich für diese Wirkung der Begriff **natürlicher Treibhauseffekt** etabliert. Ohne ihn läge die Jahresmitteltemperatur der Erde bei etwa −18 °C anstatt bei etwa +15 °C.
Insgesamt befindet sich das Energiesystem Sonne – Atmosphäre – Erdoberfläche in seiner Bilanz in einem Gleichgewicht. Werden durch menschliche Aktivitäten zusätzlich Gase wie Kohlenstoffdioxid oder Methan in die Atmosphäre gebracht, spricht man vom anthropogenen Treibhauseffekt, welcher den natürlichen Treibhauseffekt verstärkt. Allerdings entsprechen die Prozesse in der Atmosphäre nur zum Teil den Vorgängen in einem Treibhaus. Gemeinsam ist beiden, dass kurzwelliges Sonnenlicht fast ungehindert eingestrahlt wird. Während in der Atmosphäre ein Teil der Wärmestrahlung in den Weltraum abgegeben wird, verhindern die Glasscheiben eines Gewächshauses einerseits die Ausstrahlung der langwelligen Wärmestrahlung und die turbulente Vermischung der wärmeren Innen- mit der kälteren Außenluft. Lediglich die erwärmten Glasscheiben geben die Wärme nach außen ab.

Größen der Wärmehaushaltsgleichung
R = H + V + B + W (R = Strahlungsbilanz)
Fühlbarer Wärmestrom (H): entsteht durch Wärmeleitung und Wärmeabstrahlung und wird durch Luftbewegungen abgeführt. Diese fühlbare Wärme kann mit dem Thermometer gemessen werden.
Verdunstungswärmestrom (V): entsteht beim Verdunsten des in der Luft enthaltenen Wasserdampfes. Die dabei genutzte Energie bildet die latente Wärme (von lat. latens = verborgen). Bei der Kondensation erfolgt eine Umwandlung in fühlbare Wärme.
Bodenwärmestrom (B): verläuft zwischen Erdoberfläche und den tieferen Schichten des Festlandes und des Meeres. Seine Größe hängt von der Wärmeleitfähigkeit des Materials und beim Meer vom Durchmischungsgrad der oberen Wasserschichten ab.
Horizontaler Wärmetransport (W) der Meeresströmungen: Dabei ist der Nettobetrag der Wärmezufuhr von Bedeutung; ergibt sich aus der Differenz der durch Meeresströmungen zugeführten und durch sie abgeführten Wärmemenge.

6

Beleuchtungszone oder Solare Klimazone	Tageslänge in Stunden am: 21.06.	21.03. 23.09.	21.12.	Mittagshöhe der Sonne: maximal	minimal	Temperatur im Jahresmittel	ohne Wärmetransport
90°N Nordpol	24	12	0	23 ½°	–	- 23°C	- 44°C
nördl. Polarzone							
66 ½°N nördlicher Polarkreis	24	12	0	47°	0°	- 7°C	- 26°C
nördliche gemäßigte Zone							
23 ½°N nördlicher Wendekreis	13,5	12	10,5	90°	43°	+ 24°C	+ 32°C
tropische Zone							
0° Äquator	12	12	12	90°	66 ½°	+ 26°C	+ 39°C
tropische Zone							
23 ½°S südlicher Wendekreis	10,5	12	13,5	90°	43°	+ 22°C	+ 32°C
südliche gemäßigte Zone							
66 ½°S südlicher Polarkreis	0	12	24	47°	0°	- 8°C	- 30°C
südl. Polarzone							
90°S Südpol	0	12	24	23 ½°	–	- 33°C	- 44°C

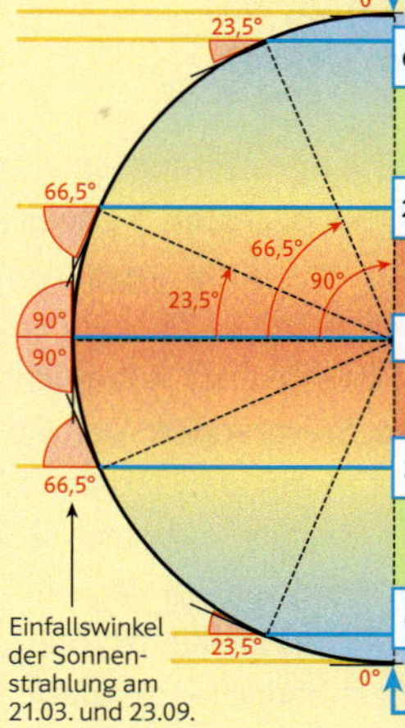

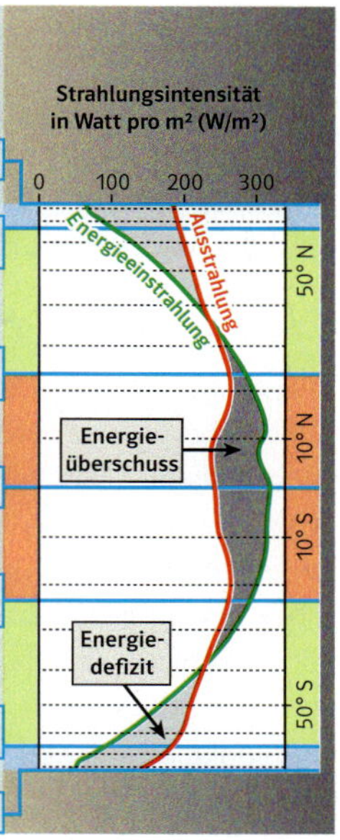

7 Solare Klimazonen

Mittlere Jahreswerte für die Wärmehaushalte (kJ/cm² · a)

Breitenzone	Nettostrahlung RE	RF	RM	Turbulenter fühlbarer Wärmestrom HE	HF	HM	Latenter Verdunstungswärmestrom VE	VF	VM	Nettowärmezufuhr der Meeresströmungen WE	WM
70 – 60° N	92	92	96	– 46	– 25	– 92	– 84	– 67	– 130	38	126
60 – 50° N	155	134	180	– 55	– 38	– 80	– 138	– 96	– 197	38	97
50 – 40° N	226	189	268	– 75	– 84	– 67	– 189	– 105	– 281	38	80
40 – 30° N	318	243	377	– 96	– 147	– 59	– 272	– 96	– 402	50	84
30 – 20° N	394	268	465	– 88	– 188	– 29	– 314	– 80	– 457	8	21
20 – 10° N	456	310	507	– 67	– 176	– 29	– 398	– 134	– 490	7	12
10 – 0° N	477	311	519	– 42	– 92	– 29	– 389	– 239	– 436	– 46	– 54

Die Indizes an den Symbolen für die Wärmehaushaltselemente betreffen die Bezugsfläche; es steht E für Erde, F für Festland, M für Ozeane.

Ablesebeispiel: Strahlungs- und Wärmehaushalt der Erde zwischen Äquator und 10° N: Die Nettostrahlung beträgt 477 kJ/cm². Davon werden 389 kJ/cm² für die Verdunstung verbraucht, 46 kJ gehen durch Meeresströmungen in andere Regionen, sodass 42 kJ/cm² für den fühlbaren Wärmestrom verbleiben.

8

Wärmehaushalt der Erdoberfläche

Die Erwärmung der Erdoberfläche wird durch die Höhe der Nettoeinstrahlung beeinflusst. Diese ist von der Dauer und der Intensität der Einstrahlung sowie von der Oberflächenbeschaffenheit abhängig: So erhalten auf gleicher geographischer Breite **Meeresflächen** eine höhere Nettostrahlung als die benachbarten Festländer. Trotzdem sind die Temperaturen über den Meeresflächen niedriger als über dem Festland. Ursache dafür sind die durch strahlungsbedingte Energiegewinne oder -verluste ausgelösten Wärmeströme.

5 Erläutern Sie das Schema zum Strahlungshaushalt der Erde.

6 Begründen Sie die Verteilung der Strahlungsbilanz auf der Nordhalbkugel.

7 Erklären Sie die unterschiedliche Erwärmung von Gebieten mit gleicher Strahlungsbilanz.

Grundzüge der atmosphärischen Zirkulation

Die Tropen erhalten mehr Energie aus der Sonnenstrahlung, als sie wieder abgeben können. Umgekehrt strahlen die Polarregionen mehr Wärme ab, als sie erhalten. Um dies auszugleichen, findet ein Wärmetransport von den Tropen zu den Polen statt. Was sind die Mechanismen dieses Ausgleichs? Und was verändert das in der Atmosphäre?

Eine theoretische Möglichkeit, Wärme von den Tropen zu den Polen zu transportieren, wäre eine Zirkulation, welche bereits im 17. Jh. vom englischen Meteorologen Hadley als Modell vorgeschlagen wurde. Es besteht aus einem direkten Luftkreislauf zwischen den Polen und den Tropen (M2). Wie in einer gewaltigen Wärmepumpe werden Luftmassen sowohl in der Höhe wie auch am **Boden** umgewälzt. **Winde** sind der spürbare Ausdruck dieses Kreislaufs. Angetrieben wird dieses System durch thermische Druckgebiete und die daraus entstehenden Druckunterschiede. Die Druckgebiete entstehen durch starke Abkühlung oder Erwärmung der **Atmosphäre**. Infolge der starken Sonneneinstrahlung am Äquator steigt dort die erwärmte Luft schnell auf und strömt in der Höhe in Richtung der Polregionen. Am Boden bilden sich große **Tiefdruckgebiete**, in der Höhe ist der **Luftdruck** relativ zur Umgebung hoch. An den Polen sinkt die extrem kalte und damit schwere Luft nach unten. Es entsteht ein polares Kältehoch, während in der Höhe der Luftdruck relativ zur Umgebung tiefer ist. In dieser hypothetischen **Konvektionszelle** würden aufgrund von Druckunterschieden in der Höhe Luftmassen vom Äquator zu den Polen und am Boden in umgekehrter Richtung transportiert werden.

Über diesen Kreislauf könnte der Wärmeausgleich zwischen den Tropen mit der höchsten Nettoeinstrahlung und den Polen mit ihrer negativen Strahlungsbilanz erfolgen.

Dass dieses Modell nicht der Realität entspricht, zeigen unsere Erfahrungen. So verändern sich weder die Temperaturen stetig von den Tropen zu den Polen noch weht zum Beispiel auf der Nordhalbkugel ein beständiger Nordwind. In der Realität sind die weltweiten Zirkulationsmuster, die in ihrer Gesamtheit als **atmosphärische Zirkulation** oder auch planetarische Zirkulation bezeichnet werden, um einiges komplexer. Auf der Nordhalbkugel beobachtet man ausgeprägte Westwinde. In der hohen Troposphäre strömen Strahlströme oder **Jetstreams** mit Geschwindigkeiten von bis zu 500 km/h als Westwinde meistens in **Mäandern** um die Erde.

Globale Zirkulationssysteme

Global lassen sich drei große Zirkulationssysteme unterscheiden:

1. **Hadley-Zelle mit dem Passatkreislauf:** Sie bildet sich im Jahresmittel zwischen 35° N und 30° S aus. Die Hadley-Zelle ist beidseits des Äquators ausgebildet. In dieser Zelle wird die

1 **The Blue Marble**

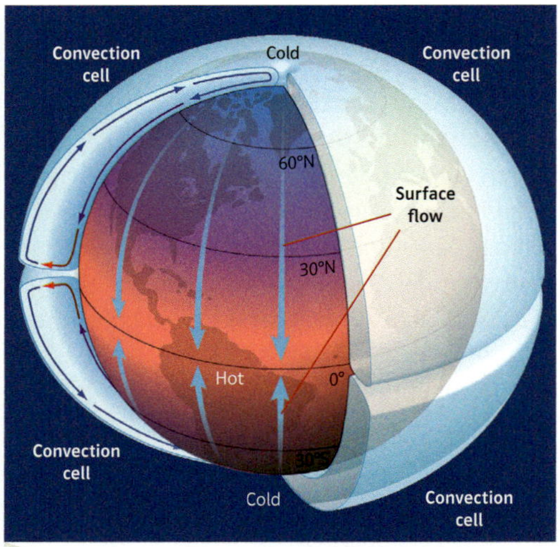

2 **Einzellenmodell der atmosphärischen Zirkulation auf einer hypothetischen, nicht rotierenden Erde**

Nach: The Atmosphere, Lutgens and Tarbuck, 2001.

Luft am Äquator erwärmt, strömt dann in der Höhe polwärts, sinkt bei etwa 30° ab und bewegt sich an der Erdoberfläche als Passatwind in Richtung des Äquators. Diese Strömungszelle **(Konvektionszelle)** bestimmt tropische und subtropische Klimate.

2. **Ferrell-Zelle:** Bei der außertropischen Westwind-Zirkulation der höheren Breiten sorgen die großräumigen subtropischen **Hochdruckgebiete** und die subpolaren **Tiefdruckgebiete** für einen horizontalen Luftaustausch und entsprechende Energietransporte.
3. **Polarzelle:** An den Polen strömt aus den polaren Hochdruckgebieten kalte Luft oberflächennah ab: auf der Nordhalbkugel nach Süden, auf der Südhalbkugel nach Norden. Durch die Coriolisablenkung werden sie zu Ostwinden umgelenkt.

Corioliskraft

Wie lassen sich diese unterschiedlichen **Windsysteme** erklären? Im hypothetischen Modell ist man von einer nicht rotierenden Erde ausgegangen. Tatsächlich ist ein wesentlicher Grund für die verschiedenen Zirkulationssysteme die ablenkende Kraft der Erdrotation, die nach dem französischen Mathematiker Coriolis (1792–1843) als „Coriolisablenkung oder **Corioliskraft**“ bezeichnet wird.

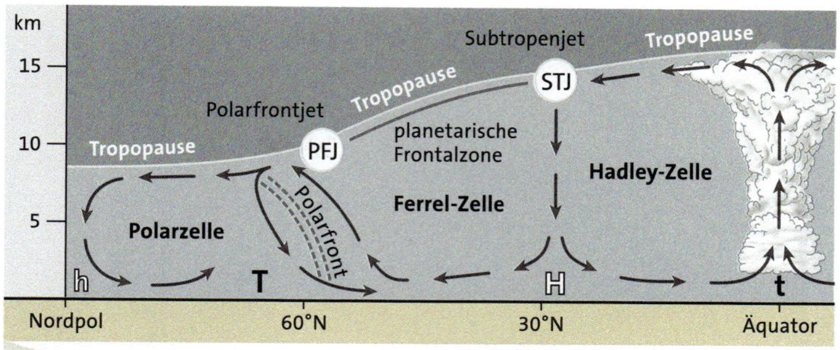

4 Generalisiertes Modell der planetarischen Zirkulation

Verändert nach: Hamburger Bildungsserver

Corioliskraft

„Bei der Corioliskraft C [N] handelt es sich um eine Scheinkraft, da sie eine Beschleunigungskraft (Geschwindigkeit) zur Voraussetzung hat. Sie ergibt sich aus der Tatsache, dass auf der rotierenden Erde die Erdanziehung in Verbindung mit der Bodenreibung dazu führt, dass die Lufthülle und der feste Erdkörper mit gleicher Geschwindigkeit rotieren. Luftteilchen bewegen sich deshalb wie der Erdkörper am Äquator mit einer Geschwindigkeit von 40 000 km/Tag oder 1 666 km/h, in 40° Breite von 1 277 km/h und am Pol von 0 km/h. Wegen der Massenträgheit behalten Luftteilchen bei horizontalen und vertikalen Bewegungen ihren Ausgangsimpuls bei. Auf der rotierenden Erde haben folglich vom Äquator polwärts strömende Luftteilchen gegenüber den Luftteilchen in höheren Breiten einen größeren Drehimpuls, eilen diesen also voraus, was auf der Nordhemisphäre (Südhemisphäre) einer Rechtsablenkung (Linksablenkung) entspricht. Äquatorwärts strömende Luftteilchen treffen mit abnehmender Breite auf Teilchen, die einen höheren Drehimpuls als sie selbst aufweisen. Sie bleiben deshalb hinter deren Bewegung zurück, was ebenfalls einer Rechtsablenkung (Linksablenkung) entspricht.“

Corioliskraft. In: Spektrum. Lexikon der Geowissenschaften, unter: www.spektrum.de/lexikon/geowissenschaftencorioliskraft/1442 (Zugriff 03.05.2021)

5

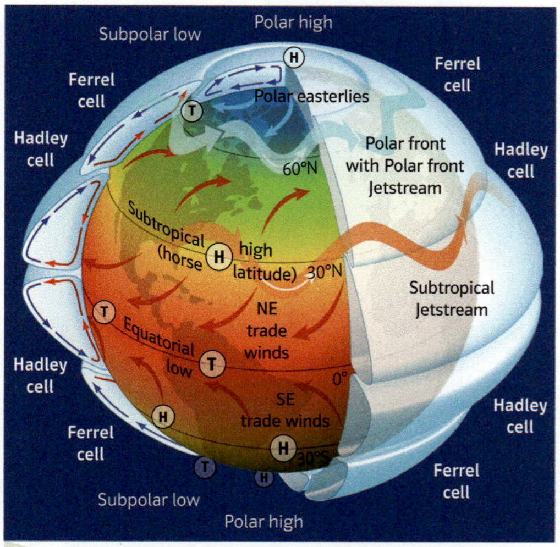

3 Mehrzellenmodell der atmosphärischen Zirkulation

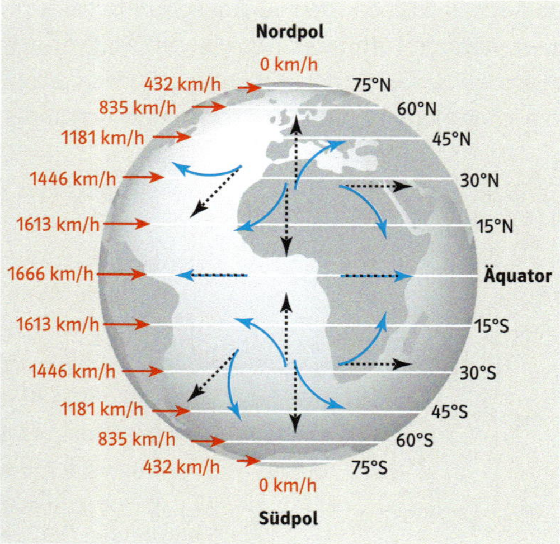

6 Wirkung der Corioliskraft

Geschwindigkeitsangaben: Rotationsgeschwindigkeit der Erde in Abhängigkeit von der geographischen Breite

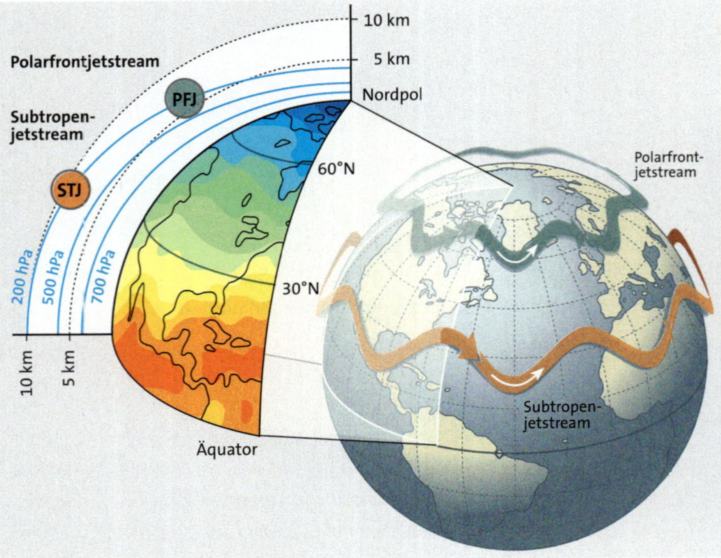

Der Polarfrontjetstream ist in einer Animation visualisiert.

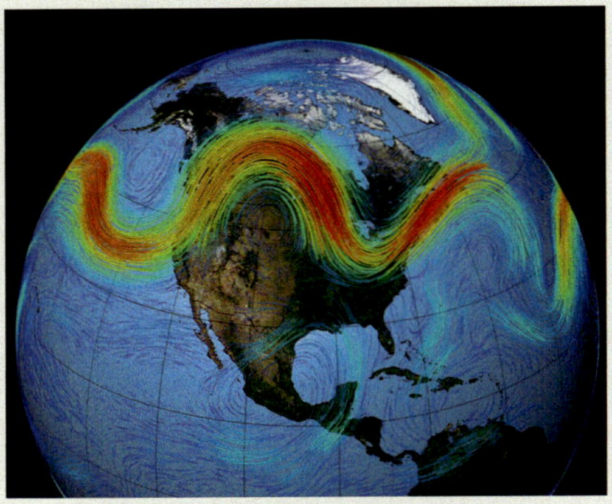

7 **Schema der Druckverhältnisse in der Troposphäre und Ausbildung des Jetstreams/Animation des nördlichen Polarfrontjetstreams**
Nach: Scientific Visualization Studio: Trent L. Schindler (Released on October 3, 2011) unter https://svs.gsfc.nasa.gov/vis/a000000/a003800/a003864/jet_stream_print_res.jpg (Zugriff 05.06.2021)

Planetarische Frontalzone, geostrophischer Wind und Jetstream

Jetstream. In etwa 8–15 km Höhe umkreisen vier Windbänder mit Geschwindigkeiten von 200–500 km/h die Erde von West nach Ost. Die sich dynamisch verlagernden und oftmals **Mäander** bildenden Starkwindbänder werden **Jetstream** oder **Strahlstrom** genannt. Sie können 100–500 km breit sein, in der Vertikalen eine Ausdehnung von 1–4 km erreichen und mehrere Tausend Kilometer lang sein. In einem Bereich zwischen 40° und 60° nördlicher und südlicher Breite ist der Polarfrontjet von großer Bedeutung für die **Wetterabläufe** in Europa, den Austausch unterschiedlicher warmer Luftmassen sowie den Flugverkehr zwischen Nordamerika und Europa. Südlich davon zwischen dem 20. und 30. Breitengrad umrundet der etwas schwächer ausgeprägte Subtropenjetstream sowohl auf der nördlichen wie auch auf der südlichen Hemisphäre als geschlossenes Band die Erde.
Was sind die Ursachen dieser Jetstreams? Wie entstehen sie?

Die planetarische Frontalzone. Zwischen 35 und 65° n. Br. verläuft der Grenzbereich zwischen tropisch warmen und polaren kalten Luftmassen: die planetarische Frontalzone. Zwischen den beiden Luftmassen sind sehr große Temperatur- und Druckdifferenzen ausgebildet. Entlang des Druckgradienten entsteht nun eine Ausgleichsströmung mit sehr großen Geschwindigkeiten. Die Wirkung der **Corioliskraft** lässt diese Ausgleichsströmung in der Höhe als geostrophischer **Wind** erscheinen.

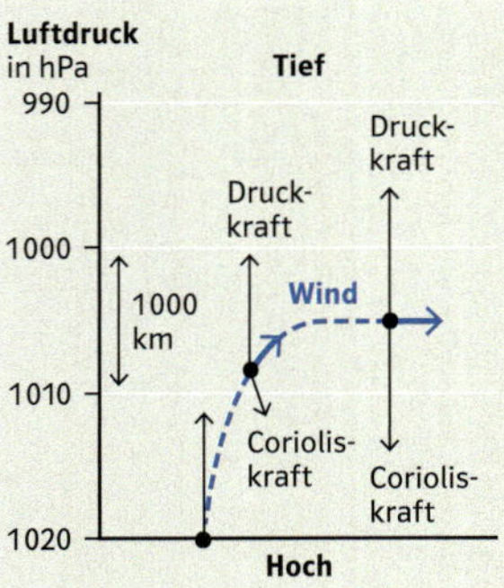

Geostrophischer Wind
Wie stark ein Wind von seiner ursprünglichen Richtung abgelenkt wird, hängt von der Windgeschwindigkeit ab. Diese ist eine Folge der Gradientkraft. Bei deren andauernder Wirkung wird die Luft beschleunigt und in der Folge davon die Coriolisablenkung größer. Wenn Gradientkraft und Coriolisablenkung gleich groß sind, strömt die Luft mit konstanter Geschwindigkeit und ohne Richtungsänderung parallel zu den Isobaren. Dies geschieht in großen Höhen. Die hier ohne Einfluss der Bodenreibung wehenden Winde werden als geostrophische Winde bezeichnet. Zu diesen gehören die in 6 bis 10 Kilometer wehenden Jetstreams auf der nördlichen Halbkugel.

8

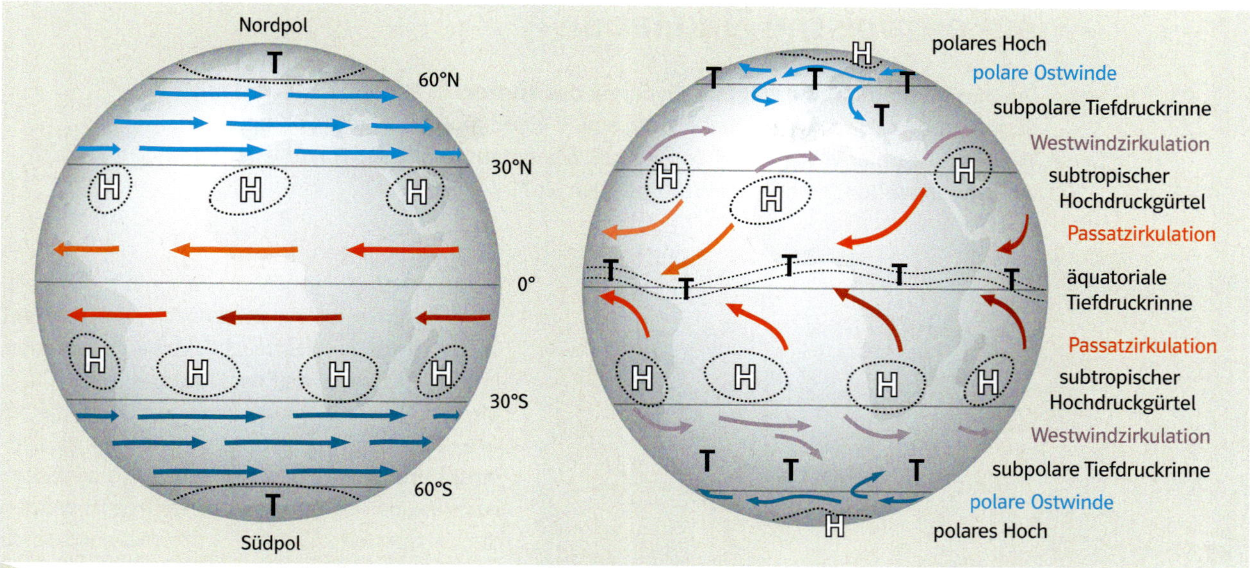

9 Luftdruck und Windverteilung auf der Erde (stark schematisiert, links in der oberen Troposphäre, rechts in der unteren Troposphäre)

Nach: Gerhard Bahrenberg: Die allgemeine Zirkulation der Atmosphäre. Paderborn: Schöningh, 1975, S. 11

Die globale atmosphärische Zirkulation im Überblick

Aus dem generalisierten Modell der planetarischen Zirkulation lässt sich ein verfeinertes Bild mit folgenden Wind- und Drucksystemen ableiten:

- Die polaren Ostwinde in den Polarzonen: Aus den **Hochdruckgebieten** an den Polen strömt kalte Luft in einen subpolaren Gürtel tiefen **Luftdrucks** – auf der Nordhalbkugel nach Süden, auf der Südhalbkugel nach Norden. Durch die **Coriolisablenkung** werden sie zu Ostwinden.
- Die außertropische Westwind-Zirkulation der höheren Breiten: Hier bewirken die großräumigen subtropischen Hochdruckgebiete und die subpolaren **Tiefdruckgebiete** einen meridionalen Luftaustausch und entsprechende Energietransporte.
- Die tropische Passatzirkulation der niederen Breiten, die sich im Jahresmittel etwa zwischen 35° N und 30° S ausbildet: Sie entsteht durch das Druckgefälle zwischen dem subtropischen Hochdruckgürtel auf beiden Halbkugeln und der äquatorialen Tiefdruckrinne.

Da die Erdachse geneigt ist, verändert sich auch das Maximum der Sonneneinstrahlung. Innerhalb eines Jahres verschiebt es sich zwischen dem nördlichen Wendekreis (23,5° N) und dem südlichen Wendekreis (23,5° S) und überquert dabei zweimal den Äquator.

Das hat Auswirkungen auf die Wind- und Drucksysteme. Sie verändern sich in ihrer Stärke und ihrer Lage über das Jahr hinweg. Auch die unterschiedliche Beschaffenheit der Erdoberfläche mit Gebirgen oder Ebenen, die Verteilung von Kontinenten und Ozeanen auf der nördlichen und südlichen Hemisphäre sowie die **Meeresströmungen** beeinflussen die Dynamik der planetarischen Zirkulation.

1 Stellen Sie die Funktionsweise des Einzellenmodells dar.

2 „Das Einzellenmodell" der globalen atmosphärischen Zirkulation entspricht nicht der Wirklichkeit. Begründen Sie diese Aussage.

3 Erläutern Sie die Wirkung der Corioliskraft auf großräumige Luftbewegungen.

4 Planetarische Luftdruck- und Windgürtel:
a) Beschreiben Sie die Lage.
b) Stellen Sie die Entstehung dar.

5 Erläutern Sie die Zusammenhänge zwischen der Strahlungsbilanz der Erde und der Entstehung der planetarischen Frontalzone.

6 Erklären Sie die Entstehung des Polarfrontjets.

Außertropische Zirkulation

Die Satellitenaufnahme zeigt die Dynamik des Wetters in Europa: Regionen mit dünner, dichter oder keiner Bewölkung sowie einen großräumigen Wolkenwirbel. Wieso gibt es hier Wolken und dort keine? Wie entstehen diese Wolkenwirbel und welche Auswirkungen auf das Wetter haben sie?

1 Satellitenaufnahme einer Zyklone westlich von Europa vom 27.10.2004

Großwetterlagen

Mitteleuropa ist ganzjährig im Einfluss verschiedener Luftmassen, die sich je nach ihrer Herkunft in Temperatur und Luftfeuchtigkeit unterscheiden. Im Schnitt ändert sich das **Wetter** alle 4–5 Tage. Die Temperaturen werden weniger durch die solare Strahlungsbilanz bestimmt als durch Luftmassentransporte. Entsprechend der Lage Mitteleuropas und der Richtung der **Jetstreams** werden die klimatischen Verhältnisse überwiegend durch die **Westwinde** bestimmt. Generell können polare, tropische, kontinentale oder ozeanische Luftmassen wetterwirksam werden. Entsprechend der Jahreszeit und ihrer Herkunft ändern sich die Temperatureigenschaften und der Feuchtegehalt der herangeführten Luftmassen.

Großwetterlage
großräumige Verteilung von Hoch- und Tiefdruckgebieten, die für den einheitlichen Charakter eines Witterungsabschnittes verantwortlich ist

Witterung
gleichbleibendes Wetter in einem Zeitraum von einigen Tagen bis Wochen

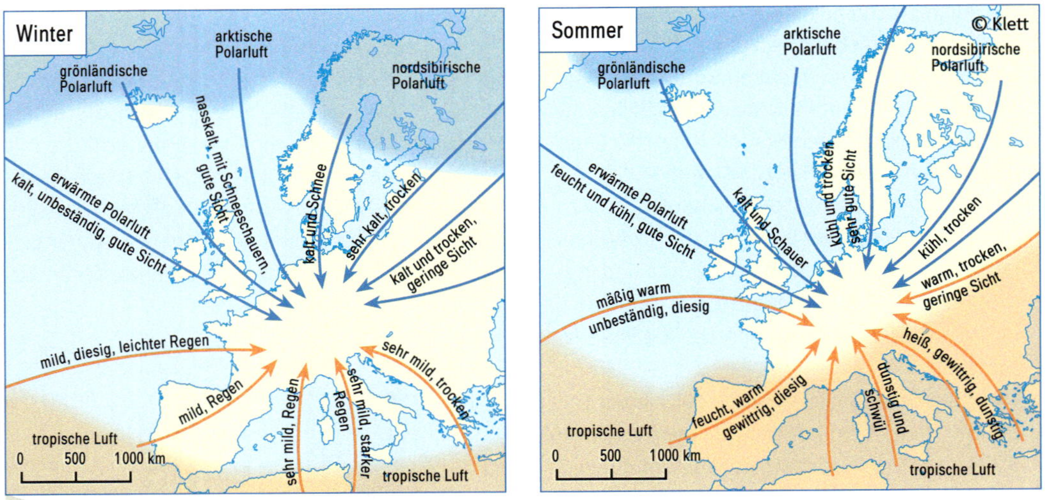

2 Typische Luftströmungen über Mitteleuropa

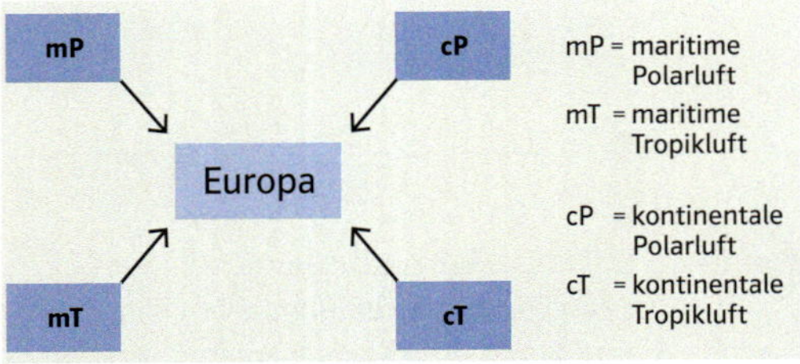

3 Wetterwirksame Hauptluftmassen (schematisch)

1

Stellen Sie die Eigenschaften der wetterwirksamen Hauptluftmassen (mP, mT, cP und cT) im Sommer und Winter in einer Tabelle dar.

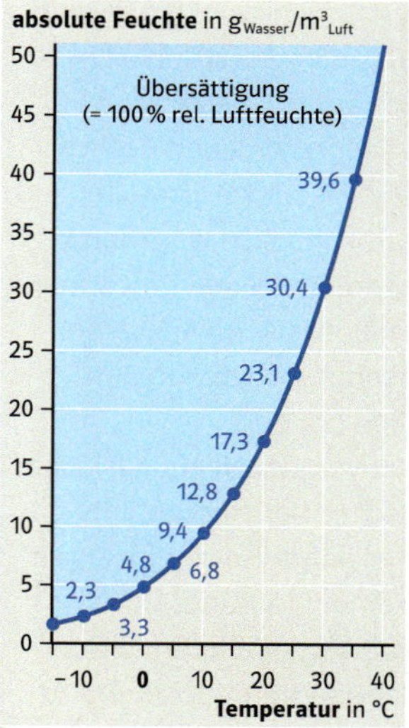

4 Taupunktkurve

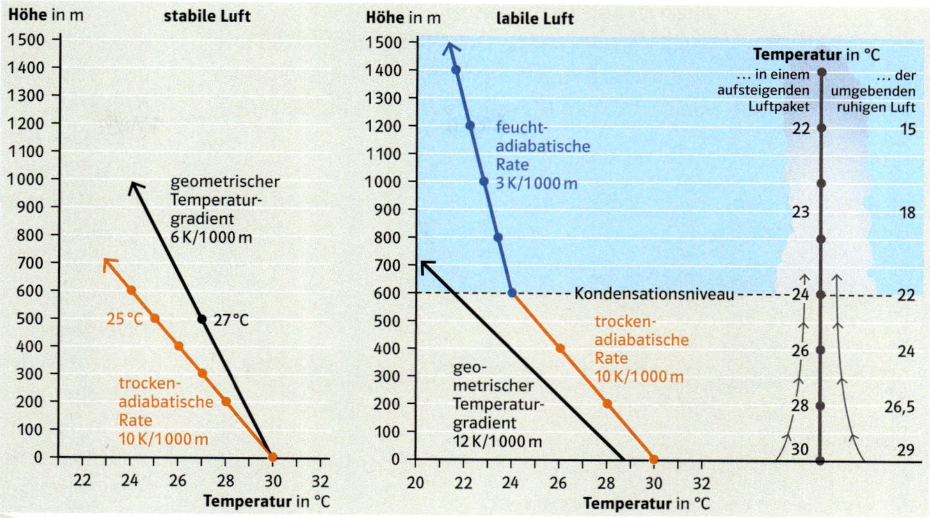

5 Luftmassenaufstieg unter trocken- und feuchtadiabatischen Bedingungen

Nach: Alan H. Strahler, Arthur N. Strahler: Physische Geographie. Stuttgart: Ulmer 1999, S. 133

Wie entstehen Wolken und Niederschlag?

In der **Atmosphäre** kommt Wasser in allen drei Aggregatzuständen vor, wobei Wasserdampf nicht sichtbar ist. Man kann aber mithilfe eines Hygrometers den Wassergehalt der Luft als Luftfeuchte messen. Er ist von der Temperatur abhängig: Je wärmer die Luft, umso größer ist die maximale Luftfeuchtigkeit. Die absolute Luftfeuchte gibt den in der Luft enthaltenen Wasserdampf in g/m³ Luft an. Das Verhältnis der in der Luft wirklich vorhanden Wassermenge zu der bei der herrschenden Temperatur möglichen Wassermenge wird als relative Luftfeuchte bezeichnet und in Prozent angegeben.

Damit Wolken entstehen können, müssen verschiedene Voraussetzungen erfüllt sein. Zunächst muss die Luft aufsteigen. Dabei gilt: eine bewegte Luftmasse kühlt sich zuerst **trockenadiabatisch** (1 K je 100 m) und über dem Kondensationsniveau **feuchtadiabatisch** (0,5 K je 100 m) ab.

Ob durch den Aufstieg der Luft Wolken gebildet werden, hängt von der Schichtung der umgebenden Luftmassen ab: Bei einer stabilen Schichtung (Grafik 5) ist die Temperatur in der Umgebung höher als im bewegten Luftpaket. Das Luftpaket ist also kälter und damit dichter und schwerer als Warmluft. Es kann also nicht weiter aufsteigen oder sinkt sogar ab. Die **Wolkenbildung** wird unterdrückt, bei absinkender Luft können sich Wolken sogar auflösen. Ist die Schichtung labil, ist die Temperatur in der Umgebung niedriger als im bewegten Luftpaket. Das Luftpaket ist wärmer als die Umgebung und kann weiter aufsteigen. Dabei kühlt es weiter ab. Je kälter die Luft ist, desto weniger Wasser kann sie speichern, die relative Luftfeuchte steigt an. Erreicht die relative Luftfeuchte 100 %, ist die Luft mit Wasserdampf gesättigt. Die Temperatur, bei der dieser Zustand erreicht wird, wird als **Taupunkttemperatur** bezeichnet. Bei weiterer Abkühlung kondensiert das Wasser.

Dazu werden noch **Aerosole** (kleinste Teilchen wie Staub) als Kondensationskerne benötigt, an denen der Wasserdampf kondensieren kann. Um diese Kerne lagern sich immer mehr kleine Wassertropfen an. Viele dieser Wassertröpfchen bilden eine Wolke. Zur **Niederschlagsbildung** kommt es aber erst, wenn Millionen von Tröpfchen oder Eiskristallen zusammenwachsen und so groß werden, dass sie ohne zu verdunsten die Erdoberfläche erreichen.

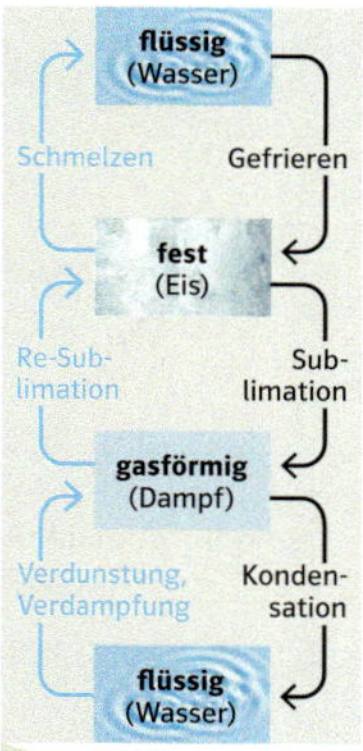

6 Wasser in der Atmosphäre

2 Beschreiben Sie an Beispielen aus dem Alltag das Phänomen der Kondensation.

3 Ein Volumen Luft hat in 500 m Höhe eine Temperatur von 10 °C und eine relative Luftfeuchtigkeit von 24,47 %. Arbeiten Sie rechnerisch die Taupunkttemperatur und die Höhe, bei der dies erreicht wird, heraus.

4 Begründen Sie, weshalb nicht aus jeder Wolke Niederschläge fallen.

Wie werden Luftmassen angehoben?

Voraussetzung für die Entstehung von Wolken und **Niederschlag** sind großräumige Hebungsvorgänge von Luft. Folgende Prozesse werden unterschieden:

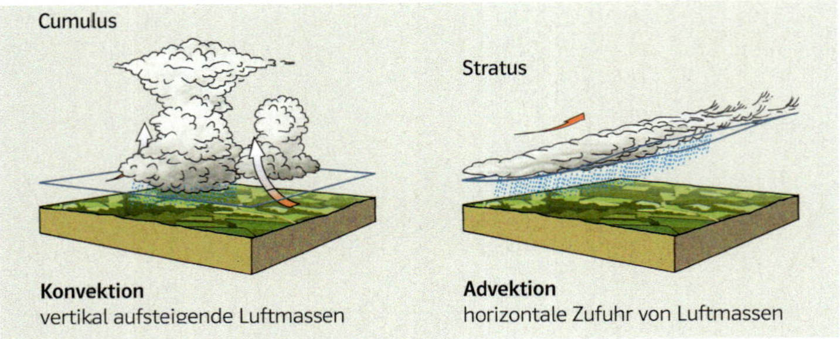

7 Vertikale und horizontale Luftbewegungen

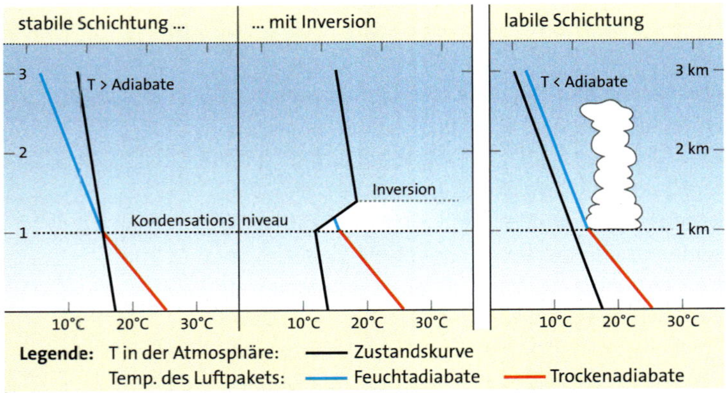

8 Wolkenbildung bei unterschiedlicher atmosphärischer Schichtung

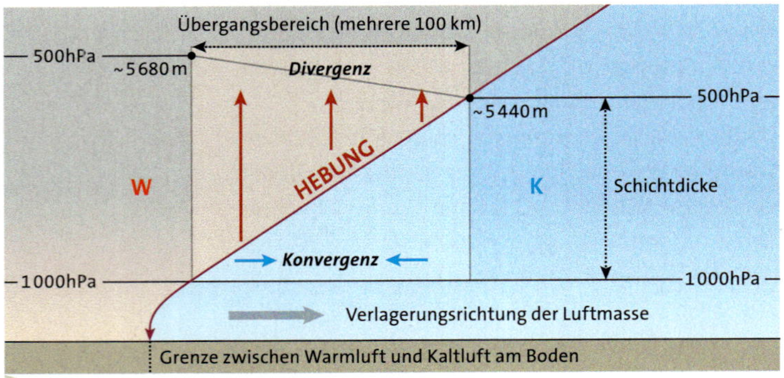

9 Advektion von Warmluft

Als Schichtdicke wird die vertikale Mächtigkeit der unteren Troposphärenhälfte bezeichnet, d.h. der vertikale Abstand zwischen der 500 hPa- und der 1000 hPa-Fläche. Wird eine warme Luftmasse verfrachtet, so nimmt im Übergangsbereich die Schichtdicke zu, d.h. die 500 hPa-Druckfläche wölbt sich mit dem Heranströmen der warmen Luft in Verlagerungsrichtung langsam nach oben. Dabei wird im Übergangsbereich das Druckfeld umgestaltet. Die Luftpakete, welche in den Übergangsbereich strömen, müssen sich an das neue Druckfeld anpassen. Dabei bildet sich eine Divergenz in der Höhe; diese wirkt wie ein Sog, und Luft wird nach oben gehoben. Unten wiederum strömt die Luft zusammen. Der Übergangsbereich kann sich über mehrere 100 km erstrecken. Häufig, jedoch nicht immer, liegt im Übergangsbereich eine Warmfront, an der die Vertikalbewegungen verstärkt sind.

1. **Konvektion:** Bei starker Sonneneinstrahlung erwärmt sich die Luft über der Erdoberfläche und steigt allmählich auf **(Konvektion).** Mit dem Erreichen des **Taupunktes** und der einsetzenden Kondensation wird Wärme frei und die aufsteigende Luft kühlt sich langsamer **(feuchtadiabatisch)** ab. Dabei entstehen meist Haufenwolken (Cumulus). Sie können eine große Vertikalausdehnung erreichen und heftige Niederschläge bringen.
2. **Divergenzen und Konvergenzen als Auslöser:** Im Bereich dynamischer **Tiefdruckgebiete (Zyklonen)** kommt es aufgrund von Divergenzen in der Höhe zu einem Hebungsantrieb. In dynamischen **Hochdruckgebieten** führen Konvergenzen in der oberen Troposphäre zu abwärts gerichteten Luftbewegungen, die mit Wolkenauflösung verbunden sind.
3. **Advektion:** Bei der horizontalen Verfrachtung von Luft **(Advektion)** kommt es in einem Übergangsbereich zu einer Veränderung des vertikalen Abstandes zwischen den **Isobaren** (Schichtdicke, Grafik 9). Wird Warmluft herantransportiert, kommt es zur allmählichen Hebung von Luft. Hierbei können Schichtwolken oder Quellwolken mit entsprechenden Niederschlägen entstehen. Dringt Kaltluft gegen wärmere Luft vor, dann schiebt sich diese schnell unter die wärmere Luft und zwingt diese zum Aufsteigen.
4. **Orografische Hebung:** An Gebirgszügen, die quer zur Strömungsrichtung angeordnet sind, kommt es an der Luvseite zur erzwungenen Hebung der Luft.
Oft verstärken sich die angeführten Effekte oder sie heben sich auf. Zusätzlich spielen dynamische Turbulenzen eine Rolle. Diese treten bei Änderungen der Windrichtung oder **Windgeschwindigkeit** auf. Wenn sich z.B. zwei parallel zueinander liegende Luftströmungen mit unterschiedlichen Geschwindigkeiten bewegen, entstehen Luftwirbel mit vertikalen Absink- oder Aufstiegsbewegungen.

Die Entstehung von dynamischen Tief- und Hochdruckzellen im Polarfrontjet der Nordhalbkugel

Der Polarfrontjet verhindert einen Ausgleich der meridionalen Temperatur- und Druckgegensätze. Diese Situation, in der sich eine kalte Luftmasse im Norden und eine warme im Süden, getrennt durch den Jet, gegenüberstehen, bezeichnet man als „high zonal index". Ein Austausch von Luftmassen erfolgt, wenn die Luft in diesem Westwindband verwirbelt wird. Bei Temperaturunterschieden im 500 hPA-Niveau von mehr als 6 K pro 1000 km horizontaler Entfernung beginnt der **Strahlstrom** zu mäandrieren. Diese Situation wird als „low zonal index“ mit drei bis vier sehr langen und großamplitudigen Wellen bezeichnet. In der Folge stoßen polare Kaltluftmassen äquatorwärts nach Süden vor und bilden Kaltlufttröge. Umgekehrt können tropische Warmluftmassen als Warmluftrücken weit nach Norden vorstoßen. Damit wird aber noch keine Energie ausgetauscht. Erst wenn sich aus dem mäandrierenden Jet Hoch- und Tiefdruckzellen ablösen („cut off“), kommt es zu einer Verwirbelung von polarer Kaltluft und subtropischer Warmluft und damit zum Energieaustausch im globalen Ausmaß. Die Folge ist, dass die Westwinddrift in dieser Situation blockiert wird (blocking action).

Anders als in den thermischen Tief- und **Hochdruckgebieten** entstehen Tief- und Hochdruckzellen hier dynamisch. Im Gegensatz zu den thermischen Druckgebilden weisen dynamische Druckgebilde hohen Druck beim Hochdruckgebiet oder tiefen Druck beim **Tiefdruckgebiet** sowohl am **Boden** wie auch in der Höhe auf. Auf der Nordhalbkugel drehen sich in einem dynamischen Tief **(Zyklone)** die Luftmassen gegen den Uhrzeigersinn, im dynamischen Hochdruckgebiet **(Antizyklone)** umgekehrt. Sie folgen dabei der Regel, dass die Luft zum Tief hin, aber vom Hoch wegströmt.

Ursachen für die Entstehung dieser Luftdruckzellen sind Konvergenzen und Divergenzen im Polarfrontjet. Sie entstehen durch das Mäandrieren des Jets. Verengt sich in einem Wellental des Jets die Luftströmung, wird die Luft zusammen – und gleichsam nach unten gedrückt. Dabei rotiert die Luft aufgrund der Wirbelbewegung (Vorticity) in dieser Strömung im Uhrzeigersinn drehend nach unten. Am Boden bildet sich hoher **Luftdruck** und die Luft strömt aus dem Hochdruckgebiet nach außen. Kommt es im Polarfrontjet zu Divergenz der Luftströmung, strömt die Luft auseinander und saugt Luft vom Boden nach. Die aufsteigende Luft rotiert aufgrund der Vorticity gegen den Uhrzeigersinn nach oben. Am Boden entsteht als Folge der Divergenz in der Höhe ein Tiefdruckgebiet. Sowohl Tiefdruck- als auch Hochdruckgebiete wandern durch den Polarfrontjet bewegt nach Osten. Die Zyklonen werden eher auf der Polseite der planetarischen Frontalfront gebildet und ziehen nordostwärts. Zu ihnen gehören das Island- und Aleutentief. Die dort im Jahresmittel sehr häufig auftretenden Tiefdruckgebiete bilden den subpolaren Tiefdruckgürtel. Die nach Südosten ziehenden Antizyklonen entstehen äquatorseits. Sie verstärken die Hochdruckgebiete wie das Azoren- oder das Hawaiihoch und bilden den subtropisch-randtropischen Hochdruckgürtel.

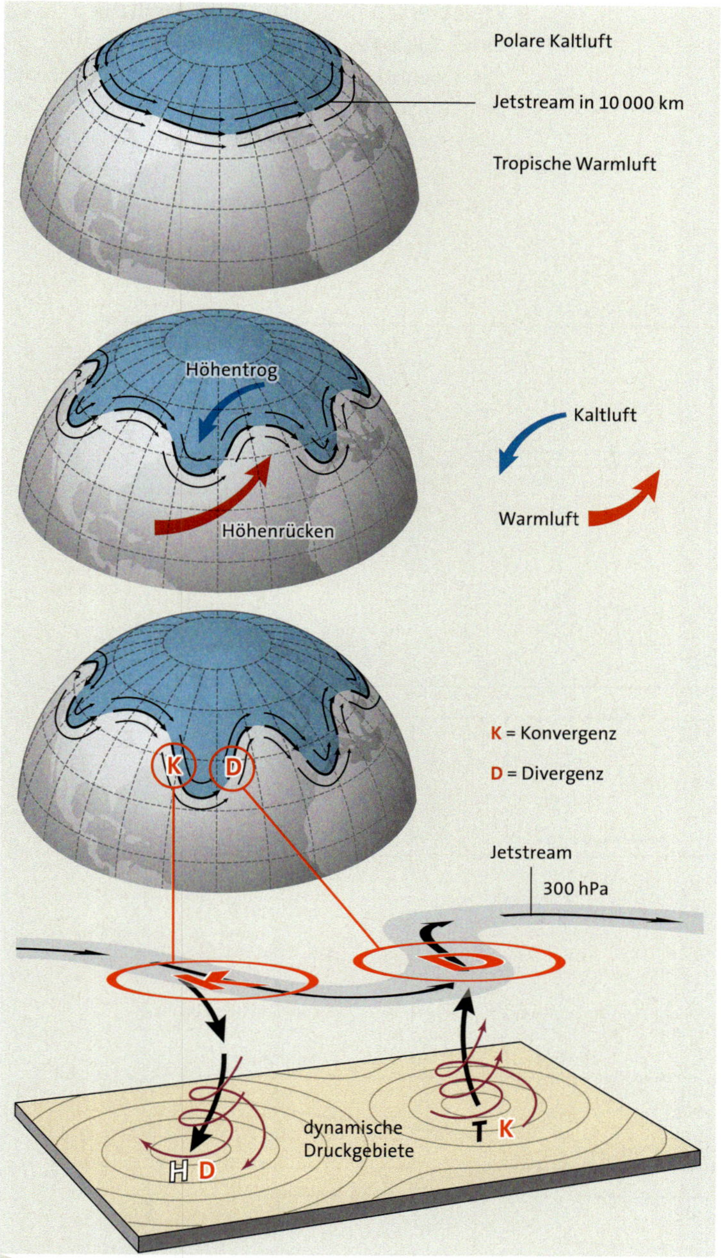

10 **Entstehung dynamischer Druckgebiete**

5

Beschreiben Sie die Hebungsvorgänge durch starke Erwärmung, horizontale Verfrachtung von Warmluft und dynamische Tiefdruckgebiete.

Wettererscheinungen beim Durchzug einer Zyklone

Ein dynamisches **Tiefdruckgebiet (Zyklone)** der planetarischen **Frontalzone** schaufelt gegen den Uhrzeigersinn subtropische Warmluft von Süden nordwärts gegen die dort lagernde polare Kaltluft und gleichzeitig auch polare Kaltluft weit nach Süden. Damit kommt es zum Wärmeaustausch zwischen Äquator und den Polen. An der Vorderseite der Zyklone wird Warmluft nach Norden transportiert und gleitet wie auf einer schräg ansteigenden Fläche auf die Kaltluft auf. Dabei ist die Höhenwarmfrontzone der Bodenwarmfrontzone in der Regel meist 100 – 250 km voraus, sodass man nicht von einer einheitlichen **Warmfront**, sondern eher von einer Übergangszone oder Frontalzone spricht. Das langsame Aufgleiten der warmen Luft auf die kalte, vor ihr liegende Luft ist mit ihrer Anhebung und damit auch Abkühlung verbunden, in der Folge bilden sich Wolken. Dabei entsteht eine typische Abfolge von Schichtwolken: an der Spitze der Übergangszone Cirren, denen Cirrostratuswolken als feine, durchscheinende Schleierwolken folgen; diese werden abgelöst von hohen Schichtwolken, die sich zu mächtigen und tief liegenden Nimbostratuswolken verdichten. Die Altostratuswolken gehören dem zweiten Wolkenstockwerk an (2 – 7 km Höhe), die Nimbostratuswolken dem dritten Wolkenstockwerk (< 2 km Höhe); aus ihnen fällt ein lang anhaltender, gleichmäßiger Nieselregen, der auch als Landregen bezeichnet wird.

Mit dem allmählichen Verdrängen der kalten Luft steigt die Temperatur, der **Luftdruck** fällt und der **Wind** dreht von Süd auf südwestliche Richtungen. Hat die Warmluft die Kaltluft am **Boden** verdrängt, muss sie nicht mehr aufsteigen und es werden keine Wolken mehr gebildet.

In der wetterkartografischen Darstellung wird dieser Bereich als Warmluftsektor bezeichnet. Dort kann es lokal zur **Konvektion** der Luft kommen, welche zur Bildung von Cumuluswolken führt, aus denen mitunter Regen fällt.

Der Warmluftsektor wird durch die nachrückende Kaltluft polaren Ursprungs aufgelöst. Die **Kaltfront** verdrängt die Warmluft am Boden und zwingt sie zum raschen Aufsteigen. Es bilden sich hoch aufragende Cumulonimbuswolken, aus denen heftige Schauerregen mit großen Tropfen und auch Hagel fallen können. Mit dem Eintreffen des Kaltfrontbereiches sinkt die Temperatur rasch ab, der Luftdruck steigt wieder an und der Wind dreht von West auf nordwestliche Richtungen. Im Kaltluftsektor selbst ist die Sicht aufgrund der klaren Luft sehr gut. Das **Wetter** in diesem Abschnitt heißt Rückseitenwetter.

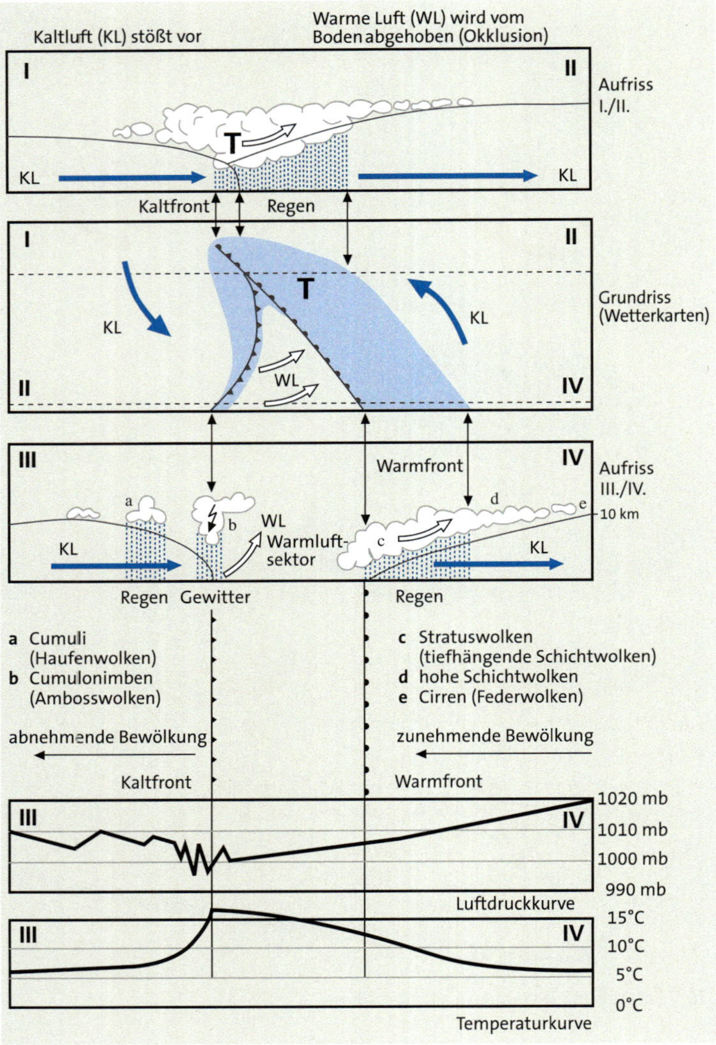

11 Schematisches Profil einer ideal ausgebildeten Zyklone

12 Bewölkung beim Durchzug einer Zyklone

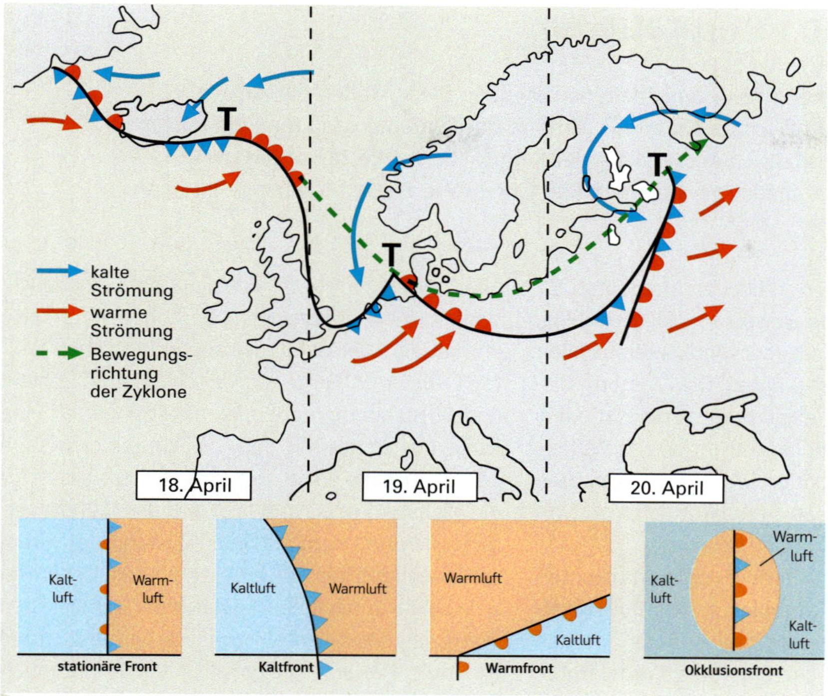

13 **Idealschema der Entwicklung einer Zyklone über Europa**

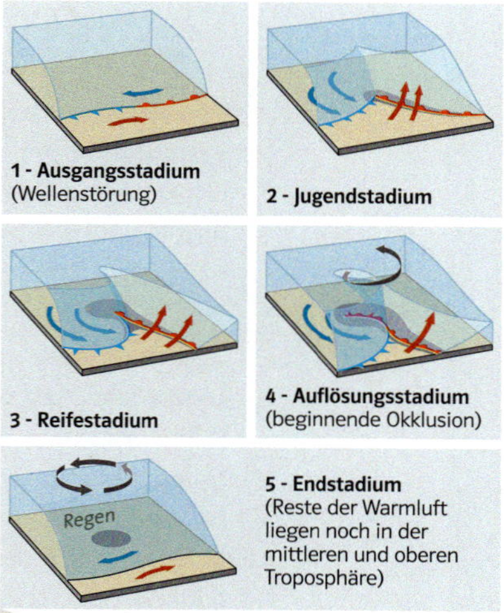

14 **Entwicklung einer Zyklone (Zyklogenese)**

Im Zuge der Entwicklung einer Polarfrontzyklone holt im sogenannten Reifestadium die Kaltfrontzone die Warmfrontzone ein, es erfolgt eine **Okklusion**. Dazu kommt es, weil die **Warmfront** beim Aufgleiten auf die vor ihr liegende **Kaltfront** Bewegungsenergie verliert und langsamer wird. Am Ende ist die restliche Warmluft vom **Boden** abgehoben und schwimmt als Warmluftlinse auf der Kaltluft, das Kerntief ist aufgefüllt.

Oft entstehen ganze Frontensysteme mit mehreren Tiefausläufern und Tiefdruckzentren, die vom Polarfrontjet von Westen nach Osten gesteuert werden und wechselhaftes **Wetter** verursachen. Die **Zyklonen** erfüllen neben dem Luftmassen- und Energieaustausch eine weitere wichtige Aufgabe: Mit ihnen wird vom **Meer** Wasserdampf aufs Land transportiert, der dort für **Niederschläge** sorgt.

Entwicklung von Frontensystemen

Im Polarfrontjet entstehen neben Zyklonen auch **Antizyklonen**. In ihnen sinkt die Luft ab und wird dabei erwärmt. Die erwärmte Luft nimmt mehr Wasserdampf auf, die Wolken lösen sich auf. Trockenes Wetter mit wolkenloser Luft und starker Einstrahlung am Tag sowie ebenso starker Ausstrahlung in der Nacht ist die Folge. Der Polarfrontjet lässt in unregelmäßiger Abfolge Zyklonen und Antizyklonen über Mitteleuropa hinwegziehen, die das Wettergeschehen nachhaltig steuern. Je nach Lage der Druckgebilde wird Mitteleuropa dabei von Luftmassen unterschiedlichen Ursprungs beeinflusst.

So können für Mitteleuropa polare, tropische, kontinentale oder ozeanische Luftmassen wirksam werden.

6 Arbeiten Sie aus den Materialien heraus, wie die Mäander des Westwindhöhenbandes entstehen.

7 Stellen Sie die Bedeutung des mäandrierenden Jetstreams für den globalen Wärmeaustausch dar.

8 Vergleichen Sie dynamische und thermische Luftdrucksysteme.

9 Erklären Sie die Entstehung von Warm- und Kaltfront.

10 Begründen Sie die Wettervorgänge an einer Warm- und Kaltfront.

11 Beschreiben Sie die Entwicklungsstadien einer Zyklone.

12 Erklären Sie das Fehlen von Warm- und Kaltfront in einer Antizyklone.

Wetterkarten interpretieren

Wetterkarten begegnen uns in verschiedenen Medien. Diese stellen die Wettervorgänge in der unteren Troposphäre dar. Mithilfe der Symbole kann man die Karten relativ leicht lesen und durch Anwendung der Kenntnisse zu Wettervorgängen in Tief- und Hochdruckgebieten auch verstehen. Sogar eine grobe Wettervorhersage ist dann möglich.

Täglich müssen mehrere Millionen Messdaten für Temperatur, **Luftdruck**, Bewölkung, **Niederschlag**, Windrichtung und Windgeschwindigkeit aus allen Teilen der Erde erfasst werden. Die Messung dieser **Wetterelemente** erfolgt in Wetterstationen, auf Wetterschiffen und Leuchttürmen, mit Wetterballons oder Radiosonden, mit Flugzeugen und Bojen. Künstliche Erdsatelliten betrachten die Vorgänge in der **Atmosphäre**.

Die Messwerte und der Verlauf von Wetterfronten werden in Form von Symbolen in eine **Bodenwetterkarte** eingetragen. Alle drei Stunden werden dazu die Messwerte der einzelnen Wetterstationen den Wetterdienstzentralen per Datenleitung übermittelt. Weltweit hat man dafür Beobachtungstermine festgelegt. Die Bodenwetterkarte enthält die Messdaten der angeschlossenen Wetterstationen in Form von verschlüsselten Zahlen- und Buchstabengruppen, die maschinell auf eine Karte übertragen werden. Zur Wettervorhersage gehört auch die Erstellung von Prognosekarten für die nächsten ein bis drei Tage. Aus dem bereits vergangenen und dem aktuellen Zustand der Atmosphäre wird unter Anwendung physikalischer Regeln sowie durch einen Abgleich der gemessenen Werte mit Modellen ein zu erwartender Zustand ermittelt. Hierbei spielen auch die Erfahrungen der Meteorologen eine große Rolle.

1. Schritt: Formales/Orientierung

Ordnen Sie die Karte zeitlich und räumlich ein und beschreiben Sie die Lage der **Hoch- und Tiefdruckgebiete** sowie den Verlauf von Fronten.

2. Schritt: Vorherrschende Luftmassen ermitteln

Bestimmen Sie die aus der großräumigen Luftdruckverteilung resultierenden Hauptwindrichtungen und die damit verbundenen Luftmassen und deren Eigenschaften für ausgewählte Stationen bzw. einzelne Teilregionen Europas. Beachten Sie dabei das Datum der Wetterkarte!

3. Schritt: Wetterdaten analysieren

Ermitteln Sie für ausgewählte Stationen, zum Beispiel Berlin, die Temperatur-, Niederschlags-, Bewölkungs-, Luftdruck- und **Windverhältnisse**. Nutzen Sie dazu auch das Beispiel der vereinfachten Stationseintragung (siehe Grafik 1).

4. Schritt: Wettervorhersage formulieren

Formulieren Sie für ausgewählte Stationen bzw. Regionen eine begründete Wettervorhersage. Beachten Sie dabei, wie sich die Druckverhältnisse ändern oder die Fronten verlagern könnten und welche Wetterveränderungen damit verbunden wären.

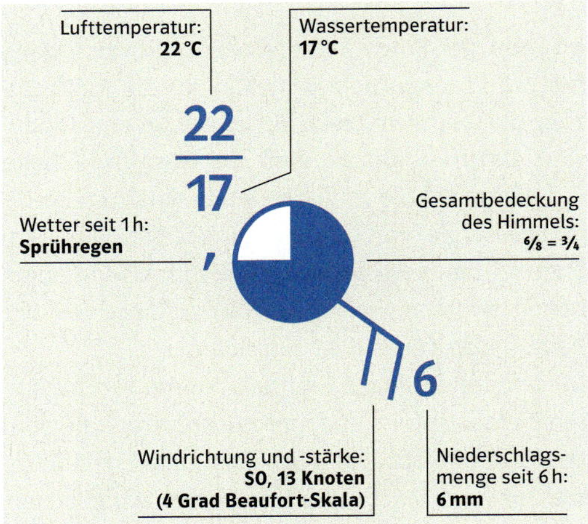

1 Beispiel für einen Stationseintrag (vereinfacht)

Beispielaufgabe:
Erstellen Sie mithilfe der Karte 2 eine Wettervorhersage für die Region Berlin.

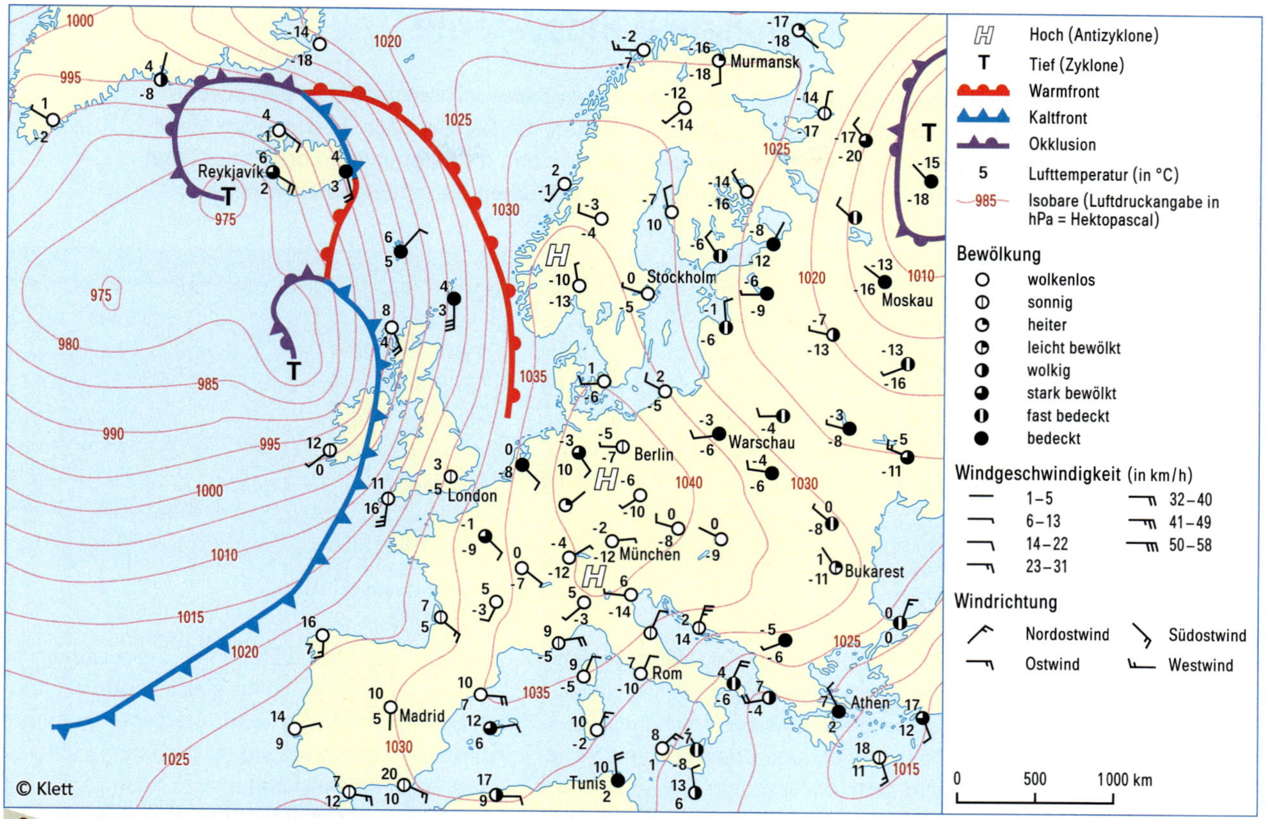

2 Vereinfachte Bodenwetterkarte von Europa am vom 14.2.2021, 0:00 Uhr

Auswertungsbeispiel

1. Schritt: Die Bodenwetterkarte zeigt den größten Teil Europas am 14. Februar 2021 um 0 Uhr. Über dem Atlantik befinden sich zwei Tiefdruckgebiete. Die Warmfront des Tiefs mit Kern südwestlich von Island liegt vor der Westküste Dänemarks und Norwegen. Die Kaltfront des zweiten Tiefdruckgebiets mit Kern und Okklusionszone nordwestlich der Britischen Inseln verläuft von Irland in südwestlicher Richtung. Von Skandinavien bis nach Norditalien erstreckt sich eine Hochdruckzone. Nordöstlich von Moskau liegt ein weiteres Tiefdruckgebiet.

Damit liegt Skandinavien im Westteil im Einflussbereich einer Warmfront, während das östliche Skandinavien wie auch Mitteleuropa und Norditalien von Hochdruck beeinflusst wird. Irland und die Britischen Inseln werden von einer Kaltfront beeinflusst.

2. Schritt: An der Ostseite der Hochdruckgebiete gelangt kalte Polarluft nach Skandinavien und Mitteleuropa. Das Hochdrucksystem über Deutschland sorgt für sonniges und trockenes Winterwetter.

3. Schritt: Wettersituation in der Region Berlin:
- Lufttemperatur –5 °C, Wassertemperatur –7 °C,
- sonnig,
- kein Niederschlag,
- Luftdruck 1040 hPa,
- Wind aus West, mit 6–13 km/h.

4. Schritt: Für die Region Berlin bleibt zunächst das Hochdruckgebiet wetterbestimmend. In den nächsten Tagen kann das westlich der Britischen Inseln liegende Tiefdruckgebiet Berlin erreichen und für die Zufuhr feuchter und milder Meeresluft sorgen.

1 Erstellen Sie mithilfe der Karte 2 eine Wettervorhersage für die französische Atlantikküste.

2 Ermitteln Sie die Temperatur-, Bewölkungs- und Windverhältnisse für die Britischen Inseln und die Iberische Halbinsel und begründen Sie diese für London und Warschau (Karte 2).

Lokale und regionale Windsysteme

An den Meeresküsten und in abgeschwächter Form auch an größeren Binnenseen kann man häufig eine „frische Brise“ genießen, die tagsüber als Seewind vom Meer kommt und nachts vom Land auf das Wasser weht. Im Alpenvorland bringt der Föhn warme Temperaturen und weite Sicht. Wie entstehen diese regionalen Winde?

Isobaren (griech. iso = gleich und baris = Druck) sind Linien gleichen Luftdrucks. In der Wetterkarte beziehen sie sich auf die Meereshöhe.

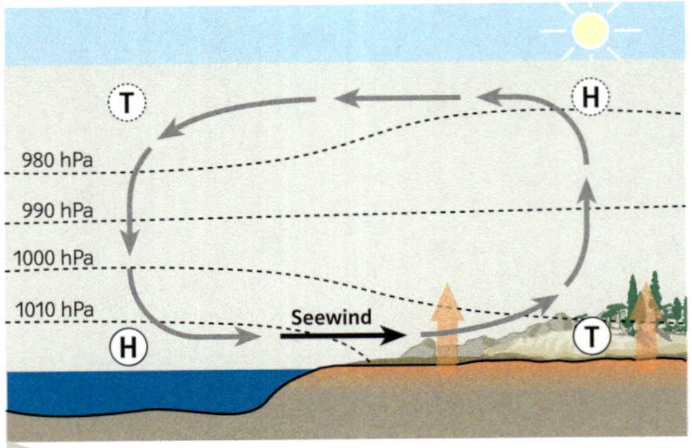

2 Seewind am Tag

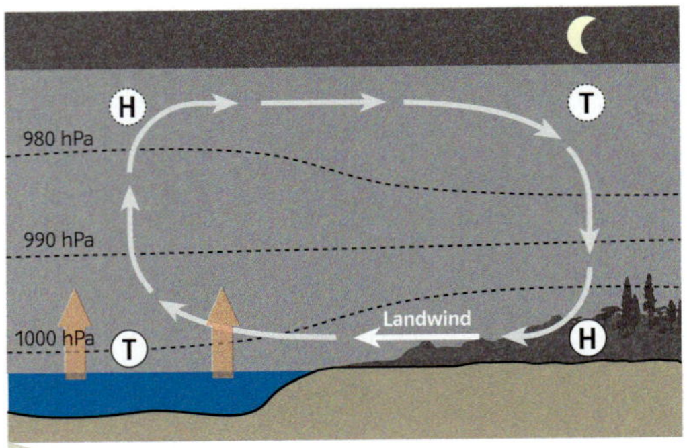

3 Landwind bei Nacht

Bezeichnung nach Beaufort und Windgeschwindigkeit (in km/h)		
0	Windstille	unter 1
1	leichter Zug	1–5
2	leichte Brise	6–11
3	schwache Brise	12–19
4	mäßige Brise	20–28
5	frische Brise	29–38
6	starker Wind	39–49
7	steifer Wind	50–61
8	stürmischer Wind	62–74
9	Sturm	75–88
10	schwerer Sturm	89–102
11	orkanartiger Sturm	103–117

1

Land- und Seewind als lokales Windsystem

Wind ist eine gerichtete Luftbewegung, die die Luftdruckunterschiede zwischen **Hochdruckgebieten** und **Tiefdruckgebieten** ausgleicht. Als Windrichtung wird stets die Richtung angegeben, aus der der Wind weht. Die Geschwindigkeit des Windes wird als Windstärke bezeichnet. Voraussetzung für die Entstehung von Wind sind aneinandergrenzende Regionen mit unterschiedlichem **Luftdruck**. Je stärker die Luftdruckunterschiede sind, desto stärker ist der Wind.

Bei ruhiger Wetterlage stellt sich am frühen Nachmittag auf kleinem Raum an Seeufern oder Meeresküsten ein Seewind ein, während nachts ein Landwind weht. Welche Erklärung gibt es dafür?

Land und Wasser haben unterschiedliche Wärmekapazitäten. Die des Wassers ist bis zu fünfmal höher als die einer Landfläche. Deshalb sind die Erwärmung und die Abkühlung der **Atmosphäre** über dem Wasser gegenüber dem Land deutlich verzögert. In der Folge entsteht bei wenig Bewölkung und geringen Luftdruckunterschieden ein sich tageszeitlich änderndes Windsystem. Am Vormittag erwärmt sich die Luft über dem Land schneller als über dem Wasser. Die Landoberfläche wirkt wie eine Heizplatte. Die erwärmte Luft steigt nach oben und verändert die Druckverhältnisse in der Höhe, wie die veränderte Lage der **Isobarenflächen** zeigt. Sie liegen über dem Land höher als über dem Wasser. In der Höhe entsteht dadurch ein Druckgefälle zwischen dem Höhenhoch über dem Land und dem Höhentief über dem Wasser. Je größer das Druckgefälle ist, umso stärker ist auch die Kraft, die einen Ausgleich der Druckunterschiede anstrebt. Sie wird Gradientenkraft genannt. Die sich einstellende Luftströmung führt zu einer Luftmassenabnahme über dem Land, ein Bodentief entsteht. Über dem Wasser erhöht die in der Höhe zugeflossene Luft den Luftdruck am **Boden** und es entsteht ein Bodenhoch. Es stellt sich am Boden ein Ausgleichswind in Richtung des Druckgradienten ein, der Seewind. Das dabei entstehende Kreislaufsystem wird als **Land-See-Windsystem** bezeichnet. Es wird so lange angetrieben, wie die Sonnenenergie eine stärkere Erwärmung des Festlandes bewirkt. Nachts kehren sich die Druck- und Windverhältnisse um. Die im Land-See-Windsystem entstehenden Luftdruckgegensätze werden als thermische Druckgebiete bezeichnet, weil sie durch unterschiedliche Erwärmung entstehen.

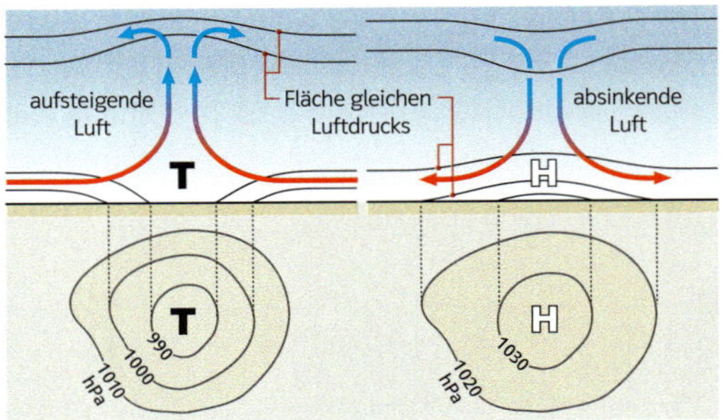

4 Bodentief und Bodenhoch

Regionales Windsystem: FALLBEISPIEL Vogesenföhn

In allen Gebirgsregionen der Erde gibt es warme, trockene und oft böige Fallwinde, die an der Leeseite von Gebirgen auftreten und als Föhn bezeichnet werden. Beispiele dafür sind der Vogesenföhn in der Oberrheinischen Tiefebene, der Föhn in den Alpen oder der Chinook am Ostabhang der Rocky Mountains.

Föhn entsteht, wenn Luftmassen als Folge von Druckunterschieden ein Gebirge überströmen müssen. Auf der Luvseite des Gebirges kommt es zur Hebung von Luft. Diese kühlt sich bis zum Erreichen des **Taupunktes** trockenadiabatisch (1 K/100 m) ab. Muss die Luft nach Erreichen des Taupunktes weiter aufsteigen, setzt **Wolkenbildung** ein und Stauniederschläge können entstehen. Durch die Kondensation wird Wärme frei. Die Abkühlung der aufsteigenden Luft wird reduziert, sie kühlt sich feuchtadiabatisch (im Mittel 0,5 K/100 m) ab. Die absolute Feuchte in den aufsteigenden Luftmassen verringert sich.

Nach Überströmen des Gebirgskammes sinkt die Luft auf der Leeseite ab. Sie erwärmt sich **trockenadiabatisch** und die Wolken lösen sich auf. Über dem Gebirgskamm bildet die Bewölkung eine scharfbegrenzte Wolkenwand (Föhnmauer).

Mit der „klassischen Föhntheorie" lassen sich jedoch nicht alle Phänomene hinreichend erklären. So tritt vor allem in den österreichischen Alpen an der Luvseite nicht immer **Niederschlag** auf. Es stellt sich auch die Frage, warum die absteigende Luft die darunter befindliche kältere Luft verdrängen kann. So sieht man den Föhn heute vor allem als das Ergebnis eines thermodynamischen Prozesses, bei dem z. B. kleine Luftwirbel auf der Leeseite dafür sorgen, dass die wärmere Höhenluft allmählich nach unten vordringt.

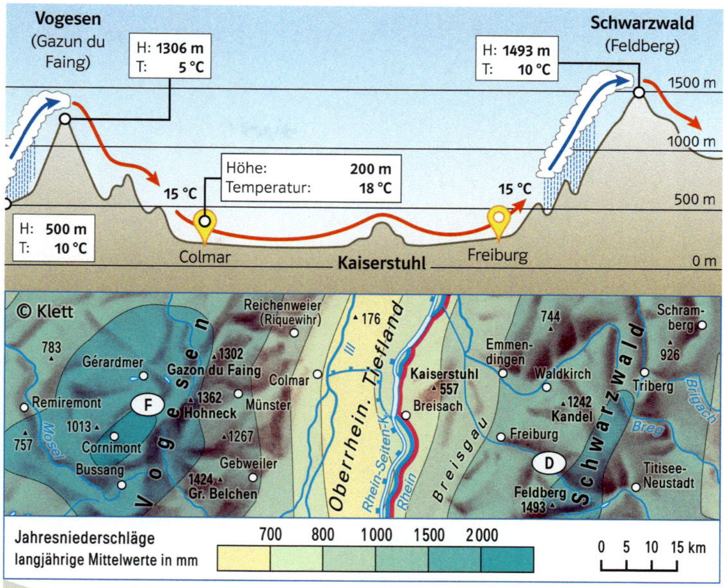

6 Vogesenföhn

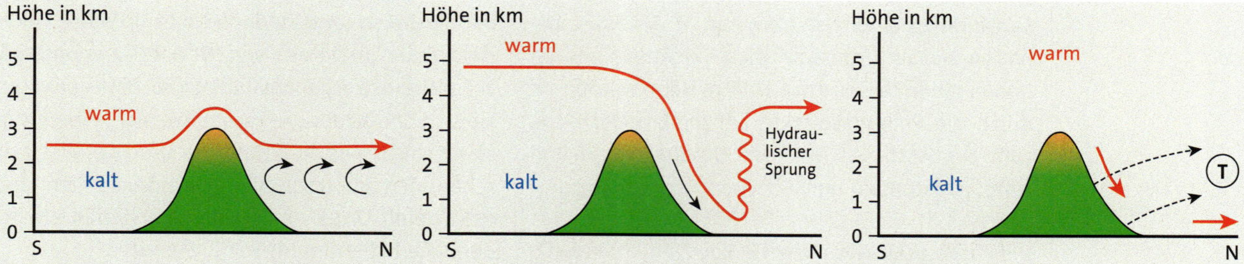

In der Höhe strömt wärmere Luft über kältere. Dabei entstehen kleine Luftwirbel, die dafür sorgen, dass die wärmere Höhenluft allmählich nach unten vordringt.

Analog einem flachen Fluss, der über ein Wehr stürzt, verhält sich die Föhnströmung im Lee-Bereich. Durch die schießende hydraulische Strömung kommt es zur Lufterwärmung (Kompressionserwärmung).

Man nimmt an, dass es mit der Annäherung eines Tiefs nördlich der Alpen zum Absaugen von Luft kommt. Die warme Höhenluft strömt dadurch bis zum Boden nach.

5 Weitere Erklärungsansätze

1 Erläutern Sie die Entstehung eines thermischen Tief- und Hochdruckgebietes.

2 Vergleichen Sie die Entstehung von Land- und Seewind.

3 Erläutern Sie die Entstehung des Vogesenföhns und seine Auswirkungen auf den östlichen Bereich der Oberrheinischen Tiefebene.

4 Während einer Föhnsituation ist auf der Luvseite des Gebirges die Temperatur auf gleicher Höhenlage geringer als auf der Leeseite. Erklären Sie diesen Sachverhalt.

5 Vergleichen Sie die modernen Erklärungsansätze zur Entstehung des Föhns (M5).

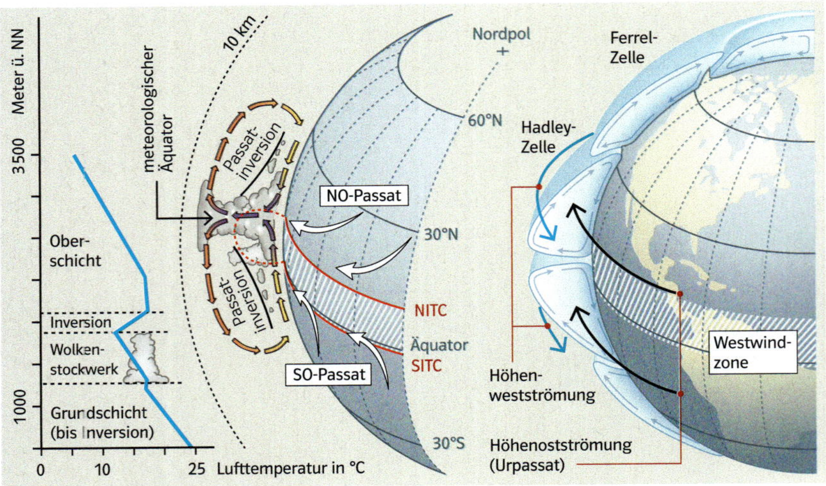

1 Tropische Zirkulation

2 Wolkencluster über Afrika im August 2001

Tropische Zirkulation

Zwei Zirkulationssysteme bestimmen die Zirkulation in den Tropen: die Hadley- oder Passatzirkulation und die Walker-Zirkulation, ein in den Tropen parallel zum Äquator angeordnetes Zirkulationssystem. Was sind die Eigenschaften und Ursachen dieser Zirkulationssysteme?

Die tropische Zirkulation wird primär durch die Passatzirkulation geprägt. Ganzjährig strömen die **Passatwinde** (engl. trade winds) von den subtropischen Hochdruckgürteln beider Hemisphären zur äquatorialen Tiefdruckrinne. Aufgrund des Druckgradienten und der **Corioliskraft** werden die Passatwinde zu einer Oströmung: In der Höhe behalten sie als Urpassate diese Richtung bei. Im bodennahen Teil bis etwa 1000 m Höhe werden sie durch die Reibungseffekte an der Erdoberfläche zum Nordostpassat auf der Nordhalbkugel und zum Südostpassat der südlichen Hemisphäre.

Die Passatzirkulation oder Hadley-Zirkulation funktioniert als direkte thermisch getriebene Zirkulation: Im Bereich des Zenitalstandes der Sonne kommt es zu einer starken Erwärmung der unteren Luftschichten. Die warme Luft dehnt sich aus, steigt in die Höhe. Dabei bilden sich thermisch Bodentief und Höhenhoch. Die rund um den Äquator entstehenden **Bodentiefdruckgebiete** bilden die **ITC (Innertropische Konvergenzzone)** oder äquatoriale Tiefdruckrinne. Die im Bereich der ITC aufsteigende Luft nimmt große Mengen an Wasserdampf auf und kühlt sich adiabatisch ab. Es bilden sich mächtige Gewitterwolken mit Starkregen (Grafik 3). Aus dem Höhenhoch über der ITC strömt die bis ins Troposphärenniveau aufgestiegene Luft polwärts. Die Luftströmungen werden durch die Corioliskraft auf der Nordhalbkugel nach Nordosten bzw. auf der Südhalbkugel nach Südosten abgelenkt und als Antipassate bezeichnet. Diese Höhenwestwindströmung konvergiert im Bereich des Subtropenjets, kühlt ab und sinkt im Bereich der dynamisch entstandenen subtropischen Hochdruckzellen im Bereich von 30° nördlicher und südlicher Breite trockenadiabatisch ab. Dabei erwärmt sie sich und bildet die Passatinversion, eine Inversionsschicht, aus. Aufgrund des Druckgefälles zwischen den subtropischen Hochdruckzellen und dem tiefen Druck am Äquator entstehen als bodennahe Luftströmungen die **Passate**.

Die von George Hadley 1735 entwickelte Vorstellung über die Zirkulation in den Tropen ist in mehreren Aspekten unzureichend: So ging Hadley noch von kontinuierlichen Passaten beidseitig des Äquators aus. In der Realität trifft dies nicht zu, weil der subtropische Hochdruckgürtel aus Einzelzellen besteht. Es gibt damit auch Sektoren schwacher und zeitweilig unterbundener Passate. Ebenso fließt die im Bereich der ITC aufsteigende Luft nicht auf direktem Wege in höhere Breiten, sondern wird innerhalb der Konvergenzzone zunächst in Absink- und Aufstiegsbewegungen einbezogen, sodass große Wolkencluster entstehen. Nordost- und Südostpassate treffen im Bereich der **ITC** auch nicht direkt aufeinander, da es durch unterschiedlich starke Erwärmung der Nord- und Südhalbkugel zur Aufspaltung der ITC in eine stark ausgeprägte ITC (thermischer oder meteorologischer Äquator) und eine schwächere ITC am mathematischen Äquator kommt. Zwischen der nördlichen und südlichen ITC stellen sich äquatoriale **Westwinde**, die **Monsune**, ein.

→ Monsune S.130/131

Walker-Zirkulation

Die warmen und kalten **Meeresströmungen** an den Rändern der Kontinente führen im Bereich des Äquators zu einer zonalen Zirkulation, die nach ihrem Entdecker als **Walker-Zirkulation** bezeichnet wird. So steigt im Bereich der Sundainseln in Äquatornähe feuchtwarme Luft über dem warmen **Oberflächenwasser** auf, wobei intensive **Niederschläge** entstehen. Im östlichen tropischen Pazifik dagegen sinkt trockene und kühle Luft über dem kalten Oberflächenwasser des Humboldtstroms ab. Dabei bilden sich jeweils thermische Druckgebilde. Aus dem so entstandenen Druckgefälle entsteht in Bodennähe eine Luftströmung entlang des Äquators von Ost nach West, die Teil eines großen zonalen Zirkulationsrades ist.

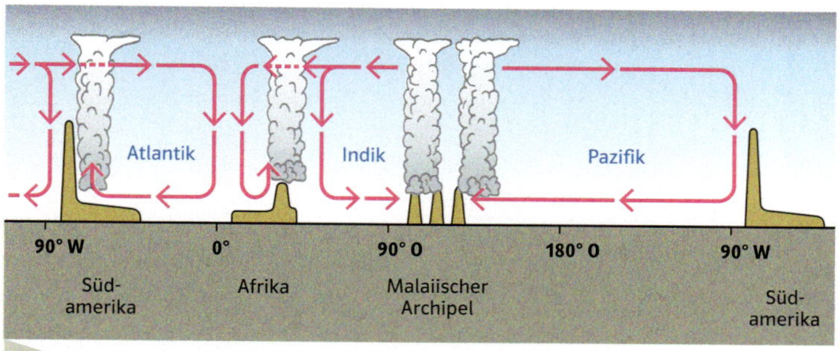

4 Schema der mittleren zonalen Walker-Zirkulation in den Tropen

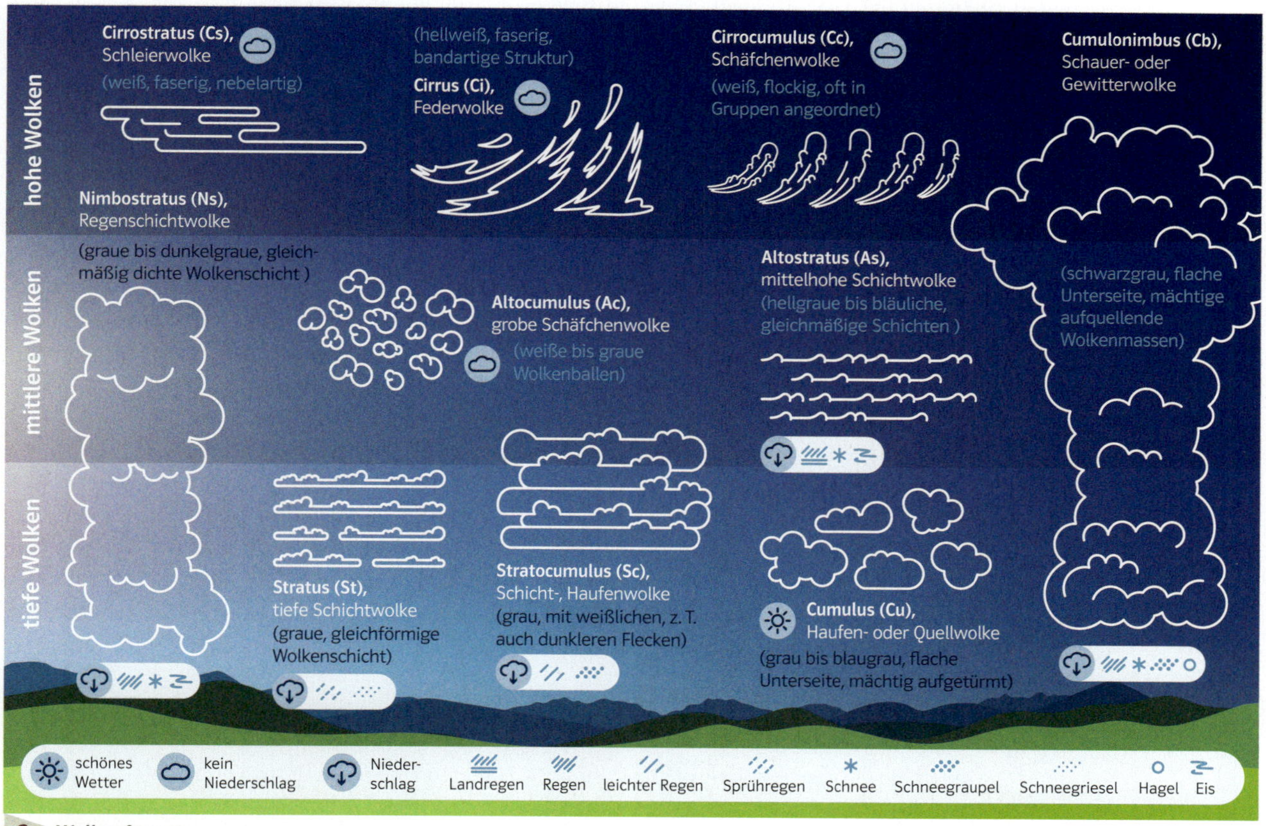

3 Wolkenformen

1 Charakterisieren Sie die Passatzirkulation.

2 „Die kontinentalen Passatzonen sind die Trockengebiete der Erde." Erklären Sie diesen Sachverhalt.

3 Begründen Sie die Bedeutung von unterschiedlich warmen Meeresströmungen für die Walker-Zirkulation.

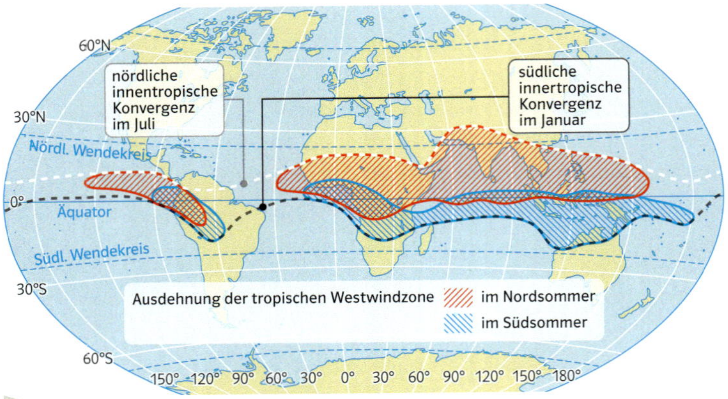

5 Ausdehnung der tropischen Westwindzone
verändert nach: Flohn, 1971; **zusätzliche Erklärung:** NITC im Sommer (gestrichelte Linie auf NHK); SITC im Sommer (rote durchgehende Linie); SITC im Winter (gestrichelte Linie auf SHK); NITC im Winter (blaue durchgehende Linie).

7 Dhaka: Überflutung nach Monsunregen

Monsun

Ein Sonderfall der Passatzirkulation ist der **Monsun** (von arab. Mausin = Jahreszeit) in Südasien. Damit wird ein beständig wehender, kontinentweiter **Wind** mit halbjährlichem Richtungswechsel von mindestens 120° bezeichnet. Der Sommermonsun (Südwestmonsun) bringt große Niederschlagsmengen, der ablandige Wintermonsun (Nordostmonsun) ist trocken und bringt nur dann Regen, wenn er ein **Meeresgebiet** überquert.

In Indien gliedert sich das Monsunjahr in drei Abschnitte (M 8):

- kühlere, trockene Jahreszeit von Dezember bis Februar durch ablandigen Nordostpassat (**ITC** auf Südhalbkugel),
- heiße, trockene Jahreszeit von März bis Anfang Juni durch höheren Sonnenstand (ITC wandert auf Nordhalbkugel) und daraus resultierender allmählicher Erwärmung (trockene und warme Luft),
- heiße, feuchte Jahreszeit ab Mitte Juni als Folge des Südwestmonsuns: die ITC liegt im Norden Indiens.

Die Nordverlagerung der ITC kommt durch die Erwärmung der ausgedehnten asiatischen Landmasse zustande. Das im Sommer entstehende asiatische Hitzetief unterbricht den subtropisch-randtropischen Hochdruckgürtel und verbindet sich mit der ITC zu einem großen Bereich tiefen Drucks. Durch die Nordlage der ITC werden die Südostpassate der südlichen Halbkugel am Äquator in südwestliche Winde (Südwestmonsun, äquatorialer Westwind) umgelenkt und können sich über dem Indischen Ozean mit Wasser vollsaugen. Durch zunehmende Flächenkonvergenz werden die wasserdampfgesättigten Luftmassen angehoben. Über der indischen Landmasse wird das Ansteigen dieser Luftmassen durch das Küstengebirge und **Konvektion** über der erwärmten Landmasse verstärkt, was zu heftigen Monsun-**Niederschlägen** führt. Klimatologen verstehen unter dem Monsun sowohl den sommerlichen Südwestmonsun als abgelenkten Südostpassat als auch den Wintermonsun, der von Oktober bis April aus Nordosten kommt und eigentlich ein Nordostpassat ist.

Äquatoriale Westwindzone

„Zone innerhalb der äquatorialen Tiefdruckrinne, die besonders dann in Erscheinung tritt, wenn sich die innertropische Konvergenzzone (ITC) in einen polwärtigen und einen äquatornahen Zweig aufspaltet. In der Regel bleibt das Druckgefälle zwischen den beiden Tiefdruckrinnen polwärts gerichtet, sodass sich unter dem Einfluss der Corioliskraft die äquatorialen Westwinde ausbilden. Die äquatoriale Westwindzone bleibt auf die unteren Troposphärenschichten begrenzt. In der mittleren und oberen Troposphäre wird sie von den tropischen Höhenostwinden (Urpassat) überlagert. Über Indien [...] tritt die äquatoriale Westwindzone im Nordsommer in Verbindung mit dem Monsun auf."

Lexikon der Geographie, www.spektrum.de/lexikon/geographie/aequatoriale-westwindzone/428 (Zugriff 05.05.2021)

6

Infoblatt Monsun

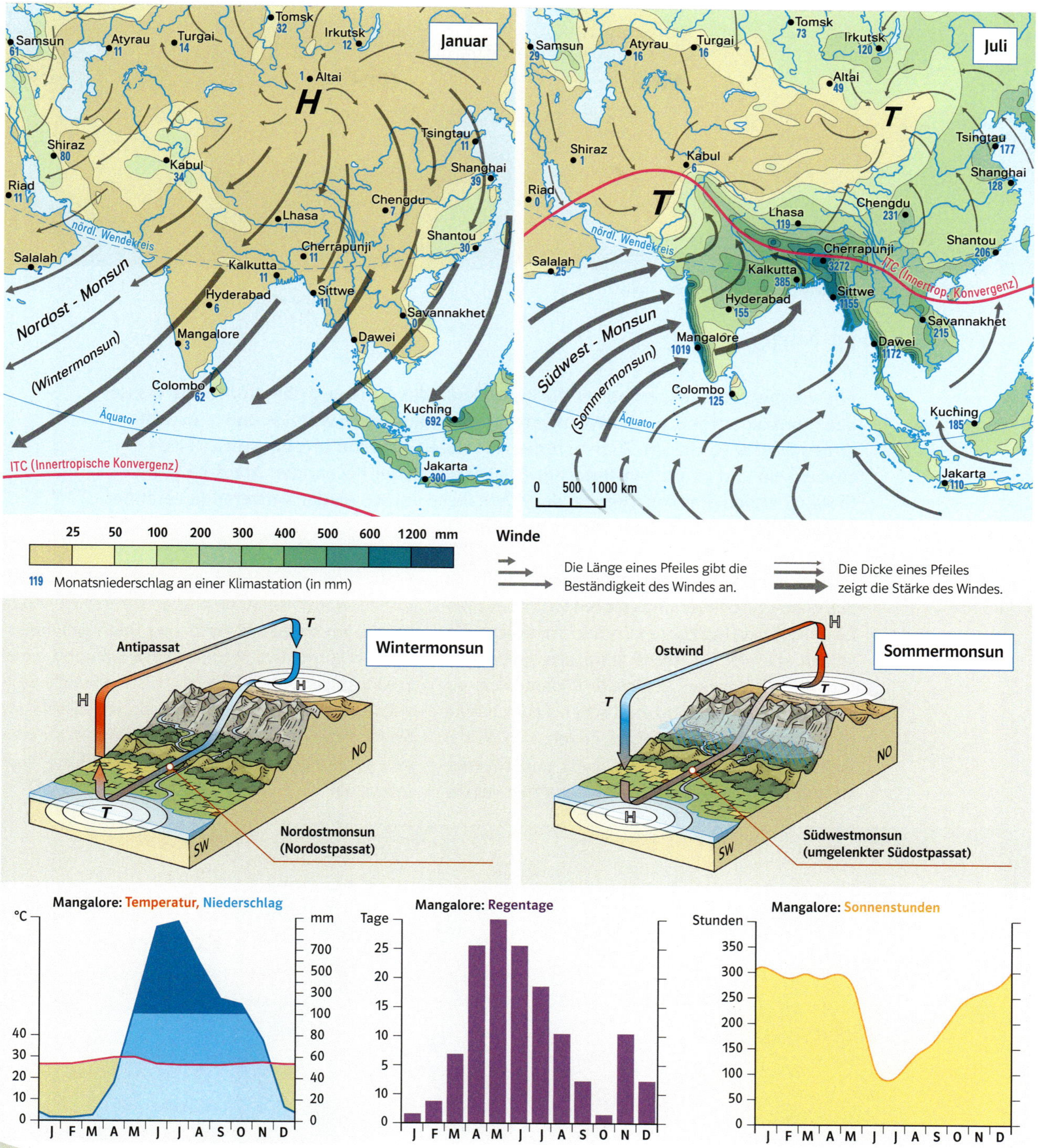

8 Tropische Monsunzirkulation in Südasien

4

Charakterisieren Sie anhand der Materialien den Monsun.

5

Überprüfen Sie die Aussage: „Beim Monsun handelt es sich um eine jahreszeitliche Entsprechung des tagesperiodischen Land-See-Windsystems".

1 Die Atacamawüste zu unterschiedlichen Zeitpunkten

El Niño

Alle vier bis sechs Jahre wird zur Weihnachtszeit das kalte und nährstoffreiche Wasser des Humboldtstroms an der Westküste Südamerikas durch warmes und nährstoffarmes Wasser verdrängt. Zuerst sterben die Algen ab, dann tritt ein großes Fischsterben ein und es gibt sintflutartige Regenfälle. In der hochariden Atacama blüht es. El Niño nennen die Menschen an der Küste diese immer wieder auftretende Veränderung des Wetters. Was aber verbirgt sich dahinter?

← Walker-Zirkulation S.129

In normalen Jahren prägt die **Walker-Zirkulation** das Wettergeschehen im östlichen Pazifik. Aus bislang nicht exakt geklärten Gründen schwächt sich jedoch alle vier bis sechs Jahre das südostpazifische Hoch vor der Westküste Südamerikas ab, der **Luftdruck** im südostasiatischen Raum erhöht und die Walker-Zirkulation verändert sich. In der Folge kehren sich auch die Luft- und **Meeresströmungen** um. Der Tiefenwasserauftrieb vor der Küste Südamerikas wird unterbrochen. Im Gegensatz zur Normalsituation prägen von See wehende **Winde**, um bis zu 5 °C wärmeres **Oberflächenwasser** und konvektive **Niederschläge** während eines El Niños das Geschehen im Küstenbereich Südamerikas. Treffen diese feuchten Luftmassen auf die küstennahen Gebirge, werden sie zum Aufsteigen gezwungen und orografische Niederschläge setzen ein.

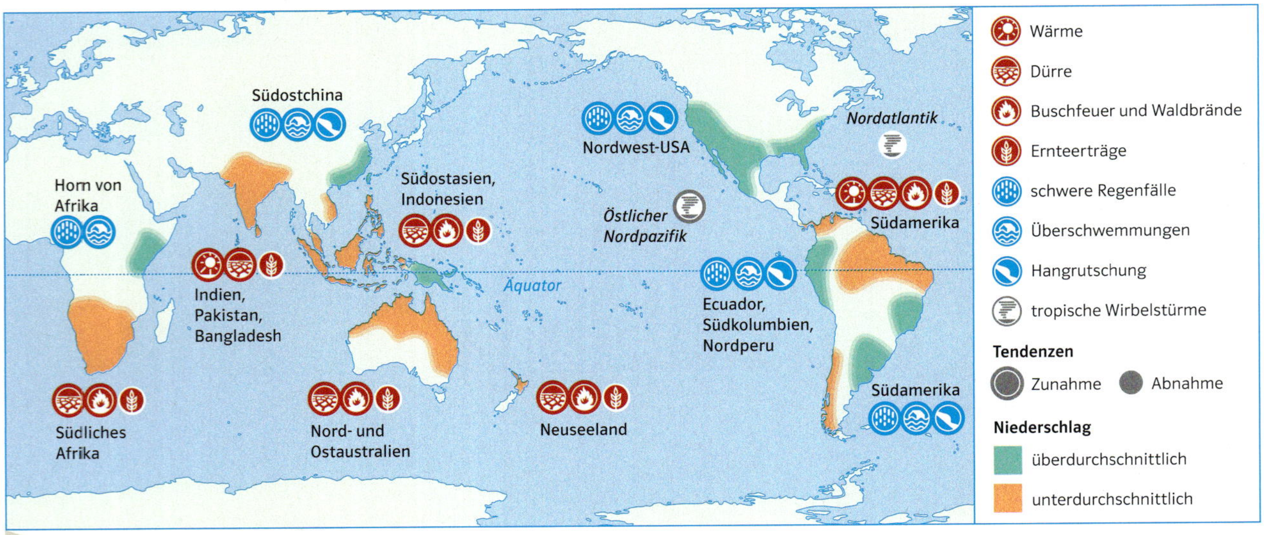

2 Globale Auswirkungen von El Niño

Nach Das ENSO-Phänomen, unter www.enso.info; P. Epstein: Krankheiten durch Treibhauseffekt. In: Spektrum der Wissenschaft, Dossier 12/2000. Heidelberg: Spektrum, S. 80 f.

Aus dem unmittelbaren Zusammenspiel der atmosphärischen und ozeanischen Strömungssysteme leitet sich der zusammengesetzte Begriff ENSO (EN = **El Niño** und SO = Southern Oscillation) ab. Das ENSO-Phänomen beeinflusst nicht nur das lokale **Wettergeschehen** im Ostpazifik, vielmehr ergeben sich deutliche Rückkopplungen mit anderen globalen Zirkulationssystemen. So ist beispielsweise eine unmittelbare Interaktion mit der Nordatlantischen Oszillation (NAO) und dem südasiatischen Monsungeschehen nachgewiesen. Die Frage, inwieweit El Niño auch das Klima in Europa beeinflusst, kann die Wissenschaft heute noch nicht beantworten.

Nach einem El-Niño-Ereignis tritt im Anschluss meist eine Situation auf, in denen sich die oberen Wasserschichten des mittleren und östlichen Pazifiks sehr stark abkühlen. Dieses gegenüber dem El Niño entgegengesetzte Wettergeschehen wird als La Niña (spanisch „das Mädchen") bezeichnet. Es ist gekennzeichnet durch eine Verstärkung der tropischen **Passate** und der Tiefdruckniederschläge über Südostasien.

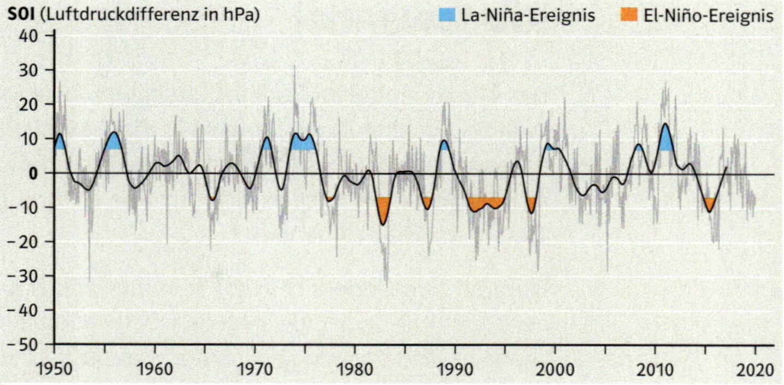

3 Southern Oscillation Index (SOI) seit 1950

Der SOI gibt die standardisierte Luftdruckdifferenz zwischen Tahiti (zentraler Pazifik) und Darwin (Nordaustralien) an. Abweichung >7: La-Niña-Ereignis, bei <-7 El-Niño-Ereignis.

Nach: US National Weather Service

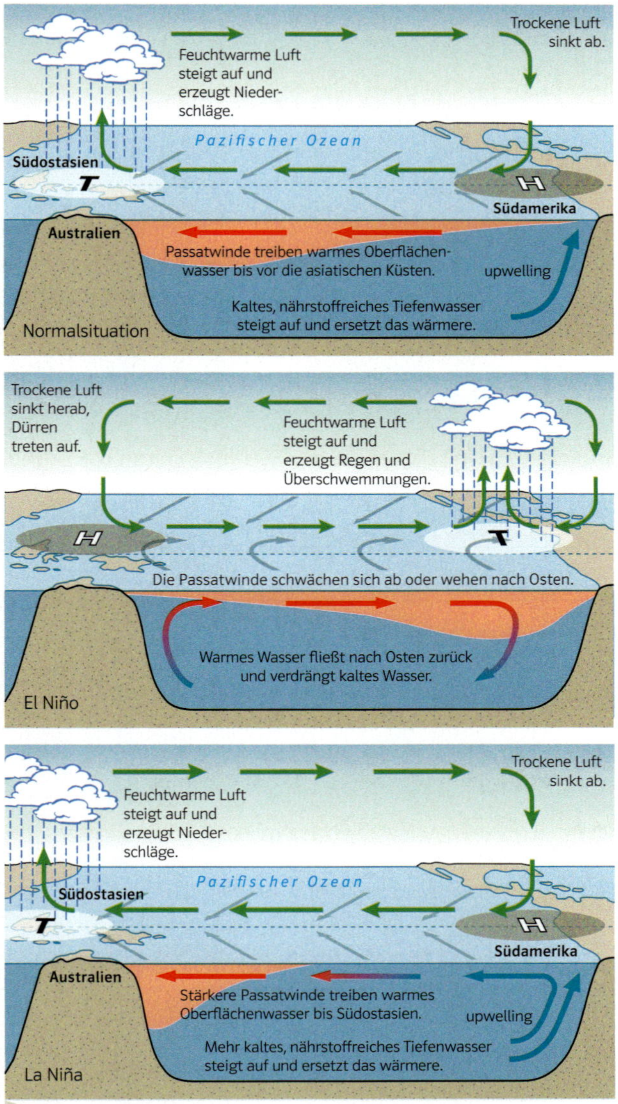

4 Die drei Phasen der El Niño–Southern Oscillation (ENSO)

Nach: Bureau of Meteorology, July 2012 unter: www.bom.gov.au (Zugriff 05.06.2021)

1 Ordnen Sie die Abbildungen 1 begründet den verschiedenen Phasen von ENSO zu.

2 Arbeiten Sie aus der Abbildung 2 globale Auswirkungen eines El-Niño-Ereignisses heraus.

3 Beschreiben Sie die Wechselwirkungen zwischen Meer und Atmosphäre im Südpazifik während der Normalsituation.

4 Erläutern Sie, wie eine Veränderung der südostasiatischen und südostpazifischen Hochdruckgebiete zu einem El Niño führt.

5 Vergleichen Sie in Form einer Tabelle folgende Situationen im Pazifik: Normalsituation, El Niño und La Niña.

Klimawandel

Der Klimawandel ist Realität und seine Auswirkungen sind allgegenwärtig. Ist dieser Wandel ein singuläres Ereignis in der Geschichte der Erde? Wie wird das Klima der Vergangenheit erforscht? Welche Faktoren können das Klima beeinflussen? Wie lässt sich nachweisen, dass es sich um eine anthropogene Verstärkung des natürlichen Treibhauseffektes handelt?

Extreme Klimaänderungen hat es immer wieder in der Geschichte der Erde gegeben. Solche Abweichungen vom langjährigen Mittelwert erfolgten langfristig in Zeiträumen von mehr als 100 000 Jahren oder auch kurzfristig in Zyklen von 10 – 100 Jahren. So veränderte sich zum Beispiel beim Wechsel von der letzten Kaltzeit zur aktuellen Warmzeit die globale Durchschnittstemperatur innerhalb von nur 1000 Jahren um ca. 4 – 5 K. In der Klimageschichte der Erde überwogen in den letzten 500 Mio. Jahren warme Epochen, die Eiszeiten waren vergleichsweise kurz. Die Klimadaten der Vergangenheit können Forscher nur mithilfe von natürlich vorkommenden Datenspeichern rekonstruieren, da Klimadaten erst seit etwa 1850 systematisch erfasst werden. Für die Zeit davor ist man auf Datenspeicher angewiesen, aus denen sich die Temperaturen nicht direkt erschließen lassen, sondern indirekt ermittelt werden. Solche Werte können Auskunft über die Klimabedingungen während ihrer Bildung geben und hinreichend genaue Aussagen über ehemalige Klimabedingungen machen.

Die Klimaanalysen zeigen, dass es in den vergangenen 11 300 Jahren nie einen so starken und schnellen Temperaturanstieg gegeben hat wie seit dem letzten Jahrhundert. Seit 150 Jahren liegen weltweit genügend verlässliche Daten vor, welche die Zunahme der globalen Durchschnittstemperatur in oberflächennahen Luftschichten dokumentieren. Natürlich findet die Erwärmung nicht kontinuierlich und linear statt. Was sind die Ursachen von Klimaänderungen? Sind die aktuell dramatischen Veränderungen natürlich verursacht oder ist es durch den Einfluss des Menschen?

Um es wärmer oder kälter werden zu lassen, muss sich die Strahlungsbilanz der **Atmosphäre** verändern. Könnte es sein, dass die zusätzliche Energie aus den Ozeanen kommt?

Ozeane sind für das globale Klima Speicher, die sowohl Wärme wie auch Kohlenstoffdioxid aufnehmen und abgeben können: Zwar können die **Meere** Wärme an die Atmosphäre abgeben, sie haben jedoch in den letzten Jahrzehnten fast die gesamte zusätzliche Wärme gespeichert, die durch die globale Erwärmung entsteht. Damit hat sich die Erwärmung der Atmosphäre sogar verlangsamt.

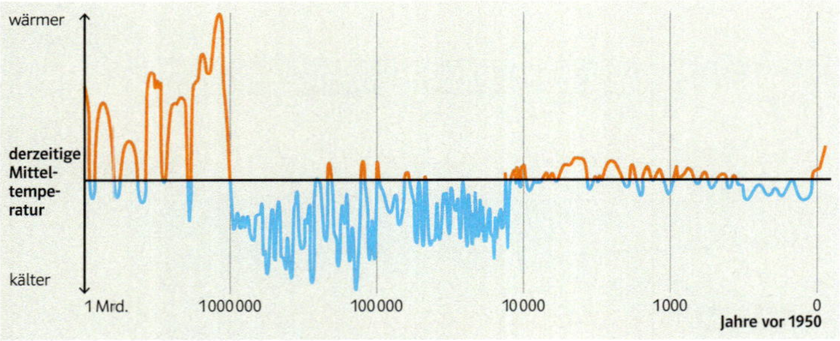

1 **Durchschnittliche bodennahe Lufttemperatur auf der Nordhalbkugel**

Nach: David Nelles/Christian Serrer: Kleine Gase – Große Wirkung: Der Klimawandel, S. 18/19 und 22/23, unter: www.klimawandel-buch.de (Zugriff 03.05.2021)

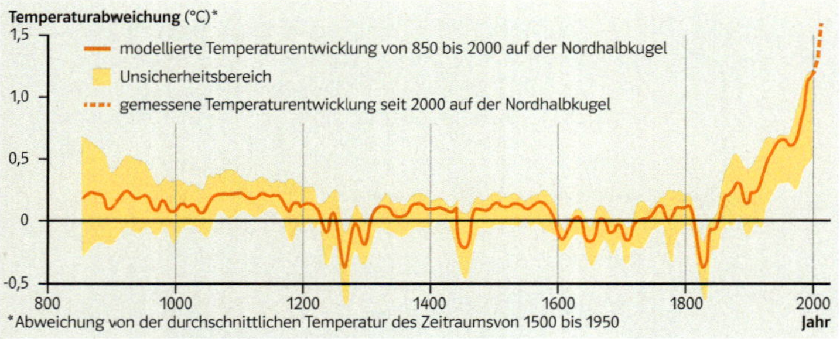

2 **Globale Erwärmung**

Nach: David Nelles/Christian Serrer, a. a. O.

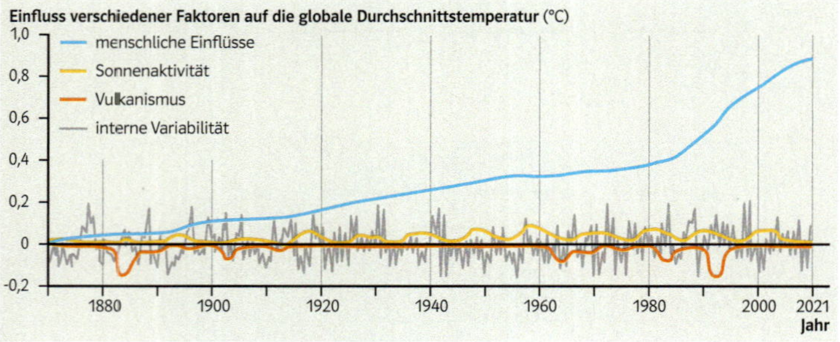

3 **Anteile an der globalen Erwärmung**

Nach: David Nelles/Christian Serrer, a. a. O.

Oder sind es externe Faktoren wie veränderte Sonnenaktivität oder Vulkanismus, welche die globale Erwärmung verursachen?
Sowohl die Änderungen in der Sonneneinstrahlung – zum Beispiel durch Veränderung der Erdbahnparameter oder eine veränderte Aktivität der Sonnenfleckenzyklen – zeigen, dass die Sonnenaktivität nicht Ursache für den starken globalen Temperaturanstieg seit etwa 1880 sein kann, da kein direkter Zusammenhang festzustellen ist. Vulkanausbrüche verändern den Strahlungshaushalt durch die **Aerosole**, welche in die **Atmosphäre** gelangen. Dabei kommt es zu einer Abkühlung, weil die Aerosole in die Stratosphäre gelangen und dort einen Teil der Sonneneinstrahlung in den Weltraum zurückreflektieren. Der Beitrag natürlicher Faktoren kann den Anstieg der globalen Lufttemperatur also nicht erklären. Deutlich wird aber, dass menschliche Aktivitäten für einen Temperaturanstieg verantwortlich sind.

Externe Faktoren
(Faktoren, die das Klima beeinflussen, aber nicht vom Klima beeinflusst werden):
- Erdbahnparameter
- tektonische Prozesse (Kontinentverschiebung, Vulkanismus)
- solare Variationen
- Meteoriteneinschläge

Interne Faktoren
(Faktoren, die das Klima beeinflussen und vom Klima beeinflusst werden):
- Ozeane
- atmosphärische Zirkulationen
- Albedo (Eis- und Vegetationsflächen)
- Kohlenstoffkreislauf
- Zusammensetzung der Atmosphäre

Anthropogene Einflüsse:
- Veränderung der Anteile von Spurengasen in der Atmosphäre
- Änderungen der Landnutzung und Bebauung

4 Ursachen von Klimaänderungen

Archiv	erfassbarer Zeitraum (in Jahren)		Informationen über
	min.	max.	
Eis	1	10^6	T, N, CL, B, V, E, S
Sedimente – marine – limnische	 10 <1	 10^8 10^5	 T, CW, B, E, M, N T, B, E, N, V, CW
Terrestrische Sedimente und Bildungen			
Löß	10^2	10^6	N, B, E, V
Böden	10^2	10^6	N, B
Sinter	10^2	10^5	CW, T, N
fluviale Ablagerungen	10^2	10^5	N, B
Biologische Bildungen			
Baumringe	<1	10^4	T, N, B, V, E, S
Pollen	1	10^5	T, N, B
Korallen	1	10^4	CW, M, T, N
Torf/Moore	10^2	10^5	B
historische Archive	<1	10^4	T, N, B, V, E, M, S, CLW

T – Temperatur, N – Niederschlag, B – Biomasse und Vegetationszusammensetzung, V – Vulkanausbrüche, E – Veränderungen im Erdmagnetfeld, M – Meeresspiegelschwankungen, C – Chemische Zusammensetzung von Luft (CL) und Wasser (CW), S – Schwankungen der Sonneneinstrahlung

Nach: Olaf Bubenzer, Ulrich Radtke: Natürliche Klimaänderungen im Laufe der Erdgeschichte. In: Wilfried Endlicher, Friedrich-Wilhelm Gerstengarbe (Hrsg.): Der Klimawandel, Einblicke, Rückblicke und Ausblicke. Potsdam Institut für Klimafolgenforschung: Potsdam 2007, S. 17, leicht gekürzt

5 Nachweise von Klimaänderungen

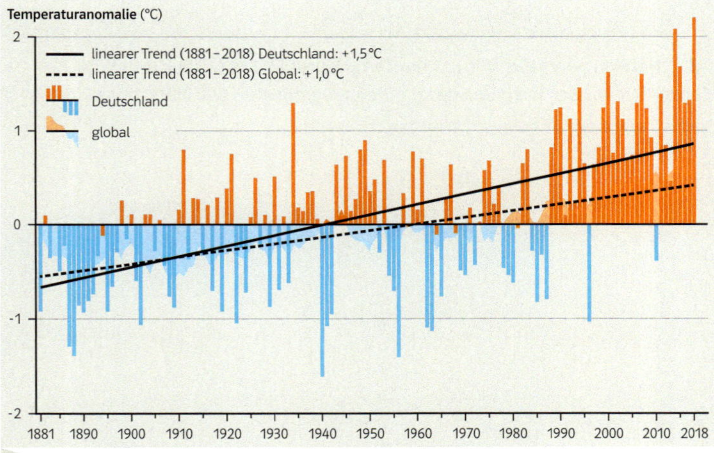

6 Temperaturanomalie Deutschland/global 1881–2018

Nach: DWD NOAA; unter www.umweltbundesamt.de/monitoringbericht-2015-klimaentwicklung-in#undefined, Abb. 2 (Zugriff 04.06.2021)

1 Beschreiben Sie mithilfe der Diagramme M1 bis M3 historische und aktuelle Klimaänderungen.

2 Stellen Sie die Wirkung externer Faktoren auf den Strahlungshaushalt der Erde dar.

3 MK Überprüfen Sie mithilfe einer Internetrecherche, inwieweit sich die Ozeane in den letzten Jahrzehnten erwärmt haben.

	CO_2	CH_4	N_2O
Mittlere Verweilzeit (a)	5 – 200	12	114
Relatives Treibhauspotenzial*	1	23	296
Beitrag zum anthropogenen Treibhauseffekt (%)**	64,2	19,3	4,0

* relatives molekulares Treibhauspotenzial gemessen an der Treibhauswirkung von CO_2 (= 1) über 100 Jahre

** Der Rest entfällt auf FCKW sowie auf das troposphärische Ozon.

7 Charakteristika wichtiger Treibhausgase

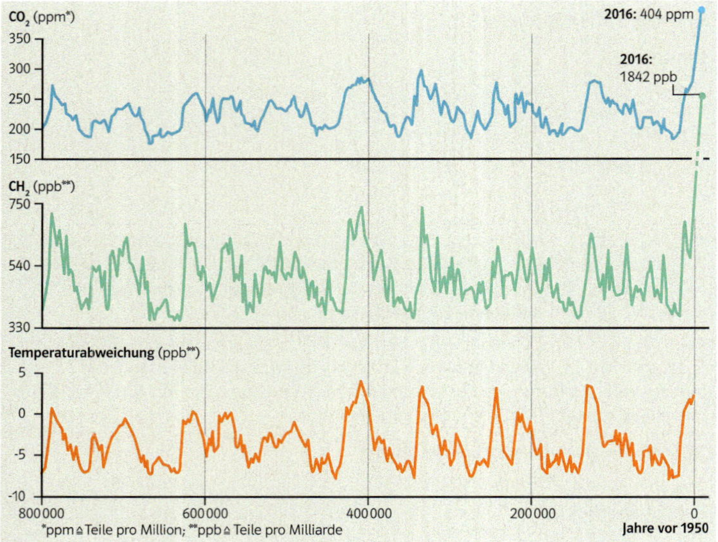

8 Nahezu parelleler Verlauf der Temperatur in der Antarktis und der Konzentration der Treibhausgase in den vergangenen 800 000 Jahren

Nach: David Nelles/Christian Serrer, a.a.O.

Der anthropogene Einfluss auf das Klima

Vergleicht man den Temperaturverlauf an der Erdoberfläche und die Konzentration von Kohlenstoffdioxid und Methan in den letzten 800 000 Jahren, dann lässt sich eine deutliche Korrelation zwischen der Konzentration der beiden Treibhausgase und dem Verlauf der Temperatur feststellen. Ist also eine Erhöhung der Treibhausgaskonzentration in der **Atmosphäre** die Ursache des Klimawandels?

Physikalisch entspricht die zusätzliche Erwärmung um 2 W/Tag für jeden Quadratmeter der Erdoberfläche genau den Vorhersagen: Die zunehmende CO_2-Menge in der Atmosphäre führt nach physikalischen Berechnungen genau zu diesen Messergebnissen. Nach Angaben von Wissenschaftlern beträgt die zusätzliche Energie etwa dem 50-fachen des gesamten Energieverbrauchs der Menschheit. Das deckt sich auch mit den Veröffentlichungen des **IPCC (Intergovernmental Panel on Climate Change)**. Es wurde 1988 von der World Meteorological Organisation (WMO) und dem United Nations Environment Programme (UNEP) eingesetzt. Seine Aufgabe ist es, in regelmäßigen Abständen (etwa alle fünf Jahre) den Zustand des Klimasystems und seine Auswirkungen auf die menschlichen Gesellschaftssysteme festzustellen und Möglichkeiten der politischen Gegensteuerung zu benennen. Das IPCC betreibt keine eigene Forschung, sondern bedient sich der wissenschaftlichen Literatur.

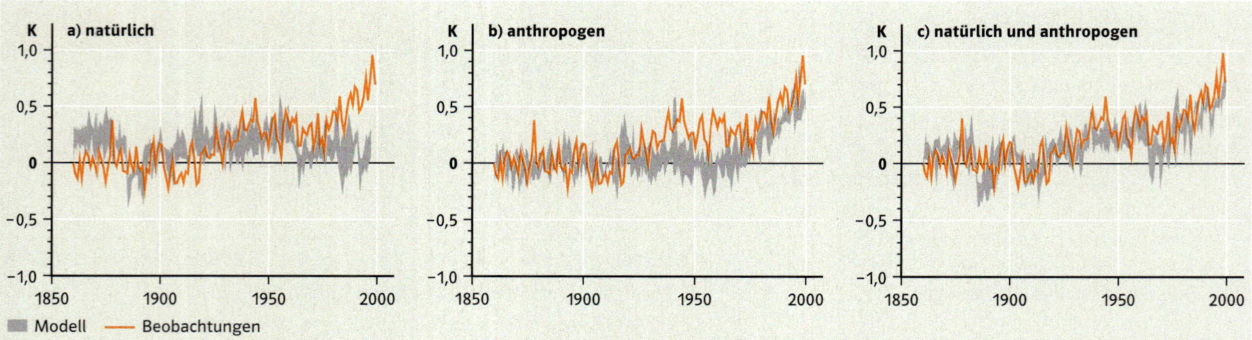

Lesehilfe:
Das Band in a) zeigt Simulationen, die nur natürliche Antriebsfaktoren berücksichtigen: Schwankungen der solaren Einstrahlung und vulkanische Aktivitäten.

Das Band in b) zeigt Simulationen, die anthropogene Antriebskräfte berücksichtigen: Treibhausgase und eine Schätzung bezüglich der Schwefelaerosole.
In c) sind sowohl natürliche wie auch anthropogene Antriebsfaktoren berücksichtigt.

9 Vergleich zwischen Modellrechnungen und Beobachtungen des Temperaturanstiegs (Abweichungen in K seit 1860)

Nach: IPCC 2001

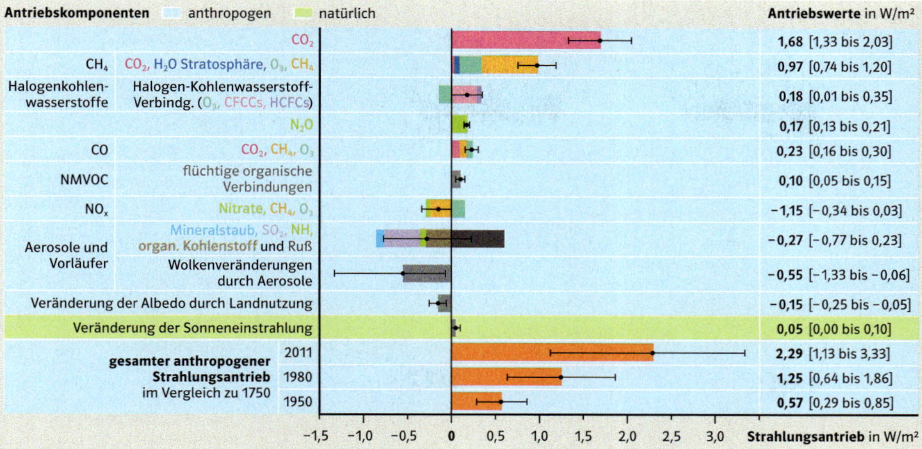

10 **Komponenten des Strahlungsantriebs zwischen 1750 und 2005**

Nach: Jucundus Jacobeit: a.a.O., S.12

Strahlungsantrieb

Der Strahlungsantrieb misst den Einfluss eines Klimafaktors auf die Veränderung der Bilanz der in der Erdatmosphäre eintreffenden und von ihr ausgehenden Energie. Er wird in Watt pro Quadratmeter (W/m^2) ausgedrückt.

In Grafik 10 stehen die Strahlungsantriebswerte für Veränderungen im Verhältnis zu den auf das Jahr 1750 bezogenen präindustriellen Bedingungen.

Ergebnisse des 5. IPCC-Sachstandberichts (2013 – 14)

„Jedes der letzten drei Jahrzehnte war an der Erdoberfläche sukzessive wärmer als alle vorangegangenen Jahrzehnte seit 1850. Der Zeitraum von 1983 bis 2012 war wahrscheinlich die wärmste 30-Jahres-Periode der letzten 1400 Jahre auf der Nordhalbkugel, wo eine solche Bewertung möglich ist. Die global gemittelten kombinierten Land- und Ozean-Oberflächentemperaturdaten zeigen eine Erwärmung von 0,85 Grad über den Zeitraum 1880 bis 2012. Zusätzlich zur belastbaren Erwärmung über mehrere Jahrzehnte zeigt die mittlere globale Oberflächentemperatur erhebliche Schwankungen im Bereich von Jahren und Jahrzehnten.

Die Erwärmung des Ozeans dominiert den Zuwachs der im Klimasystem gespeicherten Energie und macht mehr als 90 % der zwischen 1971 und 2010 akkumulierten Energie aus, lediglich 1 % wurde in der Atmosphäre gespeichert. Global ist die Erwärmung des Ozeans oberflächennah am größten, und die obersten 75 m sind im Zeitraum 1971 – 2010 um 0,11 Grad pro Jahrzehnt wärmer geworden. Es ist praktisch sicher, dass sich der obere Ozean (0 – 700 m) zwischen 1971 und 2010 erwärmt hat.

Gemittelt über die Landflächen der mittleren Breiten der Nordhemisphäre haben Niederschläge seit 1901 zugenommen. Beobachtungen von Veränderungen des Salzgehalts an der Meeresoberfläche liefern zusätzlich indirekte Belege für Veränderungen im globalen Wasserkreislauf über dem Ozean. Es ist sehr wahrscheinlich, dass seit den 1950er-Jahren Regionen mit hohem Salzgehalt, in denen die Verdunstung überwiegt, salziger und Regionen mit niedrigem Salzgehalt, in denen Niederschläge überwiegen, weniger salzig geworden sind.

Seit Beginn der industriellen Zeit hat die Aufnahme von CO_2 durch den Ozean zu einer Versauerung des Ozeans geführt; der pH-Wert des Meeresoberflächenwassers hat um 0,1 abgenommen. Dies entspricht einem Anstieg des Säuregehalts, gemessen als Wasserstoffionen-Konzentration, um 26 %.

Über den Zeitraum von 1992 bis 2011 haben der Grönländische und der Antarktische Eisschild an Masse verloren, wahrscheinlich mit einer höheren Geschwindigkeit zwischen 2002 und 2011. Die Gletscher sind fast überall in der Welt weiter abgeschmolzen. Die Ausdehnung der Schneebedeckung in der Nordhemisphäre im Frühjahr hat weiter abgenommen. Die jährliche mittlere Ausdehnung des arktischen Meereises hat im Zeitraum von 1979 bis 2012 mit einer Geschwindigkeit abgenommen, die sehr wahrscheinlich im Bereich von 3,5 bis 4,1 % pro Jahrzehnt lag. Die Ausdehnung des arktischen Meereises ist in jeder Jahreszeit und seit 1979 von Jahrzehnt zu Jahrzehnt zurückgegangen, wobei die höchste Rückgangsgeschwindigkeit beim Zehnjahresmittel der Ausdehnung im Sommer zu finden ist. Es ist sehr wahrscheinlich, dass die jährliche mittlere Ausdehnung des antarktischen Meereises zwischen 1979 und 2012 mit einer Geschwindigkeit im Bereich von 1,2 bis 1,8 % pro Jahrzehnt zugenommen hat. Im Zeitraum von 1901 bis 2010 ist der mittlere globale Meeresspiegel um 0,19 m gestiegen."

Gekürzt nach: IPCC 2014: Zusammenfassung für politische Entscheidungsträger. In: Klimaänderung 2014: Synthesebericht. Beitrag der Arbeitsgruppen I, II und III zum Fünften Sachstandsbericht des Zwischenstaatlichen Ausschusses für Klimaänderungen [Hauptautoren, R.K. Pachauri und L.A. Meyer (Hrsg.)]. IPCC, Genf, Schweiz. Deutsche Übersetzung durch Deutsche IPCC-Koordinierungsstelle, Bonn 2015, S.2 und 4

11

4 Erklären Sie den Zusammenhang zwischen menschlichen Aktivitäten und der globalen Erwärmung seit 150 Jahren.

5 Arbeiten Sie aus der Grafik 10 den anthropogenen Anteil am Strahlungsantrieb heraus.

6 Stellen Sie an ausgewählten Beispielen mögliche Auswirkungen einer globalen Erwärmung auf Teilsysteme des Klimasystems dar.

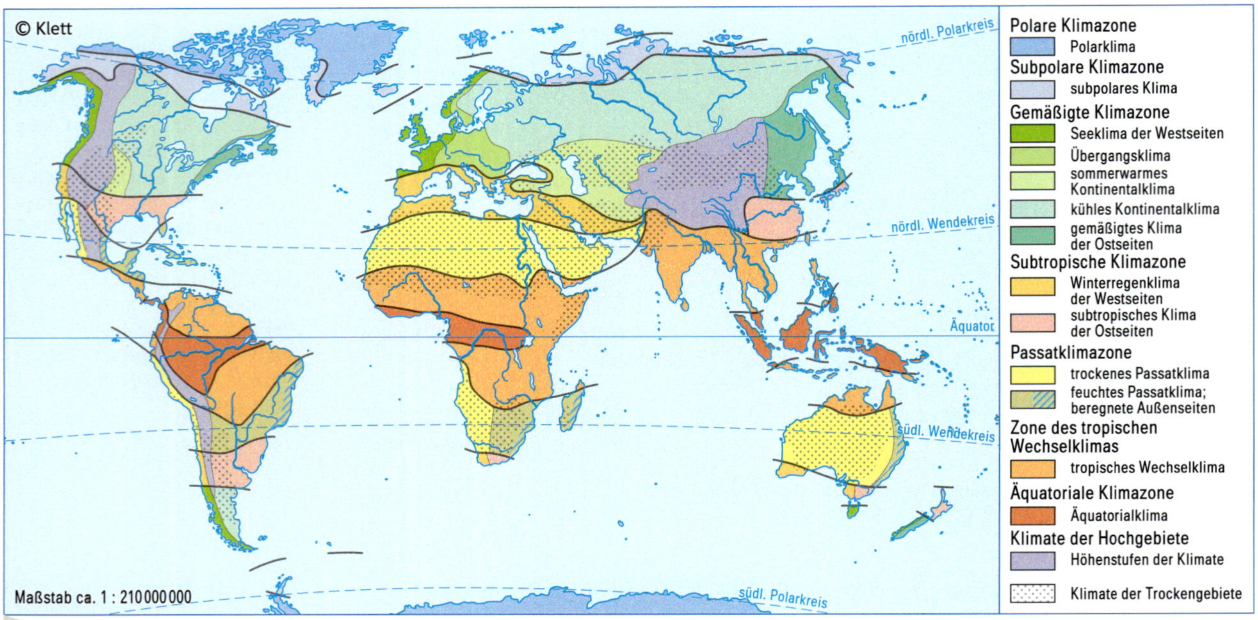

1 Klimazonen der Erde – genetische Gliederung nach Ernst Neef
Nach: Haack Weltatlas. Gotha: Klett-Perthes 2007, S. 220

Klimaklassifikationen

Klimakarten können als Entscheidungshilfe zum Beispiel bei Reisen oder bei der Regionalplanung hilfreich sein. Grundlage dafür sind unterschiedliche Klimaklassifikationen. Nach welchen Kriterien fassen die Klimaklassifikationen jeweils die regional unterschiedlichen Klimate zu Klimatypen zusammen?

Am einfachsten wäre es, die Klassifikation der Klimazonen breitenkreisparallel nach den Beleuchtungszonen (Polarzone, Gemäßigte Zone und Tropenzone) vorzunehmen. Das stößt auf Schwierigkeiten, da es z. B. zwischen den auf gleichem Breitenkreis von 50° N liegenden Städten Vancouver, Brüssel, Kiew und Komsomolsk große klimatische Unterschiede gibt. Deshalb wird das Klima differenziert mithilfe von genetischen oder effektiven Klassifikationskriterien.

Genetische Klimaklassifikationen

Sie fassen Gebiete zusammen, die gleichen Einflussbereichen der **atmosphärischen Zirkulation** unterliegen. Ernst Neef (Karte 1) geht z. B. für seine Klassifikation davon aus, dass sich auf der Erde aufgrund der solaren Einstrahlung und den **Windsystemen** der atmosphärischen Zirkulation vier stetige und drei alternierende Zonen unterscheiden. Innerhalb dieser Klimazonen gibt es Klimatypen in Abhängigkeit von der Lage zum Meer und der **Niederschlagsverteilung** (Tabelle 2).

Effektive Klimaklassifikationen

Am bekanntesten ist z. B. die Klassifikation von Köppen und Geiger, die die Klimadaten von verschiedenen Wetterstationen mit vegetationsgeographischen Ergebnissen ergänzten.
Die Klassifikation unterteilt mittels Temperaturschwellenwerten vier große Zonen A, C, D und E. Die Zone B unterscheidet sich von diesen durch die fehlende Feuchtigkeit (Trockengebiete). Eine weitere Aufgliederung dieser Großklimate erfolgt mit Kleinbuchstaben: zweiter Buchstabe – hygrische Differenzierung, dritter Buchstabe – eine weitere thermische Differenzierung.

1
Grundsätzlich werden genetische und effektive Klimaklassifikationen unterschieden. Charakterisieren Sie diese beiden Typen.

2
Stellen Sie beispielhaft die Bedeutung von Klimaklassifikationen für Landwirtschaft, Industrie und Dienstleistungen dar.

3
Ordnen Sie die Klimatabellen 5 einem Klimahaupttyp nach Köppen und Geiger zu.

Klimazone	bestimmende Druckgebiete bzw. Winde		Klimatyp
	Sommer	**Winter**	
Polare Klimazone	Polarhoch, polare Ostwinde		Polarklima
Subpolare Klimazone	außertropische Westwinde	polare Ostwinde	subpolares Klima
Gemäßigte Klimazone	außertropische Winde		Seeklima der Westseiten
			Übergangsklima
			kühles Kontinentalklima
			sommerwarmes Kontinentalklima
			Ostseitenklima
Subtropische Klimazone	subtropischer Hochdruckgürtel	außertropische Westwinde	Winterregenklima der Westseiten
			subtropisches Ostseitenklima
Passatklimazone	Passatwinde		trockenes Passatklima
			feuchtes Passatklima
Zone des tropischen Wechselklimas	Innertrop. Konvergenzzone	Passatwinde	tropisches Wechselklima
Äquatoriale Klimazone	Innertropische Konvergenzzone		Äquatorialklima
Klimate der Hochgebirge	mit zunehmender Höhe nehmen die Temperaturen ab, es bilden sich Höhenstufen		

2 Genetische Klimaklassifikation nach Ernst Neef

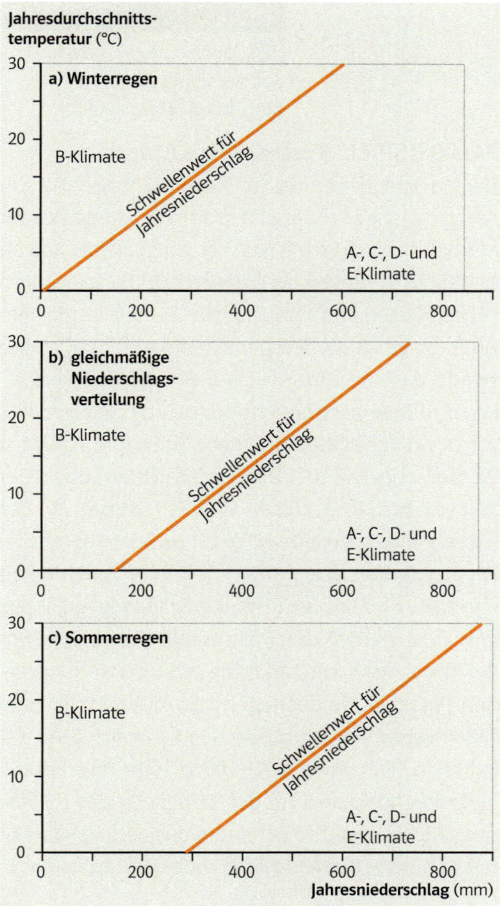

3 Schwellenwerte für B-Klimate nach Köppen und Geiger

Nach: Michael Wild, Michael Schnirch: WEBGEO – Klimaklassifikation nach Köppen und Geiger. Unter: www.webgeo.de (Zugriff 04.06.2021))

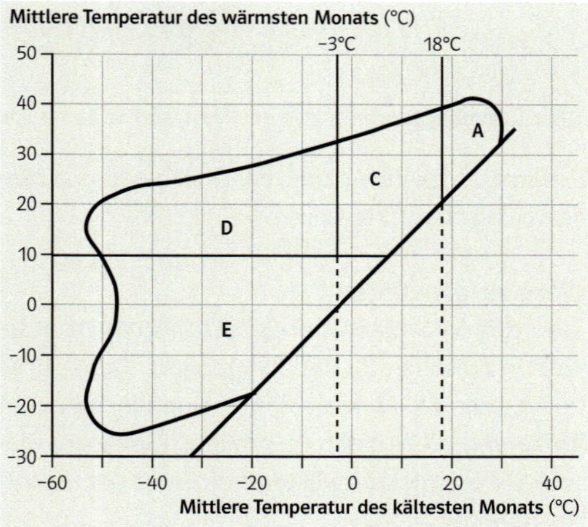

4 Schwellenwerte für thermische Klimate nach Köppen und Geiger

Nach: ebenda

Thermische Großklimatypen nach Köppen/Geiger

tropische A-Klimate: kältester Monat > 18 °C

warmgemäßigte C-Klimate: kältester Monat zwischen + 18 °C und – 3 °C

Schneeklimate D: wärmster Monat > 10 °C, kältester Monat < – 3 °C

Eisklimate E: wärmster Monat < 10 °C

A: Temperatur Jahresmittel: 17,3 °C, Niederschlagsumme: 264 mm

	J	F	M	A	M	J	J	A	S	O	N	D
°C	13	14	15	16	18	19	21	22	21	19	16	14
mm	51	55	40	20	4	1	0	2	4	12	23	52

B: Temperatur Jahresmittel: 13,7°C, Niederschlagsumme: 500 mm

	J	F	M	A	M	J	J	A	S	O	N	D
°C	9,2	10,9	11,5	12,7	14,3	15,9	16,8	17,2	16,9	15,9	12,5	9,6
mm	118	82	67	39	8	3	1	1	5	27	58	90

5 Klimatabellen

Klimatische Besonderheiten ausgewählter Lebensräume: Wüsten und Hochgebirge

Obwohl die Atacamawüste direkt an das Meer grenzt, ist sie extrem trocken. Schnee und Eis gibt es nicht nur an den Polen, sondern auch am Äquator. Wie können diese klimatischen Besonderheiten erklärt werden?

Das Klima der Wüsten

Atacama
An der peruanisch-chilenischen Pazifikküste erstreckt sich über 2500 km zwischen 5° S und 28° S eines der niederschlagsärmsten Gebiete der Erde – die Atacama. An manchen Stellen fiel dort jahrhundertelang kein Regen.
Man gliedert die Atacama räumlich und klimatisch in eine Küstenwüste mit hoher Luftfeuchtigkeit von 80–100 % sowie geringen jährlichen und täglichen Temperaturunterschieden sowie in eine sich östlich des Küstengebirges erstreckende „Binnenwüste" mit geringer Luftfeuchtigkeit, geringer Jahresamplitude, aber hoher Tagesamplitude der Temperatur.

↖ **tropische Zirkulation S.128**

Aridität
liegt dann vor, wenn der jährliche Niederschlag geringer ist als die jährliche potenzielle Verdunstung.

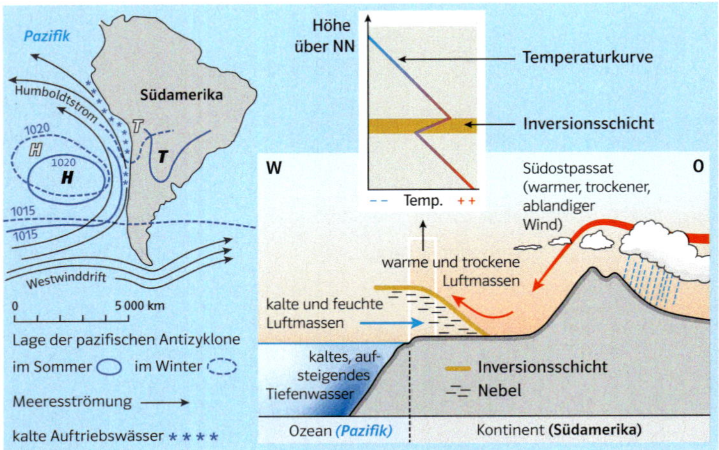

1 Strömungsverhältnisse am Westrand Südamerikas

2 Salzkruste im größten Salzsee Chiles (Salar de Atacama/Atacamawüste)

Extreme Trockenheit und das Klimaelement **Niederschlag** charakterisieren die Wüsten.

Wendekreiswüsten

Die größten **Wüsten** finden sich an den Wendekreisen zwischen 10° und 35° geographischer Breite. Typische Wendekreiswüsten sind die Sahara in Afrika und die Wüsten Australiens (Simpson, Gibson). Die Wendekreiswüsten sind Folge der Passatzirkulation.

Binnenwüsten

Binnenwüsten oder auch Kontinentalwüsten wie die Wüste Gobi liegen im Zentrum der Kontinente und fernab von den Küsten. Niederschlagsbringende Wolken erreichen diese Gebiete kaum. Binnenwüsten können auch auf der Lee-Seite von Gebirgen entstehen, wie die Mojave-Wüste in Nordamerika.

Polare Wüsten

Die polaren Wüsten nehmen eine Sonderstellung ein, da sie völlig mit Eis bedeckt sind und nur sehr selten Temperaturen über 0 °C aufweisen.

FALLBEISPIEL: Küstenwüste Atacama

Der entscheidende Faktor für die Entstehung der Atacama ist der Humboldtstrom, der kaltes Wasser aus der Antarktis nach Norden transportiert und an der Küste für ungewöhnlich niedrige Temperaturen sorgt. Gegenüber tropischen Gebieten gleicher Breitenlage ist die Temperatur bis zu 8 K kälter. Die **Winde** der südostpazifischen **Antizyklone** verstärken den **Meeresstrom** und treiben das Wasser seewärts. An der Küste erfolgt ein Auftrieb von kaltem Wasser (Upwelling). Die Luftschichten über der Wasseroberfläche kühlen dadurch weiter ab. Die Passatwinde als weiterer Faktor verlieren bereits im Luv der Anden den größten Teil ihrer Feuchtigkeit und treten im Lee als trockene Fallwinde auf. Diese Vorgänge werden durch die stabile Antizyklone vor der Küste noch verstärkt. Die warmen und trockenen Passatwinde überlagern die kühlen über dem **Meer** liegenden Luftmassen. So kann sich über der kalten Luft in etwa 800–900 m Höhe die Passatinversion ausbilden. An der Unterseite der Inversionsschicht entsteht Hochnebel, aus dem keine oder nur geringste Niederschläge meist als Tau fallen.

1
Stellen Sie die Entstehung einer Küstenwüste in einem Wirkungsgefüge dar.

Das Klima der Hochgebirge

2

Lernaufgabe

Bereits vor mehr als 200 Jahren erkannte der deutsche Naturforscher Alexander von Humboldt, dass sich die Vegetation zwischen dem tropischen Tiefland und den Eisgipfeln der Anden in verschiedene Höhenstufen gliedern lässt. Neben dem Klimaelement Temperatur sind es Winde wie der Föhn (siehe S.127) oder die Berg- und Talwinde, welche das Klima der Hochgebirge besonders kennzeichnen.
Arbeiten Sie aus den Materialien die klimatischen Besonderheiten von Hochgebirgen heraus.

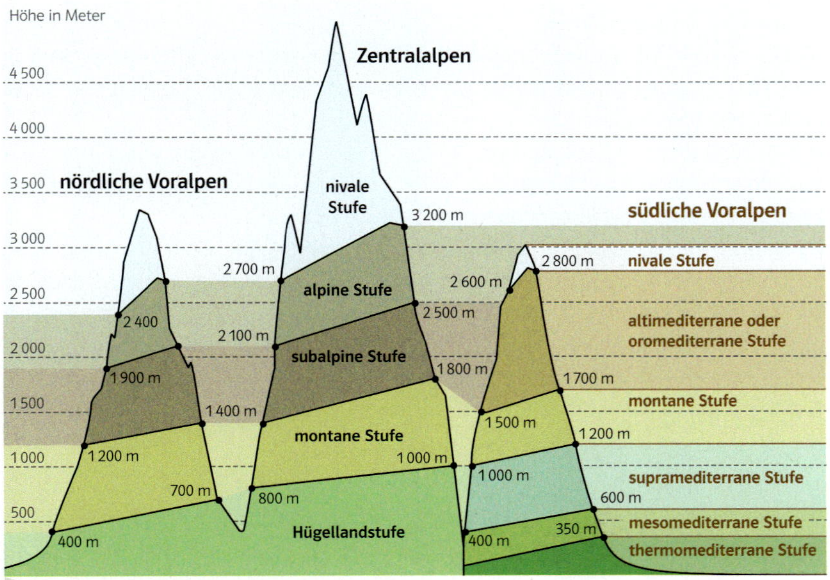

3 Höhenstufen der Alpen

Nach: www.klima-der-erde.de/gebirge.html (Zugriff 06.05.2021)

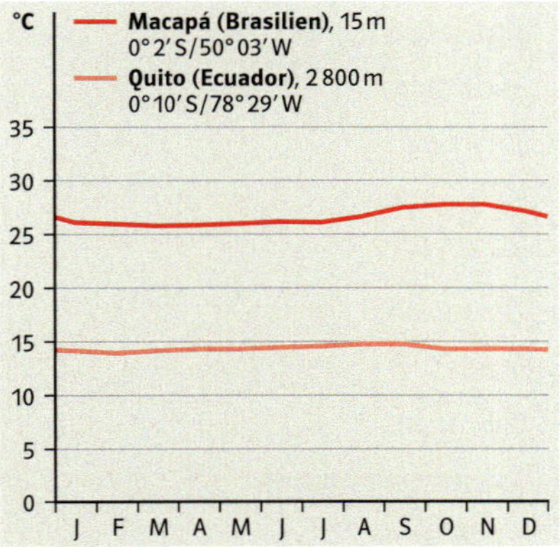

5 Monatliches Temperaturmittel im Hochgebirge und im Tiefland

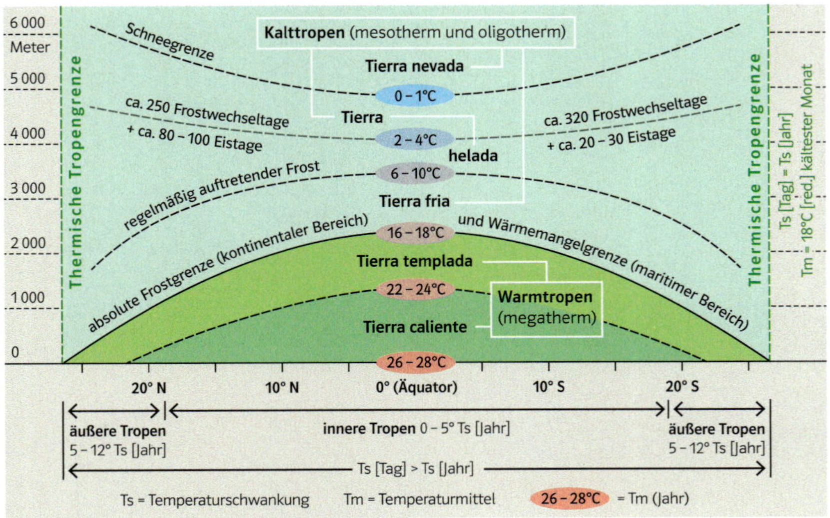

4 Thermische Höhenstufen der Tropen

Nach: www.spektrum.de/lexika (Zugriff 04.06.2021)

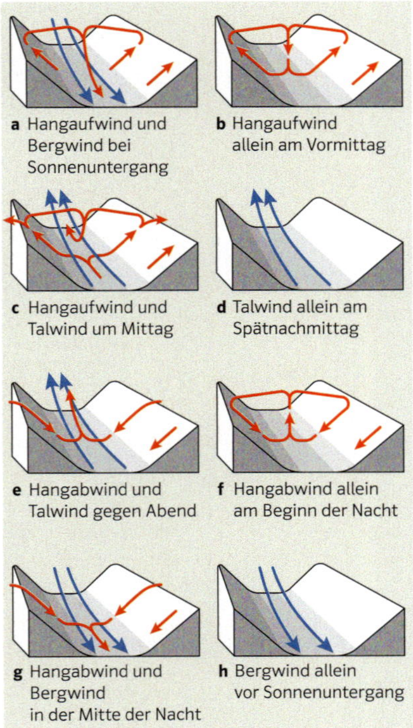

6 Unterschiedliche Stadien des Berg- und Talwindsystems

Nach: LILJEQUIST, 1994, unter www.staedtebauliche-klimafibel.de (Zugriff 04.06.2021)

Wichtige Begriffe

- Advektion
- Antizyklone
- Bergtalwindsystem
- feuchtadiabatisch
- Föhn
- globale atmosphärische Zirkulation
- Innertropische Konvergenzzone (ITC)
- Isobare
- Jetstream
- Konvektion
- Monsun
- Okklusion
- Passat
- Taupunkt
- trockenadiabatisch
- Zyklone

Wissen vernetzen

Kleidung, Zentralheizung, Klimaanlage und weitere, meist technische Entwicklungen haben uns zu einer großen Unabhängigkeit von Wetter und Klima verholfen. Meist sehen wir im Wetter vor allem nur noch einen begrenzenden Faktor für unsere Freizeitgestaltung.

Wenn ein ganzer Sommer verregnet ist, sintflutartige Niederschläge die Flüsse über die Ufer treten lassen, ganze Regionen unter Wasserknappheit leiden oder Wirbelstürme das Land verwüsten, dann wird uns klar, dass wir uns auf die Wirkung der elementaren Kräften der Atmosphäre durch schützende Maßnahmen zwar in begrenztem Rahmen einrichten können, ihnen aber doch insgesamt gesehen relativ hilflos gegenüberstehen.

Aktuell erleben wir Veränderungen des Klimas, die regional sehr unterschiedlich sind. Gleichzeitig wird uns immer mehr bewusst, dass unser Handeln das Klima entscheidend verändern kann.

Um zu verstehen, weshalb sich das Wetter immer wieder ändert, wie Klimaunterschiede entstehen, was Klimawandel bedeutet und wie er zustande kommt, ist eine genaue Kenntnis der atmosphärischen Prozesse nötig.

Dazu hat Ihnen das vorangegangene Kapitel grundlegende Einsichten vermittelt. Es wurde unter anderem deutlich, dass Wetter und Klima auf der Erde primär durch die von der Sonne eingestrahlte Energie „angetrieben" werden und dass das System Atmosphäre nicht unabhängig von anderen Systemen, z. B. der Hydrosphäre und Biosphäre, existiert. Es steht mit diesen Systemen in ständiger, enger Wechselwirkung. Dies verdeutlicht auch noch einmal die Grafik.

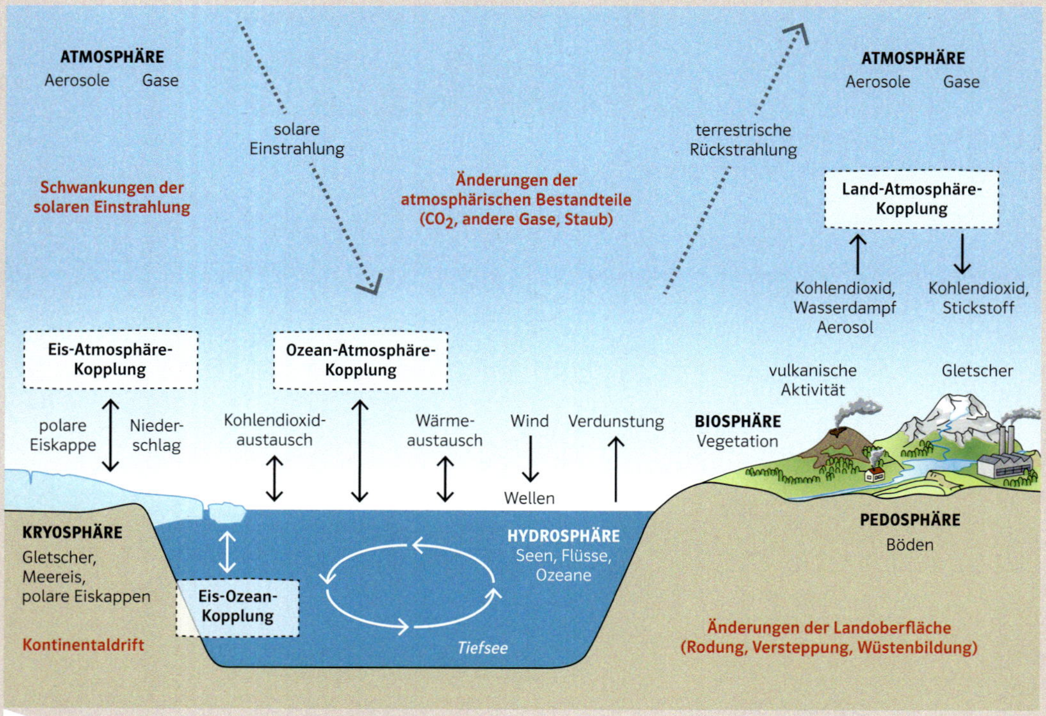

1 Schematische Darstellung des Klimasystems

Kompetenzen überprüfen

Sich orientieren

1 Charakterisieren Sie das bei der Wetterlage (Karte 5) vorherrschende Wetter in Mitteleuropa im Sommer und im Winter.

Wissen und verstehen

2 Vergleichen Sie die Luftdruckverhältnisse in einem thermischen und einem dynamischen Druckgebiet (M 3).

3 Erklären Sie die Unterschiede im Jahresgang der Nettostrahlung (M 4).

4 Vergleichen Sie die Auswirkungen der Hebungsvorgänge von Luftmassen durch starke Erwärmung, horizontale Verfrachtung von Warmluft und dynamische Tiefdruckgebiete.

Fachmethoden anwenden

5 Stellen Sie anhand von Grafik 1 den Einfluss natürlicher und anthropogener Faktoren auf die Atmosphäre dar.

6 Beschreiben Sie die Bewölkung (Satellitenbild S. 118) und bestimmen Sie die Lage der Warmfront, Kaltfront und Okklusionsfront.

Beurteilen und bewerten

7 Beurteilen Sie die Eignung der Grafik zur Darstellung der atmosphärischen Zirkulation.

8 „Nur menschengemachte Emissionen von Treibhausgasen, etwa aus der Verbrennung fossiler Energieträger, können den derzeitigen Klimawandel erklären." Nehmen Sie Stellung zu dieser Aussage.

Handeln

9 Erstellen Sie eine Präsentation zu extremen Wetterereignissen in Ihrer Heimatregion.

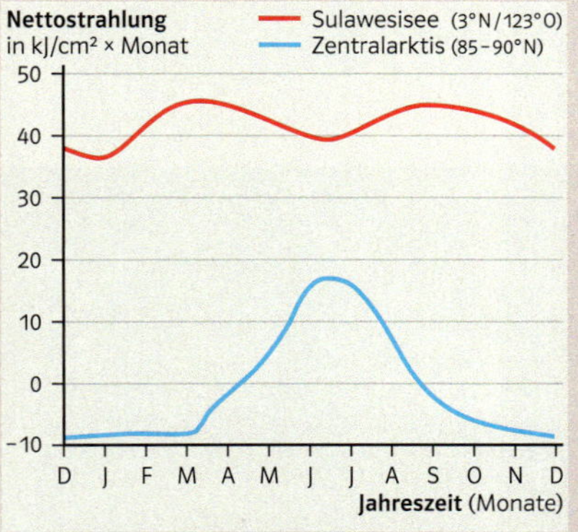

4 Jahresgang der durchschnittlichen Nettostrahlung in äquatorialen und polaren Breiten über Meeresflächen

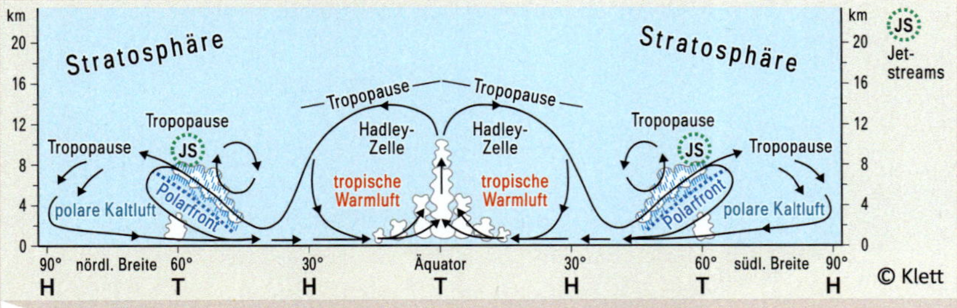

2 Schematische Darstellung der atmosphärischen Zirkulation

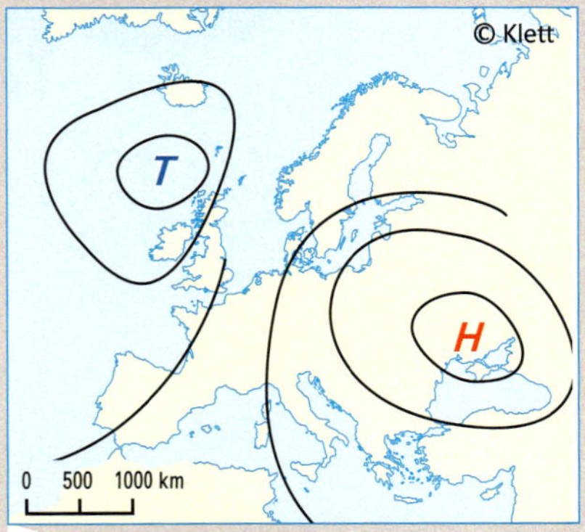

5 Luftdruckverteilung in Europa

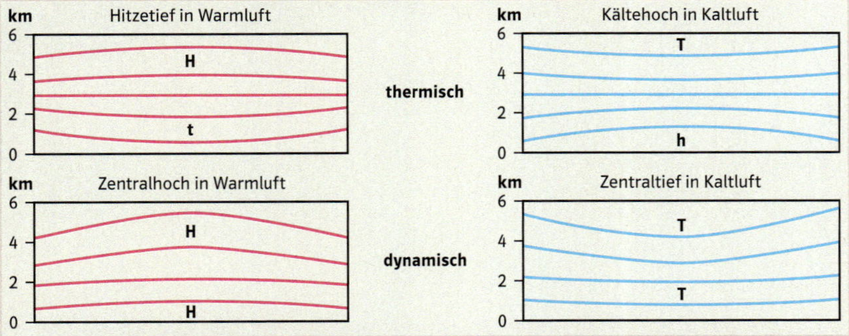

3 Schematische Darstellung des Luftdrucks und des Verlaufs der Isobaren in thermischen und dynamischen Druckgebilden

Wenn Sie alle Seiten dieses Kapitels bearbeitet haben, können Sie ...

- lokale Wetterereignisse und Wetterlagen anhand von Wetterkarten und Satellitenbildern erklären und Wetterprognosen erstellen,
- die Vielfalt der Klimate als Folge solarer Einstrahlung und atmosphärischer Prozesse erklären,
- anhand einer Klimaklassifikation das Klima in seiner räumlichen Differenzierung darstellen,
- ein großräumig oszillierendes ozeanografisch-meteorologisches System erklären und dessen Auswirkungen darstellen,
- das spezifische Klima eines ausgewählten Lebensraumes (Hochgebirge oder Wüste) erklären.

5

Prozesse in der Hydrosphäre

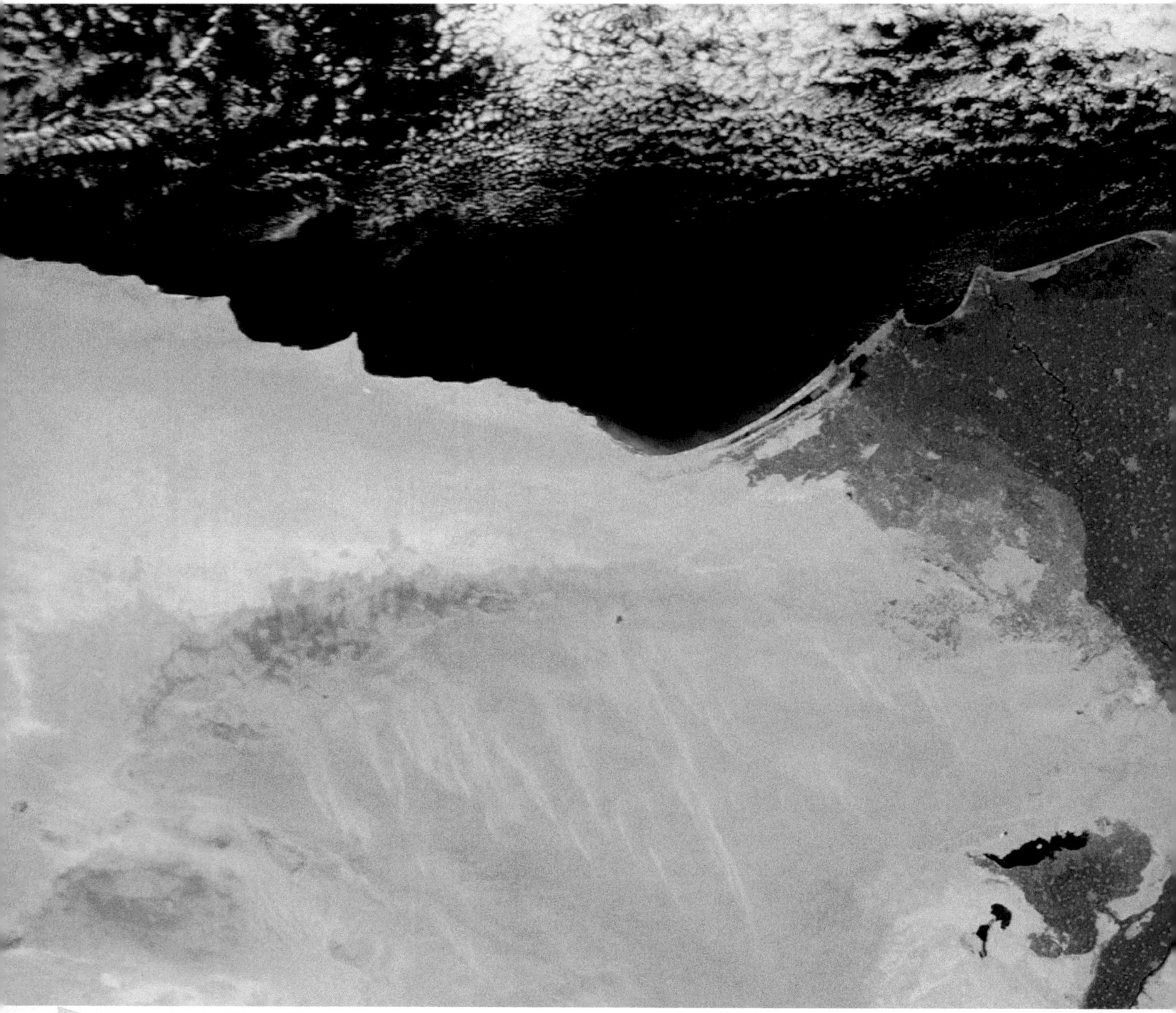

1 Wasser lässt die Wüste blühen

Die Erde wird auch der „Blaue Planet" genannt. Wasser ist die wichtigste chemische Verbindung auf unserem Planeten: Ohne Wasser wäre Leben nicht möglich.

Der Anblick der Erde aus dem All lässt zunächst vermuten, dass auf dem Blauen Planeten Wasser in Fülle vorhanden ist. Würde man unabhängig vom Aggregatzustand des Wassers alle Wassermengen auf der Erde addieren, so würde diese Summe die Landmassen aller Kontinente mit einer mehr als 2 500 m mächtigen Wasserschicht bedecken. Allerdings sind die lebenswichtigen Süßwasservorkommen örtlich und zeitlich begrenzt. In vielen Fällen wird der Wassermangel durch eine nicht nachhaltige Lebens- und Wirtschaftsweise verschärft. Wie kann der Umgang mit dieser begrenzten Ressource gestaltet werden?

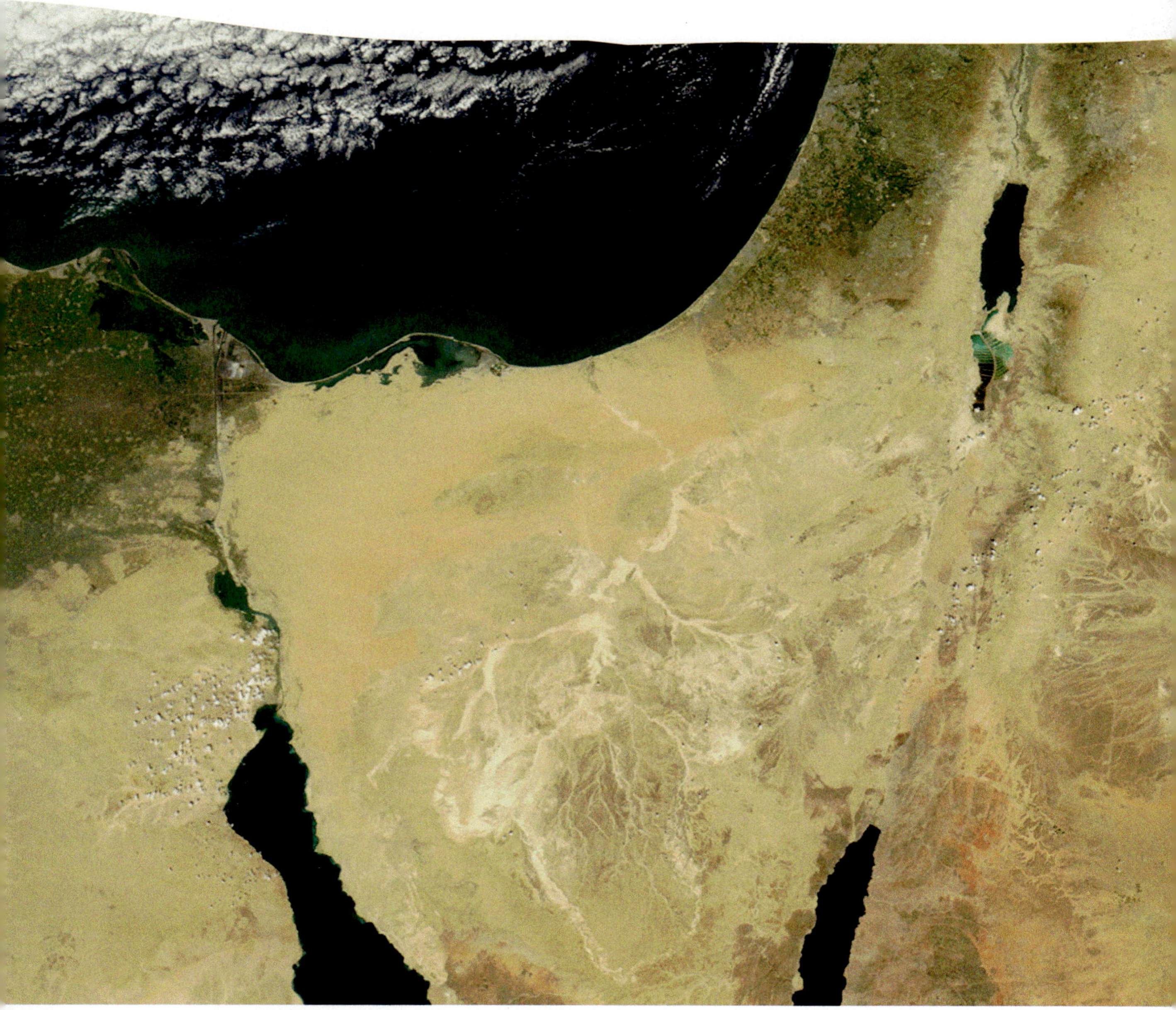

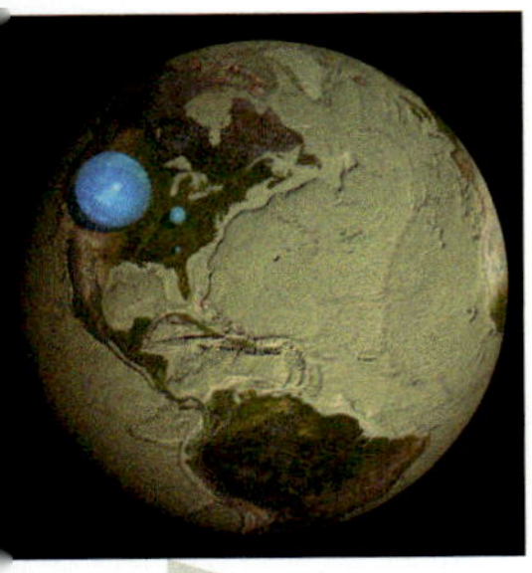

1 Das Wasser der Erde
Die große blaue Kugel entspricht allem Wasser auf der Erde, die mittlere dem Süßwasser, die kleinste dem Wasser in Seen und Flüssen.

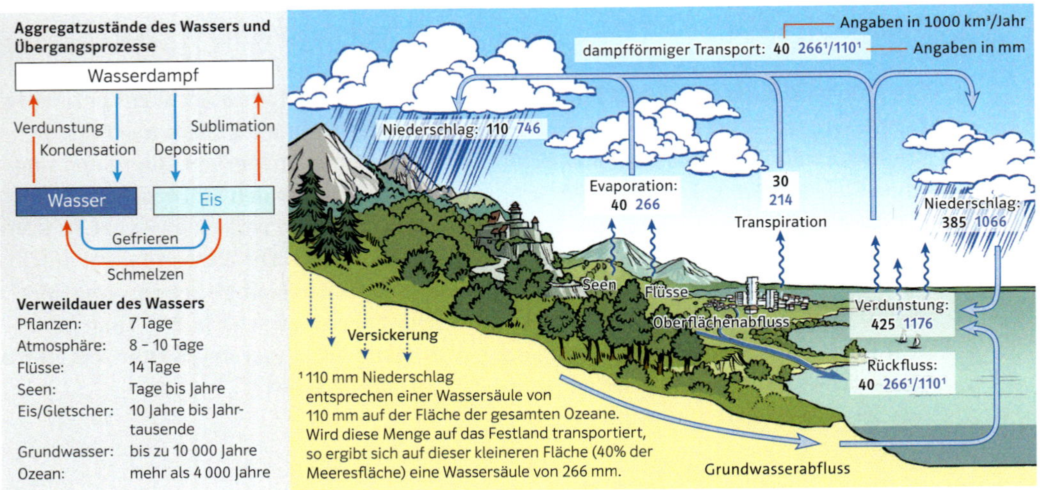

4 Aggregatzustände des Wassers und Wasserverteilung auf der Erde

Wasserplanet Erde

Süßwasser enthält maximal 0,5 ‰ Salz bei 8 – 12 °C.

Obwohl mehr als zwei Drittel der Erdoberfläche von Wasser in unterschiedlichen Zustandsformen bedeckt sind, ist Wasser für viele Menschen ein knappes Gut. Wie ist das Element Wasser auf der Erde verteilt und weshalb ist es knapp?

Wasservorkommen der Erde

Erde zu 71 % von Wasser bedeckt, davon:

Weltmeere (Salzwasser)	**97,39 %**
Süßwasser davon:	**2,61 %**
– Polareis, Gletscher, Schnee, Bodeneis (davon Arktis)	2,01 % *(69,6 %/61,7 %)
– Grundwasser/Bodenfeuchte	0,58 % *(30,1 %/0,05 %)
– Wasser in Seen/in Flüssen	0,02 % *(0,26 %/0,0006 %)
– Atmosphäre	0,001 % *(0,04 %)
– Organismen	0,001 % *(0,003 %)

*Werte in Klammern = Anteile am Süßwasser

Nach: Norbert Kreuzinger TU Wien, unter wasserverband-neufelderseen.at (Zugriff 05.05.2021)

2

Wasserbilanz im geschlossenen System Erde
Der globale Wasserkreislauf kann einfach mit N = V, also Niederschlag (N) gleich Verdunstung (V), beschrieben werden. Für eine differenziertere Betrachtung lassen sich Teilkreisläufe ausgliedern. Dabei werden zum Beispiel Fließgewässer oder Luftbewegungen berücksichtigt. So muss für die Meere (M) auch der Abfluss vom Festland (A_L)in die Meere berücksichtigt werden. Es gilt dann die Formel: $V_M = N_M + A_L$. Für das Festland muss neben Niederschlag, Verdunstung und Abfluss auch berücksichtigt werden, ob Wasser im Boden als Bodenfeuchte, als Eis oder in stehenden Gewässern vorkommt. Das bezeichnet man als Rücklage (R). Mit dem Aufbrauch (B) wird die Wassermenge erfasst, die aus dem Boden durch Verdunstung, Entnahme durch Pflanzen oder durch Quellen freigesetzt wird. Zusammengefasst ergibt sich für das Festland die Gleichung:
$N_L = V_L + A_L + (R - B)$.

3

Wasserkreislauf

Die **Hydrosphäre** umfasst die Weltmeere, Flüsse, Seen, das **Grundwasser** sowie die ständig von Schnee und Eis bedeckten Bereiche; auch als **Kryosphäre** bezeichnet. Das Wasser befindet sich dank Sonnenenergie und Schwerkraft in einem stetigen Kreislauf zwischen Ozeanen, **Atmosphäre** und Festland, der durch **Niederschlag**, Abfluss sowie Verdunstung charakterisiert ist. Die durch die Sonnenstrahlung angetriebene Verdunstung erfolgt vor allem über dem **Meer** und bildet aus Meerwasser **Süßwasser**. Die zur Verfügung stehende Strahlungsenergie bestimmt neben der Wassertemperatur, dem Sättigungsgrad der Luft und den Luftturbulenzen die Verdunstungsrate.
Von der Luft kann nur eine bestimmte Maximalmenge von Wasser in gasförmiger Form aufgenommen werden, wobei die Aufnahmefähigkeit mit der Temperatur ansteigt.
Jede darüber hinausgehende Wasserdampfmenge führt zur Kondensation und setzt die latente Wärme des Wasserdampfes frei, sodass sich bei **Wolkenbildung** die Luft erwärmt.
Von entscheidender Bedeutung im **Wasserkreislauf** ist die Vegetation. Sie steuert über die **Transpiration** die Abgabe von Wasserdampf an die Atmosphäre. Ein Teil des Niederschlags wird in Pflanzen zwischengespeichert und damit der Oberflächenabfluss und die **Evaporation** reduziert.

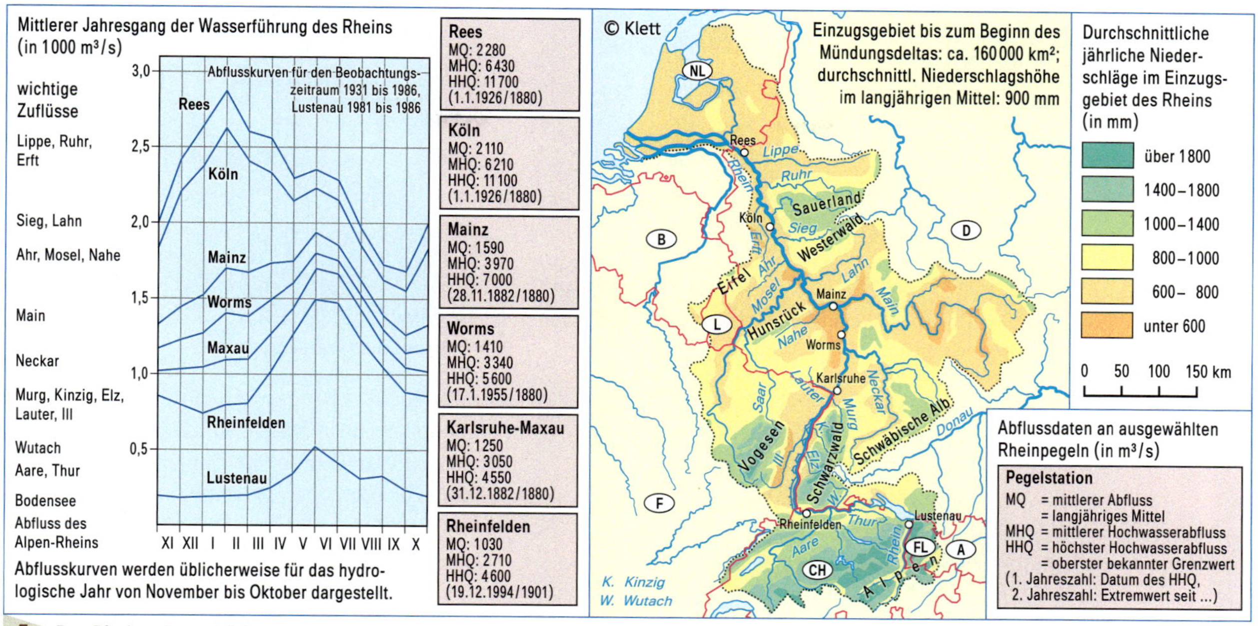

5 Der Rhein – Beispiel für ein komplexes Abflussregime

Nach: Joachim Marcinek, Erhard Rosenkranz: Das Wasser der Erde. 2. Aufl. Gotha: Perthes 1996, S. 211

Blaues und grünes Wasser

„Der sichtbare, flüssige Wasserstrom, der sich durch Gewässer, Flüsse, Seen und das Grundwasser bewegt, wird als blaues Wasser bezeichnet. Wenn also Niederschlag auf den Erdboden trifft, kann der blaue Wasserstrom aus Oberflächenabfluss in Rinnen, auf Wegen, in Bächen und Flüssen bestehen. Er kann aber auch aus unterirdischem Abfluss bestehen [...] Demgegenüber bezeichnet man den unsichtbaren Fluss von Wasserdampf von der Erdoberfläche in die Atmosphäre durch Verdunstung als grünes Wasser. Produktives grünes Wasser bezeichnet die Verdunstung durch die Vegetation [Transpiration], da dieser Wasserfluss zur Produktion von Biomasse führt [...]“

Wolfram Mauser: Wie lange reicht die Ressource Wasser? Schriftenreihe der Bundeszentrale für politische Bildung, Bd. 659. Bonn: Bundeszentrale f. pol. Bildung 2007, S. 56–62

6

Fließgewässer

Über **fließende Gewässer**, in der Hydrologie auch als Vorfluter bezeichnet, werden oberirdisch große Flächen, die **Einzugsgebiete**, entwässert. Im Rhein fließt z. B Wasser aus einem fast 160 000 km² großen Gebiet ab. Aufgrund der Größe des Einzugsgebietes mit seinen Zuflüssen aus unterschiedlichen Klimaregionen, hat sich für den Rhein ein komplexes Abflussregime eingestellt. Mit dem Begriff Abflussregime wird der mittlere jahreszeitliche Verlauf des Abflusses eines Gewässers bezeichnet. Im Gegensatz zu einfachen Systemen überlagern sich hier zwei Abflusssysteme. Dies lässt sich an der Anzahl und den sich jahreszeitlich verändernden Höhen der Abflussregime erkennen, wie es Material 5 verdeutlicht. Für den Rhein sind Maxima von Juni bis Juli und mit zunehmender Flusslänge vom Februar bis März zu erkennen.

Evaporation
Verdunstung von Wasser auf unbewachsenem Land oder von Wasserflächen

Infiltration
Eindringen von Niederschlägen in den Boden

Transpiration
Verdunstung von Wasser über die Oberflächen von Pflanzen

Interzeption
Zurückhalten von Niederschlägen auf der Oberfläche von Pflanzen

1 Beschreiben Sie mithilfe von Grafik 4 den Wasserkreislauf der Erde und dessen Teilkreisläufe.

2 Erklären Sie, weshalb die Erde als Wasserplanet bezeichnet wird, obwohl nur 0,1 % des Erdvolumens Wasser ist.

3 Erläutern Sie, weshalb blaues Wasser mehrmals, aber grünes Wasser nur einmal genutzt werden kann.

4 Analysieren Sie die unterschiedlichen Abflusssysteme des Rheins an den Pegelstandorten Lustenau und Rees.

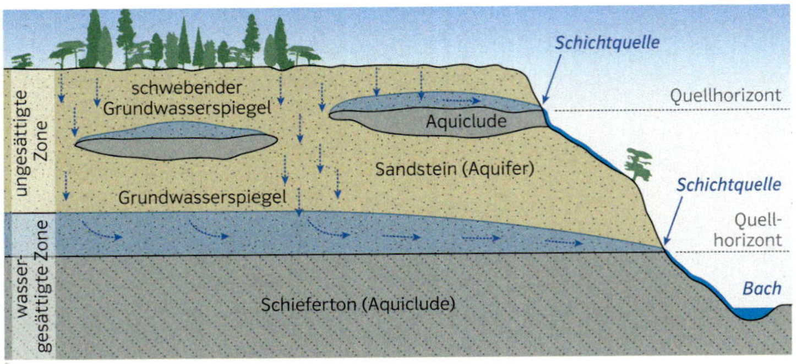

7 Grundwasser horizontaler Schichten

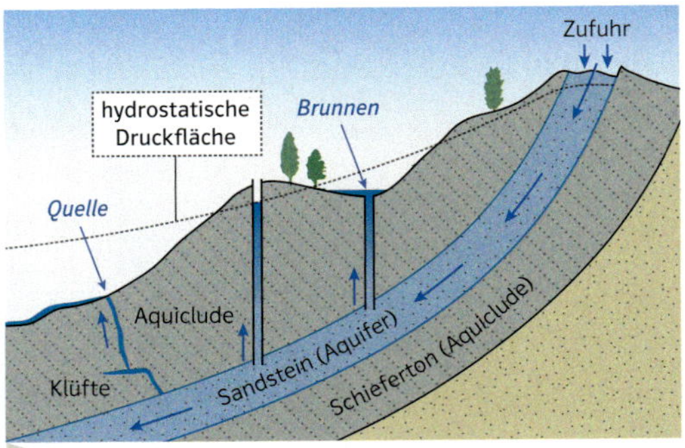

9 Artesisches Wassersystem

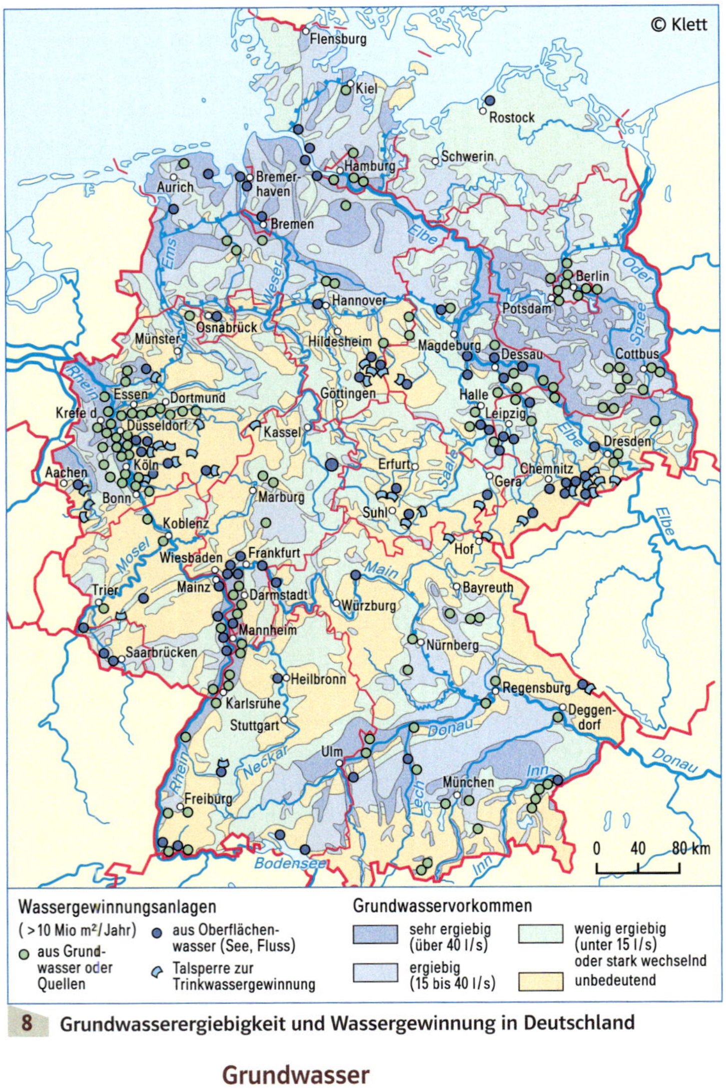

8 Grundwasserergiebigkeit und Wassergewinnung in Deutschland

Grundwasser

Wasser ist unter der Erdoberfläche vielfältig vorhanden: Man unterscheidet Sickerwasser, welches den **Boden** aufgrund der Schwerkraft durchfließt, Haftwasser, welches in den Kapillaren festgehalten wird oder an Mineralstrukturen der Gesteine gebunden ist, und **Grundwasser**. Der Aufstieg des Haftwassers ist in den Kapillaren von der Größe der Kapillarräume abhängig. Er nimmt mit kleiner werdendem Korndurchmesser zu. Zudem beeinflusst Klima den Wasserstrom. Im semiariden und ariden Klima ist er nach oben gerichtet, im humiden nach unten. Von Grundwasser spricht man erst, wenn Wasser in Hohlräumen zusammenhängend vorliegt und seine Bewegung durch die Schwerkraft bestimmt wird. Die Hohlräume können Poren in Locker- oder Festsedimenten sein, **Karsthohlräume** oder Klüfte entlang tektonischer Risse in kristallinen Gesteinen. Grundwasser entsteht nach **Versickerung** von **Oberflächenwasser** und Anreicherung in grundwasserleitenden Schichten, die auch als **Aquifere** bezeichnet werden. Der Grundwasserspiegel beschreibt die Tiefe der oberen Grenzfläche der Sättigungszone in einem Aquifer. Grundwassernichtleiter oder Aquicluden sind z.B. aus kaum wasserdurchlässigen Tonen aufgebaut. Wenn sie eine Grundwasser leitende Schicht begrenzen, können sich Grundwasserstockwerke oder Grundwasserhorizonte ausbilden. Grundwasser ist ständig in Bewegung. Bei unterschiedlicher Höhenlage des Grundwasserspiegels oder vorhandener Neigung grundwasserleitender Schichten hat das Grundwasser Gefälle und beginnt zu fließen. Allerdings sind die Fließgeschwindigkeiten relativ gering. So wurden im Untergrund von Berlin Werte von 10 bis 500 m pro Jahr gemessen. Verweildauer und Gesteinsverhältnisse geben dem Grundwasser seine Eigenschaften, wie Härtegrad oder Mineralgehalt. Das Grundwasser strömt entweder Flüssen oder Seen zu oder tritt in Quellen an der Landoberfläche aus. In Regionen mit geneigten Schichten können artesische Wassersysteme entstehen. In Grafik 9 ist der Aquifer aus Sandstein von einer Aquiclude überdeckt. Das Grundwasser im Aquifer steht unter hydrostatischem Druck. In einem artesischen Brunnen kann das Wasser spontan aus dem Aquifer bis zur Höhe der hydrostatischen Druckfläche aufsteigen. Liegt der Brunnen über der hydrostatischen Druckfläche, tritt kein Wasser aus.

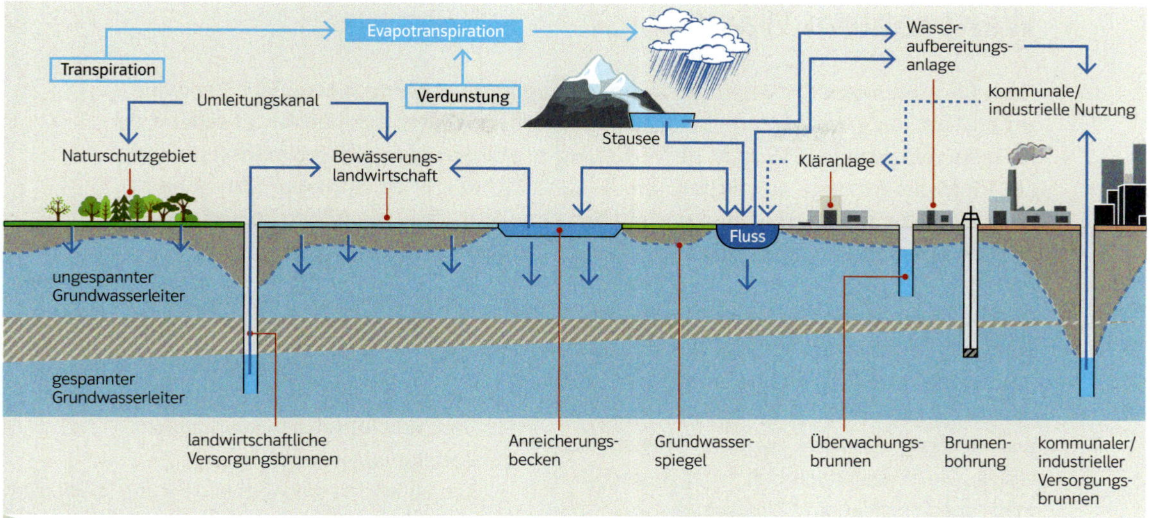

10 Grundwasser-Oberflächenwasser-Wechselwirkungen – anthropogene Einflüsse

Nach: Integration of Groundwater Management into Transboundary Basin Organizations in Africa – a Training Manual by AGW-Net, BGR, IWMI, CapNet, ANBO, & IGRAC, in: www.deutsche-rohstoffagentur.de (Zugriff 06.06.2021)

Nicht-erneuerbares (fossiles) Grundwasser

„Der Begriff [...] Grundwasser bezeichnet Grundwasservorkommen, die gegenwärtig nicht Teil des hydrologischen Kreislaufs sind. Dies bedeutet, dass keine Erneuerung über Niederschläge oder Infiltration erfolgt bzw. dass diese Erneuerung sehr gering ist und nur in sehr langen Zeiträumen zu einer nennenswerten Grundwasserneubildung führt. Da diese Zeiträume – häufig handelt es sich um mehrere Hundert bis Tausend Jahre – den menschlichen Planungshorizont deutlich übersteigen, werden diese Ressourcen als nicht-erneuerbar betrachtet. Der Grund für die Abkoppelung vom hydrologischen Kreislauf sind Veränderungen der klimatischen Bedingungen im Einzugsgebiet. Nicht-erneuerbares Grundwasser findet sich insbesondere in ariden und semiariden Gebieten [...]"

Bundesanstalt für Geowissenschaften und Rohstoffe (BGR): Strategien für ein nachhaltiges Management nicht-erneuerbaren Grundwassers. Hannover: BGR 2007, S. 2

11

Land	Aquifer System (engl. Bezeichnung)	Ausdehnung (km²)	ausbeutbare Reserven (Mio. m³)	aktuelle Entnahme (Mio. m³/Jahr)
Ägypten, Libyen, Sudan, Tschad	Nubian Sandstone	2 200 000	14 460 000	2 170 000
Algerien, Libyen, Tunsien	North Western Sahara	1 000 000	1 280 000	2 560
Algerien, Libyen, Niger	Murzuk Basin	450 000	60 – 80 000	1 750
Mauretanien, Senegal, Gambia	Maastrichtian	200 000	480 – 580 000	265
Mali, Niger, Nigeria	Iullemeden Multilayer Continental	500 000	250 000 – 2 000 000	225
Niger, Nigeria, Tschad, Sudan, Kamerun, Libyen	Chad Basin	600 000	170 – 350 000	250
Südafrika, Namibia	Karroo Sandstone	80 000	86 000	2 890
Saudi-Arabien, Bahrain, Katar, VAE	Various	225 000 – 250 000	500 000 – 2 185 000	13 790
Jordanien (nur Staat)*	Qa Disi Aquifer	3 000	6 250	170
Australien	Great Artesian Basin	1 700 000	170 000	600

* Ausdehnung bis Saudi-Arabien, wo es im obigen Eintrag enthalten ist

12 Weltgrößte Aquifersysteme

5 Arbeiten Sie aus den Materialien die Kennzeichen von Grundwasser, Aquiferen und Aquicluden heraus.

6 Erläutern Sie die Funktionsweise eines artesischen Brunnens.

7 Erläutern Sie anhand von Grafik 10 die Wechselwirkungen zwischen Grundwasser und Oberflächenwasser.

8 Erstellen Sie eine Übersicht, an welchen Stellen in ihrer Heimatregion der Wasserkreislauf durch den Menschen beeinflusst wird.

9 Die weltweit größten Aquifersysteme liegen in ariden und semiariden Regionen. Erklären Sie ihre Entstehung.

Weltproblem Wasser

Nach Berechnungen der Vereinten Nationen benötigt ein Mensch etwa 50 l Trinkwasser pro Tag, um grundlegende Bedürfnisse zu sichern. Statistisch betrachtet scheint dafür weltweit genügend Wasser zur Verfügung zu stehen, denn rein rechnerisch würde die Trinkwassermenge ausreichen, um die Landflächen mit einer knapp 30 m hohen Wasserschicht zu bedecken. Dennoch haben aktuell 2,1 Mrd. Menschen keinen Zugang zu trinkbarem und durchgängig verfügbarem Trinkwasser.

Mögliche Ursachen der Wasserknappheit

Aufgrund klimatischer Einflüsse kommt es regional zu einer ungleichen Verteilung der Ressource Wasser. So stehen den Regionen mit Wasserüberfluss Räume gegenüber, die unter Wassermangel leiden. Die Wasserknappheit einer Region hängt meist von verschiedenen Ursachen ab.

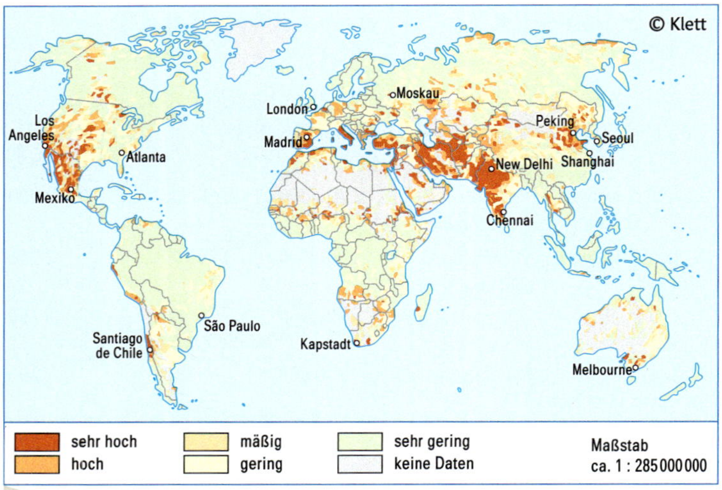

1 Wasserstress in urbanen Regionen (> 3 Mio. Einwohner)

Nach: The Learning Network New York Times 16.01.2020 unter www.nytimes.com/2020/01/16/learning/whats-going-on-in-this-graph-global-water-stress-levels.html (Zugriff 05.05.2021)

- **Übernutzung der Wasserressourcen**
  Generell wird global mehr Trinkwasser entnommen, als die Natur wieder bereitstellen kann. Natürliche Wiederaufbereitungssysteme sind nicht ausreichend vorhanden.
- **Bevölkerungswachstum**
  Aktuell wächst die Weltbevölkerung jährlich um rund 80 Mio. Menschen. Damit verbunden ist eine Zunahme des **Wasserbedarfs** bis 2050 um 20–30 % gegenüber heute.
- **Globale Erwärmung**
  Die globale Erwärmung verändert die **Niederschlagsmengen** in vielen Regionen. Während in manchen Regionen die Regenfälle verstärkt sind, werden in anderen die Trockenzeiten länger. Das IPCC geht davon aus, dass sich der Anteil der Regionen, der als „sehr trocken" klassifiziert wird, seit den 1970er-Jahren mehr als verdoppelt hat.
- **Wasserverschmutzung**
  Die Verschmutzung von Trinkwasser bleibt das Hauptproblem der Wasserversorgung. Die Trinkwasservorräte werden durch industrielle und städtische Abwässer, aber auch durch die Landwirtschaft verschmutzt.

Welche Faktoren beeinflussen das regionale und lokale **Wasserdargebot**?

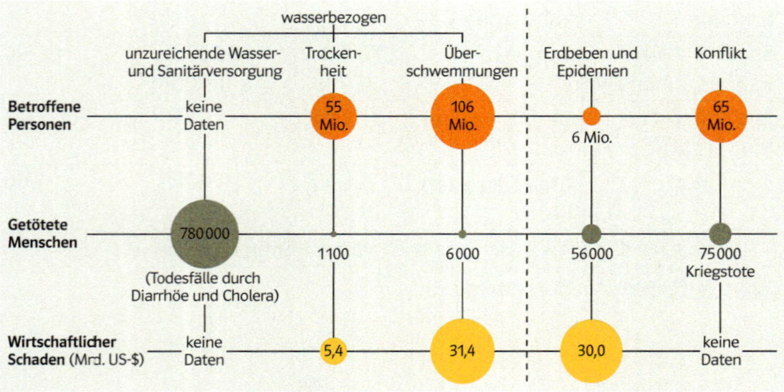

2 Jährliche Auswirkungen unzureichender Trinkwasser- und Sanitärversorgung, wasserbedingter Katastrophen, Epidemien und Erdbeben sowie Konflikte

Nach: www.unwater.org/publications/world-water-development-report-2019/ (Zugriff 12.02.2021)

Wasserstress und Wasserknappheit

„Nach Angaben der UNESCO leiden die Menschen einer Region oder eines Staates unter ‚Wasserstress', wenn die sich erneuernden Wasserressourcen bei weniger als 1 700 m³ pro Kopf und Jahr liegen. Wasserknappheit liegt vor, wenn der entsprechende Wert unter 1 000 m³ pro Kopf fällt. Liegen die sich erneuernden Wasserressourcen bei weniger als 500 m³ pro Kopf und Jahr spricht die UNESCO von absoluter Wasserknappheit. Die weltweiten Unterschiede bei den sich erneuernden Wasserressourcen pro Jahr sind riesig und liegen zwischen gut 353 000 m³ pro Kopf in Guyana und 5 m³ pro Kopf in Kuwait."

Wasser, in: Bundeszentrale für politische Bildung (Hrsg.) 01.09.2017. Unter: www.bpb.de (Zugriff 12.02.2021)

3

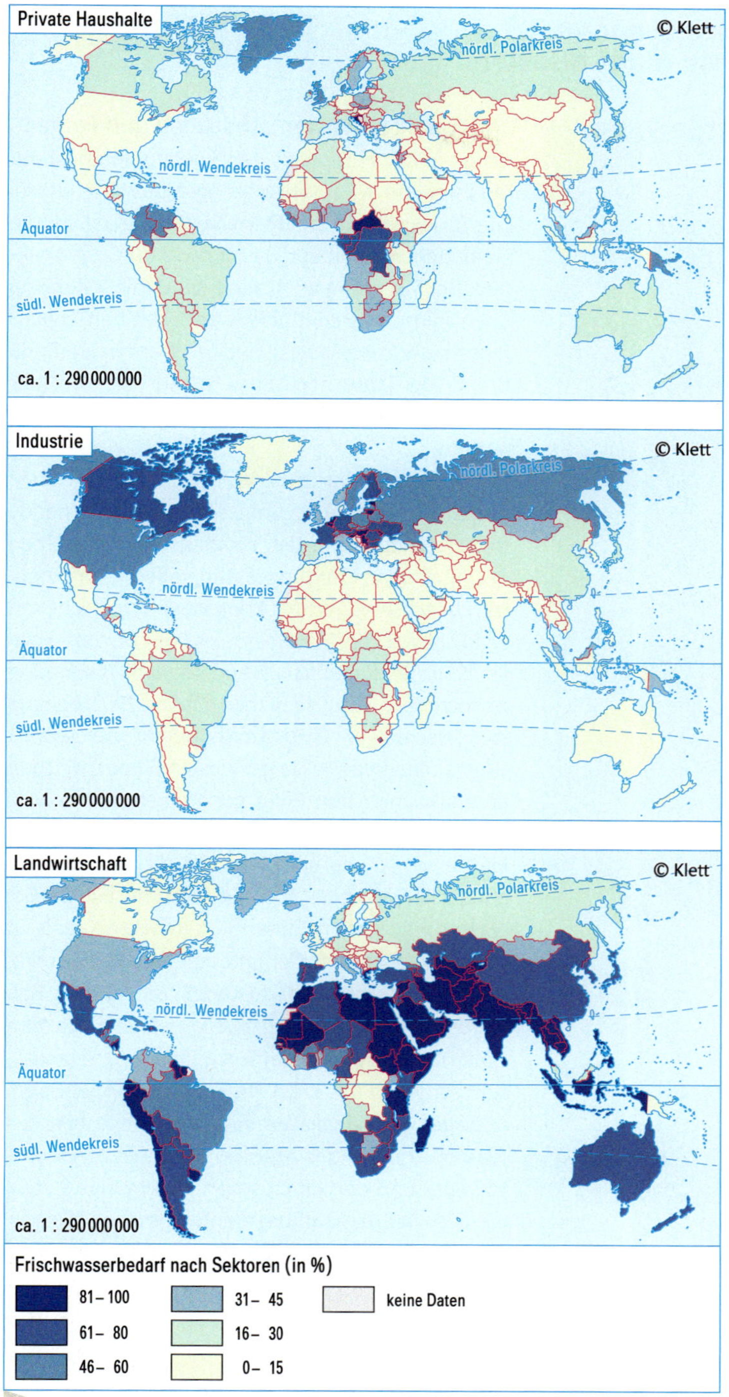

4 Weltweiter Frischwasserbedarf nach Sektoren

Nach: Philippe Rekacewicz, UNEP/GRID-Arendal 2005, unter: www.grida.no/resources/5817, Jan. 2021 (Zugriff 12.02.2021)

Hauptaussagen des UN-Weltwasserberichts 2019

„Wasserstress besteht laut Vereinten Nationen, sobald mehr als ein Viertel der erneuerbaren Wasserressourcen genutzt wird.

- Jüngste Schätzungen zeigen, dass über 50 Staaten von Wasserstress betroffen sind: 31 Länder nutzen zwischen 25 Prozent und 70 Prozent, weitere 22 Länder mehr als 70 Prozent der erneuerbaren Wasserressourcen (UN, 2018a).
- In Deutschland werden laut Bundesumweltamt seit 15 Jahren weniger als 20 Prozent der erneuerbaren Wasserressourcen genutzt.
- Etwa vier Milliarden Menschen und damit fast zwei Drittel der Weltbevölkerung leiden aktuellen Schätzungen zufolge während mindestens eines Monats im Jahr unter schwerer Wasserknappheit (Mekonnen und Hoekstra, 2016).
- Seit den 1980er-Jahren steigt der Wasserverbrauch weltweit um etwa ein Prozent pro Jahr (AQUASTAT, n. d.). Es wird erwartet, dass der globale Wasserbedarf bis 2050 weiter in ähnlicher Größenordnung steigen wird, was einem Anstieg von 20 bis 30 Prozent über dem derzeitigen Wasserverbrauch entspricht (Burek et al., 2016).
- Der stetige globale Anstieg ist vor allem eine Folge der steigenden Nachfrage in Entwicklungs- und Schwellenländern. Der Pro-Kopf-Wasserverbrauch in den meisten dieser Länder liegt jedoch weiterhin weit unter dem Wasserverbrauch in Industrieländern.
- Die Landwirtschaft – einschließlich Bewässerungslandwirtschaft, Viehzucht und Aquakultur – ist weltweit der mit Abstand größte Wasserverbraucher. 69 Prozent der jährlichen Wasserentnahmen erfolgen durch die Landwirtschaft. Auf die Industrie – einschließlich Energieerzeugung – entfallen 19 Prozent und auf Privathaushalte 12 Prozent (AQUASTAT, n. d.).
- Prognosen zufolge wird der Anteil der Landwirtschaft am Gesamtwasserverbrauch künftig im Vergleich zu anderen Sektoren sinken, dabei jedoch der größte Nutzer im Hinblick auf Wasserentnahme und -verbrauch bleiben."

www.unesco.de/presse/pressematerial/un-weltwasserbericht-2019-daten-und-fakten (Zugriff 15.01.2021)

5

1 MK
Stellen Sie mithilfe der Karten drei Regionen mit ausgeprägter Wasserproblematik dar.

2
Arbeiten Sie aus den Materialien dieser Doppelseite die zentralen Aspekte der globalen Herausforderung Wasser heraus.

3
Überprüfen Sie folgende Aussage: „Das Wasserdargebot erzeugt die Weltwasserprobleme."

FALLBEISPIEL: Das Aralsee-Syndrom – aktueller Stand eines „man-made disasters“

6 Aralsee: Satellitenaufnahme vom August 2014 (Terra-Satellit) (gestrichelte Linie: Seeufer um 1960)

7 Bewässerungsflächen in Mittelasien in den 1950er-Jahren

„Man-made disaster“: Ursachen und Folgen

Schon in der Frühphase der Sowjetunion bestand ein Interesse, Mittelasien als Agrarbasis zu nutzen. Hierfür wurde die Landwirtschaft kollektiviert, die Nomaden wurden zur Sesshaftwerdung gezwungen. Der Fischfang im Aralsee, bis dahin kaum von überregionaler Bedeutung, wurde seit den 1920er-Jahren schrittweise ausgeweitet. Wurden am Ende der 1920er-Jahre noch etwa 5000 t Fisch im Jahr gefangen, waren es in den 1950er-Jahren schon 44000 t.

Im Ferghanatal wurden Ende der 1930er-Jahre erste große Kanalprojekte umgesetzt. Weitergehende Bewässerungspläne der Vorkriegszeit im Rahmen des „Stalinplans zur Umgestaltung der Natur“ konnten zunächst wegen des Kriegsausbruchs nicht verwirklicht werden. Doch beschloss der Oberste Sowjet 1950, den Kanalbau und die Neulandgewinnung zu forcieren. Nach dem Tode Stalins 1953 begann sein Nachfolger Chruschtschow mit der ersten „Neulandkampagne“, in der riesige **Steppenflächen** erstmals unter den Pflug genommen und bewässert wurden. Von 1950 – 1990 stieg die bewässerte Fläche von 4,7 Mio. auf 7,9 Mio. ha, die Baumwollanbaufläche von über 1 Mio. auf 3 Mio. ha. Für die Bewässerung wurden Tausende Kilometer Kanäle in den Sand gegraben. Der größte ist der Karakumkanal (heute Turkmenbaschi-Kanal). Mit seinem Bau wurde 1950 begonnen. Er zweigt bei Kerki aus dem Amu-Darja ab, durchzieht Turkmenistan und bewässert vor allem das Land am Fuße des Kopet-Dagh-Gebirges. Der Kanal allein verursacht etwa 40 % des Wasserverlustes des Aralsees. Insgesamt verdunsten aufgrund der klimatischen Bedingungen etwa 40–60 % der den Zuflüssen entnommenen Wassermenge aus diesen Kanälen oder versickern im Sand.

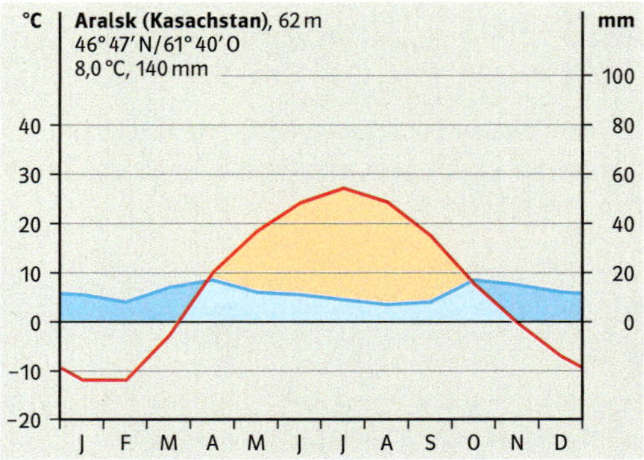

8 Klimadiagramm von Aralskoe More/Kasachstan

9 **Wassermanagement in Zentralasien**

Nach: www.phibetaiota.net/wp-content/uploads/2013/07/ca-water-3.jpg; UNEP 2003 (Zugriff 12.02.2021)

Hoffnung für den nördlichen Aralsee

„Inzwischen hat sich der See geteilt [...] Das nördliche [Becken], heute ‚der kleine Aral' mit seinen Ufern auf kasachischem Gebiet, gibt derzeit sogar wieder ein wenig Hoffnung [...] Mit Hilfe der Weltbank errichtete das Land einen Damm, der nun die Teilung der beiden Becken zementiert, und das Wasser, das aus dem nördlichen Zufluss, dem Syrdarja, hereinfließt, nun komplett dem südlichen Becken vorenthält. [...]

Im Norden steigt der Wasserspiegel seither deutlich an, der Salzgehalt normalisierte sich, sodass sich wieder Süßwasserfische halten. [...] [D]ie Küsten [kommen] schon fast wieder an die alte Linie heran. Ein Modell für den ganzen See? [...]"

Ulli Kulke: Erst verschwindet das Wasser, dann der Mensch. Beitrag vom 11.11.2014; auf www.welt.de/vermischtes/weltgeschehen/article134202486/Erst-verschwindet-das-Wasser-dann-der-Mensch.html (Zugriff 03.05.2021)

10

11 **Schiffe der früheren Fischfangflotten**

12 **Salzstäube, aus dem ehemaligen Seebecken ausgeblasen, verpesten die Luft**

4 MK
Beschreiben Sie das Satellitenbild vom Aralsee (Bild 6, Online-Code).

5
Nennen Sie Ursachen für die Verlandung des Sees.

6
Erläutern Sie Folgen der Aralsee-Verlandung.

7
Erörtern Sie die Frage, ob die Maßnahme am „kleinen Aral" (Quellentext 10) Modell für den ganzen See sein kann.

8
Arbeiten Sie unter besonderer Berücksichtigung des Aralsees aus der Karte 9 die wichtigsten Wasserprobleme in Zentralasien heraus.

FALLBEISPIEL: Polavaram-Staudamm

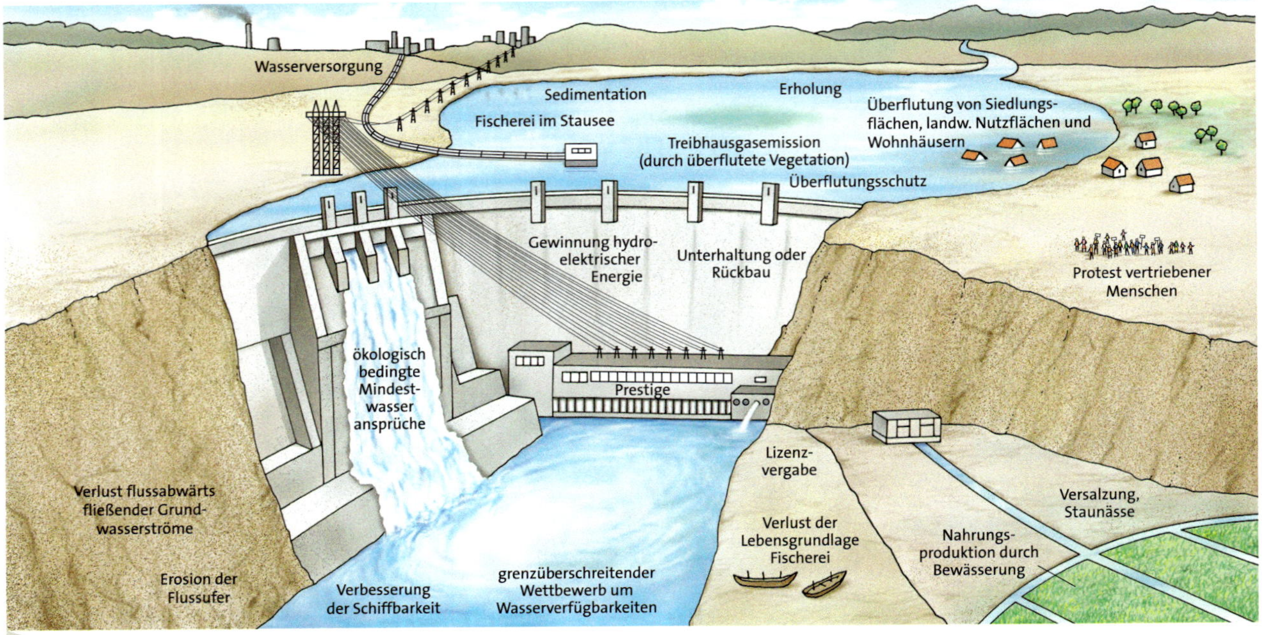

13 Funktionen und Konfliktpotenzial von Großstaudämmen
Nach: Dams: Official Newsletter of the World Commission on Dams. Nr. 8, 12/2000, S. 9

Großstaudammprojekte im Widerstreit

Zur Versorgung der noch immer wachsenden Bevölkerung von mehr als 1,3 Milliarden Menschen mit Trinkwasser, zur Bewässerung von landwirtschaftlichen Flächen und zur Versorgung mit Strom für die voranschreitende Industrialisierung benötigt Indien Wasser. Sind Stauseen und Staudämme die richtige Lösung?

Mögliche Auswirkungen von Staudammgroßprojekten

- Veränderung des Grundwasserspiegels und der Abflussverhältnisse
- Ausbleiben wertvoller Schwebfracht im Unterlauf
- in ariden bzw. semiariden Räumen hohe Verdunstungsverluste über großen Wasserflächen
- Veränderung des Regionalklimas
- Sedimentation durch Zuflüsse und allmähliches Auffüllen des Staubeckens
- durch hohe Projektkosten Abhängigkeit von ausländischen Kreditgebern
- Verzögerung anderer Vorhaben zur Verbesserung der Wirtschaftsstruktur durch langfristige Kapitalbelastung des Staates
- soziale Probleme durch Umsiedlung von Bevölkerungsgruppen und durch radikalen Umbruch traditioneller Strukturen
- Verdrängung von Kleinbauern und Pächtern durch Agroindustrien
- Anbau von Industriepflanzen (Cash Crops) statt Nahrungsmitteln, damit Abhängigkeit vom Weltmarkt

14

Der Polavaram-Staudamm

Dieser Staudamm entsteht bei der Stadt Polavaram im südöstlichen indischen Bundesstaat Andhra Pradesh. Aufgestaut wird der Fluss Godavari. Dafür baut man zwischen zwei Höhenrücken einen Damm, der ursprünglich 46 m, nun nach neuesten Planungen 54 m hoch werden wird. Bei der ursprünglichen Planung ging man von der Umsiedlung von 177 000 Menschen in 276 überfluteten Dörfern aus, überwiegend Adivasis, Nachkommen der Ureinwohner Indiens. Durch den höheren Staudamm wird der entstehende See jedoch deutlich größer, sodass die Zahl der betroffenen Menschen noch steigen wird. Man spricht sogar von rund 400 000. Auslöser für den Dammbau sind die klimatischen Verhältnisse, wie sie das Klimadiagramm von Hyderabad zeigt. Diese Millionenstadt zeigt das typische Klima des Binnenlandes, durch das der Godavari fließt. Hierbei handelt sich um die östlichen Ausläufer des Hochlands von Dekkan. Ausgelöst durch das Klimaphänomen **El Niño** kommt es immer wieder zu einer starken Abschwächung des regenbringenden **Monsuns**, wie z. B. 2016.

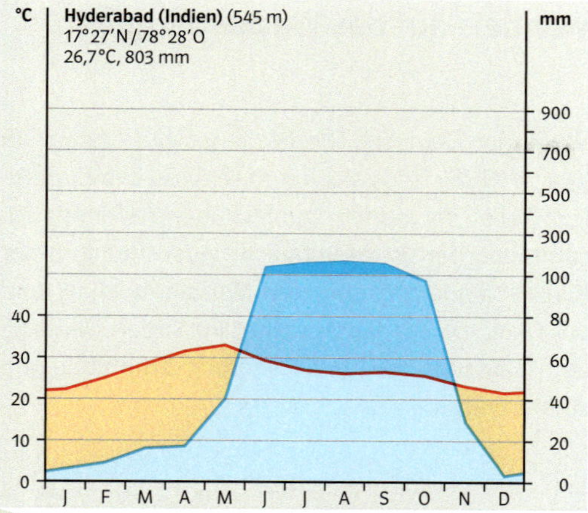

15 Klimadiagramm von Hyderabad-Rajahmundry

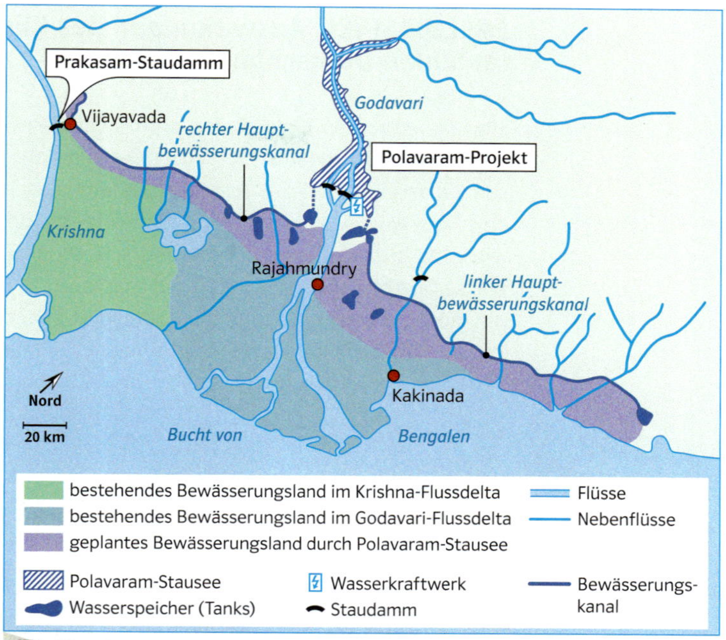

17 Plan des Polavaram-Staudamm-Projekts

Verändert Nach: Hermann Brünjes: Der Damm, das Geld und Streit der Parteien. Beitrag vom 17.02.2016, auf www.fmd-online.de/indien/polavaram/news (Zugriff 15.01.2021)

Kontra Staudamm-Projekt

„Der Business Standard meldet, dass [...] RS 115 crore (= ca. 16,7 Mio. €) für die Umsiedlung betroffener Dörfer [beschlossen sind]. Davon sollen RS 55 crore für West-Godavari und RS 60 crore für East Godavari eingesetzt werden. Insgesamt wurden vom Parlament laut Indian Express die Gesamtsumme von RS 8 000 crore (ca. 1,2 Mrd. €) für das Staudammprojekt freigegeben.
Eine Vorstellung davon, wie viele Dörfer von den jetzt beschlossenen 115 crore profitieren und entschädigt werden, ist schwierig. Inzwischen sind Preise und Entschädigungen gestiegen, Tribals [Ureinwohner] (Adivasi) und Nontribals bekommen unterschiedliche Entschädigungen, und wie viel Geld illegal ‚hängenbleibt' ist nicht absehbar. Auch wieweit Tribals profitieren, ist nicht ausgewiesen: Sie bekommen Land für Land und Haus für Haus, also kein Geld. Bezüglich der Dörfer im Bereich unserer Partnerkirche [der evangelischen Kirche des Autors] gibt es noch keine Berichte. Zuerst entschädigt werden jene Dörfer, die direkt im Baugebiet des Staudammes und seiner Kanäle liegen – jene, die dann durch den Stausee überschwemmt werden, kommen sicher zuletzt (oder gar nicht mehr) dran [...]
Während die Auseinandersetzungen [...] weitergehen, meldet sich nun der Nachbarstaat Chhattisgarh ebenfalls kritisch zu Wort. [...] Das Staatsgebiet von Chhattisgarh ist mit 7000 ha landwirtschaftlich genutztem Gebiet, 8000 ha Brachland und Wald und 40 Dörfern betroffen. Umgesiedelt werden müssen vor allem Tribals der Stämme Koya und Dorla, man schätzt, dass es ca. 45 000 Menschen sein werden."

Hermann Brünjes: A. P. Regierung beschließt Summe für Umsiedlung. Beiträge vom 09.02.2016 und 12.03.2016, auf www.fmd-online.de/indien/polavaram/news (Zugriff 15.01.2021)

16

Pro Staudamm-Projekt

„[...] Dass der Staudamm gebaut wird, scheint unaufhaltsam. Die Arbeit hat begonnen und soll 2018 fertig werden. [...] Der Minister für Wasserversorgung Devineni Umamaheswara Rao sagt zu, dass der rechte Hauptkanal bis zum Juni 2016 fertig gestellt [ist]. Er berichtet stolz, dass in den letzten 20 Monaten RS 11 000 crore (ca. 1,45 Mrd. €) für Bewässerung ausgegeben wurde. Vor wenigen Tagen hat die Regierung von A. P. durch den Finanzminister RS 4 000 crore (525 Mio. €) für die Entwicklung des Projektes freigegeben. Weitere Gelder von der Zentralregierung in Delhi werden mit dem Argument, es sei inzwischen ja ein Projekt mit ‚National-Status', beantragt. [...]"

Hermann Brünjes: Der Damm, das Geld und Streit der Parteien. Beitrag vom 17.02.2016, unter: www.fmd-online.de/indien/polavaram/news (Zugriff 15.01.2021)

18

9

Polavaram-Staudamm
a) Beschreiben Sie das Klima in der Region und seine Risiken.
b) Charakterisieren Sie wesentliche Grundzüge des Staudammprojekts.
c) Erörtern Sie Vorzüge und Nachteile.

10

Erstellen Sie ein Wirkungsgefüge zu Vor- und Nachteilen von Staudammgroßprojekten.

FALLBEISPIEL: Auswirkungen des Klimawandels auf das Wasserdargebot im Süden Deutschlands

Sind die extremen **Wetterlagen** und Hochwasserereignisse in Süddeutschland der letzten Jahrzehnte bereits deutliche Vorboten des Klimawandels? Wie wird sich das Klima regional ändern und wie wirkt sich das auf unsere wichtige Ressource Wasser aus? Wie müssen wir darauf reagieren?
Um diesen Fragen nachzugehen, haben die Länder Baden-Württemberg, Bayern und Rheinland-Pfalz sowie der Deutsche Wetterdienst gemeinsam im Jahr 1999 die Kooperation KLIWA ins Leben gerufen. Ziel dieser länder- und fachübergreifenden Zusammenarbeit ist es, mögliche Auswirkungen der Klimaveränderung auf den **Wasserhaushalt** und die Ökologie der Flussgebiete im Süden Deutschlands aufzuzeigen und Handlungsempfehlungen zu erarbeiten.

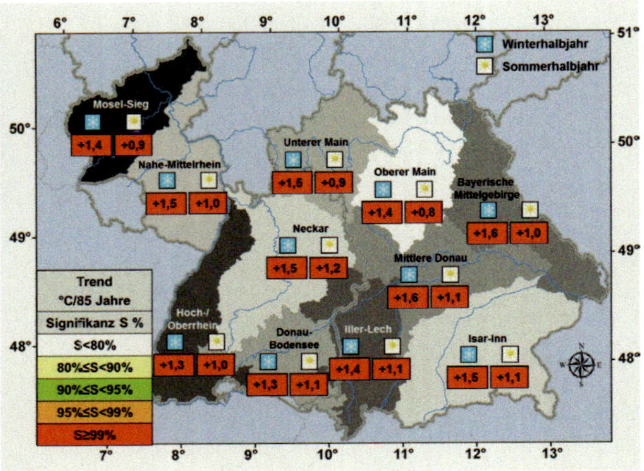

19 Zunahme der Lufttemperatur im Zeitraum 1931–2015
Die Darstellung zeigt die Änderung der Gebietsmittelwerte der Lufttemperatur in den hydrologischen Halbjahren.

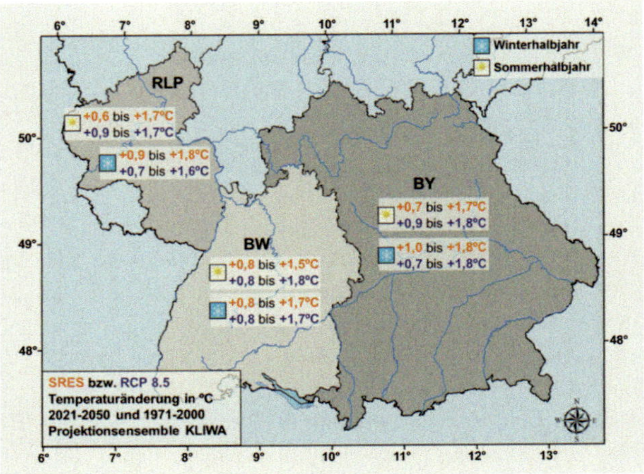

21 Zunahme der Lufttemperatur bis 2050
Die Darstellung zeigt die Änderung der Lufttemperatur im Vergleich der beiden Perioden 2021–2050 und 1971–2000.
Veränderungen basierend auf den Klimaszenarien SRES A1B und auf RCP 8.5 (15. und 85. Perzentil)

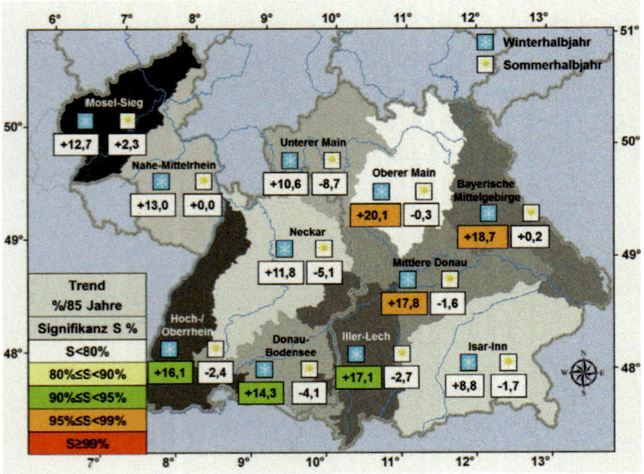

20 Änderung der Gebietsniederschläge im Zeitraum 1931–2015
Die Darstellung zeigt die Änderung der Gebietsniederschläge in den hydrologischen Halbjahren.

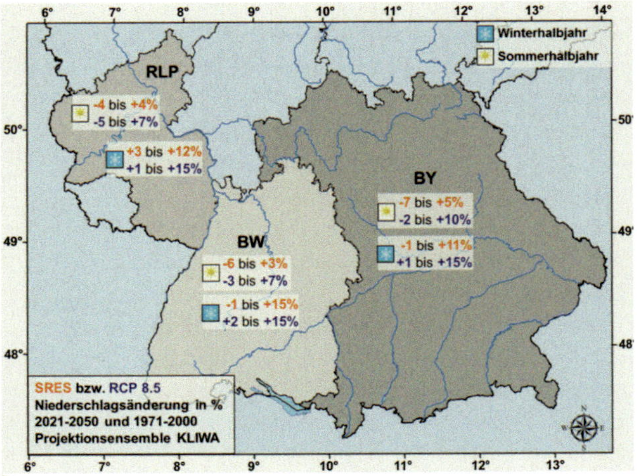

22 Änderung der Gebietsniederschläge bis 2050
Die Darstellung zeigt die Änderung der Gebietsniederschläge im Vergleich der beiden Perioden 2021–2050 und 1971–2000.
Veränderungen basierend auf den Klimaszenarien SRES A1B und auf RCP 8.5 (15. und 85. Perzentil)

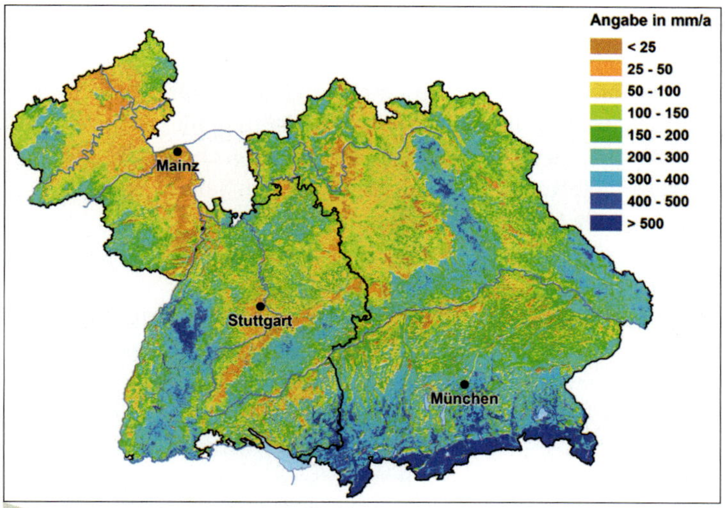

23 Mittlere jährliche Grundwasserneubildung aus Niederschlag – langjähriges Mittel (1951 – 2015)
Die Grundwasserneubildung ist wasserwirtschaftlich von großer Bedeutung und ein wichtiges Maß für die „natürliche Regenerationsfähigkeit" der Grundwasserressourcen.

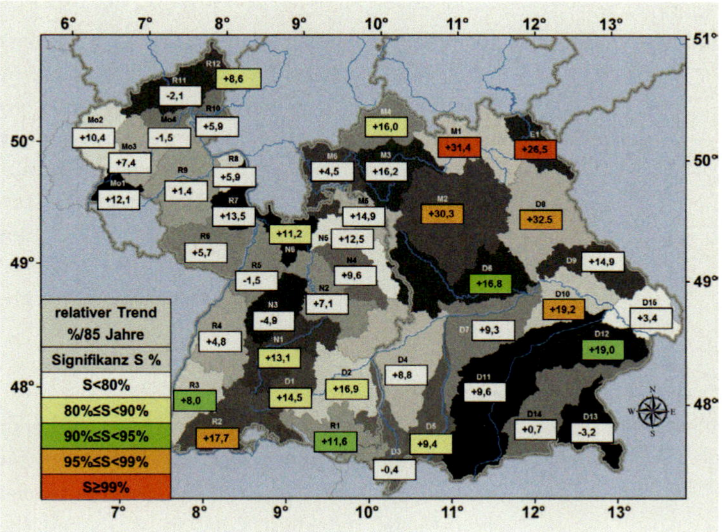

24 Änderung der maximalen Gebietsniederschläge im Zeitraum 1931 – 2015
Entwicklung der max. eintägigen Gebietsniederschlagshöhen im hydrologischen Winterhalbjahr, relativer Trend (Änderung in %, Abweichung vom Mittelwert 1931 – 2015).

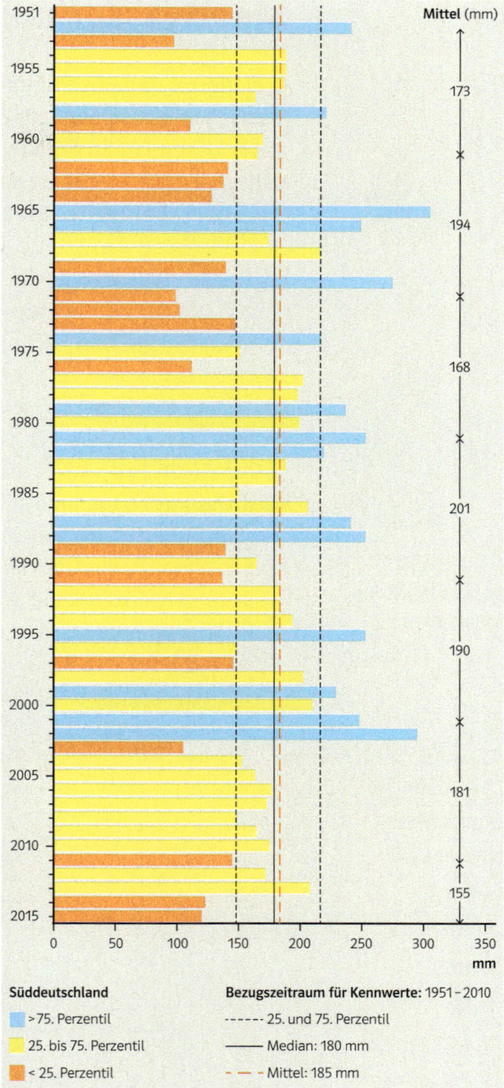

25 Mittlere jährliche Grundwasserneubildung aus Niederschlag (1951 – 2015)
Entwicklung der jährlichen Grundwasserneubildung aus Niederschlag in Süddeutschland (Ba-Wü, By., Rh.-Pf. 1951 – 2015). Zum Vergleich sind die langjährigen Kennwerte des Zeitraums 1951 – 2015 aufgetragen.

Nach: Klimawandel im Süden Deutschlands. Herausforderungen – Anpassungen. Karlsruhe: LUBW Landesanstalt für Umwelt, Messungen und Naturschutz Baden-Württemberg, 2017. S. 13

11 Arbeiten Sie die Veränderungen des Wasserhaushalts in Süddeutschland durch den Klimawandel heraus.

12 Stellen Sie mögliche Auswirkungen auf Ihren Heimatraum dar.

13 MK Untersuchen Sie mithilfe einer Internetrecherche mögliche Anpassungsmaßnahmen.

14 NE Nehmen Sie Stellung zu folgender Aussage: „Doch noch bedeutsamer als regionale Maßnahmen, die den Klimawandel in seinen Auswirkungen abzufedern versuchen, sind Schritte hin zu einem aktiven Klimaschutz."

Meerwasser und Meeresströmungen

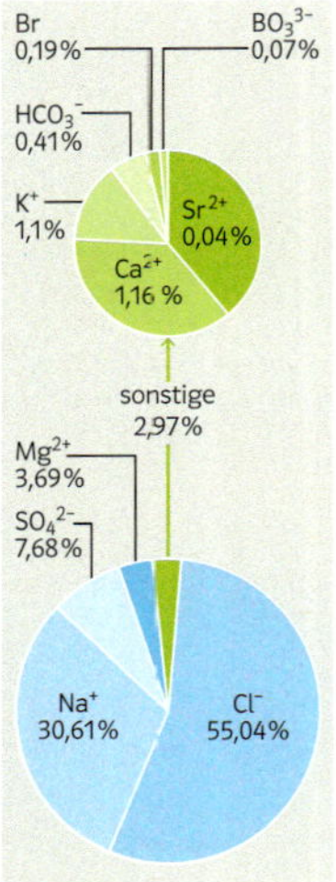

1 Hauptbestandteile des Meersalzes

Drei Viertel unseres Planeten sind von Meeren bedeckt. Dieser Lebensraum ist für Menschen nur schwer zugänglich, auch wenn er von überragender Bedeutung für unser Leben ist. So regulieren zum Beispiel Meeresströmungen unser Klima. Charakteristisch für die Meere ist das im Wasser gelöste Salz. Welche Auswirkungen hat das auf die Eigenschaften des Meerwassers und die Meeresströmungen?

Im **System Erde** zirkulieren mehr als 1,4 Mrd. km^3 Wasser, wovon auf die **Meere** etwa 97% entfallen. Als Meere oder Ozeane bezeichnet man die zusammenhängenden großen **Salzwassermassen** der Erde. Sie bedecken einen großen Teil der Erdoberfläche. Pazifischer (178,8 Mio. km^2), Atlantischer (106,2 Mio. km^2) und Indischer Ozean (75,8 Mio. km^2) bilden mit mehr als 90% der Wasseroberfläche die großen Meere. Mit diesen drei großen Ozeanen sind kleinere Meere verbunden:
- als Randmeere (z. B. die Nordsee)
- als Binnenmeere (z. B. die Ostsee) oder
- als Mittelmeere (z. B. das interkontinentale asiatisch-europäisch-afrikanische Mittelmeer).

Salinität ausgewählter Meere (in %)	
Rotes Meer	4,00
Mittelmeer	3,74
Atlantik	3,54
Nordsee	3,50
Pazifik	3,45
Indik	3,48
Nordpolarmeer	3,20
Südpolarmeer	3,10
Ostsee	0,80

2

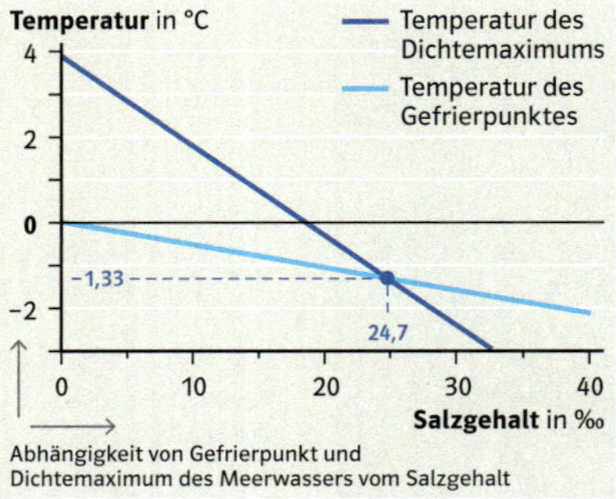

4 Gefrierpunkt, Dichtemaximum und Salzgehalt des Meereswassers

Nach: Hans-Günter Gierloff-Emden: Geographie des Meeres, Teil 2. Berlin, New York: De Gruyter 1980, S. 775

Wie kommt das Salz ins Meer?
„Vielleicht ist es bei der Bildung der Urozeane entstanden, vielleicht aber auch erst im Laufe der Erdgeschichte von vulkanischen, atmosphärischen oder festen Bestandteilen der Erdrinde allmählich zugeführt worden. Eine Einschwemmung von Salzen durch die Flüsse der Kontinente kann nicht allein die Ursache für den heutigen Salzgehalt der Meere sein, denn die Flüsse enthalten andere Salze als der Ozean. Im Meer überwiegen die Chloride, im Flusswasser die Carbonate. Gegenwärtig ist man der Meinung, dass ein erheblicher Teil der Bestandteile (Ionen) des Meersalzes, die nicht aus dem Flusswasser stammen können, durch untermeerische Quellen im Bereich der Mittelozeanischen Rücken zugeführt werden."

Walter Schumann: Das Buch der Erde, Bd. 1. München: Lexikographisches Institut 1987, S. 144 f.

3

Meerwasser

Physikalische und chemische Grundlagen

Je geringer die Wassertemperatur, desto höher ist die Dichte des Wassers. Bei einer Temperatur von 4 °C erreicht Wasser sein Dichtemaximum, darunter zeigt sich die Dichteanomalie von Wasser: Bei kälteren Temperaturen dehnt es sich wieder aus. Mit zunehmendem Salzgehalt erhöht sich die Dichte und der Gefrierpunkt sinkt ab. Mit einer mittleren Dichte von 1,027 g/cm^3 (bei Temperaturen von 0 – 15 °C) enthält das Meerwasser durchschnittlich 3,5% gelöste Salze. Den salzigen Geschmack verursacht das gelöste Kochsalz, den bitteren Beigeschmack bewirken Magnesiumsalze. Verdunstung, **Niederschlag**, Eisbildung und salzarme Zuflüsse verändern den Salzgehalt. Den höchsten Salzgehalt in einem natürlichen Gewässer weist das Tote Meer mit 28% auf. Unabhängig vom Salzgehalt bleibt die Zusammensetzung der gelösten Salze weitgehend gleich. Die Menge der in den Weltmeeren enthaltenen Salze würde ausreichen, den **Boden** der Ozeane mit einer ca. 62 m mächtigen Salzschicht zu bedecken.

Farbe des Meeres

Im strahlenden Sonnenschein erscheint sauberes Meerwasser fast transparent. Es hat nur einen leichten Blauschimmer, weil die Oberfläche das Himmelsblau reflektiert. Durchdringt Sonnenlicht die Wasseroberfläche, wird ein Teil von den Wassermolekülen absorbiert – bevorzugt langwellige Strahlung, also die Farben Rot, Orange und Gelb. Die kurzwelligeren blauen und grünen Bestandteile der Lichtstrahlung werden weniger absorbiert – das Meer erscheint blau oder blaugrün. Meerwasser, das grün, grau oder gelblich gefärbt ist oder fast milchig aussieht, ist eine Folge der Sedimentfracht der dort mündenden Flüsse.

Meeresströmungen

Weshalb benötigten im 19. Jh. Schiffe zur Überquerung des Nordatlantiks in West-Ost-Richtung bis zu zwei Wochen weniger als in umgekehrter Richtung? Weshalb können in Norwegen an der Westküste hoch im Norden Erdbeeren geerntet werden? Großräumige **Meeresströmungen** wie der Golfstrom oder der Humboldtstrom beschleunigen die Schifffahrt, ermöglichen einen globalen Wärmetransport und den Austausch von Meerwasser mit den darin gelösten oder schwebenden Stoffen.

Antriebskräfte von Meeresströmungen

Neben den Gezeiten nennen Wissenschaftler zwei weitere Antriebe für Meeresströmungen:

1. **Wind**: Meeresströmungen entstehen bei beständigem Wehen des Windes. Dabei werden die Wasserschichten unter der Oberfläche durch Reibung mitbewegt und zusätzlich durch den **Corioliseffekt** abgelenkt. Tiefere Wasserschichten bewegen sich zunehmend langsamer und die Bewegungsrichtung weicht damit immer stärker von der Windrichtung ab.
2. Thermohaliner Antrieb: Temperatur- und Salzgehaltsänderungen beeinflussen die Dichte des Wassers. Hoher Salzgehalt und Kälte führen zu einer höheren Wasserdichte. Im Nordatlantik, im Ross- und Weddellmeer der Antarktis sowie im Mittelmeer werden so hohe Wasserdichten an der Oberfläche erreicht, dass das Wasser in der Tiefe sinkt. In den beiden ersteren Gebieten ist vor allem die niedrige Temperatur für die hohe Dichte verantwortlich, im Mittelmeer die Verdunstung.

Globale ozeanische Zirkulation

Das globale Strömungssystem setzt sich aus einer Vielzahl von Einzelströmungen zu einem großen marinen Förderband zusammen. Kalte Wassermassen mit einer hohen Salzkonzentration sinken ab. Nahe der Oberfläche ersetzen Rückflüsse die absinkenden Wassermassen und halten damit die thermohaline Zirkulation in Bewegung. Durch diesen Vorgang wird Tiefenwasser zugleich mit Sauerstoff angereichert. Vor allem die Polargebiete wirken als gewaltige Umwälzpumpen. Im nördlichen Atlantik sinken bis zu 17 Mio. m³ Wasser pro Sekunde in die Tiefe. Als kalte Strömung fließen die Wassermassen in 2–3 km Tiefe nach Süden zum antarktischen Zirkumpolarstrom. Dort strömen sie weiter in den Indischen und Pazifischen Ozean. Das kalte Tiefen- und **Bodenwasser** vermischt sich mit den darüberliegenden wärmeren Wassermassen, steigt auf und fließt als warme Oberflächenströmung zurück in den Atlantik. Dieses Strömungsband ist freilich stark vereinfacht. In Wirklichkeit fließen Meeresströmungen nicht so stetig und geradlinig, wie es schematisch dargestellt wird. Die meisten weisen heftige Turbulenzen, zahlreiche **Mäander** und Wirbel auf. Zudem gibt es auch im vertikalen Aufbau ein ganzes System aus Schlaufen und Ästen, in denen sich unterschiedliche Wassermengen vermischen. Wirtschaftlich und klimatologisch sind besonders Auftriebsgebiete wie vor der Westküste Südamerikas interessant. Hier strömt kaltes und nährstoffreiches Wasser an die Oberfläche. In der sonnenlichtdurchfluteten Zone bekommt das Phytoplankton genügend Nährstoffe, um hochproduktiv Fotosynthese betreiben zu können. Damit wird die Grundlage für eine Nahrungskette gelegt, an deren Ende große Fischschwärme in den weltweit wertvollsten Fischgründe stehen.

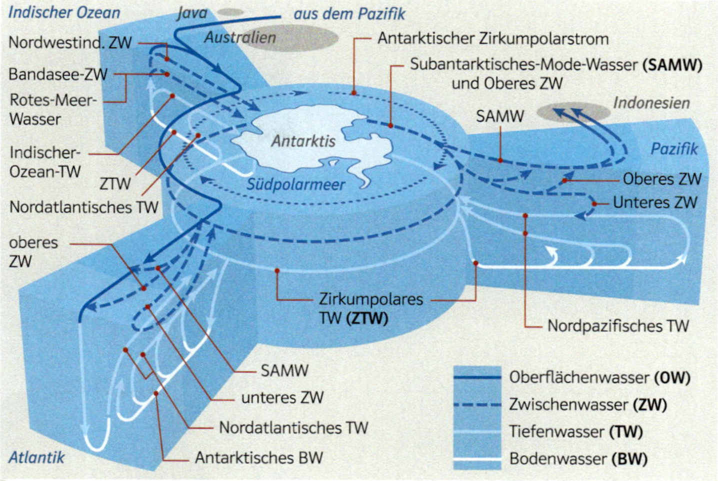

5 Globale Meeresströmungen
Nach: www.spektrum.de/lexika (Zugriff 12.02.2021)

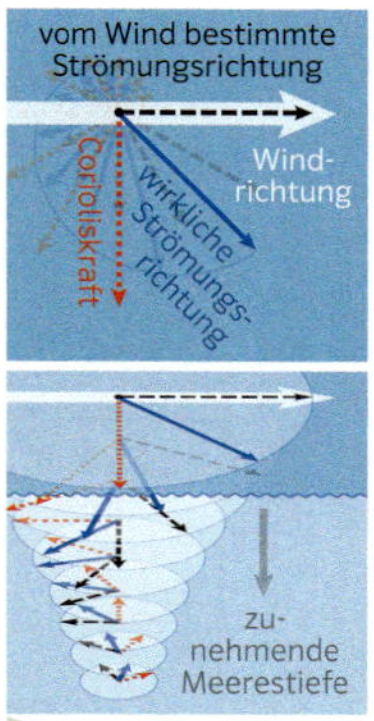

6 Veränderung der Strömungsrichtung des Meerwassers

1 MK
Beschreiben Sie das System der Meeresströmungen.

2 MK
Erklären Sie, warum sehr warme und sehr kalte Meere die höchsten Salzgehalte haben. Überprüfen Sie den Sachverhalt mithilfe des Online-Codes.

3
Stellen Sie den Unterschied zwischen Oberflächen- und Tiefenwasser dar.

4
Erläutern Sie die Funktionsweise des thermohalinen Antriebs.

FALLBEISPIEL: Golfstrom

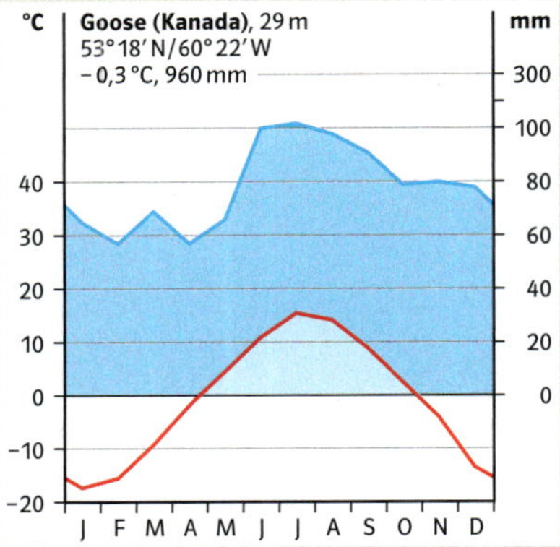

Klimadiagramm von Goose/Kanada

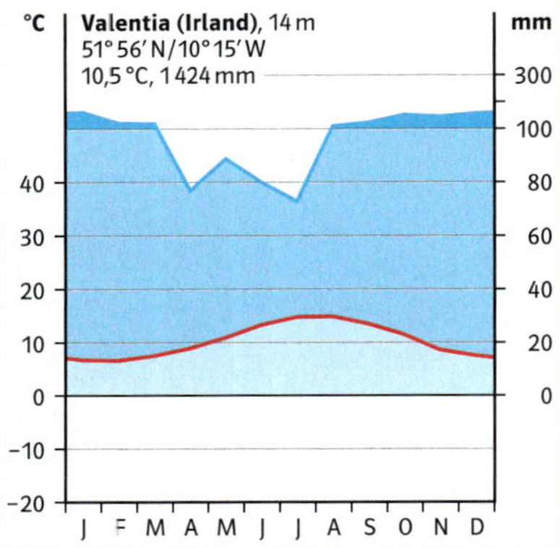

Klimadiagramm von Valentia/Irland

Visualisierung des Golfstromsystems

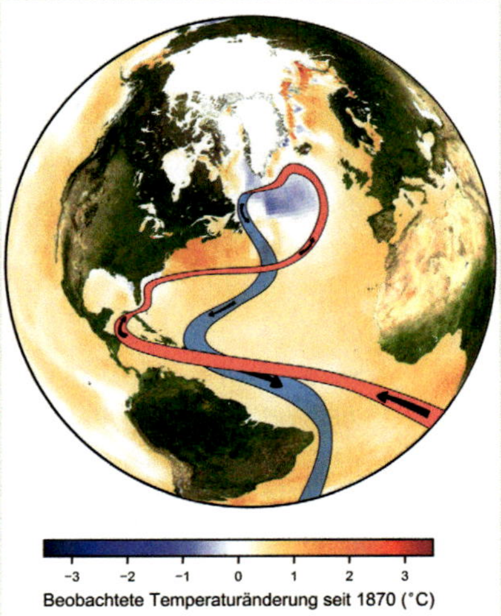

Veränderung der Wassertemperatur seit 1870
Schema des Golfstromsystems mit der warmen Oberflächenströmung und der kalten Tiefenströmung. Der eigentliche Golfstrom vor der US-Küste ist ein Teil dieser umfassenden Umwälzströmung. Die Farbschattierung zeigt den gemessenen Temperaturtrend seit dem späten 19. Jh., nach Caesar et al., Nature 2018.

7

Der Golfstrom: Beispiel für eine thermohaline Zirkulation
„Als Golfstrom wird traditionell die [...] starke horizontale Meeresströmung an der Oberfläche bezeichnet, die nahe der US-amerikanischen Ostküste von Florida bis North Carolina verläuft. Bei Kap Hatteras auf 35 Grad Nord löst sich der Strom von der Küste und dringt als gebündelter Strahlstrom mit etwa 5 km/h auf 50 km Breite in den offenen Atlantik vor. Nach der Ablösung fängt die Strömung an zu flackern wie eine Kerze mit zu langem Docht. In unregelmäßigen Abständen lösen sich geschlossene Ringe ab, die sich dann wie Tiefdruckgebiete der Atmosphäre fortbewegen, aber Lebenszeiten von vielen Monaten erreichen können. Nach etwa 1 500 km verliert sich der Charakter als gebündelter Strom, man bezeichnet die Verzweigungen als Golfstromausläufer, den nach Norwegen reichenden Ast auch als Nordatlantischen Strom."

Was ist der Golfstrom? Max-Planck-Institut für Meteorologie, Hamburg; auf www.mpimet.mpg.de/kommunikation/fragen-zu-klima-faq/was-istder-golfstrom/ (Zugriff 03.05.2021)

8

Energietransport und Antrieb
„[...] Diese als Golfstrom [...] bekannte Meeresströmung transportiert bei 24° N die enorme Energiemenge von 1,3 Petawatt (1 PW = 10^9 Megawatt = 10^{15} Watt) und bei 48° N noch 0,6 PW in den Nordatlantikraum, wo sie zu einem großen Teil an die Atmosphäre abgegeben wird, das regionale Klima um bis zu 10 K erwärmt und in Folge der vorherrschenden Westwinde für das außerordentlich milde Klima in Nordwesteuropa sorgt [...]."

Dieter Kasang: Das große marine Förderband: Strömungssystem. Hamburger Bildungsserver; auf http://bildungsserver.hamburg.de/ozean-und-klima/2070122/thc-stroemungssystem-artikel/ (Zugriff 16.01.2021)

9

Das Jüngere Dryas-Ereignis

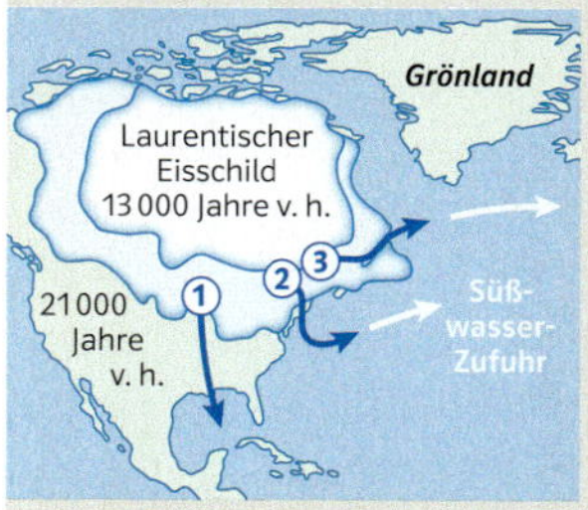

kontinentale Abflüsse 1 Mississippi-Tal 2 Hudson-River 3 St. Lorenz-Strom

Der Laurentische Eisschild mit seinen Grenzen vor 21 000 und vor 13 000 Jahren

„Der Blick auf die Thermohaline Zirkulation (THC) im Eiszeitalter zeigt, dass es nicht nur einen Zustand der THC im Nordatlantik geben muss. Zwar nicht der Golfstrom, aber seine Fortsetzung, der Nordatlantikstrom, ist am Ende der letzten Kaltzeit (während der sog. Jüngeren-Dryas-Zeit) vorübergehend zum Erliegen gekommen. [...]
Im Gegensatz zu dem relativ stabilen Klima des Holozäns, d. h. der letzten 10 000 Jahre, zeigt das Klima der letzten Kaltzeit, der sogenannten Würm-Kaltzeit zwischen 10 000 und 100 000 v. h., starke Schwankungen zwischen warmen und kalten Phasen, besonders ausgeprägt im nordatlantischen Raum. Die bekannteste und am besten erforschte plötzliche Klimaänderung dieser Art ist das sogenannte Jüngere Dryas-Ereignis am Ende der letzten Kaltzeit vor rund 13 000 bis 11 500 Jahren. Die Temperatur sank zu Beginn dieser Periode in wenigen Jahrzehnten um mehrere Grad, und auch die Erwärmung am Ende dieser Phase war sehr abrupt und betrug in großen Teilen der nördlichen Hemisphäre bis zu 10 °C in 50 Jahren. Die Ursache für den plötzlichen Temperaturabfall lag nach heutiger Erkenntnis in einem Aussetzen oder einer deutlichen Schwächung der Tiefenkonvektion im Nordatlantik, die die am Ende der letzten Kaltzeit gerade wieder belebte Warmwasserheizung durch den Golfstrom abstellte. Als Grund für das Aufhören der Tiefenkonvektion wird eine plötzliche und gewaltige Schmelzwasserzufuhr über die Labradorsee in das Absinkgebiet der thermohalinen Zirkulation angenommen."

Dieter Kasang: Das Jüngere Dryas-Ereignis. Hamburger Bildungsserver; auf http://bildungsserver.hamburg.de/ozean-und-klima/2070132/thc-dryas-artikel/ (Zugriff 03.05.2021)

10

Der Golfstrom schwächelt, aber hält sich

„Der Golfstrom wird schwächer. Dass er schon bald gänzlich zum Erliegen kommt, ist laut einer neuen Studie unwahrscheinlich. Sie zeigt aber: Veränderungen sind zu erwarten.
Der Golfstrom gilt als die Heizung Großbritanniens, des Nordatlantiks und Westeuropas. Die rasch fließende Meeresströmung transportiert Wasser aus dem Golf von Mexiko nach Europa und prägt dort das Klima. Doch infolge der globalen Erwärmung wird der Strom schwächer. Auch weil immer mehr Schmelzwasser aus Grönland und starke Regenfälle das Salzwasser verdünnen, wie eine aktuelle Studie im Magazin vermuten lässt.
In den Simulationen des Autorenteams ist es zwar unwahrscheinlich, dass die Strömung gänzlich verschwindet. Der Grund dafür sind laut den Forschern kleine, schnelle Veränderungen über dem Nordatlantik. Doch es sei zu erwarten, dass sich die Beschaffenheit des Stroms in den kommenden 100 Jahren zwischenzeitlich verändern wird.
‚Die Ozeane speichern eine große Menge Energie', sagt der Mathematiker Fred Wubs von der Universität Groningen in einer Pressemitteilung zur Veröffentlichung der Studie. Auch deshalb hätten die Strömungen in den Meeren einen großen Effekt auf das Erdklima. Der offizielle Name des Golfstroms lautet ‚Atlantic Meridional Overturning Circulation', kurz AMOC. [...] Ein Totalzusammenbruch scheint äußerst unwahrscheinlich. Die Berechnungen der Forscher decken sich mit den Ergebnissen anderer Untersuchungen. Allein 2018 waren zwei Studien in erschienen, die Belege für eine bereits sichtbare Abschwächung des Golfstroms lieferten. Neu an der aktuellen Publikation ist vor allem das gewählte Berechnungsmodell. ‚Die Simulationen zeigen, dass die Wahrscheinlichkeit eines Totalzusammenbruchs des Golfstroms während der nächsten 1 000 Jahre vernachlässigbar ist', sagt Wubs. Es sei eher zu erwarten, dass zeitweilig weniger relativ warmes Wasser nach Nordwest-Europa transportiert werde. ‚Unserer Simulation zufolge liegt die Wahrscheinlichkeit dafür in den kommenden 100 Jahren bei 15 Prozent.'
Die Folge könnten Kälteeinbrüche im Nordatlanktik sein. Weitere Untersuchungen seien jedoch notwendig, um diese Annahme zu bestätigen, betont das Forscherteam. Auch weil sie in ihrer Simulation nicht berücksichtigt haben, wie viel zusätzliches Schmelzwasser es künftig geben könnte, wollen sie die Ergebnisse mithilfe eines umfassenden Klimamodells prüfen.
Ob und falls ja mit welchen Folgen der Golfstrom zum Erliegen kommen könnte, beschäftigt Wissenschaftlerinnen und Forscher spätestens seit den 1980er-Jahren. Damals warnte Wallace Broecker in einem Aufsatz vor möglichen Veränderungen, nachdem sich gezeigt hatte, dass sich abrupte Klimaänderungen der Vergangenheit auf veränderte Atlantikströmungen zurückführen ließen."

Alina Schadwinkel, Der Golfstrom schwächelt, aber hält sich. In: Spektrum 30.12.2019, unter: www.spektrum.de/news/klimawandel-der-golfstrom-schwaechelt-aber-haelt-sich/1695134 (Zugriff 03.05.2021)

11

5 MK Beschreiben Sie die Funktionsweise und Bedeutung des Golfstroms. Nutzen Sie auch den Online-Link.

6 Erklären Sie, wie das Schmelzwasser des Jüngeren-Dryas-Ereignisses den Golfstrom zum Erliegen brachte (M10).

7 Erörtern Sie die klimatischen Konsequenzen, die ein Versiegen des Golfstroms für Europa haben könnte.

8 Droht uns eine plötzliche Eiszeit? Nehmen Sie mithilfe der Materialien dazu Stellung.

Wichtige Begriffe

- Aquifer
- Evaporation
- Grundwasser
- Meer
- Niederschlag
- Oberflächenwasser
- Salzwasser
- Süßwasser
- Transpiration
- Versickerung
- Wasserbedarf
- Wasserdargebot
- Wassergewinnung
- Wasserhaushalt
- Wasserverbrauch
- Wasserverfügbarkeit
- Wasserqualität

Wissen vernetzen

Wasser – in seiner chemischen Formel H_2O – ist weltweit das bekannteste Molekül. Als Einziges kommt es natürlich auf der Erde in drei Aggregatzuständen vor, als Wasserdampf, Flüssigkeit oder Eis. Wasser spielt für die globalen Austauschprozesse eine zentrale Rolle: Es verknüpft alle Sphären.
Ohne Wasser gäbe es kein Leben. In den meisten Ökosystemen ist Wasser ein begrenzender Faktor: Niederschläge und Grundwasser sind beispielsweise für das Wachstum von Pflanzen zwingend notwendig.
Wasser beeinflusst das Klima. Es kann große Mengen an Wärme speichern und in Meeresströmungen über weite Strecken transportieren.
Wasser gestaltet die Landschaft. Es kann z. B. durch den Wechsel zwischen Gefrieren und Auftauen Gestein sprengen und als fließendes Gewässer Gebirge abtragen. Meereswellen und Gezeiten formen die Küsten.
Wasser wird der wichtigste Rohstoff unseres Jahrhunderts sein. Es kann durch nichts ersetzt werden, auch wenn es in fast unbegrenzter und gleichbleibender Menge vorhanden zu sein scheint. Aber die Nachfrage, vor allem nach Süßwasser, steigt. Weltweit wächst die Nachfrage doppelt so schnell wie die Bevölkerung. Die UNESCO befürchtet, dass 2050 mehr als 7 Mrd. Menschen von Wasserknappheit betroffen sein werden, aktuell sind es etwa 1,5 Mrd.
Die Bewältigung der Wasserprobleme ist eine globale Herausforderung. Das in diesem Kapitel erworbene Verständnis über hydrosphärische Prozesse kann Ihr erster Schritt dahin sein, an der Lösung der Problematik mitzuwirken.

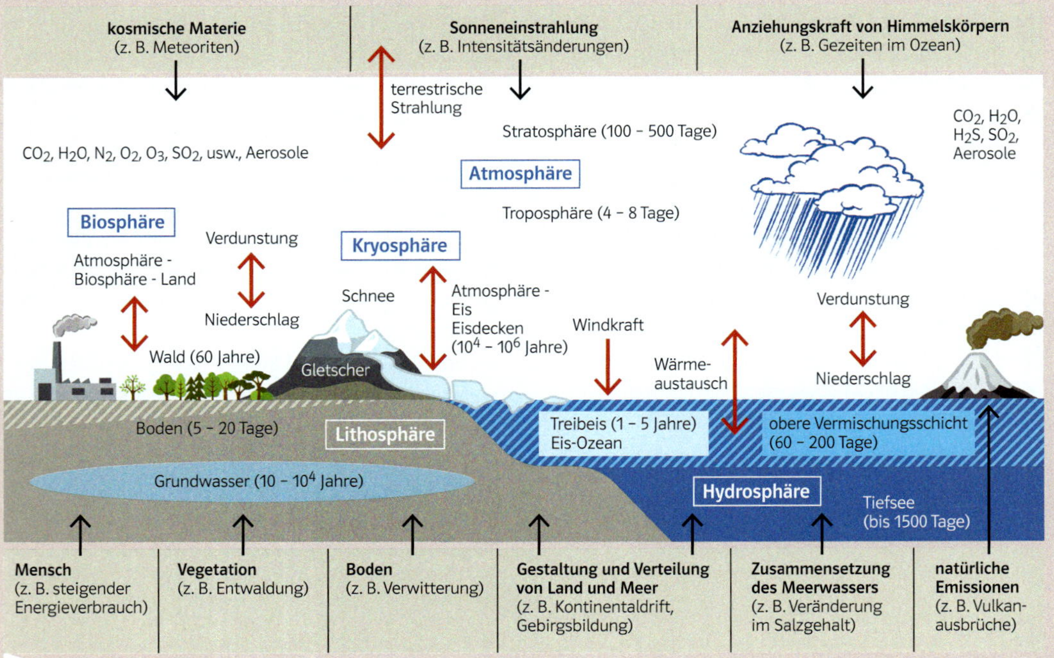

1 Wechselwirkungen in der Hydrosphäre

HJL, Hydrosphäre. In: Spektrum. Lexikon der Geowissenschaften, unter: www.spektrum.de/lexikon/geowissenschaften/hydrosphaere/7262 (Zugriff 03.05.2021)

Kompetenzen überprüfen

Sich orientieren

1 Die Anrainer der Flüsse Colorado, Ganges, Jordan und Nil sind mit Wasserproblemen konfrontiert. Stellen Sie in einer Karte die Flüsse, die klimatischen Bedingungen, betroffene Staaten und das jeweilige Wasserproblem dar.

Wissen und verstehen

2 Erläutern Sie anhand von Grafik 1 die Wechselwirkungen der Hydrosphären mit den anderen Sphären und dem Einfluss des Menschen.

3 Stellen Sie die Zusammenhänge zwischen Salzgehalt, Dichte und Gefrierpunkt des Wassers dar.

4 Charakterisieren Sie Zusammenhänge zwischen Grundwasserverfügbarkeit (Karte S. 148) und geologischem Bau (Atlaskarte zur Geologie Deutschlands).

Fachmethoden anwenden

5 Erstellen Sie ein Fließschema zu den Antriebskräften des Golfsstroms in der Normalsituation.

6 Stellen Sie in zwei kommentierten Diagrammen den Wasserkreislauf in einer ariden und in einer humiden Klimazone dar.

Beurteilen und bewerten

7 Nehmen Sie Stellung zu den Aussagen der indischen Schriftstellerin Arundhati Roy. (Text 2)

8 Beurteilen Sie, ob das Foto 3 die Wasserproblematik zutreffend bebildert.

Handeln

9 Analysieren Sie das Wasserdargebot in Ihrer Region.

10 Erstellen Sie eine Übersicht, an welchen Stellen in Ihrer Heimatregion der Wasserkreislauf durch den Menschen beeinflusst wird.

Eine kritische Stimme

"Big Dams started well, but have ended badly. There was a time when everybody loved them, everybody had them – the Communists, Capitalists, Christians, Muslims, Hindus, Buddhists. There was a time when Big Dams moved man to poetry. Not any longer ... Big Dams are obsolete. They're uncool. They're undemocratic ... They're brazen means of taking water, land and irrigation away from the poor and gifting it to the rich. Their reservoirs displace huge populations of people, leaving them homeless and destitute."

Arundhati Roy (indische Schriftstellerin): The cost of living. New York: Modern Library 1999, S. 15–16

2

3 „Mangel im Überfluss" – Überschwemmung in Bangladesch

Wenn Sie alle Seiten dieses Kapitels bearbeitet haben, können Sie ...

- die grundlegenden Prozesse in der Hydrosphäre in ihren Auswirkungen auf verschiedenen Maßstabsebenen erklären,
- den Wasserkreislauf und seine grundlegenden Prozesse charakterisieren,
- das lokal, regional und global unterschiedliche Wasserdargebot erklären.

6

Biosphäre

1 Vertical farming – die neue Biosphäre?

In immer größerem Ausmaß gestaltet der Mensch die Biosphäre, wie das Beispiel des Vertical Farming zeigt. Gleichzeitig schwindet in beängstigendem Ausmaß weltweit die Biodiversität: Zahlreiche Tier- und Pflanzenarten sind heute vom Aussterben bedroht, viele sind bereits für immer verschwunden. Andere Arten profitieren von der Klimaerwärmung sowie den weltweiten Warenströmen und dringen in unsere Lebensräume vor. Welche Prozesse und Wechselwirkungen charakterisieren den belebten Teil der Sphären, die Biosphäre? Welche Veränderungen werden durch den Menschen hervorgerufen?

Weltweites und rasantes Artensterben: Gefährdung der Biosphäre

Das Aussterben von Arten gehört zur Evolution des Lebens und ist deshalb nicht beunruhigend. Höchst alarmierend ist aber die Geschwindigkeit, mit der die Biodiversität abnimmt. Stellt das eine existenzielle Bedrohung für die Ökosysteme und damit auch den Menschen dar?

Noch nie in der Geschichte der Menschheit hat sich die **Biosphäre** so schnell verändert wie in den letzten 50 Jahren. Nach einem Bericht der Umweltorganisation WWF sind in den letzten 40 Jahren die Wirbeltierbestände um mehr als 60 % zurückgegangen. Wie wertvoll die Vielfalt der verschiedenen Arten ist, machen sich die wenigsten Menschen bewusst. In ihrer Wahrnehmung wird unser tägliches Leben von technischen Systemen bestimmt. Kommunikation, Mobilität, aber auch die Versorgung mit Nahrungsmitteln erleben viele Menschen als weitestgehend von der Natur unabhängig. Dabei sind es die Leistungen der Ökosysteme, welche die Grundlage für menschliches Wohlergehen bilden. Wie sind die Wirkungszusammenhänge in der Biosphäre?

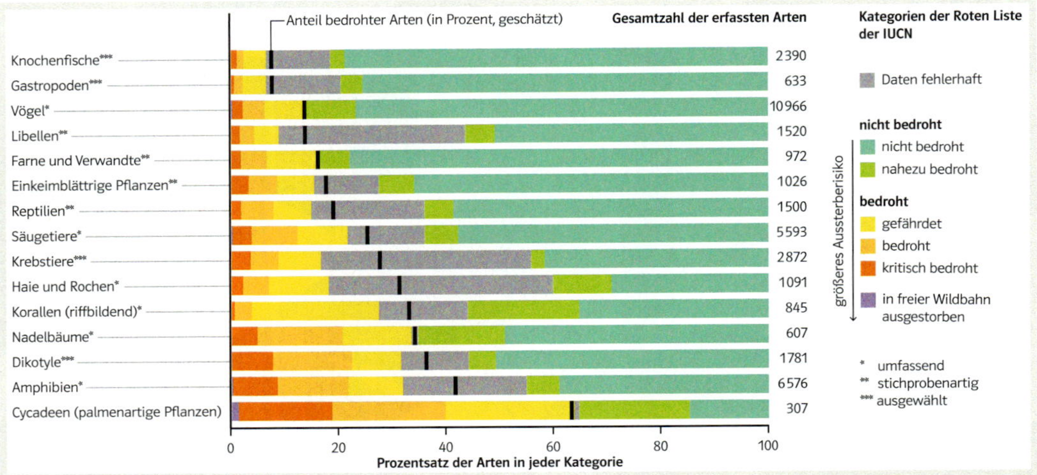

Aktuelles globales Aussterberisiko in verschiedenen Artengruppen

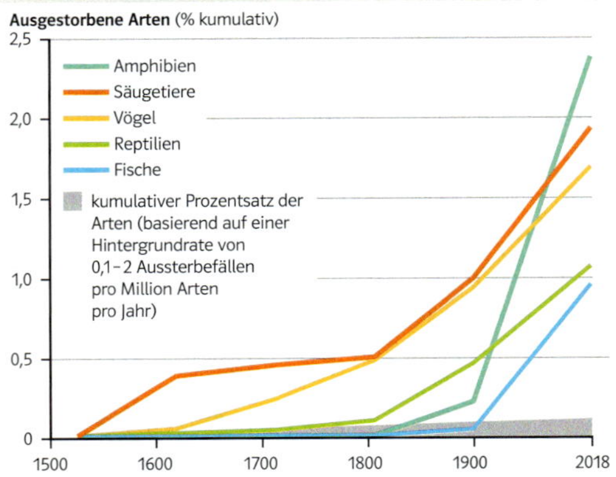

Prozentzahl der ausgestorbenen Arten seit 1500

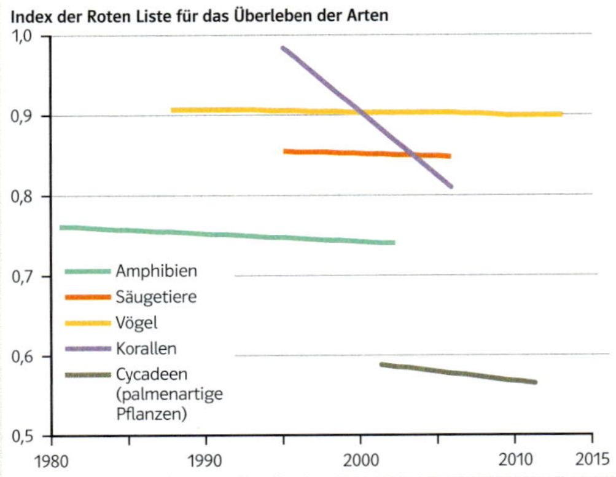

Rückgang der lebenden Arten seit 1980

Ein erheblicher Teil der bewerteten Arten ist vom Aussterben bedroht und Gesamttrends verschlechtern sich, wobei die Aussterberaten im letzten Jahrhundert stark angestiegen sind.

1 Artensterben

Nach: IPBES 2019, unter: issuu.com/marohaas/docs/2019_ipbes_global_report_spm__layout_v9_digital_, S. 26; (Zugriff 29.04.2021)

	Leistungen der Natur für die Menschen	Globaler Trend 50 Jahre					Richtungsweisender Trend über Regionen hinweg	Ausgewählter Indikator
Regulierung von Umweltprozessen	1 Schaffung und Erhaltung von Lebensräumen	●					→	– Ausmaß an geeignetem Lebensraum
		●					→	– Intaktheit der Biodiversität
	2 Bestäubung und Ausbreitung von Samen und anderen Vermehrungsprodukten	●					→	– Vielfalt der Bestäuber
		●					→	– Ausmaß an natürlichem Lebensraum in landwirtschaftlichen Gebieten
	3 Regulierung der Luftqualität		●				∿	– Rückhaltung und verhinderte Emission von Luftschadstoffen durch Ökosysteme
	4 Regulierung des Klimas		●				∿	– Verhinderte Emissionen und Aufnahme von Treibhausgasen durch Ökosysteme
	5 Regulierung der Ozeanversauerung			●			∿	– Kapazität zur Bindung von Kohlenstoff durch marine und terrestrische Umgebungen
	6 Regulierung von Süßwassermenge, -ort und -zeit		●				∿	– Einfluss von Ökosystemen auf die Luft-Oberflächen-Grundwasser-Verteilung
	7 Regulierung der Süßwasser- und Küstenwasserqualität		●				→	– Ausmaß der Ökosysteme, die Wasser filtern oder mit Bestandteilen anreichern
	8 Bildung, Schutz und Dekontamination von Böden und Sedimenten		●				∿	– Organischer Kohlenstoff im Boden
	9 Regulierung von Gefährdungen und Extremereignissen		●				∿	– Fähigkeit von Ökosystemen, Gefahren zu absorbieren und abzupuffern
	10 Regulierung von schädlichen Organismen und biologischen Prozessen	●					→	– Ausmaß des natürlichen Lebensraums in landwirtschaftlichen Gebieten
			●				→	– Vielfalt an kompetenten Wirten für vektorübertragene Krankheiten
Materialien und Unterstützung	11 Energie				●		∿	– Umfang der landwirtschaftlich genutzten Flächen – potenzielle Flächen für die Bioenergieproduktion
			●				∿	– Ausmaß der bewaldeten Fläche
	12 Lebens- und Futtermittel				●		∿	– Umfang der landwirtschaftlich genutzten Flächen – Potenzial für die Produktion von Nahrungs- und Futtermitteln
		●					∿	– Große Häufigkeit der Meeresfischbestände
	13 Materialien und Hilfsmittel				●		∿	– Ausmaß der landwirtschaftlichen Nutzfläche – potenzielle Fläche für die Materialproduktion
			●				∿	– Ausmaß der bewaldeten Fläche
	14 Medizinische, biochemische und genetische Ressourcen		●				→	– Anteil der lokal bekannten und medizinisch genutzten Arten
		●					→	– Phylogenetische Vielfalt
nicht materiell	15 Lernen und Inspiration	●					→	– Anzahl der Menschen in unmittelbarer Nähe zur Natur
		●					→	– Diversität des Lebens, von dem man lernen kann
	16 Physische und psychische Erfahrungen		●				→	– Fläche der natürlichen und traditionellen Landschaften und Meereslandschaften
	17 Unterstützende Qualifikationen		●				→	– Stabilität der Landnutzung und Landbedeckung
	18 Erhaltung von Optionen	●					→	– Überlebenswahrscheinlichkeit der Arten
		●					→	– Phylogenetische Vielfalt

richtungsweisender Trend: globale Trends (abnehmend ← → zunehmend); → konsistent, ∿ variabel über Regionen hinweg

Gewissheitsgrade: gut etabliert; etabliert, aber unvollständig; ungelöst

2 **Globale Trends in der Fähigkeit der Natur, einen Beitrag zu guter Lebensqualität zu leisten (1970 bis heute)**

Nach: IPBES 2019, unter: issuu.com/marohaas/docs/2019_ipbes_global_report_spm___layout_v9_digital_, S.23; (Zugriff 29.04.2021)

1 Erläutern Sie ausgehend von den Materialien Dimensionen des globalen Artensterbens.

2 Beschreiben Sie an selbst gewählten Beispielen aus Ihrer Region, welche Ökosystemleistung ihr Leben bereichert.

3 Erklären Sie an Beispielen die vielfältigen Auswirkungen des Artensterbens auf die Lebensqualität von Menschen (M2).

1 Pflanzen wachsen unter verschiedenen Bedingungen

Wirkungszusammenhänge in der Biosphäre

Weshalb wachsen in der Wüste Arizonas Kakteen, aber nicht im Schwarzwald? Wie können Pflanzen im Hochgebirge und kleinsten Mauerritzen überleben? Weshalb wachsen Pflanzen als Epiphyten auf anderen Pflanzen? In welchem Umfang ist die Vegetation vom Menschen beeinflusst? Welche Wirkungszusammenhänge sind für die Differenzierung der Vegetation in unterschiedlichen Ökosystemen verantwortlich?

Potenziell natürliche und reale Vegetation

In weiten Teilen der Erde hat der Mensch verändernd bis zerstörend in seine Umwelt eingegriffen. Die daraus hervorgegangene „reale Vegetation" unterscheidet sich deutlich von der „potenziellen natürlichen Vegetation", die ohne diese Beeinträchtigungen aufgrund der natürlichen Standortbedingungen an einem Ort vorhanden wäre. Ein Beispiel dafür sind die Nadelnutzwaldforste im Alpenvorland, welche als Ersatzgesellschaften an die Stelle der früher hier wachsenden Buchenmischwälder getreten sind.

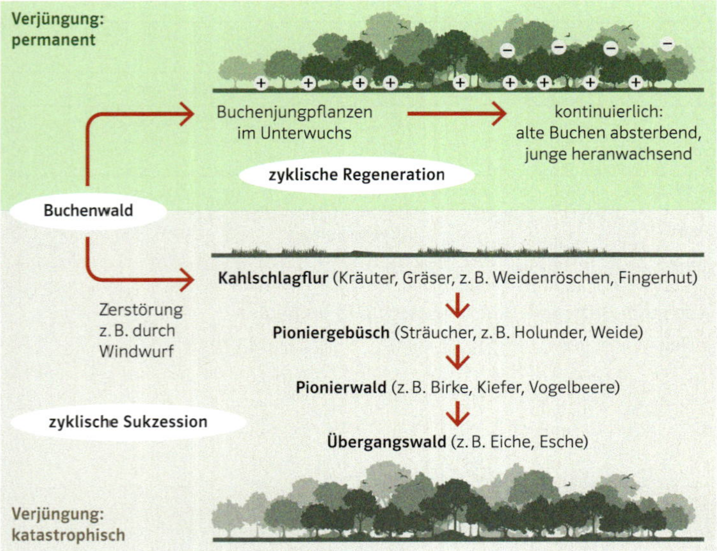

2 Sukzession in Waldgebieten Mitteleuropas

verändert nach: Fred-Günter Schröder: Lehrbuch der Pflanzengeographie. Wiebelsheim: Quelle & Meyer 1998, S. 63

Sukzession

Mit den Jahreszeiten unterliegen Pflanzen und Tiere kurzfristigen, periodisch wiederkehrenden Veränderungen. Längerfristige Veränderungen sind zum einen zyklische Prozesse, wie die ständige Regeneration von nicht forstwirtschaftlich genutzten Wäldern und Urwäldern. Daneben gibt es gerichtete Entwicklungen (Sukzessionen), die z. B. nach einer Veränderung der Geofaktoren wie einem Vulkanausbruch, einem Windwurf, auch Windbruch oder Sturmholz genannt, oder nach Eingriffen des Menschen ablaufen. Progressive Sukzessionen führen dabei zu Pflanzengesellschaften, die optimal an die Standortbedingungen angepasst sind. Regressive Sukzessionen sind meist mit einer **Degradation** verbunden. Ein Beispiel ist die intensive Beweidung des Moorbirkenwaldes bis hin zur Ausbildung vegetationsloser Steinpflasterwüsten in Island.

1 MK

Die Entwicklung eines Sekundärwaldes nach Brandrodung ist ein Beispiel für Sukzession in den tropischen Regenwäldern. Erläutern Sie dies mithilfe einer Internetrecherche.

2

Stellen Sie an einem Beispiel aus Ihrem Heimatraum den Unterschied zwischen realer und potenzieller Vegetation dar.

Geofaktoren und die Verbreitung von Pflanzen

Umweltfaktor Licht

Pflanzen nutzen Sonnenenergie, um aus anorganischen Stoffen Kohlenhydrate aufzubauen (Fotosynthese) und damit Energie zu gewinnen. Nicht überall sind die Bedingungen der Sonneneinstrahlung jedoch gleich. In Waldgesellschaften mit stockwerkartigem Aufbau findet man Sonnen- und Schattenpflanzen mit unterschiedlichen Ansprüchen. Selbst innerhalb einer Baumkrone lassen sich Sonnen- und Schattenblätter unterscheiden. Viele Flechten und Moose, aber auch Orchideen als Aufsitzerpflanzen (Epiphyten) in den tropischen Regenwäldern streben dem Licht zu. Licht ist auch ein wichtiger Faktor für die Tierwelt. Die Tageslänge steuert Fortpflanzungszeiten, jahreszeitliche Wanderungen wie den Vogelzug, die Vorbereitung auf den Winter oder den Gesangsbeginn bei Singvögeln. Schließlich bestimmt Licht auch unsere „innere Uhr“.

3

Umweltfaktor Wärme

Lebensnotwendige Stoffwechselprozesse wie die Fotosynthese finden zwischen 0 °C und 45 °C statt. Die Temperatur bestimmt mit anderen Faktoren die Dauer der Vegetationsperiode, die Abfolge der Vegetation in den Gebirgen und die Anordnung der Vegetationszonen. Pflanzen in Wüstengebieten und in den mittleren Breiten haben gegen Temperaturschwankungen im Tages- bzw. Jahresgang wirksame Anpassungen entwickelt wie z. B. Haarfilz oder dicke Korkschichten. Die Kugel- oder Säulenform bei Kakteen schützt aufgrund der verhältnismäßig kleinen Oberfläche vor zu viel Ein- bzw. Ausstrahlung. Weitere Möglichkeiten sind Klein- und Polsterwuchs, isolierende Knospenschuppen, Hartlaubigkeit und Blattwurf. Gefrierbeständige Pflanzen besitzen eine Art „Frostschutz“ im Zellsaft. Auch für die Ausbildung verschiedener Lebensformen sind Temperatur und die Wasserverfügbarkeit entscheidende Umweltfaktoren.

4

Umweltfaktor Wasser

Wasser ist in vielen Gebieten der limitierende Faktor und bestimmt Zusammensetzung und Verteilung der Vegetation. Die Pflanze benötigt Wasser für die Fotosynthese, für die Stabilität, als Transportmittel für Nährstoffe und als Lösungsmittel für Stoffwechselreaktionen. Durch die Transpiration, die Verdunstung an den blattunterseitig liegenden Spaltöffnungen entsteht in der Pflanze ein Sog, der sich bis in die Wurzelspitzen fortsetzt. So gelingt es ohne Energieaufwand, den Wasserstrom bis in über 100 m Höhe zu transportieren. Darüber hinaus schützt Transpiration vor Hitzeschäden. Neben der Anpassung an jahreszeitliche Veränderungen können Pflanzen mithilfe differenzierter Gewebe und Organe ihren Wasserhaushalt selbst regulieren. Je nach Spezialisierungsgrad unterscheidet man verschiedene Wasserhaushaltstypen.

5

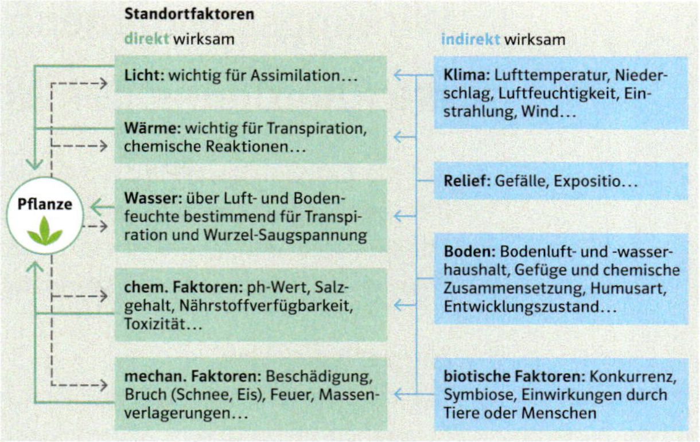

6 Beziehungen zwischen den indirekt und direkt auf die Pflanze wirkenden Standortfaktoren

Nach: Hans-Jürgen Klink: Vegetationsgeographie. Das Geographische Seminar. 3. Aufl. Braunschweig: Westermann 1998, S. 108, verändert

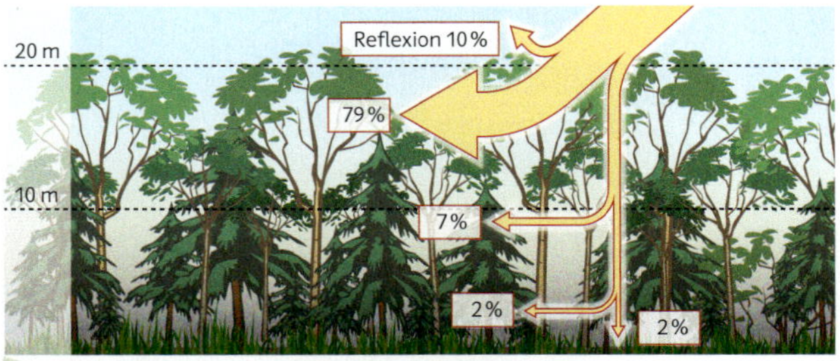

7 Anteile an einfallender kurzwelliger Strahlung in einem stockwerkartig aufgebauten Laub-Nadel-Mischwald

Nach: Rainer Glawion, Rüdiger Glaser, Helmut Saurer: Physische Geographie. Braunschweig: Westermann 2009, S. 289, nach: Walter Larcher 1984

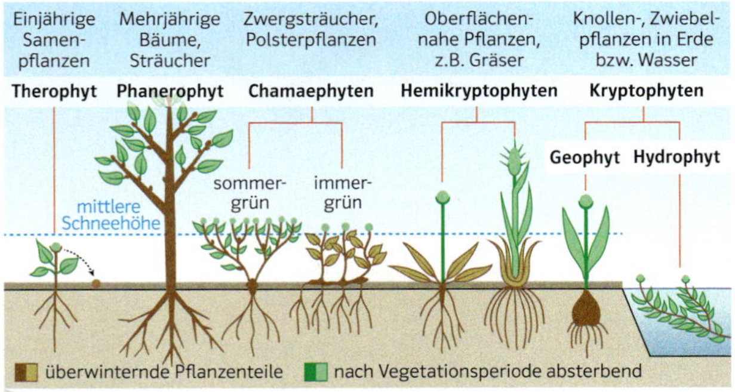

8 Lebensformen nach Ch. Raunkiaer (1905)

Nach: ebenda, S. 307

3

Charakterisieren Sie die Wirkung von direkten und indirekten Standortfaktoren auf die Pflanze anhand konkreter Beispiele.

4

Begründen Sie, weshalb Wasser, Licht und Wärme von elementarer Bedeutung für die Pflanzen sind.

Wirkungszusammenhänge – die Anordnung der Ökosysteme

Auf der Erdoberfläche sind die Ökosysteme in charakteristischer Weise angeordnet. Besonders deutlich wird dies entlang eines Profils auf 15° östlicher Länge. Doch diese „ideale“ Anordnung wird gestört durch Gebirge oder die Ausdehnung von Kontinenten. Welche naturräumlichen Faktoren bestimmen die globale Anordnung der Ökosysteme?

Höhenstufen S.141

Zonale Vegetation

Wie die Klimazonen lassen sich weltweit Vegetationszonen abgrenzen, in denen bestimmte Ökosysteme vorherrschen. Diese Räume weisen eine große Übereinstimmung der klimatischen Parameter auf: Die Dauer der Vegetationsperiode, die relative Luftfeuchtigkeit, das Jahresmittel der Lufttemperatur, den jährlichen **Niederschlag** und die jährliche potenzielle Verdunstung steuern die Anordnung der Vegetation und damit der Ökosysteme. Ein theoretisches Beispiel ist die Anordnung der Vegetation auf einem „Idealkontinent“ (Karte 1). Dabei wird von vergleichbaren sonstigen Bedingungen, wie beispielsweise ausreichend guten **Böden** oder vergleichbarer Höhenlage, ausgegangen. In der Realität wird diese verallgemeinerte Anordnung aber „gestört“. Viele Faktoren, die ein Ökosystem bestimmen, sind nicht regelmäßig angeordnet. So unterscheiden sich trotz gleicher Breitenlage die klimatischen Bedingungen an den West- und Ostseiten der Kontinente sowie im Innern der Kontinente. Auch Gebirge unterbrechen mit der vertikalen Veränderung von Temperatur und Niederschlag die regelhafte Anordnung der Ökosysteme. Auf einer Karte sind die einzelnen Zonen meist mit einer dünnen Grenzlinie voneinander getrennt. In Wirklichkeit erfolgt der Übergang von einem Ökosystem zum anderen nicht abrupt, sondern in einer mehr oder weniger breiten Übergangszone.

Im Laufe der Zeit hat sich die Anordnung der Ökosysteme immer wieder geändert, So waren während der letzten Eiszeit die arktischen Ökosysteme auf der Nordhalbkugel weit nach Süden verschoben. Reste davon finden sich noch heute in eng abgegrenzten Arealen der Mittelgebirge und Alpen. Der aktuelle Klimawandel wird die Anordnung weiter verändern und die Ökosysteme weiter polwärts verschieben.

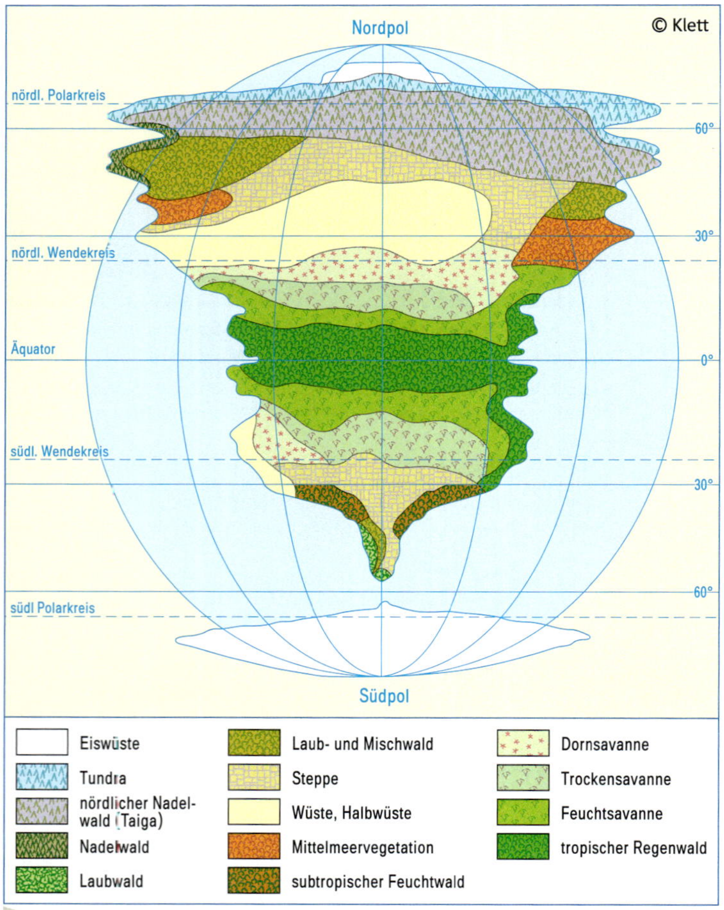

1 Abfolge der Vegetationszonen der Erde auf dem „Idealkontinent“
Nach: Wilhelm Troll 1948, in: Hans-Jürgen Klink: Vegetationsgeographie. 3. Aufl., Braunschweig: Westermann 1998, S.213

1 Charakterisieren Sie anhand der Abbildungen die Vegetation der einzelnen Zonen.

2 Arbeiten Sie aus dem Diagramm die Zusammenhänge zwischen der jeweiligen Vegetationszone und den genannten Geofaktoren heraus und erstellen Sie dazu eine vergleichende Übersicht.

3 Erstellen Sie für Ihren Heimatraum eine Übersicht zur vorherrschenden Vegetation und den klimatischen Bedingungen.

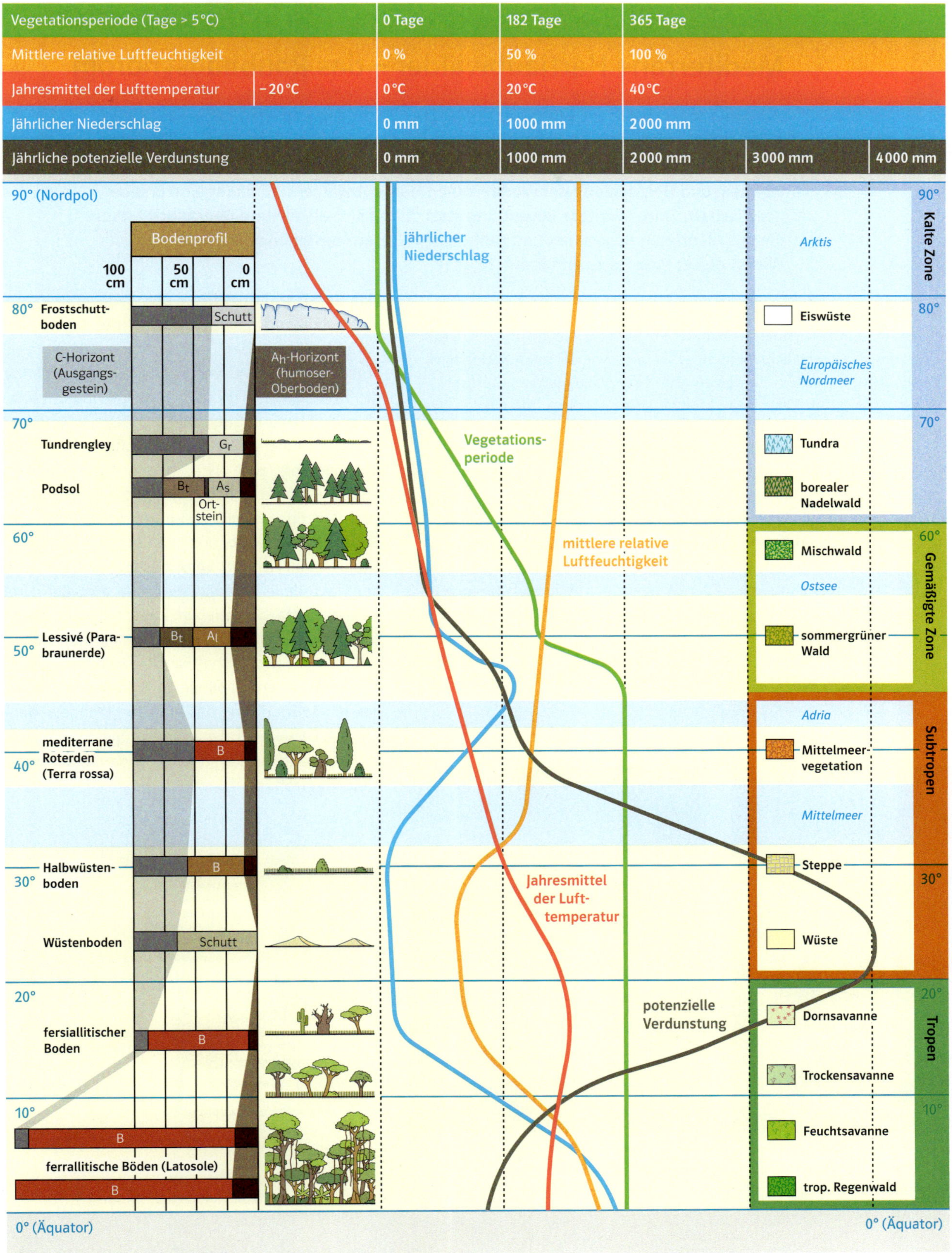

2 Anordnung der Vegetationszonen entlang 15° östlicher Länge

FALLBEISPIEL: Menschliche Eingriffe in das Ökosystem Mediterrane Hartlaubwälder – das Raubbausyndrom

Zwischen März und Mai steht die Macchie, eine einzigartige Hartlaubvegetation aus 3–5 m hohen Sträuchern, in voller Blüte und verbreitet ihren aromatischen Duft. Sie ist das Ergebnis einer über Jahrtausende erfolgten Nutzung durch Abbrennen, Überweidung und Holznutzung der mediterranen Hartlaubwälder und bildet eine Ersatzgesellschaft. Findet weitere Beweidung statt, bildet sich als weitere Degradationsstufe die aus niedrigem Buschwerk und zahlreichen Gräsern bestehende Garrigue.
Wie ist dieser Prozess zu erklären?

Das Raubbausyndrom
„Es beschreibt die rasche, bis zur Zerstörung bzw. Ausrottung reichende Übernutzung nachwachsender Ressourcen sowie die Degradation bzw. Vernichtung von Ökosystemen aufgrund kurzfristiger Nutzungsinteressen. Irreversible Verluste an Biodiversität sind die primäre Folge. Verluste für den Menschen treten teils unmittelbar, teils zeitlich versetzt und diffus auf (WBGU 2000). Von diesem Syndrom sind vor allem die globalen Waldökosysteme mit den verbleibenden Primärwäldern in tropischen und borealen Regionen betroffen. Damit ist die Funktionalität der Biosphäre insgesamt und der globalen Regel- und Stoffkreisläufe bedroht. Die Ressourcenentnahme erfolgt in einem Ausmaß, welches die Reproduktionsfähigkeit des Systems übersteigt, was im Extremfall mit der Ausrottung von Arten oder Ökosystemen einhergehen und teilweise die naturräumliche Grundlage für das Wiedererstehen der betroffenen Ökosysteme vernichtet.“

Zusammengestellt nach: Martin Cassel-Gintz, GIS-geschützte Analyse globaler Muster anthropogener Waldschädigung. Potsdam 2001, S. 66, unter: www.pik-potsdam.de/en/output/publications/pikreports/.files/pr71.pdf (Zugriff 22.05.2021)

1

2 Steineichenwald: potenziell natürliche Vegetation im Mittelmeerraum

3 Macchie und Garrigue: reale Vegetation im Mittelmeerraum

Das Syndromkonzept

Einen Erklärungsansatz für die tief greifenden Veränderungen der mediterranen Ökosysteme liefert das Raubbausyndrom. Für die Erforschung nicht nachhaltiger globaler Umwelt- und Entwicklungsprobleme hat der WBGU (Wissenschaftlicher Beirat Globale Umweltveränderungen [der Bundesregierung] seit 1992 einen eigenständigen Ansatz entwickelt, das sogenannte Syndromkonzept. Mit dem Begriff Syndrom, der aus der Medizin entliehen ist und komplexe Krankheitsbilder kennzeichnet, wird das dynamische und multifaktorielle Wirkungsgeflecht globaler Umweltprobleme beschrieben. Ziel ist es, mit einem integrativen systemischen Ansatz die naturräumlichen und gesellschaftlichen Ursachen dieser Syndrome interdisziplinär zu erfassen. Weltweit wurden 16 Syndrome des globalen Wandels identifiziert. Dabei wird das jeweilige Syndrommuster in verschiedenen Regionen und damit Ökosystemen angetroffen.

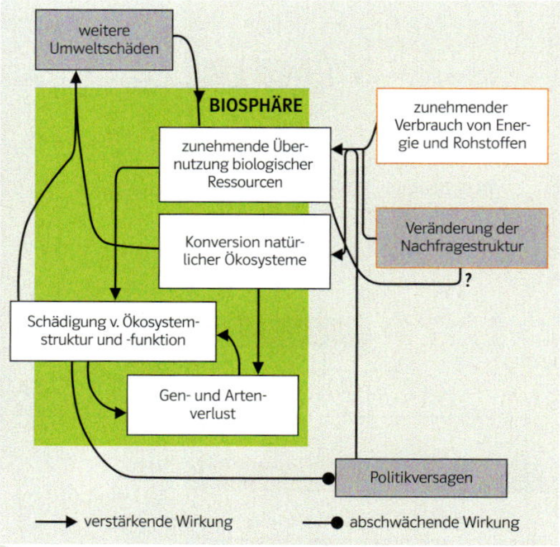

4 Syndromkern des Raubbausyndroms

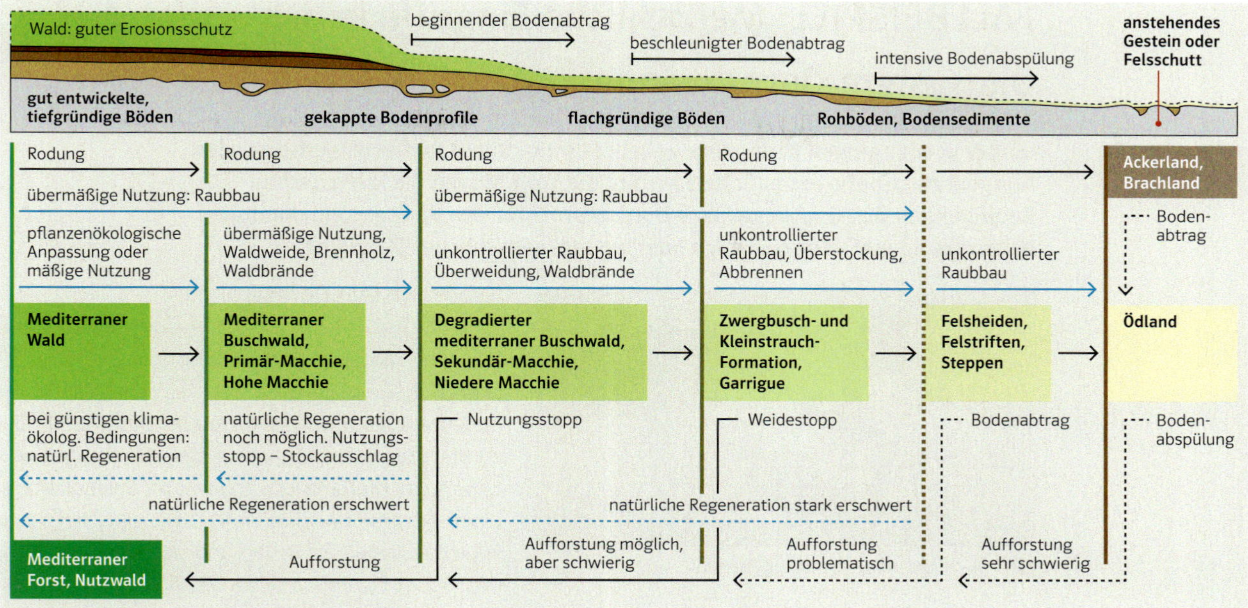

5 Degradationsstadien des mediterranen Waldes – Sukzessions- und Regenerationsstadien

Nach: BSV Band Oberstufen-Geographie: Landschaftsökologie, HRSG Wolfgang Faedrich u.a. 1997, S.153

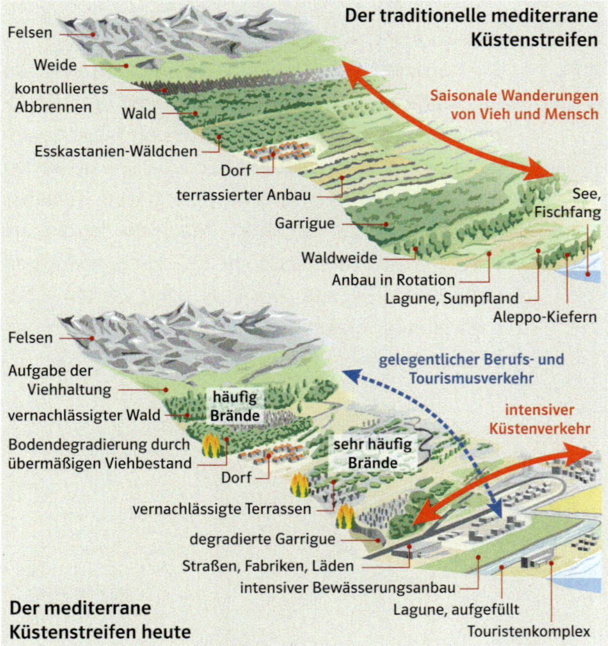

6 Die Veränderung einer Küstenlandschaft durch menschliche Einflüsse

Nach: Guillaume Benoit/Aline Comeau: Mediterranée: Les perspectives du Plan Bleu sur l'environnement et le développement, Editions de l'aube 2005; www. planbleu. org (Zugriff 25.05.2021)

7 Plastik, soweit das Auge reicht

Satellitenbild der intensiven Landwirtschaft mit Plastikgewächshäusern in Spanien (Contains modified Copernicus Sentinel data 2019.) Diese Aufnahme des ASTER-Satelliten der NASA illustriert eindrücklich, wie sehr wir Menschen die Landschaft verändern und Lebensräume zerstören. Das Bild zeigt ein fast vollständig mit Kunststofffolien überdecktes Gemüseanbaugebiet im spanischen Almería – einer Region, die auch uns in Deutschland zahlreiche Lebensmittel liefert.

1 Charakterisieren Sie den Syndromansatz.

2 Erläutern Sie am Beispiel der Hartlaubwälder des Mittelmeerraums den zentralen Mechanismus des Raubbausyndroms.

3 „Unser Wunsch nach Erdbeeren im Februar zerstört die Ökosysteme des Mittelmeerraums". Begründen Sie diese Aussage.

FALLBEISPIEL: Menschliche Eingriffe in das Ökosystem Dornsavanne

Immer wieder gingen in den letzten Jahrzehnten Bilder von einer verheerenden Hungerkatastrophe in der Sahelzone um die Welt. Waren die klimatischen Bedingungen des Geoökosystems Dornsavanne für den Wasser- und damit den Nahrungsmangel verantwortlich oder war es menschliches Handeln?

2 An einer Wasserstelle im Tschad

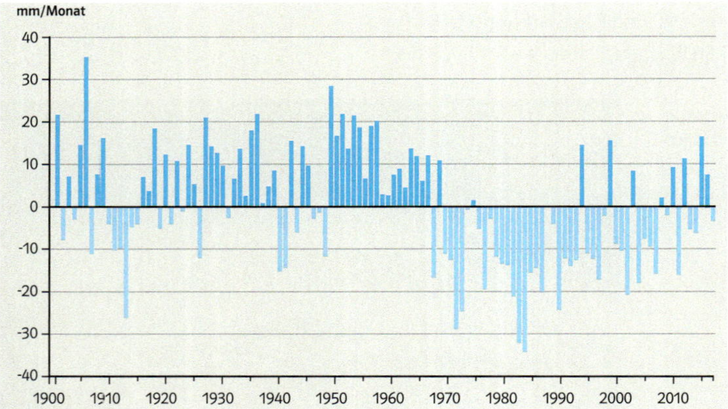

1 Niederschlagsanomalien im Sahel 1901–2017

Nach: Niederschlagsanomalien im Sahel, University of Washington, unter: http://research.jisao.washington.edu/data/sahel (Zugriff 01.02.2021)

Geoökosystem Dornsavanne

Tatsächlich ist Wasser der entscheidende Geofaktor des Geoökosystems **Dornsavanne**, zu dem große Teile der Sahelzone gehören. Das arabische Wort Sahel bedeutet Ufer. Nach ihrem Weg durch die endlosen Weiten der Sahara erschien den Karawanen die Sahelzone wie eine Uferzone nach Durchquerung eines Ozeans. Die Sahelzone liegt zwischen den **Feuchtsavannen** im Süden und der **Wüste** im Norden. Sie ist klimatisch durch einen Wechsel von arider und humider Jahreszeit, eine Verkürzung der sommerlichen Regenzeit gekennzeichnet. Die jährlichen **Niederschläge schwanken extrem (Grafik 2).** Deshalb muss im Sahel jederzeit mit Dürreperioden gerechnet werden.

Die traditionellen Landnutzungssysteme sind an das Klima, die oftmals sandigen **Böden** und die Vegetation aus einjährigen Gräsern und Büschen angepasst. In den besonders niederschlagsarmen Räumen ist es der Nomadismus. In den Gebieten mit einer etwas längeren Regenzeit ist es die Fruchtwechselwirtschaft. Beide Nutzungsformen überstehen kürzere Dürreperioden. Treten aber mehrjährige Wassermangeljahre auf, entstehen Notsituationen und Hungerkatastrophen.

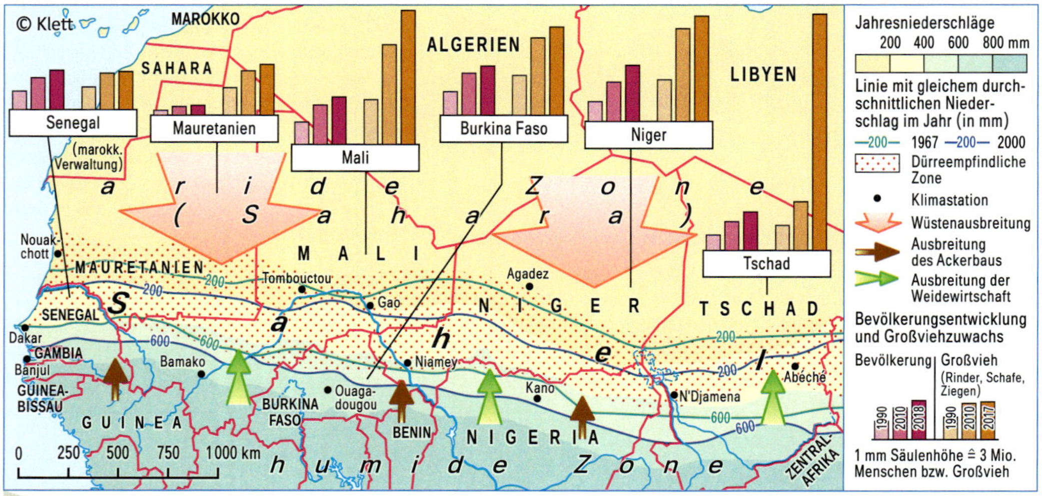

3 Die Sahelzone und ihre Grenzen

Das Sahelsyndrom

Die Aussage „Drought is part and parcel of the climatic pattern. Desertification is the work of man." weist darauf hin, dass menschliches Handeln die natürlichen Dürreereignisse verstärkt. Mit dem Begriff **Desertifikation** wird die dauerhafte Schädigung der Landnutzungsressourcen und -potenziale bezeichnet. Fortschreitende **Bodendegradation** infolge von **Erosion**, Versalzung oder Versandung, Zerstörung der Vegetation und Veränderung des **Wasserhaushalts** sind wesentliche Merkmale.

Das Sahelsyndrom beschreibt die von sozioökonomischen Bedingungen wie Bevölkerungswachstum, Ernährungslage, Armut und Energieverbrauch ausgelöste landwirtschaftliche Übernutzung marginaler Standorte. Eine Rolle für die Übernutzung spielen auch traditionelle Denkmuster, z.B. dass der Status der Männer oft noch definiert wird durch den Besitz an Vieh. Ebenfalls anthropogen bedingt ist die willkürliche Grenzziehung am Ende der Kolonialphase. Traditionelle Weidegründe wurden zerschnitten, der Nomadismus als angepasste Wirtschaftsform erschwert. Heute sind es vor allem terroristische Milizen, die Grenzüberschreitungen der wandernden Bevölkerung verhindern.

Maßnahmen gegen die Desertifikation

Wie können die durch Desertifikation bedrohten Trockengebiete der Erde, für die die Sahelzone das großräumigste Beispiel darstellt, nachhaltig genutzt werden? Die Anforderungen an eine nachhaltige Entwicklung sind hoch. Sie sollen die Biodiversität sichern, den Klimawandel begrenzen, die Armut bekämpfen und die Nahrungsmittelversorgung sichern. Wie das funktionieren könnte, zeigt das Projekt „Great Green Wall", ein 8000 km langes Entwicklungsprojekt am Nordrand der Sahelzone.

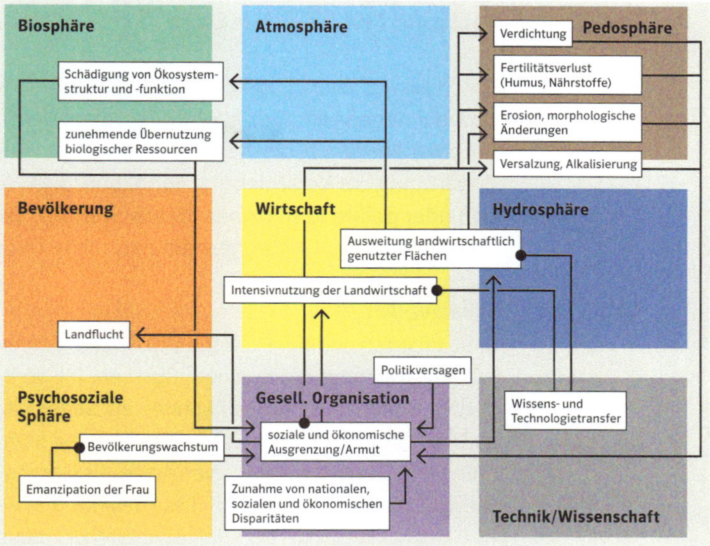

4 Sahelsyndrom – komplexes Syndrom von Umweltschädigungen

5 Bau von Steindämmen in der Sahelzone und ihre Wirkung

1 Beschreiben Sie die klimatischen Bedingungen in der Sahelzone (M1–M3).

2 Stellen Sie für die Sahelzone zusammenfassend die natürlichen und sozioökonomischen Rahmenbedingungen dar (auch Atlas).

3 Bewerten Sie die natürlichen Voraussetzungen in der Sahelzone im Hinblick auf landwirtschaftliche Nutzungsmöglichkeiten.

4 Erklären Sie: Die Dürre im Sahel wird durch anthropogene Ursachen verstärkt.

5 MK Erörtern Sie das Projekt „Great Green Wall".

6 „Technische Maßnahmen sind gut, gehen aber nicht an die Wurzel der Sahelproblematik." Beurteilen Sie diese Aussage.

Auswirkungen des Klimawandels auf die Biosphäre

Wildlebende Pflanzengesellschaften und Tiere sind an das Klima ihres Lebensraums optimal angepasst. Kleine Veränderungen des Klimas wie ein milder Winter oder nasser Sommer können in der Regel gut bewältigt werden. Was aber passiert, wenn die globale Erwärmung zur Verschiebung von Klimazonen führt und aride Klimazonen sich ausdehnen oder polare Klimazonen kleiner werden? Welche Auswirkungen hat das auf die Ökosysteme und die Leistungen, die natürliche Ökosysteme für uns Menschen erbringen?

Invasive Arten
Pflanzen- und Tierarten, die sich außerhalb ihres bisherigen Areals ausbreiten

Neophyten
in einem Gebiet ursprünglich nicht vorkommende Pflanzen

Neozoen
in einem Gebiet ursprünglich nicht vorkommende Tiere

Invasive Arten

Viele Pflanzen und Tiere können sich an eine schnelle Klimaänderung nur bedingt anpassen. Die weitgehend ortsfesten Pflanzen können im Gegensatz zu Tieren ihren Standort nicht verändern und kommen in Konkurrenz mit invasiven Arten. Als Neophyten bzw. Neozoen setzen sich diese dauerhaft in einer Region fest. In der Folge entstehen neue Zusammenhänge zwischen den Lebewesen in einem Ökosystem. Die Ausbreitung invasiver Arten wird in einer globalisierten Welt vor allem mithilfe von Transportmitteln des Menschen begünstigt. Beispiele für Neophyten in Deutschland sind die Beifuß-Ambrosie, das Indische Springkraut oder der Japanische Staudenknöterich. In Deutschland wurden in den vergangenen 500 Jahren rund 800 Tier- und Pflanzenarten von Menschen unbewusst eingeführt oder aktiv angesiedelt. Sie verdrängen die Wildpflanzen, aber auch die Kulturpflanzen.

Invasive gebietsfremde Arten und nachhaltige Entwicklung	
SDG 1: Keine Armut SDG 2: Kein Hunger	Der Herbstheerwurm verursacht in ganz Afrika schwere Ertragseinbußen bei Mais und beeinträchtigt Kleinbauernbetriebe.
SDG 3: Gesundheit und Wohlbefinden	Die Tigermücke ist ein Überträger für Krankheiten wie das Dengue-Fieber.
SDG 6: Sauberes Wasser	Süßwasserkrebse beeinträchtigen die Wasserqualität (Aufwirbeln des Sediments, Zerstören von Wasserpflanzen)
SDG 8: Menschenwürdige Arbeit und wirtschaftliches Wachstum	Die Wasserhyazinthe behindert die Schifffahrt, stoppt die Fischerei und verstopft Bewässerungskanäle.

Nach: www.iucn.org/sites/dev/files/styles/graphics/public/media-uploads/2018/07/examples_of_invasive_alien_species.png?itok=7js28NUP (Zugriff 15.04.2021)

2

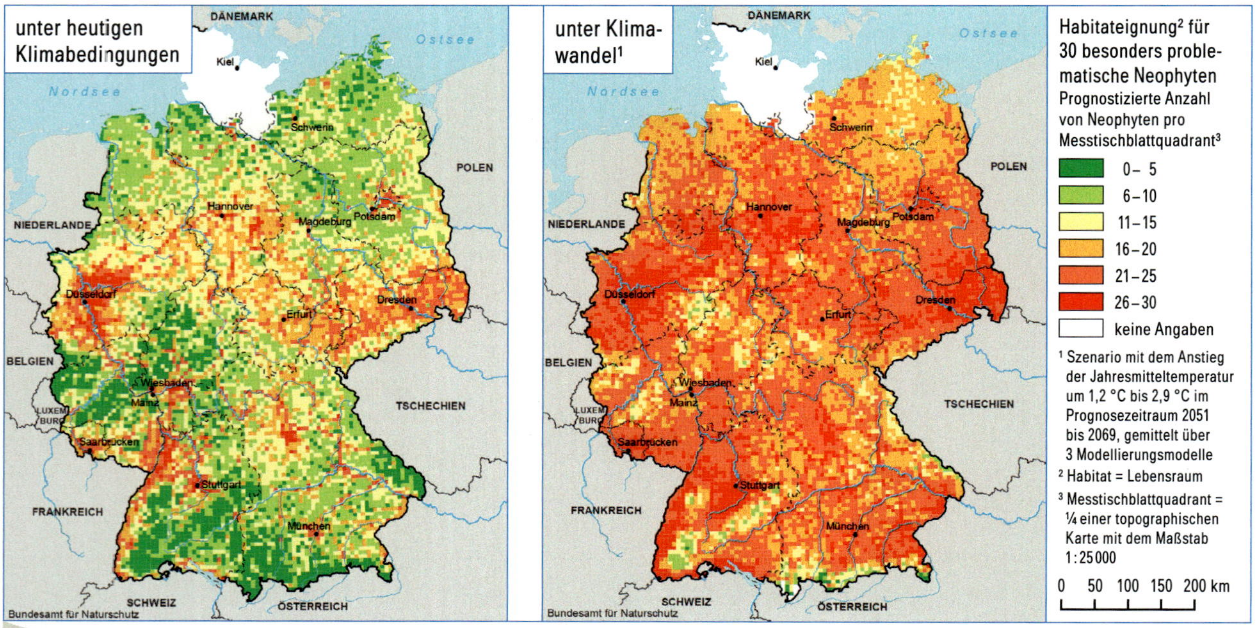

1 **Klimawandel begünstigt die Verbreitung von Neophyten**

Nach: www.bfn.de/fileadmin/BfN/daten_fakten/Dokumente/II_1_2_17_Verbreitungszentren_Neophyten_D.pdf (Zugriff 15.04.2021)

FALLBEISPIEL: Ökosystem Mangroven im Klimawandel

3 UNESCO Weltnaturerbe Sundarbans: einer der wenigen noch intakten Mangrovenurwälder, bedroht durch menschliche Aktivitäten

Mangrovenwälder gelten als die produktivsten Geoökosysteme der Welt. Obwohl sie als Kohlenstoffsenke bedeutend sind, wurden in den letzten 20 Jahren 50 % der Mangrovenwälder zerstört.

Mangroven verbinden Land und Meer. Ihre Verbreitung ist auf die Tropen zwischen den Wendekreisen beschränkt. Bis zu 30 m hohe Bäume und Sträucher haben sich an die Lebensbedingungen im salzigen Meerwasser mit seinen Gezeiten angepasst. Ein komplizierter biochemischer Prozess sorgt dafür, dass die Mangrovenwurzeln, obwohl sie im **Salzwasser** stehen, Wasser aufnehmen können. Mit ihren Brett-, Stelz- und Kniewurzeln verankern sie sich fest im **Boden.** Hauptursachen für den Rückgang der Mangroven sind Trockenlegungen im Zuge des Siedlungswachstums, Holzeinschlags oder der Anlage von industriellen Aquakulturen für die Garnelenzucht.

Mangroven sind Klimaretter

„Ins Wasser gefallene Mangrovenblätter verrotten langsamer als an Land. Über Jahrtausende haben sich dort mächtige Ablagerungen gebildet, wodurch Mangroven pro Hektar 3 bis 5 Mal mehr Kohlenstoff speichern können als Tropenwälder an Land. Wenn Mangroven, die den Boden zusammenhalten, zerstört werden, dann setzt das den über Jahrtausende gespeicherten Kohlenstoff frei. Wissenschaftler haben errechnet, dass die jährlichen CO_2-Emissionen durch Mangrovenverlust größer sind als die Österreichs. Durch ihre Kohlenstoffspeicherung haben intakte und geschützte Mangroven einen positiven Einfluss auf das globale Klima. Abholzung macht aus dem ‚Klimawunder Mangroven' einen ‚Klimakiller'".

WWF Deutschland Berlin, unter www.wwf.de (Zugriff 05.02.2021)

5

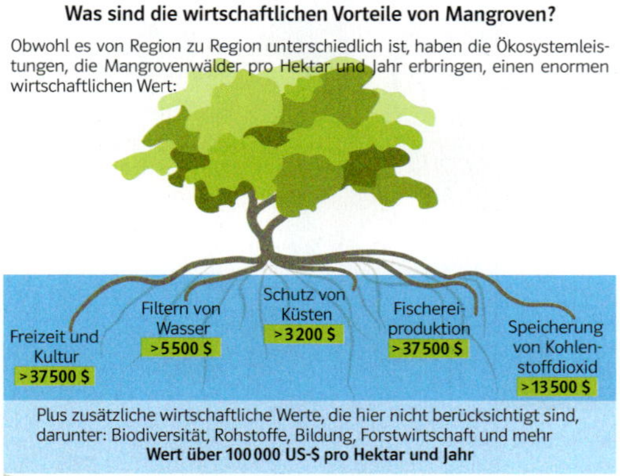

4 Ökosystemleistungen von Mangroven

Nach: Paula Ezcurra, www.TheNaturalNumbers.org (Zugriff 05.06.2021)

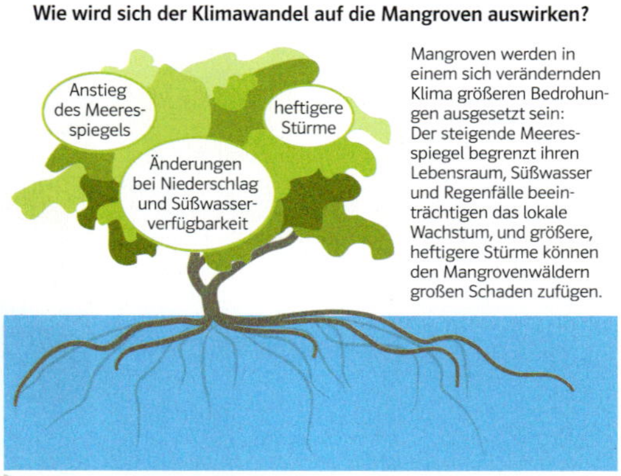

6 Klimawandel bedroht die Mangroven

Nach: Paula Ezcurra, www.TheNaturalNumbers.org (Zugriff 05.06.2021)

1 Erstellen Sie eine Übersicht zu den invasiven Arten in Ihrem Heimatraum.

2 NE Erläutern Sie Beeinflussung einer nachhaltigen Entwicklung durch invasive Arten.

3 Arbeiten Sie aus M1 die zentrale Aussage heraus.

4 Beschreiben Sie die ökonomische und ökologische Bedeutung der Mangrovenküsten.

5 MK Erstellen Sie ein Wirkungsgefüge zu den Auswirkungen des Klimawandels auf die Mangroven.

Kompetenzcheck

Wichtige Begriffe

- borealer Nadelwald
- Degradation
- Desertifikation
- forstwirtschaftliche Nutzung
- Halbwüste
- Höhenstufe
- Kulturpflanze
- landwirtschaftliche Nutzung
- Mangrove
- Savanne
- sommergrüner Laub- und Mischwald
- subtropisches Hartlaubgewächs
- Steppe
- tropischer Regenwald
- Tundra
- Wildpflanze
- Wüste

Wissen vernetzen

Zahlreiche Tier- und Pflanzenarten sind heute vom Aussterben bedroht, für viele kommt jede Hilfe zu spät, sie sind bereits für immer von der Erde verschwunden. So waren in Deutschland im Jahr 2020 33 % der Wirbeltiere, 34 % der wirbellosen Tiere, 31 % der Pflanzen und 20 % der Pilze bestandsgefährdet.
Andere Arten dagegen dringen unaufhaltsam in unseren Lebensraum vor, verdrängen heimische Pflanzen und Tiere und schleppen neue Krankheiten in Deutschland ein. Die anthropogen bedingte Erwärmung der Erde, die Zerstörung von Lebensräumen durch menschliche Eingriffe, aber auch ohne Einfluss des Menschen ablaufende Ereignisse und Prozesse beeinflussen und verändern die Pflanzen- und Tierwelt nachhaltig.
Der Mensch greift mit seinem wirtschaftlichen Handeln nicht nur in nahezu alle Ökosysteme ein, er ist auch ein Teil des größten Ökosystems – der Erde. Um die Biodiversität als Lebensgrundlage zu erhalten, ist es notwendig, die sich fortsetzende Zerstörung zu reduzieren und die vielfältigen Ressourcen nachhaltig und effizient zu nutzen. Das Wissen über die Wirkungszusammenhänge in der Biosphäre unterstützt Sie dabei.

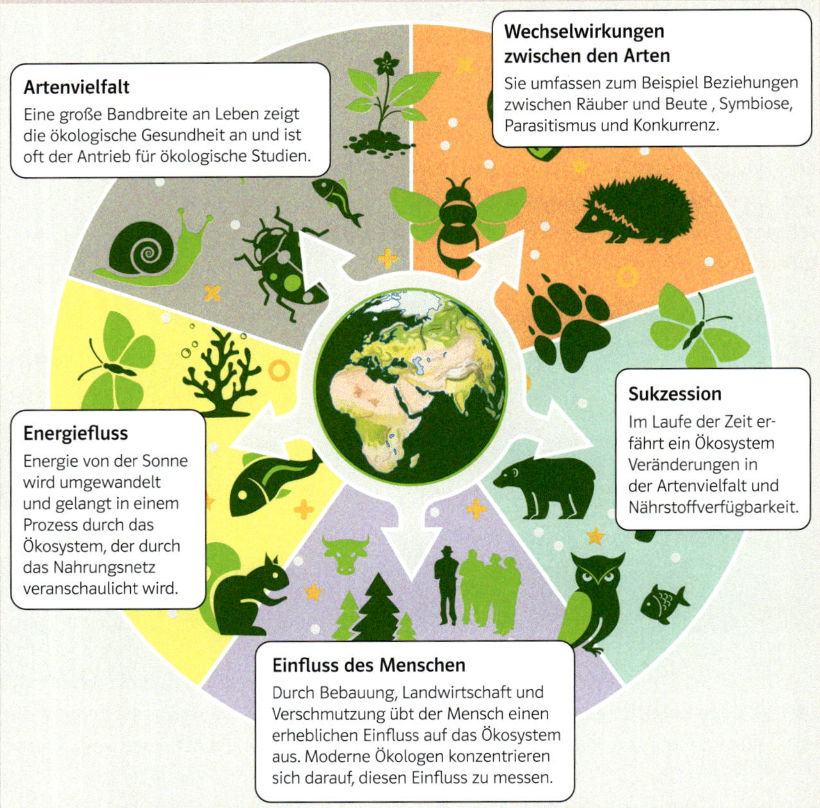

1 Zusammenhänge in der Biosphäre

Nach: 2021 Carolina Biological Supply Company, unter: www.carolina.com/teacher-resources/Interactive/infographic-ecology-the-study-of-the-place-we-live/tr37411.tr (Zugriff 05.05.2021)

Kompetenzen überprüfen

Sich orientieren

1 Stellen Sie mithilfe geeigneter Atlaskarten dar, welche Räume weltweit klimatisch für das Sahelsyndrom disponiert sind.

Wissen und verstehen

2 Erläutern Sie die im Schema dargestellten Prozesse und Zusammenhänge für die Prärien Nordamerikas (M2).

3 Flaschengärten können allein mit Sonnenlicht über einen längeren Zeitraum existieren (M3).
Erklären Sie dies ausgehend von den Standortfaktoren von Pflanzen.

4 Stellen Sie in einer Übersicht treibende Kräfte des Rückgangs der Biodiversität dar.

Fachmethoden anwenden

5 Erläutern Sie anhand von Abbildung M4 die Degradation des mediterranen Hartlaubwaldes.

Beurteilen und bewerten

6 „Anbaumethoden wie Vertical Farming können langfristig die Biosphäre schützen".
Beurteilen Sie diese Aussage.

7 „Die Aufforstung von Mangrovenwäldern ist ein gelungenes Beispiel für nachhaltige Entwicklung".
Überprüfen Sie diese Aussage anhand der SDGs.

Handeln

8 Erstellen Sie eine Präsentation zu Herkunft, Ausbreitungsursachen, Lebensräumen und den Folgen der Ausbreitung von Neophyten.

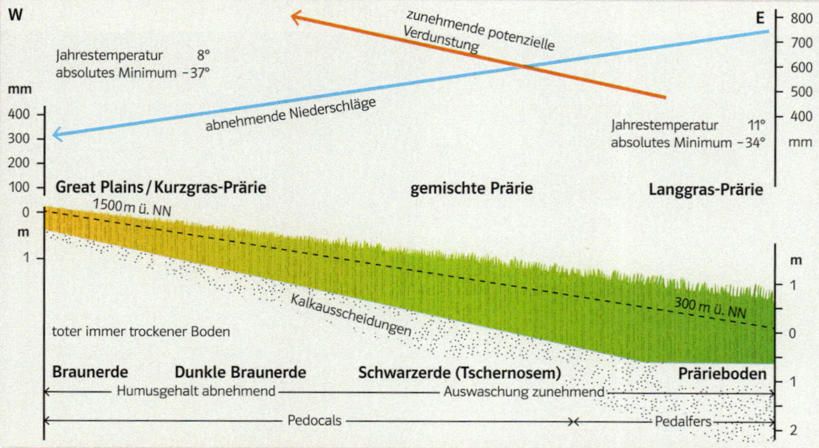

2 Schematisches West-Ost-Profil (>1000 km) durch die Prärien Nordamerikas mit Einflussfaktoren auf Vegetation und Bodenbildung

3 Flaschengarten

4 Degradation des mediterranen Hartlaubwaldes auf Korsika

Wenn Sie alle Seiten dieses Kapitels bearbeitet haben, können Sie ...

- die Wirkungszusammenhänge des Teilsystems Biosphäre und seine Bedeutung für den Menschen erläutern,
- für ausgewählte Ökosysteme die Folgen menschlicher Eingriffe erörtern,
- die Verbreitung der Ökosysteme in Abhängigkeit von Klima, Relief und Höhenlage charakterisieren,
- die Folgen menschlicher Eingriffe in Ökosysteme in ihren Wirkungszusammenhängen darstellen und Konzepte einer nachhaltigen Nutzung erörtern.

7

Die Böden – Prozesse in der Pedosphäre

1 Trockener Ackerboden

Vielfach unbeachtet und oft mit Füßen getreten, wird den Böden in der öffentlichen Wahrnehmung oft kaum Bedeutung beigemessen. Dabei erfüllen die Böden elementare und für die Menschheit überlebenswichtige Aufgaben. Die landwirtschaftliche Nutzung der Pedosphäre sichert die Nahrungsmittelversorgung der Weltbevölkerung! Nahezu alle Pflanzen der Erde benötigen den Boden als Lebensgrundlage. Wasser wird gefiltert und gespeichert, auch beeinflusst der Boden als ein ganz wesentlicher Faktor unser Klima. Doch nicht immer wird diese wertvolle Ressource nachhaltig genutzt und mancherorts sogar langfristig zerstört. Wie entstehen Böden und wodurch sind sie gefährdet? Welche Prozesse prägen die Pedosphäre und warum sind die Böden so bedeutsam?

2 Deutschland: intensiv genutzte landwirtschaftliche Fläche

Bodenbildende Prozesse

Wird beim Ausheben einer Baugrube oder durch den Bau einer Straße ein Bodenprofil bis zum anstehenden Ausgangsgestein freigelegt, kann man die unterschiedlichen Schichten des Bodens gut erkennen. Verschiedene Farben und Strukturen geben Hinweise auf die ablaufenden chemischen und physikalischen Prozesse sowie die mineralische Zusammensetzung. Wie entstehen die Böden und welche Faktoren beeinflussen ihre Entwicklung?

Geofaktoren der Bodenentwicklung

Die Bodenbildung wird durch das Zusammenwirken verschiedener Geofaktoren bestimmt. Aus diesem Grund weisen die **Böden** hinsichtlich ihrer Ausprägung und Zusammensetzung je nach Standortbedingungen und Entwicklungszeit unterschiedliche Merkmale auf.

Durch das Einwirken physikalischer und chemischer Prozesse wird das Ausgangsgestein gelockert und aufbereitet. Die Anfälligkeit des zugrundeliegenden Gesteins für das Einwirken von Verwitterungsvorgängen ist von seiner Konsistenz (z.B. Klüftigkeit, Korngröße) und seinen Mineralbestandteilen abhängig. So entwickeln sich aus silikatischen Ausgangsgesteinen eher saure, aus carbonatischen Ausgangsgesteinen eher basische Böden. Auf lockeren Sanden läuft die Bodenentwicklung schneller ab als etwa auf harten Basalten. Durch Einstrahlung, Temperatur, **Niederschlag** und Verdunstung bestimmt das Klima, inwieweit Böden mit Feuchtigkeit und Wärme versorgt werden. Hohe Niederschläge können eine Auswaschung von Nährstoffen oder oberflächlichen Bodenabtrag durch Abschwemmen der Bodenkrume bewirken. Eine Austrocknung kann zur Entstehung von Schwundrissen, zum Verlust der Kohäsion der Bodenpartikel führen und somit die **Winderosion** (Deflation) fördern. Auch die Verwitterungsintensität wird durch die Temperatur und das Feuchteangebot im Boden bestimmt. So ermöglicht ein hohes Wasserangebot in Verbindung mit hohen Temperaturen intensive chemische Verwitterung, während trocken-heiße Bedingungen beziehungsweise häufiger Frostwechsel eher eine physikalische **Verwitterung** begünstigen.

Die Bodenluft ist wichtig für die Atmung der Pflanzenwurzeln. Ihr Anteil im Bodenkörper ist abhängig von der Menge des **Bodenwassers**, welches wiederum eine entscheidende Rolle für die Zu- und Abfuhr von Stoffen im Boden sowie für die Aufnahme von Nährstoffen über die Pflanzenwurzeln spielt. Lockere, gut durchwurzelbare Böden besitzen eine hohe „**Bodengare**".

1 „Garer" Boden mit lockerem Gefüge und guter Durchwurzelung

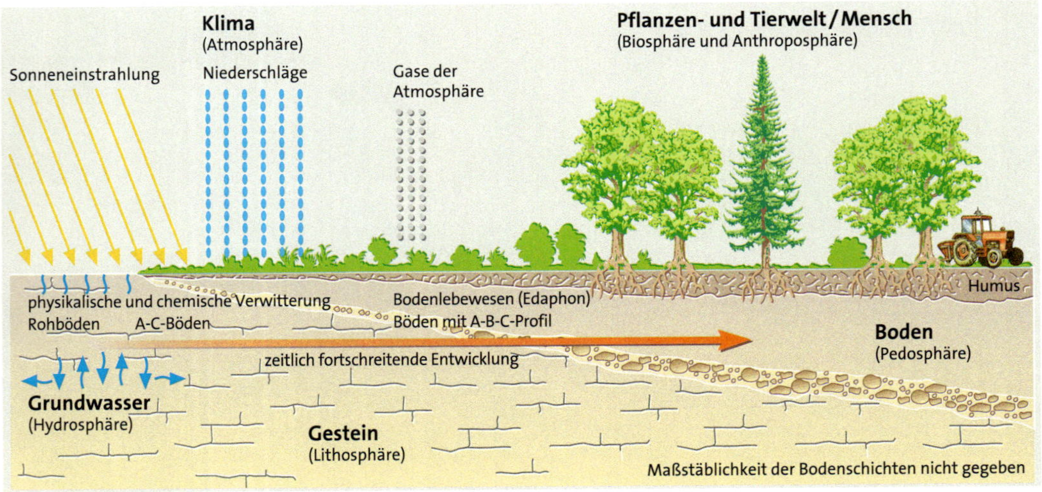

2 Schema der die Bodenbildung beeinflussenden Faktoren

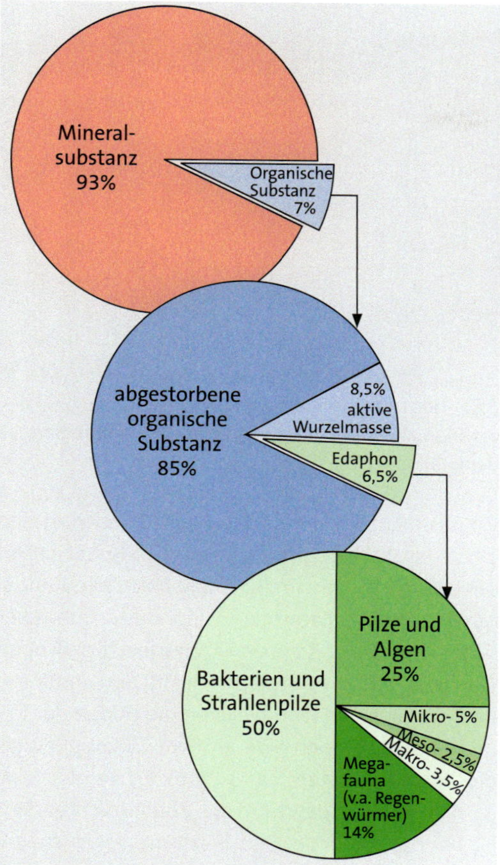

3 Beispiel für die Zusammensetzung eines Waldbodens (ohne Bodenluft und -wasser, in Vol.-%)

Nach: Gerd Hintermaier-Erhard, Wolfgang Zech: Wörterbuch der Bodenkunde. Stuttgart: Enke 1997, S. 32

Fauna im Boden

Aufgrund ihrer Fähigkeit zur Zerkleinerung und Zersetzung abgestorbener pflanzlicher und tierischer Bestandteile hat die Bodenfauna (Edaphon) eine nicht zu unterschätzende ökologische Funktion. Bodenkriecher und -wühler durchmischen die mineralischen und organischen Bestandteile des Bodens (Bioturbation), wodurch der Gasaustausch zwischen Bodenluft und Atmosphäre gefördert wird. Insbesondere den Regenwürmern kommt bei diesen Prozessen eine besondere Bedeutung zu. Bis zu 2 000 Regenwürmer können auf einer Bodenfläche von einem Quadratmeter leben.

4

Als **Pedosphäre** (gr. pédon) oder Boden bezeichnet man den geringmächtigen, mit Wasser, Luft und Lebewesen durchsetzten obersten Teil der Erdkruste. Er ist durch Umwandlung mineralischer und organischer Substanzen entstanden und in der Lage, Pflanzen als Standort zu dienen. Als „Grenzsphäre" stehen die Böden in enger und komplexer Wechselwirkung mit den anderen Sphären.

Die Pflanzen- und Tierwelt ist einerseits abhängig vom Nährstoff- und Wasserangebot des **Bodens**, führt diesem andererseits aber auch organische Substanz zu. Bodenlebewesen sorgen für deren Zerkleinerung, Um- bzw. Abbau und Zersetzung. Dichte Vegetation schützt den Boden vor Abtragung und Austrocknung, Wurzeln tragen zur Lockerung des Ausgangsmaterials wie auch des Bodengefüges bei. Auch das Relief hat einen nicht zu unterschätzenden Einfluss auf den Boden. So bietet z. B. ein ebenes bis schwach geneigtes Gelände gute Voraussetzungen für eine ungestörte, tiefgründige Bodenentwicklung, während an steileren Hanglagen eine beständige Abtragung und Kappung der jeweiligen oberen Bodenschichten stattfindet. Die Exposition bestimmt den Grad der Besonnung und der Durchfeuchtung. Über die naturgegebenen Faktoren hinaus hat auch das Wirken des Menschen, meist indirekt durch Eingriffe in die Vegetation, Folgen für den Bodenhaushalt. Schon seit der Bronzezeit lassen sich in Mitteleuropa Abspülung und Auswaschung als örtliche Folge von Rodungen nachweisen. Zunehmend haben nicht standortangepasste und einseitige Beanspruchungen weltweit zur Verarmung von Böden geführt.

Neben natürlichen Prozessen beeinflusst so der wirtschaftende Mensch die Böden als Grundlage unserer Lebensmittelversorgung in erheblichem Maße. Dies geschieht nicht immer nachhaltig und oft werden die Grenzen der natürlichen Tragfähigkeit dabei überschritten. Besonders problematisch ist neben Formen unangepasster landwirtschaftlicher Nutzung die Versiegelung großer Flächen durch den Bau von Siedlungen, Industrieflächen oder Verkehrswegen.

1 MK

Stellen Sie die Geofaktoren und ihre Auswirkungen auf den Boden und die bodenbildenden Prozesse in einem Ursachen-Wirkungs-Gefüge dar.

2

Erörtern Sie die „Aufgaben" des Regenwurms (und anderer Bodenlebewesen) in der Pedosphäre.

3 NE

Beurteilen Sie die Auswirkung großflächiger Waldrodungen auf den Boden.

Bodenart
Der Begriff bezeichnet die Korngrößenzusammensetzung des Bodens. Dabei wird zwischen Grob- (Korngröße > 2 mm) und Feinboden (Korngröße < 2 mm) unterschieden, wobei Ersterer für die Lockerheit, Letzterer für die Bodengüte (Nährstoff-, Wasserhaltevermögen) bedeutsam ist. Böden mit einem Grobbodenanteil von > 75 % werden als „Skelettböden" bezeichnet.

6 Junger Boden mit noch hohem Mineral- und Skelettanteil: wenig entwickelte Rendzina auf Kalkschotter

7 Noch rein mineralisches Substrat: Ruderalstandort ehemaliger Tagebau mit Ansätzen einer initialen Bodenbildung

Mineralisierung als bodenbildender Prozess

Der überwiegende Anteil des **Bodens** besteht aus dem sogenannten Mineralkörper, der hauptsächlich aus der Gesteinsverwitterung hervorgegangen ist. Das Ausgangsgestein wird durch physikalische und chemische **Verwitterung** in seine Mineralbestandteile zerlegt. Bei der physikalischen Verwitterung erfolgt durch Frost-, Hitze- und Salzsprengung eine Zerkleinerung des Gesteins, welches dabei allerdings chemisch unverändert bleibt. Erst die chemische Verwitterung bewirkt die weitere Zerlegung in die Mineralbestandteile. Durch den Einfluss von Säuren oder durch Lösungsvorgänge werden z. B. aus Granit die Primärminerale Feldspat, Quarz und Glimmer gebildet. In weiteren chemischen Prozessen entstehen unter Freisetzung von Kationen, die den Pflanzen als Nährstoffe dienen, daraus **Tonminerale**.

Die chemische Verwitterung vollzieht sich in den einzelnen Klimaregionen unserer Erde mit unterschiedlicher Geschwindigkeit. Je höher die Temperaturen und **Niederschläge** sind, desto intensiver läuft sie ab. So ist sie in den immerfeuchten Tropen vier- bis fünfmal so stark wie in den mittleren Breiten. Entsprechend besitzen die Böden der immerfeuchten Tropen eine größere Mächtigkeit als die unserer Breiten: ca. 8 – 10 m im Vergleich zu ca. 1 m. Entscheidend für die **Bodenfruchtbarkeit** ist bei der mineralischen Substanz deren chemische Eigenschaft, eine bestimmte Menge an Pflanzennährstoffen zu speichern und an die Pflanzen abzugeben (**Kationenaustauschkapazität**). Nur die kleinste Gruppe der mineralischen Substanz, die Tonminerale, besitzt diese Fähigkeit.

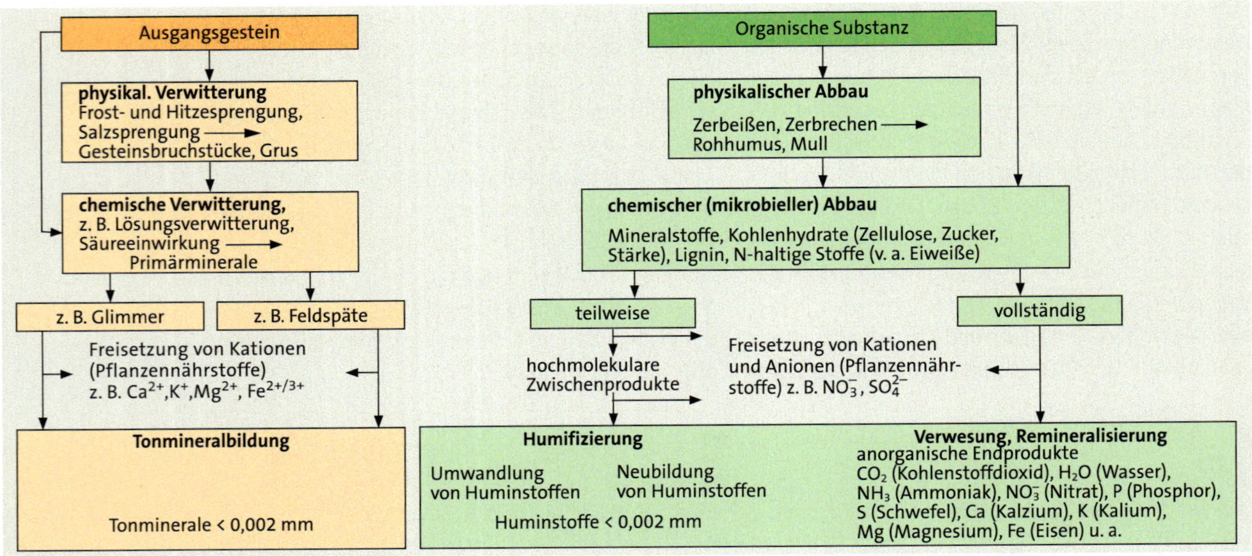

5 Verwitterungs- und Abbauprozesse im Boden

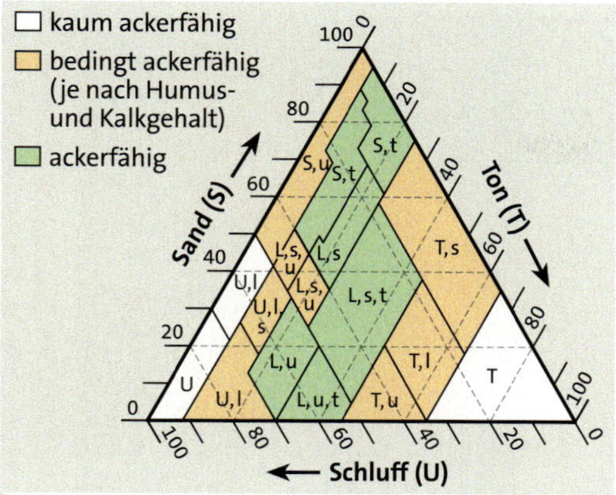

8 Korngrößendreieck zur Bestimmung gemischter Feinsubstrate (Bodenarten) und Beurteilung ihrer Bearbeitbarkeit
Es werden dabei hauptsächlich Sand-, Schluff- und Tonböden sowie als Mischform Lehmböden unterschieden. Übergangsformen werden mit Haupt- und Nebenbestandteilen angegeben (z. B. „Schluff, sandig" (Abkürzung U,s) oder „Lehm, tonig" (Abkkürzung L,t).

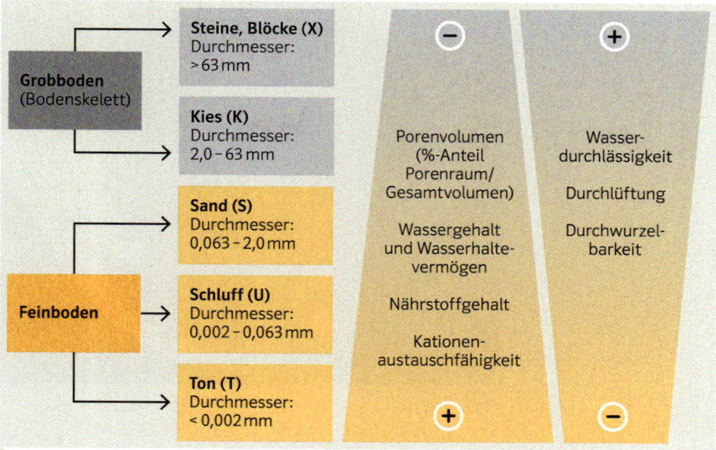

9 Korngrößenfraktionen nach DIN 4020/22 und Bodeneigenschaften in Abhängigkeit von der Bodenart

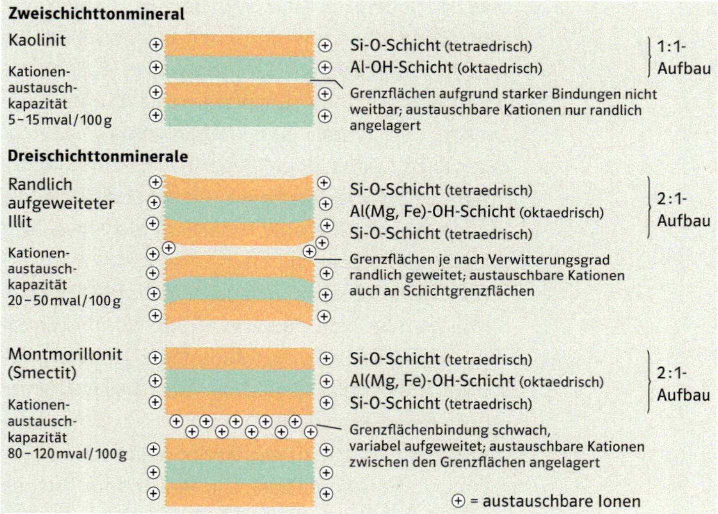

10 Aufbau und Kationenaustauschkapazität von Tonmineralen

Tonminerale

Die **Tonminerale** bestehen aus mehreren Silikat-Molekülschichten. Sie werden deshalb als Schichtsilikate bezeichnet. Ihre verschiedenen Arten unterscheiden sich strukturell durch die unterschiedliche Anzahl von Silikatschichten. Bei den Dreischichttonmineralen ist die **Kationenaustauschkapazität** besonders groß, da hier die Ionen zwischen den Schichten angelagert werden können. Als Kation wird ein positiv geladenes Ion bezeichnet. Die Teilchen verdanken ihren Namen der Tatsache, dass sie sich bei der Elektrolyse zur Kathode (dem Minuspol) bewegen. Kationen können aus Atomen oder Molekülen entweder durch die Abgabe von Elektronen oder durch die Aufnahme von Wasserstoff-Ionen H^+ (Protonen) gebildet werden.

Dreischichttonminerale kommen vor allem in den **Böden** der mittleren Breiten vor. Die austauscharmen Zweischichttonminerale herrschen in den Böden der immerfeuchten Tropen und in den niederschlagsreichen Teilen der **Feuchtsavannen** vor. Die unterschiedliche Austauschkapazität ist der entscheidende Grund dafür, dass die Fruchtbarkeit der meisten tropischen Böden geringer ist als die in den Außertropen.

Die Kationenaustauschkapazität beschreibt die Fähigkeit eines Bodens, Nährstoffe in pflanzenverfügbarer Form zu speichern, und ist somit ein wichtiger Faktor für die Beurteilung der **Bodenfruchtbarkeit**. Die Kationenaustauschkapazität wird in Milliäquivalent (mval) je 100 g trockener Bodenmasse angegeben.

4 Stellen Sie den Einfluss der Verwitterungsprozesse auf die Bodenbildung dar.

5 Charakterisieren Sie die Funktion der Tonminerale im Boden.

6 Erläutern Sie den Einfluss unterschiedlicher Korngrößenfraktionen auf die Fruchtbarkeit eines Bodens.

11 Humus

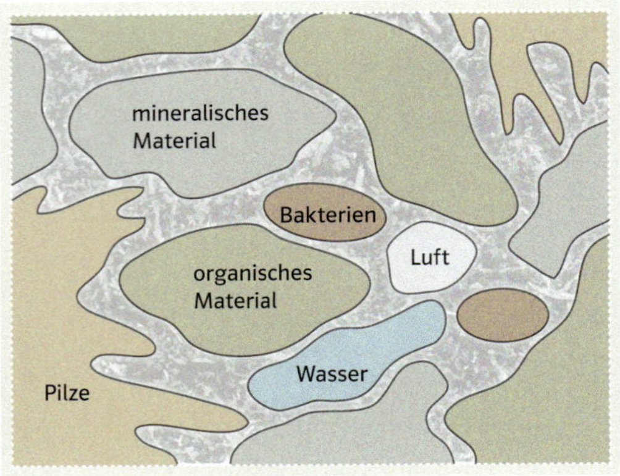

13 Ton-Humus-Komplexe

Humifizierung

Wie das Ausgangsgestein, so wird auch die organische Bodensubstanz, welche aus abgestorbenen pflanzlichen und tierischen Bestandteilen besteht, umgewandelt. Der Umwandlungsprozess geschieht durch das **Edaphon**, das sind Kleinlebewesen im **Boden** wie Regenwürmer, Springschwänze, Milben oder Fliegenlarven sowie Mikroorganismen wie Bakterien, Algen und Pilze, die das organische Material zunächst mechanisch zerkleinern und dann chemisch zersetzen.

Produkte als Ergebnis dieses Prozesses sind u.a. Mineralstoffe, verschiedene Kohlehydrate, Eiweiße und andere Stoffverbindungen. Je nach weiterem Umwandlungsgrad werden daraus **Huminstoffe** (Huminkolloide).

Die letzte Stufe beim Abbau der organischen Substanz ist die Mineralisierung. Bei diesem Prozess werden die organischen Substanzen in anorganische überführt, z.B. in Kohlenstoffdioxid, Ammonium, Phosphate oder Stickstoff. Die Huminkolloide weisen wie die **Tonminerale** eine Korngröße von < 0,002 mm auf und entscheiden zusammen mit diesen über die Fruchtbarkeit eines Bodens. Wie die Tonminerale haben sie die Fähigkeit, Pflanzennährstoffe in großen Mengen zu speichern. Ihre **Kationenaustauschkapazität** liegt jedoch um das Zwei- bis Dreifache über der der Tonminerale. Ebenso ist ihre Fähigkeit, Wasser und Gase anzulagern, im Vergleich zu den Tonmineralen um ein Vielfaches höher. Dementsprechend weisen Böden mit einem hohen Anteil an Huminstoffen, wie z.B. die Schwarzerdeböden in den kontinentalen **Steppengebieten**, eine außerordentlich hohe potenzielle **Bodenfruchtbarkeit** auf.

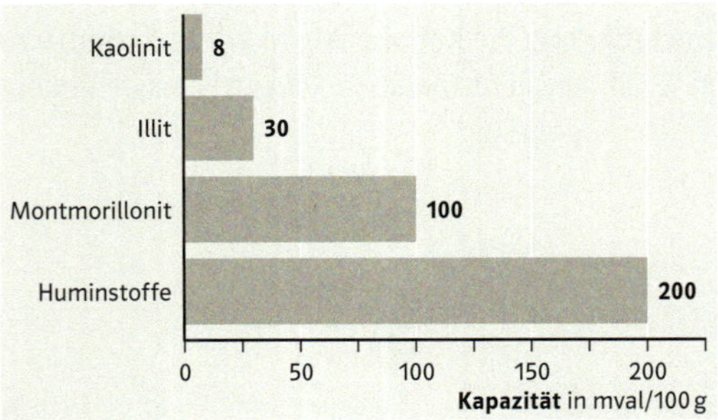

12 Kationenaustauschkapazität von Huminstoffen und Tonmineralen

Die Auflockerung und Durchmischung von mineralischen und organischen Bodenbestandteilen wird durch Bodenwühler, wie z.B. Wühlmäuse, vorgenommen (**Bioturbation**). Dadurch ist auch ein guter Gasaustausch zwischen Boden- und atmosphärischer Luft gewährleistet. Noch weitergehend ist die Rolle vieler Kleinlebewesen, allen voran der Regenwürmer, welche in ihrem Verdauungstrakt durch Verbindung von mineralischen und organischen Stoffen für die **Bodengüte** wertvolle krümelige und stabile **Ton-Humus-Komplexe** erzeugen.

pH-Wert

Die gesamten chemischen, biotischen und physikalischen Bodenbildungsprozesse, vor allem die Verfügbarkeit und Speicherfähigkeit der Pflanzennährstoffe, werden durch den pH-Wert gesteuert. Mit dem pH-Wert wird in diesem Falle die Säurekonzentration im Boden angegeben. Der pH-Bereich, in dem Nutzpflanzen optimal gedeihen, ist unterschiedlich. So beträgt er bei Weizen 6,5–7,0 (neutraler Bereich), bei Hafer ca. 6,0 (schwach saurer Bereich). Auch die chemische Verwitterung ist vom pH-Wert abhängig. Je niedriger er ist, desto stärker verläuft die chemische **Verwitterung**. Bei niedrigen pH-Werten kommt es ferner zu einer erheblichen Einschränkung der biotischen Aktivitäten. Dauert dieser Zustand über längere Zeit an

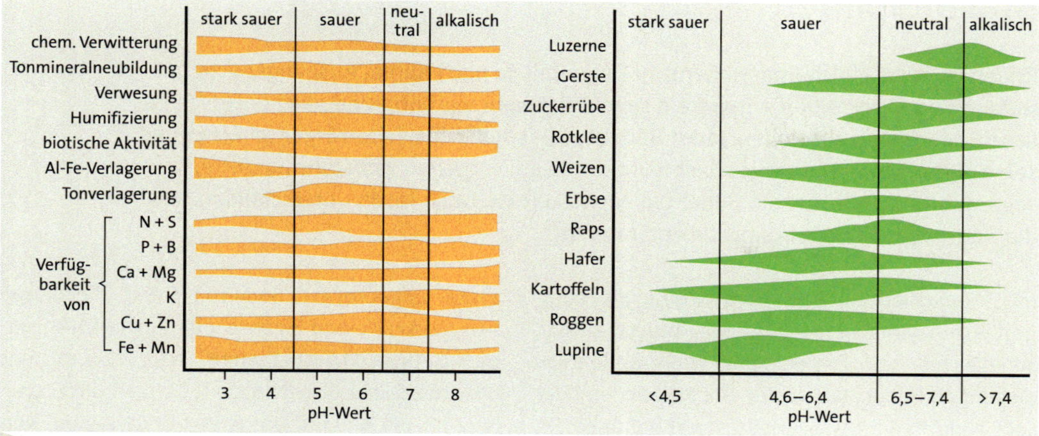

14 Die Bedeutung des pH-Wertes

Nach: Dietrich Schroeder: Bodenkunde in Stichworten. Kiel: Hirt 1972, S. 78, und Eduard Mückenhausen: Die Bodenkunde. Frankfurt: DLG Verlag 1993, S. 25

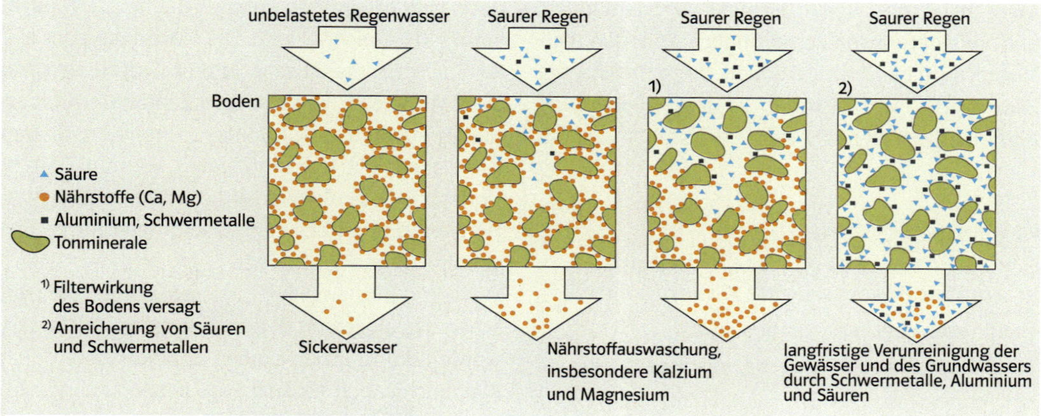

15 Die Folgen des Säureeintrags in den Boden

Nach: Joerg Kues, Egbert Matzner, Dieter Murach: Saurer Regen und Waldsterben. Göttingen: Verlag Die Werkstatt 1984, S. 77

(z. B. durch den Eintrag saurer **Niederschläge**), werden die Bodenlebewesen geschädigt. Einer der ersten „Flüchtlinge“ ist dann der Regenwurm.

Böden besitzen verschiedene Möglichkeiten zur **Pufferung**, mit denen der Säureeintrag über eine bestimmte Zeit ausgeglichen werden kann. Ein permanenter Säureeintrag führt jedoch zur Zerstörung dieser Pufferfunktion. Im Endstadium kommt es dann zur vollständigen Auswaschung der Pflanzennährstoffe und zur Freisetzung von Metallionen, die in zu hoher Konzentration potenziell Zellgifte sind. Im weiteren Verlauf können diese Metallionen auch ins **Grundwasser** gelangen. Problematisch ist in diesem Zusammenhang auch der Einsatz von Torfen im Garten- und Landschaftsbau, da Torfe einen sehr niedrigen pH-Wert zwischen 2,5 und 3,5 aufweisen. In diesem sauren Milieu können die meisten Pflanzen nicht wachsen.

7 Beschreiben Sie die Bedeutung des pH-Wertes für die Bodenfruchtbarkeit.

8 Erläutern Sie, welche Eigenschaften ein „idealer“ Boden besitzen sollte.

9 „Torfböden“ gelten aufgrund ihrer dunklen Farbe bei vielen Menschen als besonders ertragreich. Beurteilen Sie diese Meinung.

10 MK „Torf: Klimakiller aus dem Moor.“ Erörtern Sie diese Aussage (Internetrecherche).

Bodentypen

Boden ist nicht gleich Boden. Ganz im Gegenteil, je nach Klima, Ausgangsgestein, Nutzung und Vegetation entwickeln sich Böden sehr vielfältig und ganz unterschiedliche Bodentypen entstehen. Jeder Bodentyp hat seine speziellen Eigenschaften und seine eigene Entstehungsgeschichte. In der Regel vergehen viele Jahrhunderte, ja sogar Jahrtausende, bis ein Bodentyp entwickelt ist. Doch worin unterscheiden sich die Bodentypen und wie sind sie entstanden?

← Korngrößenzusammensetzung S.185

→ Bodenprofil S.191

Im Unterschied zur **Bodenart**, welche die Korngrößenzusammensetzung eines **Bodens** angibt, kennzeichnet die Bezeichnung eines **Bodentyps** diejenigen Böden, die sich in einem gleichen oder sehr ähnlichen Entwicklungszustand befinden. Da in einem **Landschaftsraum** mit gleichartigen Bodenbildungsfaktoren (Ausgangsgestein, Relief, Klima, Vegetation, Wasser, Bearbeitung durch den Menschen) die **Verwitterungs**-, Umwandlungs- und Verlagerungsprozesse ähnlich ablaufen, entstehen auch gleichartige Böden. Diese Gleichartigkeit drückt sich sichtbar in einer Folge von **Bodenhorizonten** aus. Darunter versteht man horizontal angeordnete Bodenschichten, die dieselben Merkmale und Eigenschaften hinsichtlich Farbe, Gefüge, Mineralgehalt oder Chemismus besitzen. Diese Bodenhorizonte bilden die Grundlage für die Klassifizierung der Bodentypen. Normalerweise wird ein **Bodenprofil** – von oben nach unten betrachtet – in die drei Horizonte A, B und C gegliedert. Über dem A-Horizont liegt in der Regel noch eine organische Auflage, die mit dem Buchstaben O bezeichnet wird. Die Mächtigkeit der einzelnen Horizonte ist sehr unterschiedlich, sie kann beim A-Horizont von wenigen Zentimetern bis zu mehreren Metern schwanken. Unter Umständen kann sogar ein Horizont fehlen, wie z. B. der B-Horizont bei der Schwarzerde, wo der mächtige A-Horizont direkt über dem kalkhaltigen Ausgangsgestein, vielfach **Löss**, liegt.

Zur Verdeutlichung der Prozesse, die in und zwischen den einzelnen Bodenhorizonten stattfinden, werden die Großbuchstaben der Horizonte durch Kleinbuchstaben ergänzt (vgl. nebenstehende Tabelle). Diese Systematik wird vor allem im deutschsprachigen Raum verwendet.

Kennzeichnung der Bodenhorizonte (Auswahl)	
O	organischer Auflagehorizont, Sammelbegriff für eine Auflage aus mehr oder weniger zersetzter Pflanzensubstanz (O von organisch)
Of	Vermoderungshorizont (f von engl. fermentation layer)
Oh	Humusstoff-Horizont, Horizont mit überwiegend organischer Feinsubstanz (h von Humus)
A	Oberboden, oberster Mineralhorizont, vermischt mit Humus
Ah	durch Anreicherung von Humus entstandener oberster A-Horizont
Ae	durch Auswaschung von Huminstoffen und Säuren gebleichter A-Horizont (e von eluvial = ausgeschlämmt)
Al	durch Auswaschung von Ton aufgehellter A-Horizont (l von lessiviert = ausgewaschen)
Ap	durch Pflugarbeit gewendeter und durchmischter A-Horizont (p von Pflug)
B	Unterboden, Sammelbegriff für den Verwitterungs- und/oder Anreicherungshorizont
Bv	durch Verwitterung verbraunter B-Horizont (v von verwittert)
Bh	mit Huminstoffen angereicherter B-Horizont
Bs	mit Eisen- und Aluminiumoxiden angereicherter B-Horizont (s von Sesquioxid = Al- und Fe-Oxide)
Bt	mit Ton angereicherter B-Horizont
C	Ausgangsgestein
Cv	schwach verwitterter Übergangshorizont zum Ausgangsgestein
G	durch das Grundwasser beeinflusster Horizont (G von Grundwasser)
S	durch Staunässe beeinflusster Horizont (S von Stauwasser)

1

2 **Vertikaler Aufbau eines typischen dreihorizontigen Bodens**

FALLBEISPIEL: Parabraunerde – „Ein Paradeboden für die heimische Landwirtschaft"

Dieser fruchtbare **Bodentyp** ist in Mitteleuropa weitverbreitet, vor allem in Gebieten mit höheren **Niederschlägen**. Er ist zonal mit der Braunerde vergesellschaftet und stellt in der Regel deren Weiterentwicklung im Sinne einer zeitlichen Abfolge dar. Hauptunterscheidungsmerkmal ist die Tatsache, dass bei der Parabraunerde feine Partikel der Tonfraktion mit dem Sickerwasser aus oberen in tiefere Bereiche des Bodenkörpers verlagert werden. Dieser an deutlich humide Bedingungen geknüpfte Vorgang wird als „Lessivierung" (Tonverschlämmung) bezeichnet. Die typische Horizontfolge diese Bodentyps ist Ah – Al – Bt – (Bv) – C. Durch Auswaschung von **Tonmineralen**, Oxiden und organischen Stoffen nimmt der untere Teil des A-Horizonts eine fahle Farbtönung an. Ausgewaschene Partikel werden mit dem Sickerwasser abwärts verlagert und reichern sich im B-Horizont an (Bt), der dadurch bräunlich verfärbt und aufgrund der Anreicherung in den Hohlräumen verdichtet wird. Dieser Vorgang ist an gut durchspülte, zunächst wenig verdichtete **Böden** mit leicht saurem Milieu gebunden und somit typisch für niederschlagsreiche Regionen Mitteleuropas. Bei noch nicht vollständigem Übergang von der Braun- zur Parabraunerde ist unter dem Bt- noch ein verbliebener Bv-Horizont erkennbar. Der hohe Anteil an Mineralien und Humus, aber auch die günstige Bodenstruktur machen den Boden sehr ertragreich. Seit vielen Jahrhunderten werden die Parabraunerden in unseren Breiten intensiv landwirtschaftlich genutzt, beispielsweise zum Anbau von Weizen oder Zuckerrüben.

Ap 0–28 cm: dunkelgraubrauner, stark humoser, stark lehmiger Schluff; feinbröckeliges bis krümeliges Gefüge; gut durchwurzelt, zahlreiche Wurmröhren

Al 28–42 cm: graubrauner, schwach humoser, schluffiger Lehm; feinsubpolyedrisches bis kohärentes Gefüge; schwach durchwurzelt; Wurmröhren

Bt 42–80 cm: dunkelbrauner, schwach humoser, schluffiger Lehm; polyedrisches Gefüge; zahlreiche Wurmröhren

Cv 80–100 cm+: gelbbrauner, stark kalkhaltiger, stark lehmiger Schluff; Kalkkonkretionen; Kohärentgefüge; starke Wurmtätigkeit

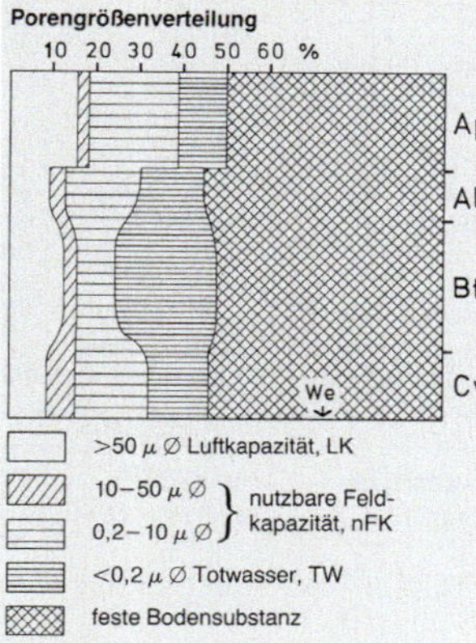

	LK %	nFK %	nFK mm	TRG g/cm³	Ld	Ton %	Schluff %
Ap	15	23	64	1,37	1,52	17	79
Al	9	21	29	1,53	1,76	26	70
Bt	12	12	46	1,46	1,77	34	63
Cv	9	24	48	1,49	1,68	21	77

Effektive Durchwurzelungstiefe (We): 100 cm

Nutzbare Feldkapazität bis 100 cm (nFK/We): 187 mm

Bodenschätzung: L 3 Lö 79/78

4 Profil und Eigenschaften einer Parabraunerde auf Löss

Bayerische Landesanstalt für Landwirtschaft (LfL) Abt. Information, Wissensmanagement R. Brandhuber, W. Seemann., unter: www.lfl.bayern.de (Zugriff 06.05.2021), verkleinert und leicht verändert

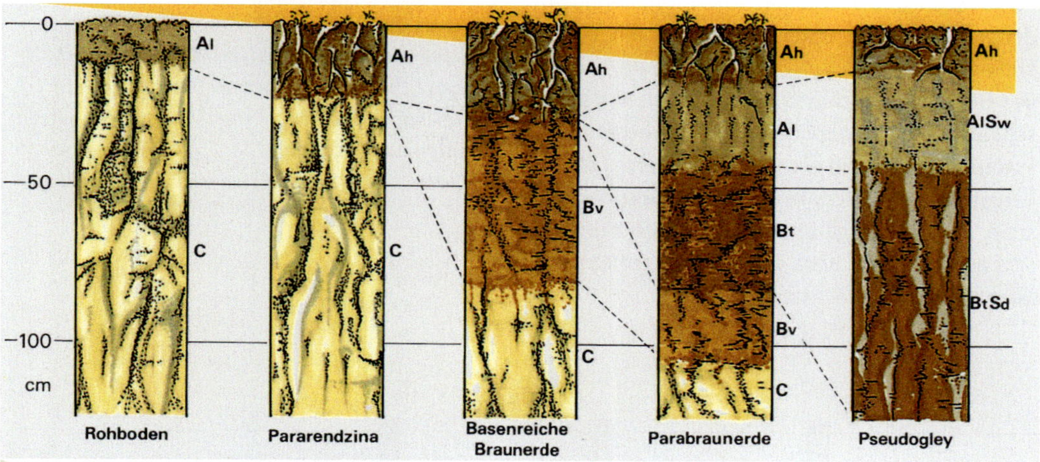

→ Braunerde S.191

3 Bodenentwicklung auf Löss im gemäßigt warmen, humiden Klima

Ausgewählte Bodentypen

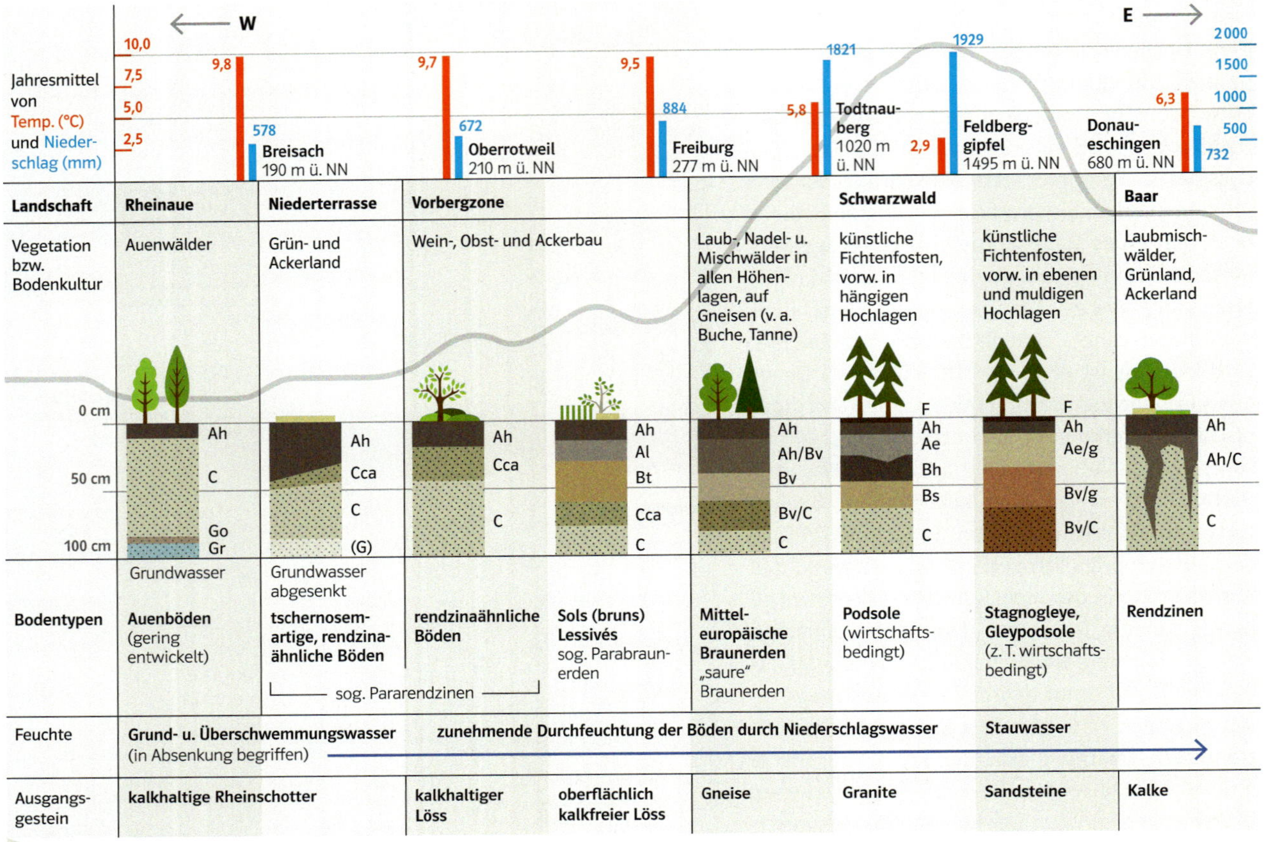

5 Bodencatena Oberrheingraben – Schwarzwald – Baar

← Geofaktoren der Bodenbildung S.182

Die Bodenbildung ist ein sehr lang andauernder Prozess, der von den verschiedenen Geofaktoren stark beeinflusst wird. Einen wesentlichen Faktor bildet auch das Relief, das maßgeblich den **Wasserhaushalt** und die klimatischen Rahmenbedingungen bestimmt, unter denen sich ein **Boden** entwickelt.

Der Begriff Bodencatena (catena = lat. Kette) beschreibt die charakteristische Abfolge bestimmter **Bodentypen** entlang einer Reliefsequenz. Die Abhängigkeit der Bodenbildung vom Ausgangsgestein, der Höhenlage und der Bodenfeuchte lässt sich anhand der Catena zwischen Oberrhein und Baar sehr gut untersuchen.

Catena-Methode

„Der Grundgedanke der Catena-Methode ist so einfach und logisch, dass er nicht nur wie das Ei des Columbus, sondern schon wie eine Plattheit erscheint: In jedem natürlichen Gelände muß stets ein Transport von Bodenmaterial von den relativen Höhen nach den relativen Senken stattfinden [...], es müssen sich so ganz bestimmte Serien von ineinander übergehenden Boden- und Profiltypen anordnen."

Nach Paul Vageler (1942): Die Untersuchung tropischer Böden und ihre Auswertung für die Praxis. Berlin: Paul Parey.

6

1 Beschreiben Sie den Unterschied zwischen den Begriffen Bodentyp, Bodenprofil, Bodenhorizont und Bodenart.

2 Stellen Sie die Prozesse bei der Entstehung einer Parabraunerde dar.

3 Erklären Sie die Lage der verschiedenen Bodentypen (M5).

4 Begründen Sie die Bedeutung der einzelnen Bodentypen für die landwirtschaftliche Nutzung.

7

Rendzina und Ranker
Hierbei handelt es sich um einen Ah-C-Boden (humoser „Oberboden" folgt direkt über Ausgangsgestein) auf kalkreichen Substraten. Häufig findet man ihn auf (verkarstetem) Kalkuntergrund. Der Ah-Horizont kann bei ausreichend langer Entwicklungszeit unter günstigen Standortbedingungen auch mehrere Dezimeter mächtig sein, dann ist dieser Boden landwirtschaftlich durchaus nutzbar. Typisch ist die Rendzina für die Kalkbereiche der Schwäbischen Alb. Der entsprechende Bodentyp auf silikatischem bzw. kalkarmem Untergrund ist der vor allem in Mittelgebirgslagen verbreitete Ranker, der in der Regel dünnmächtig und von geringer Wertigkeit ist.

8

Braunerde
Die Braunerde ist der für das gemäßigt-humide Klima Mitteleuropas prägende Bodentyp. Braunerden sind nicht an einen bestimmten Untergrund gebunden, aber vor allem für Laubmischwaldgebiete typisch. Mit fortschreitender Bodenentwicklung können sich Braunerden beispielsweise aus Rankern oder Rendzinen entwickeln. Ihren Namen erhält die Braunerde vor allem aufgrund der Färbung durch Oxidationsprozesse und hoher Tonmineralgehalte im Bv-Horizont (v steht für verbraunt, verwittert, verlehmt). Aufgrund ihres lockeren Gefüges und ihres hohen Nährstoffgehalts sind Braunerden meist gut landwirtschaftlich nutzbar.

9

Schwarzerde (Tschernosem)
Dieser Boden ist typisch für die durch starke Temperaturunterschiede zwischen Sommer und Winter gekennzeichneten kontinentalen Steppengebiete der Gemäßigten Zone (Osteuropa und Asien). Sie kommen vor allem auf Lössuntergrund vor. Aufgrund der mächtigen Humusschicht weisen sie eine hohe Fruchtbarkeit auf. Sie sind aber bei unangepasster landwirtschaftlicher Nutzung anfällig für Erosion und Deflation. In Mitteleuropa können sich unter heutigen Klimaverhältnissen keine Schwarzerden entwickeln. Entstanden sind sie nach der letzten Eiszeit, als in Mitteleuropa überwiegend eine Steppenvegetation und kontinentalere Klimabedingungen herrschten.

10

Podsol
Der Podsol findet sich in der Borealen Nadelwaldzone, aber auch in den niederschlagsreichen Mittelgebirgen auf silikatreichem Ausgangsgestein. Charakteristische Prozesse der Podsolierung sind die Freisetzung von Metallionen und ihre Verbindung mit organischen Stoffen sowie deren Verlagerung in tiefere Bodenbereiche, wo mit steigendem pH-Wert zunächst organische Stoffe angereichert (humose Schwarzfärbung) und schließlich darunter Metallionen durch Oxidation ausgefällt werden (gelbbraune Färbung). Durch Säuren angegriffene Tonminerale führen zusammen mit der Verarmung an Bodenlebewesen dazu, dass Podsole nährstoff- und ertragsarm sind.

11

Gley
Gleye sind Böden, die vom Grundwasser beeinflusst werden (hydromorphe Böden). Sie sind im Bereich von in Tälern und Senken mit hohem Grundwasserstand anzutreffen. Unter dem Ah-Horizont folgt ein Oxidationshorizont (Go), der durch gelöste und an der Oberfläche des schwankenden Grundwasserspiegels durch Oxidation ausgefällte Metallionen (vor allem Eisen) rostfarben erscheint. Darunter folgt der ständig sauerstoffarme Reduktionshorizont (Gr), in dem die dreiwertigen (braun) in zweiwertige Eisenverbindungen (grau) überführt werden, was die typisch fahlen grau-grünen Farben bewirkt. Gleye sind eher von geringem Nutzen und allenfalls als Grünland- oder Weidestandort geeignet.

12

Latosol
Dieser auch als Roterde, Oxisol oder Ferralit bezeichnete Bodentyp findet sich hautsächlich in den Tropen. Aufgrund der hohen Temperaturen und Niederschläge wird die anfallende organische Substanz schnell zersetzt; entsprechend geringmächtig ist der A-Horizont. Der B-Horizont ist aufgrund der intensiven chemischen Verwitterung mehrere Meter mächtig. Durch die intensive Verwitterung werden sogar Silikate zersetzt und mit dem abwärts gerichteten Bodenwasserstrom ausgeschwemmt. Dadurch kommt es zu einer Anreicherung von Aluminium- und Eisenoxiden, die die Rotfärbung der Böden bedingen. Ferralitische Böden sind relativ unfruchtbar.

Böden in der Landwirtschaft: Nutzung, Gefährdung und Schutz

Vor nunmehr über 10 000 Jahren begannen die Menschen, Landwirtschaft zu betreiben und somit auch den Boden für sich in Wert zu setzen. Vom ersten sesshaften Bauern bis zur heutigen hoch industrialisierten Agrarwirtschaft haben sich die Anbaumethoden dramatisch verändert und auch die genutzten Flächen wurden enorm vergrößert. Oberstes Ziel ist dabei die Effizienzsteigerung, also ein Maximum an Ertrag aus einem Boden „herauszuholen". Werden Böden aber übernutzt, kommt es langfristig auch zu finanziellen Einbußen für den Landwirt. Es stellt sich also die Frage: Kann die landwirtschaftliche Produktion nachhaltig gestaltet werden?

Bodengüte

Die wichtigste Voraussetzung für die landwirtschaftliche Nutzbarkeit bildet eine möglichst gute **Bodenfruchtbarkeit.** Sie ist abhängig von der Menge der verfügbaren Nährstoffe, die über eine günstige Bodenstruktur und ausreichend Wasser für die Pflanzen aufschließbar sein müssen. Pflanzen benötigen unterschiedliche Nährstoffe für ihren Stoffwechsel und zum Wachstum. Fruchtbare **Böden** sind durch einen ausgeglichenen Nährstoffhaushalt, eine hohe Produktion pflanzlicher Substanz sowie die Fähigkeit, vielfältige Vegetation tragen zu können, gekennzeichnet. Bedeutsam ist auch der Gehalt an **Tonmineralen** und **Huminstoffen**, da diese die **Kationenaustauschfähigkeit** und damit die Pflanzenverfügbarkeit der im Boden gespeicherten Nährstoffe bestimmt.

Durch verschiedene Maßnahmen können Landwirte den Anteil der Huminstoffe im Boden erhöhen. Dies erfolgt z. B., indem bei der Gründüngung Leguminosen (Hülsenfrüchte) als Zwischenfrucht zur Humusanreicherung angebaut werden. Knöllchenbakterien an den Wurzeln erhöhen dabei auch den Bodenstickstoffgehalt. Durch Ausbringung von Stallmist wird die Entwicklung und Erhaltung des Bakterienlebens gefördert, auf schweren, tonhaltigen Böden verbessert eingearbeitetes Stroh die Durchlüftung.

Die wichtigsten Elemente des Bodennährstoffhaushalts

Hauptnährelemente (-mineralstoffe):	**In Spuren vorhandene Nährelemente:**	**Zusätzlich wichtig:**
Stickstoff (N) Schwefel (S) Kalium (K) Calcium (Ca) Magnesium (Mg)	Bor (B) Molybdän (Mo) Chlor (Cl) Eisen (Fe) Mangan (Mn) Zink (Zn) Kupfer (Cu)	C^{4+}-, O^{2-}- und H^+-Ionen aus Wasser (H_2O) Kohlenstoffdioxid (CO_2)

Nach: Winfried E. H. Blum: Bodenkunde in Stichworten, 6. Aufl. Berlin u. a.: Borntraeger 2007, S. 148

2

Bodenmelioration: Mensch-Boden-Verhältnis aus historischer und nutzungsorientierter Sicht

Ließ sich der sesshaft werdende Mensch in Mitteleuropa zunächst an Orten mit günstigen Standortbedingungen für den Ackerbau nieder, so sorgten zunehmender Bevölkerungsdruck und wachsende ackerbauliche Nutzungsintensität spätestens im Hochmittelalter dafür, dass die nutzbaren Flächen durch das Vordringen in Wälder, Moore oder Mittel- und Hochgebirgslagen erheblich erweitert wurden. Damit einher gingen Bemühungen zur Ertragssteigerung auf diesen ackerbaulich weniger günstigen Grenzertragsflächen (Bodenmelioration). Die aus den Waldrodungen hervorgegangenen Standorte wiesen oft saure, flach gründige und rasch erschöpfte Böden auf, die längerer Brachephasen bedurften. Sümpfe und Moore wurden durch Trockenlegung, z. T. auch durch Abbrennen oder Auftrag von Sand nutzbar gemacht. Die Einführung der mineralischen Düngung ab der Mitte des 19. Jh. ermöglichte eine erhebliche Nutzungsintensivierung vieler Böden. Spezifische Düngergaben erlaubten es nun, Nährstoffmangel oder anderen negativen Tendenzen, wie Versauerung, entgegenzuwirken.

1

3 Ackerbau in der Magdeburger Börde – hier gibt es die fruchtbarsten Böden Deutschlands

Faktoren der Bodenqualität
- hoher Gehalt an wertvollem Humus
- möglichst tiefgründige Entwicklung
- geringe Verdichtung mit optimalem Porenvolumen (gute Durchwurzelbarkeit, gute Wasseraufnahme und -abfuhr sowie -speicherung, guter Bodenluft- und Bodenwärmehaushalt)
- ausgeprägtes, vielfältiges Bodenleben
- nicht zu saures bzw. basisches Milieu
- günstige Zusammensetzung der Tonminerale und Huminstoffe

5

Die potenzielle **Bodenfruchtbarkeit** stellt einen Optimalzustand dar, bei dem alle natürlichen pedogenetischen Faktoren bestmöglich zusammenwirken. Für die Landwirtschaft ist eher die tatsächliche Bodenfruchtbarkeit von Bedeutung. Bei ihr kommt es zu Einschränkungen aufgrund nicht idealer Ausprägung eines oder mehrerer Faktoren bzw. auch zu positiven Abweichungen durch meliorative (bodenverbessernde) Eingriffe. So kann ein potenziell guter **Boden** wegen mangelnder **Niederschläge** schlechtere Ergebnisse zeigen, der Ertrag eigentlich schlechter Böden durch Düngerzugaben aber gesteigert werden. In Deutschland wird die Bodenfruchtbarkeit bzw. -güte in der Regel gemäß den Grundlagen der Reichsbodenschätzung von 1934 bewertet. Hierbei wird die Ertragsfähigkeit eines Bodens durch eine „Bodenwertzahl" ausgedrückt, die unter Berücksichtigung verschiedener Faktoren das Verhältnis zu den besten Böden Deutschlands, den Schwarzerden der Magdeburger Börde (Bodenwertzahl 100), angibt. Böden auf **Löss** in den Gäulandschaften kommen so auf rund 70–80 Punkte, Rendzinen der Schwäbisch-Fränkischen Alb auf 30–50, Grenzertragsböden auf unter 30. Diese Bewertung geht in amtliche Karten ein und dient als Grundlage etwa für die Besteuerung oder für die Wertfestsetzung bei Flurbereinigungsmaßnahmen.

4 Bodenertrag und Klima
Laut § 9 des Bodenschätzungsgesetzes drückt die Ertragsmesszahl die natürliche Ertragsfähigkeit einer Fläche aus.

1 Nennen Sie Maßnahmen, die zu einer Verbesserung der Bodenqualität beitragen können.

2 Erklären Sie den Begriff Bodenfruchtbarkeit.

3 Bodenertrag im räumlichen Kontext
a) Beschreiben Sie die Verteilung der verschiedenen Bodenertragszahlen (Karte 4)
b) Erörtern Sie die Ursachen für die Verteilung von höher- und geringerwertigen Flächen.

4 Ermitteln Sie die Bodengüte in Ihrem Wohnumfeld.

Bodengefährdung

Bodengefährdung und -verlust sind weitverbreitete Phänomene in landwirtschaftlich intensiv genutzten Regionen. Auch in unseren Breiten kann man nach Regenfällen erkennen, dass Ackerkrume aus brach liegenden oder nicht komplett mit Vegetation bedeckten Flächen an Hängen ausgespült wird. **Böden** sind jedoch nicht nur durch **Erosion**, Denudation und Deflation gefährdet, sondern auch durch Schädigungen ihrer Eigenschaften und Konsistenz. Prozesse dieser Art werden insgesamt als **Bodendegradation** bezeichnet. Die Ursachen dafür können natürlicher Art sein (z. B. Starkregen), meist jedoch ist unangepasstes menschliches Wirken der Auslöser. Die völlige Auflösung einer ehemals landwirtschaftlich nutzbaren Oberfläche durch Erosionsrinnen wird als „Badland"-Bildung bezeichnet.

Desertifikation
von lat. desertus facere = wüst machen

In Wüstenrandgebieten mit stark variablen **Niederschlägen**, wie z. B. der Sahelzone, führt unangepasste Landnutzung zur starken **Degradation** der Böden und mitunter sogar zur Ausbreitung der **Wüsten** in ehemals genutzte Bereiche hinein. Eine der wesentlichen Ursachen für diesen Prozess der **Desertifikation** stellt der enorme Nutzungsdruck durch eine wachsende Bevölkerung dar. Aber auch die Änderung der Landnutzungsform spielt eine wesentliche Rolle: Traditionell lebten in der Sahelzone Nomaden, deren Wanderungsbewegungen primär von den klimatischen Bedingungen geprägt war. Bevölkerungsdruck, Grenzziehungen und Terrorismus schränken diese traditionelle und angepasste Wirtschaftsform stark ein. Dies führt u.a. zu verstärkter Abholzung (Brennholz), Überweidung und übermäßiger Wasserentnahme zur Bewässerung.

6 Bodenerosion („Gully Erosion")

7 Nach einem der großen Staubstürme im Mittleren Westen der USA in den 1930er-Jahren

FALLBEISPIEL: „Dust Bowl"

„Dust Bowl"

In den 1930er-Jahren kam es im Mittleren Westen der USA zu einer Serie von verheerenden Staubstürmen. Die Präriestaaten South Dakota, Kansas und Nebraska bildeten dabei den Kern der sogenannten „Dust Bowl".

Über viele Jahrhunderte waren die Great Plains kaum besiedelt, lediglich indianische Bisonjäger durchstreiften die weiten Ebenen. Geprägt wurde das kontinental-trockene Gebiet von ausgedehnten Präriegrassteppen, die die darunter liegenden fruchtbaren Schwarzerden (engl. Mollisols) vor Erosion und Deflation schützten. Durch den hohen Bestand an Bisons wurde die Oberfläche überdies verfestigt, auch das wirkte der Bodenabtragung entgegen.

In der zweiten Hälfte des 19. Jh. drangen Farmer in die Ebenen vor und wandelten die Steppe in agrarisch genutztes Kulturland um („Dry Farming"). Durch das intensive Umpflügen wurden die schützende Präriegrasdecken weitgehend zerstört, sodass die Oberfläche nunmehr ungeschützt der Erosion ausgesetzt war. Gleichsam wurden auch die Bisonbestände stark dezimiert. Insbesondere in den 1930er-Jahren kam es zu besonders ausgeprägten Trockenphasen, was dazu führte, dass Tausende Millionen Tonnen wertvollen Ackerbodens von Stürmen bis in den Atlantik verfrachtet wurden. Einzelne Starkregenereignisse, die den Boden stark erodieren, verschärften die Situation zusätzlich. Entsprechend stark durch „Gully Erosion" degradierte Bereiche tragen die Bezeichnung „Badlands". Tausende Farmer verloren damals Ihre Existenz und mussten die Region verlassen. Aktuell wird durch verschiedene Maßnahmen wie der Anlage von Windschutzhecken oder dem höhenlinienparallelen Pflügen (Contour Plowing) versucht, der Bodendegradation entgegenzuwirken.

8

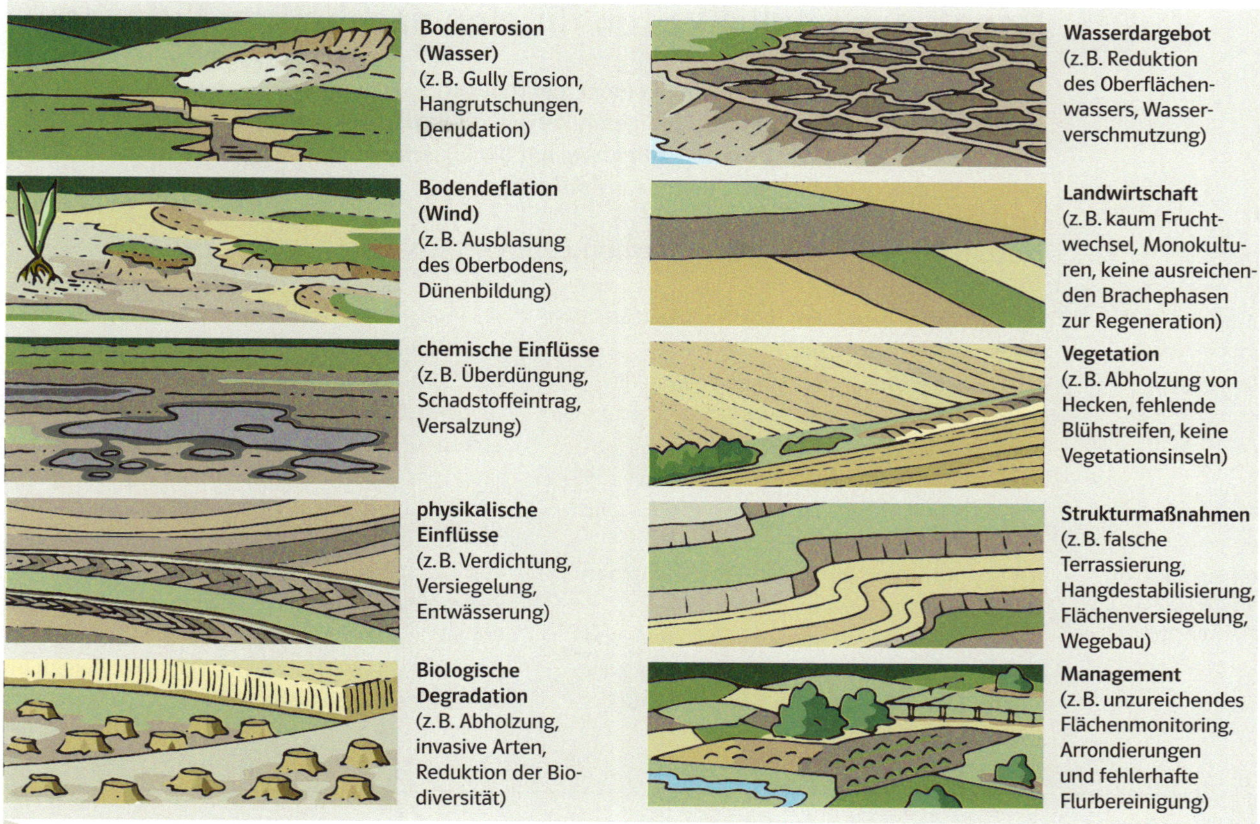

9 **Bodengefährdungspotenzial**

Von alters her führt das Pflügen und Umbrechen des **Bodens** weltweit zu Veränderungen des Bodengefüges, mit teils positiven, teils negativen Folgen. Bodenverdichtung und -versiegelung sind vielerorts Kennzeichen moderner Gesellschaften, alleine in Deutschland werden pro Tag ca. 100 ha Fläche neu versiegelt. Das entspricht knapp 36 500 Fußballfeldern pro Jahr.

Geschädigt werden die Böden auch durch gasförmige und flüssige Schadstoffeinträge. Gerade in viehwirtschaftlich intensiv genutzten Gebieten stellt der übermäßige Gülleeintrag ein erhebliches Problem dar. Insbesondere der Nitratgehalt des Wassers kann stark ansteigen.

Besonders empfindlich reagieren Böden im Grenzbereich der agrarischen Nutzbarkeit. Andererseits kann der Mensch auch Maßnahmen zum Bodenschutz beziehungsweise zur Bodenverbesserung ergreifen, z. B. durch geeignete Anbaumaßnahmen, intensives Mulchen oder eine standortgerechte Düngung.

10 **Anlage des Fundamentes für ein Windrad**

5 Charakterisieren Sie den Wandel der Landnutzung in den Great Plains und die Folgen.

6 Überprüfen Sie die Aussage: „Der Klimawandel verschärft die Desertifikationsproblematik".

7 Für den Bau nur eines Windrades (Bild 10) wird in erheblichem Umfang in das lokale Ökosystem eingegriffen (Rodung, Wegebau etc.). Erörtern Sie das Für und Wider der Baumaßnahme.

8 Stellen Sie mögliche Gefährdungspotenziale von Böden in Ihrer Region dar (M9).

NE Handlungsmöglichkeiten für eine nachhaltige Nutzung

Die moderne Landwirtschaft steht in einem mehrpoligen Spannungsfeld. Zum einen soll immer mehr und zu immer günstigeren Preisen produziert werden, zum anderen kollidiert der Wunsch nach Ertragssteigerung mit ökologischen Notwendigkeiten. Wie gelingt es, dieses scheinbare Dilemma aufzulösen?

Herausforderungen der modernen Landwirtschaft

Arbeitsproduktivität
Produktionsergebnis jeder Arbeitskraft

Flächenproduktivität
Produktionsergebnis je Flächeneinheit

Die Zahlen der modernen Landwirtschaft Deutschlands sind beeindruckend:

- In den letzten hundert Jahren stiegen die Hektarerträge bei Weizen von 18,5 dt auf mehr als 74 dt im Jahr 2019.
- Die jährliche Milchleistung hat sich von 2165 kg je Kuh im Jahr 1900 auf mehr als 8250 kg im Jahre 2019 erhöht.
- Ein Landwirt ernährte 1949 zehn Menschen, im Jahr 2019 waren es 134.
- Die Zahl der Beschäftigten in der Land- und Forstwirtschaft ist von 4,8 Mio. im Jahr 1949 auf 639 000 Personen im Jahr 2019 zurückgegangen.
- Seit Jahren ist Deutschland weltweit einer der größten Agrarexporteure.

Dies alles erklärt sich u.a. daraus, dass in der Landwirtschaft sowohl die Arbeitsproduktivität als auch die Flächenproduktivität so stark gestiegen sind, dass sie den Vergleich mit der gewerblichen Wirtschaft nicht zu scheuen braucht.

Aus ökonomischer Sicht zwingen die niedrigen Verbraucherpreise die Landwirte zur ständigen Produktivitätssteigerung. Dies begünstigt eine industrielle Landwirtschaft mit negativen Folgen für den Landschaftshaushalt. Die Produktivität wird

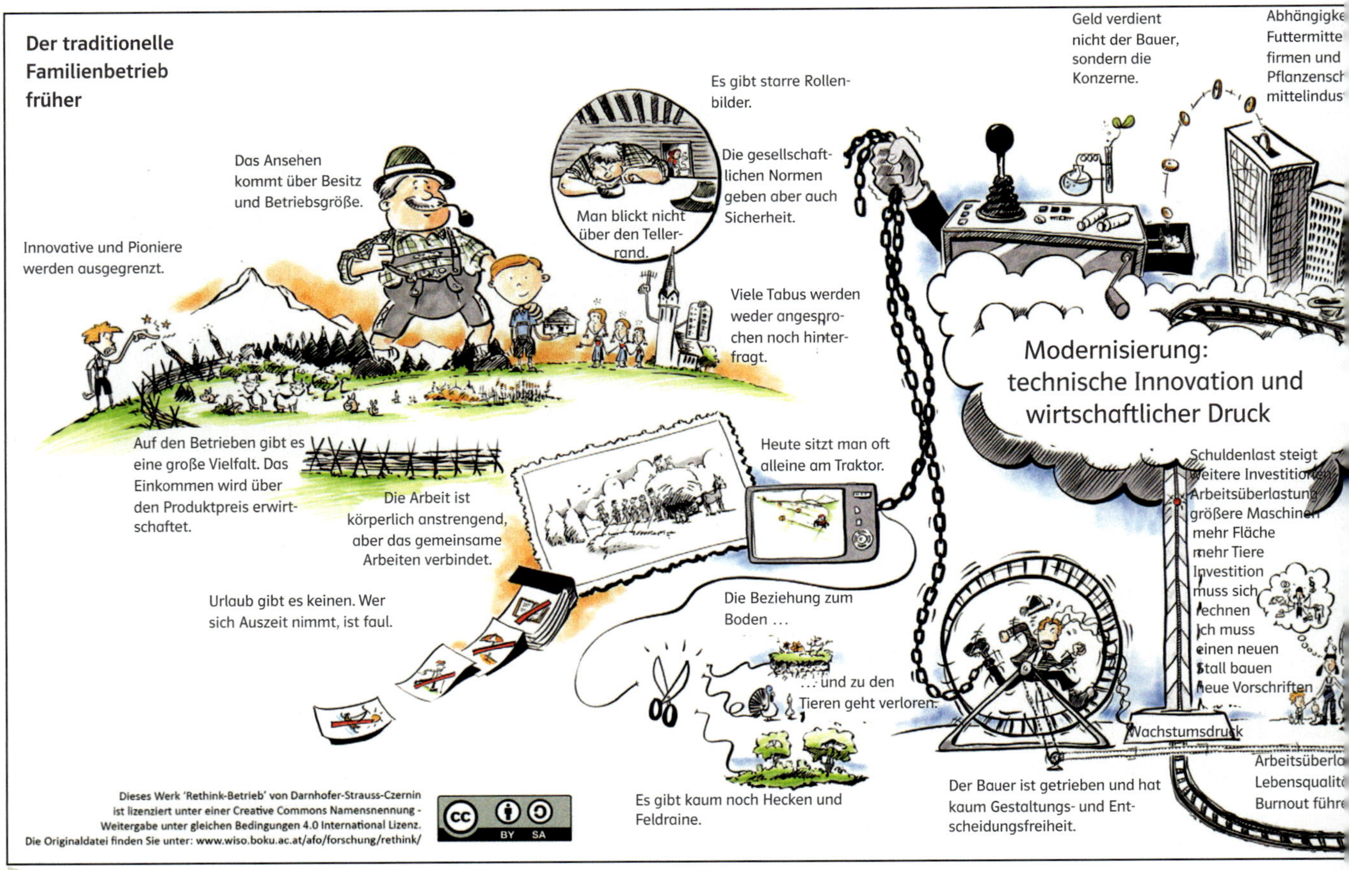

1 Der Wandel der Landwirtschaft

durch den Einsatz von Dünger, Herbiziden und Pestiziden gesteigert. Gleichzeitig werden nitratverseuchtes **Grundwasser**, die Zerstörung wertvollen **Bodens** und auch der anhaltende Biotopverlust zum großen Teil der Landwirtschaft zugeschrieben.

Es sind aber noch andere Sichtweisen auf die Landwirtschaft möglich: Während 2016 noch immer fast 800 Mio. Menschen an Unter- oder Mangelernährung leiden, werden jährlich in Deutschland nach Angaben des WWF Deutschland 18 Mio. t Nahrungsmittel unbenutzt weggeworfen.

Nachhaltige Landwirtschaft

Wie soll unter diesen Voraussetzungen eine Landwirtschaft der Zukunft aussehen, die genügend Nahrung für alle bereitstellt und gleichzeitig die Umwelt nicht zerstört?

Dies wird am ehesten mit einer nachhaltigen und regional ausgerichteten landwirtschaftlichen Produktion erreicht. Entscheidend ist die Erkenntnis, dass Natur- und Ressourcenschutz, aber auch die Erhaltung der ländlichen **Kulturlandschaft** nur regional in Zusammenarbeit von Landwirtschaft und Naturschutz erreicht werden können. Was aber genau ist **nachhaltige Landwirtschaft**? Eine wichtige Orientierung für Verbraucher sind Lebensmittel aus ökologischem Landbau oder das Fairtrade-Zeichen für Produkte aus dem fairen Handel.

Smart Farming

Seit wenigen Jahren verändert sich die landwirtschaftliche Produktion in einem Tempo und Umfang, welche die Gegensätze zwischen ökologischer Landwirtschaft und Agrarindustrie verschwinden lassen könnten. Die Verbindung von landwirtschaftlicher Produktion und Datenverarbeitung, auch als Smart Farming bezeichnet, könnte den Traum von einer Welt ohne Hunger, deren Nahrungsmittel ökologisch erzeugt werden, wahr werden lassen.

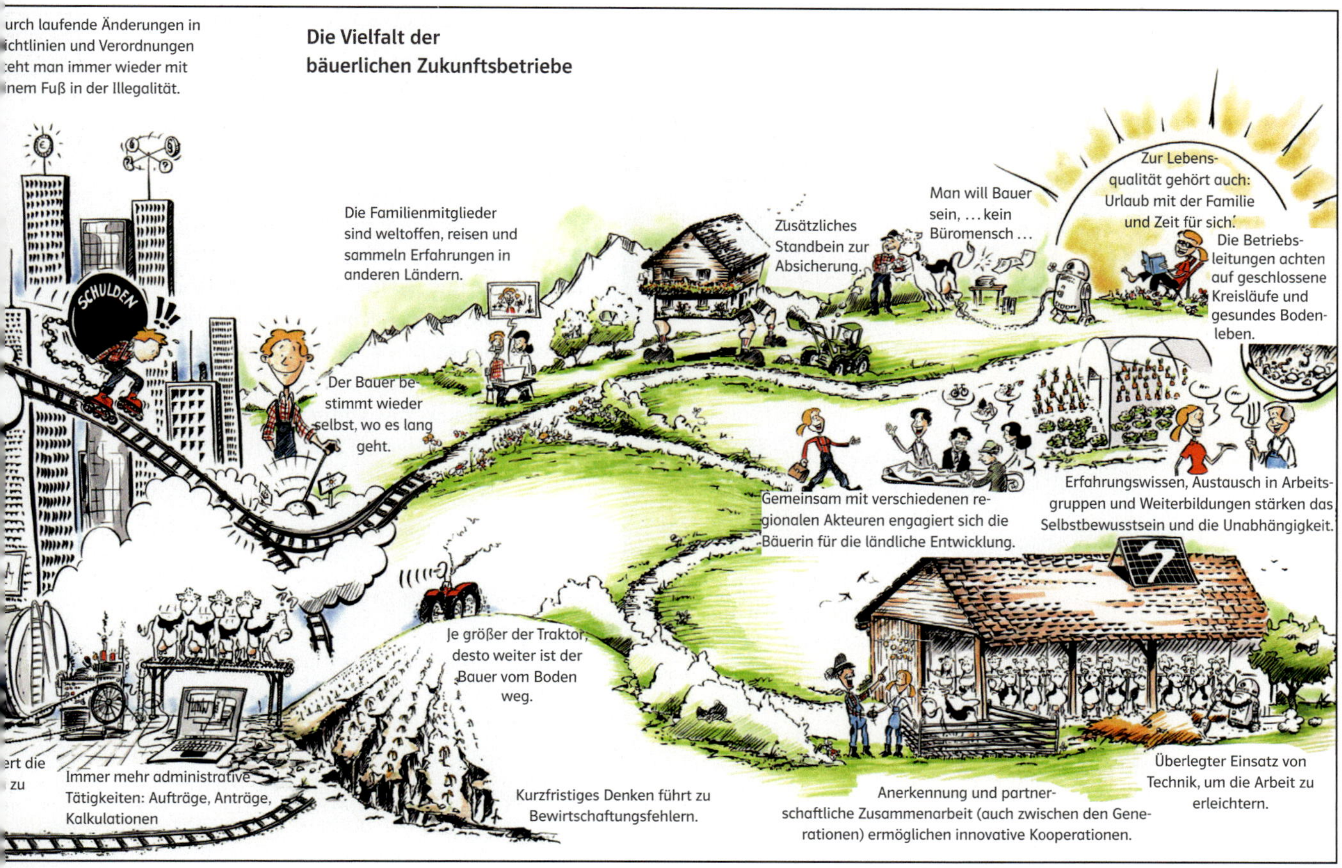

„**Eine nachhaltige Landwirtschaft**
- stellt Methoden und Verfahren in den Mittelpunkt, die die Produktivität der Böden verbessern und gleichzeitig die schädlichen Auswirkungen auf Klima, Boden, Wasser, Luft und Artenvielfalt sowie die Gesundheit der Menschen minimieren;
- zielt darauf ab, so wenig wie möglich nicht-erneuerbare und auf Erdölbasis hergestellte Betriebsmittel einzusetzen und sie durch erneuerbare zu ersetzen;
- stellt die lokale Bevölkerung mit ihren Bedarfen, ihrem Wissen, ihren Fähigkeiten und soziokulturellen Werten und institutionellen Strukturen in den Mittelpunkt;
- stellt sicher, dass die grundlegenden Bedürfnisse an Nahrung und landwirtschaftlichen Rohstoffen von heutigen und zukünftigen Generationen qualitativ und quantitativ befriedigt werden;
- sorgt für eine langfristige Beschäftigung, zufriedenstellendes Einkommen sowie würdige und gleichberechtigte Lebens- und Arbeitsbedingungen für alle in landwirtschaftlichen Wertschöpfungsketten tätigen Menschen;
- reduziert die Anfälligkeit des Landwirtschaftssektors gegenüber ungünstigen natürlichen (z. B. klimatischen) und sozio-ökonomischen (z. B. hohe Preisschwankungen) Bedingungen sowie anderen Risiken;
- fördert nachhaltige Institutionen im ländlichen Raum, die die Teilhabe aller Akteure und den Interessenausgleich fördern."

Stephan Krall: Was ist nachhaltige Landwirtschaft? Deutsche Gesellschaft für Internationale Zusammenarbeit (GIZ) GmbH (Hrsg.), S. 5. Unter www.giz.de/de/downloads/giz2015-de-nachhaltige-landwirtschaft.pdf (Zugriff 05.05.2021)

2

Präzisionslandwirtschaft

„Sensoren, gespeicherte Daten und der Bordcomputer geben dem Landwirt die Informationen, die er zum Beispiel für das Düngen benötigt. Konkret: Auf dem Feld weiß er genau, wo mehr und wo weniger Düngestreuer benötigt wird – eine Dosierungsanleitung quasi. Durch genaue Datenauswertungen soll auch der perfekte Weg über das Feld und der richtige Moment zur Ernte ermittelt werden können. Wirtschaftlichkeit und Umweltschutz werden so verbessert."

Wirtschaftswoche: Autonome Erntehelfer. Beitrag vom 10.02.2015. Unter www.wiwo.de (Zugriff 05.05.2021)

3

Digitalisierung in der Landwirtschaft

Als übergeordnete Ziele der Digitalisierung in der Landwirtschaft stehen zwei Aspekte im Vordergrund. In ökologischer Hinsicht soll die Produktion nachhaltiger gestaltet werden. Das bedeutet vor allem eine Schonung von Ressourcen durch den optimierten Einsatz beispielsweise von Maschinen, Düngemitteln, aber auch Energiequellen. Gleichsam bestehen aus ökonomischer Sicht Chancen, die Produktivität durch eine verbesserte Effizienz zu steigern. Dazu zählt unter anderem die Optimierung des Prozessmanagements, also die Steuerung von Arbeitsabläufen oder die Materialbeschaffung.
Seit rund zwei Jahrzehnten durchdringen digitale Anwendungen zunehmend auch die Landwirtschaft, sodass inzwischen weit mehr als die Hälfte der Landwirte digitale Technologien nutzt, Tendenz deutlich steigend.
Die Anwendungsfelder des „Smart Farmings" sind vielfältig und umfassen den Einsatz von Drohnen, GPS-Daten, Sensoren, Robotern und ein breites Feld von Apps und weiteren Softwareanwendungen. Darüber hinaus spielt auch das Thema „Big Data" im Bereich der Vernetzung der betriebseigenen Prozesse mit externen Daten, wie beispielsweise den Informationen der Wetterdienste eine wichtige Rolle.

Herausforderungen

Die Art der landwirtschaftlichen Betriebe in Deutschland umfasst unterschiedliche Betriebsgrößen und reicht von Nebenerwerbs- zu Vollerwerbsbetrieben. Gerade kleinere Betriebe sehen sich oft mit kaum zu stemmenden finanziellen Investitionen konfrontiert und auch die notwendigen Fort- und Weiterbildungsmaßnahmen sind im Rahmen der zeitlichen Belastung nur schwer realisierbar. Nach wie vor hinkt auch der Ausbau der digitalen Infrastrukturen, insbesondere im ländlichen Raum, den stetig wachsenden Anforderungen einer modernen Landwirtschaft hinterher.

Ausgewählte Anwendungsgebiete des Smart Farming
- exakte Dosierung von Düngemitteln und Pestiziden
- (teil)autonome Fahrsysteme
- Modellierung und Prognose der Erträge
- Einsatz von Fütterungs- und Melkrobotern
- Monitoring des Gesundheitszustands der Nutztiere
- Lagerhaltung, Arbeitszeiterfassung und Flottenmanagement

4

Mit der Drohne gegen Maiszünsler
„Wenn in diesen Tagen in der Politik von Drohnen die Rede ist, dann sind sie groß, teuer und vor allem eines – gefährlich. Eine ganz andere Art von Drohne wird nun einem Feind der Maisbauern gefährlich: dem Maiszünsler. In Herbolzheim wurde jetzt erstmals eine Drohne zur Schädlingsbekämpfung eingesetzt.
Die Zentralgenossenschaft (ZG) Raiffeisen Karlsruhe testet derzeit großflächig die Schädlingsbekämpfung aus der Luft. ‚Wir sind in der Region am stärksten vom Maiszünsler betroffen', erklärt Daniel Keller von der ZG deren Engagement. Weil die Genossenschaft Maissaatgut verkauft, liegt ihr die Bekämpfung des Zünslers am Herzen. Sie koordiniert die Einsätze der fliegenden Helfer am Oberrhein. [...] Landwirt Michael Hoenig aus Herbolzheim ist zufrieden. Er hat den sogenannten Multicopter für sein Feld bestellt, um den Maiszünsler mit Schlupfwespen zu bekämpfen. ‚Die Alternative wäre Genmais wie in den USA', erklärt Keller. ‚Das wollen wir aber nicht.' Für das fünf Hektar große Feld hat die Drohne gerade mal eine Viertelstunde gebraucht. ‚Zu Fuß wäre man dafür zweieinhalb Stunden beschäftigt', sagt er. Der Multicopter hingegen erledigt die Aufgabe mit fliegender Leichtigkeit.
Die Geokoordinaten des Feldes hat Landwirt Hoenig an Thomas Schönbucher weitergegeben; der Luft- und Raumfahrtingenieur macht mit seiner Stuttgarter Firma ‚aerpixx' eigentlich Luftbildaufnahmen. Am Computer erstellt er als Pilot der Drohne anhand der Daten ein Flugraster. Die Kugeln mit den Wespengelegen, zusammen dreieinhalb Kilogramm schwer, werden in den Trichter unter dem Multicopter gefüllt, und schon hebt die kleine Maschine fast lautlos ab. Aus 20 bis 50 Meter Höhe lässt die in ihrem Flug programmierte Drohne dann alle sieben Meter die kleinen Kugeln aus Maisstärke und Gelegen fallen. Der 24-jährige Schönbucher hat den autonomen Flug seiner Maschine im Blick und kann jederzeit eingreifen. [...]"

Thilo Bergmann: Mit der Drohne gegen Maiszünsler. Beitrag vom 05.06.2014. Unter www.badische-zeitung.de (Zugriff 05.05.2021)

5

Agrarroboter Bonirob
„Bonirob fährt langsam über den Acker. Ab und zu schießt aus seinem Bauch ein Stempel heraus und saust in das Erdreich. Zielgenau trifft er eine Brennnessel- oder Kamillenpflanze und drückt sie in den Boden. Das ist das Ende fürs Unkraut, das das Wachstum der Feldfrucht behindert. Wenn der Unkraut-Roboter sein Terrain abgearbeitet hat, finden sich auf dem nur noch junge Mais-, Roggen- oder Rübenkeimlinge. Alles, was deren Wachstum behindern könnte, ist auf Nimmerwiedersehen in der Tiefe verschwunden. Und das ohne einen einzigen Tropfen Unkrautvernichtungsmittel."

Wolfgang Kempkens: So vernichtet Roboter Bonirob Unkraut. Beitrag vom 16.11.2015. Unter www.ingenieur.de/Fachbereiche/Agrartechnik/So-vernichtet-Roboter-Bonirob-Unkraut (Zugriff 05.05.2021)

6

7 Drohne im Einsatz gegen Maiszünsler

1 Stellen Sie den Wandel in der Landwirtschaft dar.

2 Erklären Sie, weshalb die industrielle Landwirtschaft umstritten ist.

3 NE Erläutern Sie die Vorteile einer nachhaltigen Landwirtschaft.

4 Arbeiten Sie aus den Materialien dieser Doppelseite die Merkmale von Smart Farming heraus

5 Erörtern Sie, ob Smart Farming die landwirtschaftlichen Erträge bei gleichzeitiger Vermeidung von ökologischen Schäden steigern kann.

6 NE Erkunden Sie, welche Formen von Smart Farming in Ihrer Heimatregion genutzt werden.

Kompetenzcheck

Wichtige Begriffe

- Bioturbation
- Boden
- Bodenart
- Bodendegradation
- Bodenerosion
- Bodenfruchtbarkeit
- Bodengare
- Bodengüte
- Bodenhorizont
- Bodenmelioration
- Bodenprofil
- Bodentyp
- Bodenwasser
- Desertifikation
- Dry Farming
- Edaphon
- Humifizierung
- Huminstoffe
- hydromorpher Boden
- Kationenaustausch
- Lessivierung
- Löss
- Pedosphäre
- Podsolierung
- Pufferung
- Ton-Humus-Komplexe
- Tonminerale

Wissen vernetzen

Durch die immer stärkere Mechanisierung und Industrialisierung der Landwirtschaft hat der Anteil der im Primären Sektor tätigen Erwerbskräfte in den letzten Dekaden immer weiter abgenommen. Dies könnte einer der Gründe sein, warum in unserer Gesellschaft der Kontakt mit dem Boden und damit das Bewusstsein für dessen Bedeutung und Wert immer weiter zu schwinden scheint. Für viele Menschen ist Boden ein käufliches Gut, das man entweder im Gartencenter als „Blumenerde" oder auch als Baugrund erwerben kann. In der alltäglichen Wahrnehmung erfährt der Boden dann allenfalls Beachtung, wenn eine für den heimischen Garten gekaufte Pflanze nicht richtig wächst, und der Gärtner dann vielleicht erklärt, dass der Standort zu trocken oder der Boden zu „schwer" sei oder, dass man eigentlich kalkholde Pflanzen nicht auf „saurem" Boden anpflanzen solle. Bauherrn gilt Boden als „Aushub", den es zu entsorgen gilt, Unkundigen im Extremfall als „Dreck".
Möglicherweise liegt die Geringschätzung auch daran, dass Boden – ähnlich wie Wasser – in unseren Breiten einfach als gegebenes Gut angesehen wird. Anders ist das in Räumen, die akut etwa von Desertifikation oder Dürre bedroht sind. Mehr und mehr scheint in der Gesellschaft allerdings ein Umdenken stattzufinden, so werden beispielsweise Themen wie die Flächenversiegelung oder die Nitratbelastung des Grundwassers in zunehmenden Maße kritisch diskutiert.
Das vorangegangene Kapitel hat Ihnen grundlegende Informationen zum Verständnis der Vorgänge im Boden, zur Entwicklung der wichtigsten Bodentypen, zur Funktion von Böden und zu ihrer Gefährdung erschlossen.
Wie bedeutsam die Böden als „Ökosystemdienstleister" im Rahmen des Systems Erde sind, unterstreicht auch die nachfolgende Abbildung, die den Ein- und Austrag von Mikroplastik und die damit verbundenen ökologischen Effekte darstellt.

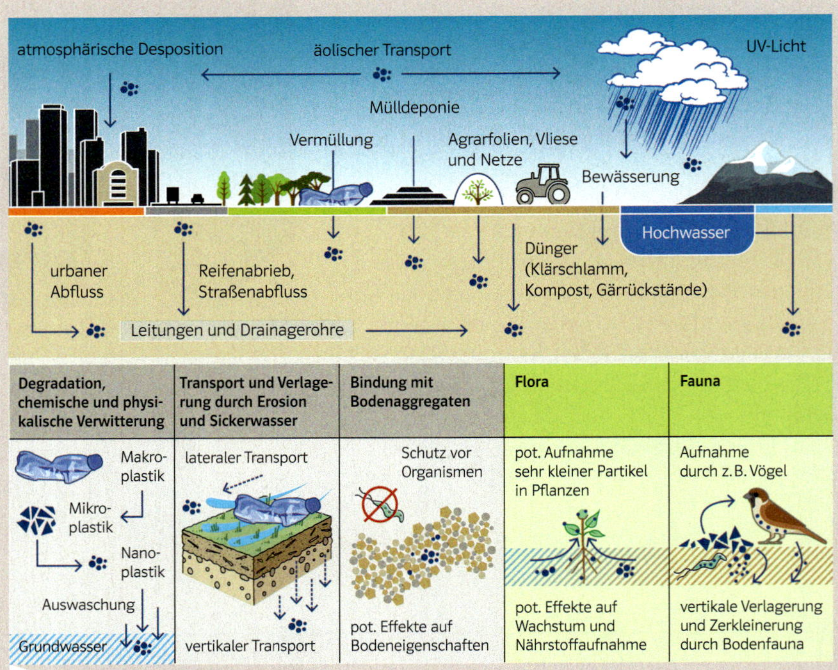

1 Mikroplastik im Boden

Nach: Geographische Rundschau 7/8 2020, S. 33 (Schematische Darstellung von Emissions- und Immissionsprozessen von Mikroplastik im System Boden, einschließlich potenzieller Quellen, Eintragspfade und ökologischer Effekte (unterer Grafikbereich))

Kompetenzen überprüfen

Sich orientieren

1 Beschreiben Sie die globale Verteilung verschiedener Bodentypen mithilfe eines Atlasses.

Wissen und verstehen

2 Beschreiben Sie den Einfluss menschlicher Aktivitäten auf die Bodenbildung.

3 Stellen Sie die Wechselwirkungen zwischen der Pedosphäre und den anderen Sphären des Systems Erde dar (M2).

4 Vergleichen Sie den Prozess der Mineralisierung und Humifizierung.

5 Vergleichen Sie den Wert von folgenden Bodentypen für die landwirtschaftliche Nutzung: Braunerde, Gley, Schwarzerde (Tschernosem).

6 Erklären Sie die wesentlichen Unterschiede bodenbildender Prozesse in den Tropen und in der Gemäßigten Zone.

Fachmethoden anwenden

7 Vergleichen Sie das Profil eines Podsols mit einem Ranker.

Beurteilen und bewerten

8 Am Ortsrand einer Gemeinde soll auf ca. 8,5 ha bislang landwirtschaftlich genutzter Fläche ein Gewerbegebiet entstehen (M3). Bewerten Sie das Vorhaben.

Handeln

9 Erstellen Sie ein „Werbeposter" für den Boden als wertvolle Ressource.

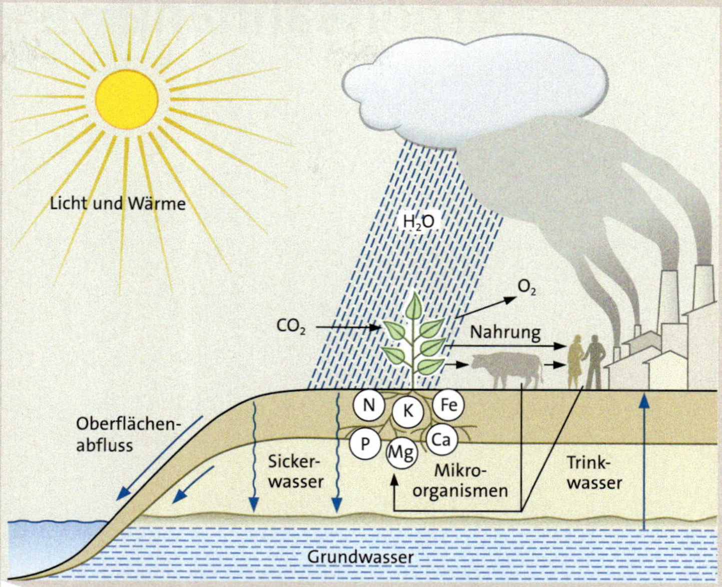

2 Stellung und Funktion von Böden in der Geoökosphäre

Nach: Dietmar Schröder: Böden der Erde: Entstehung, Verbreitung, Produktivität, Schädigung und Schutz. In: Geographie und Schule, 22. Jg., H. 126 (Aug. 2000), Köln: Aulis 2000, S. 11

3 Geplante Erweiterung eines Gewerbegebiets

Nach: Markus Zimmermann: Denzlingen will mehr Gewerbe auf neuen Flächen ansiedeln vom 30.07.2020. Unter www.badische-zeitung.de (Zugriff 25.05.2021)

Wenn Sie alle Seiten dieses Kapitels bearbeitet haben, können Sie ...

- die grundlegenden bodenbildenden Prozesse erörtern,
- Merkmale ausgewählter Bodentypen beschreiben und regional verorten,
- unterschiedliche Nutzungsformen von Böden und deren Auswirkungen charakterisieren,
- die Bedeutung der Böden bewerten und zu anthropogenen Eingriffen kritisch Stellung nehmen,
- das Potenzial der nachhaltigen landwirtschaftlichen Nutzung beurteilen.

8

Arbeitsanhang

Dieser Anhang gibt Ihnen wertvolle Hilfen für die Arbeit im Fach Geographie. Er enthält eine Seite mit Tipps zum Bearbeiten einer Klausur, ein Klausurbeispiel, ein Glossar mit Definitionen aller Grundbegriffe sowie ein zugehöriges Register und die Übersicht der Operatoren und Anforderungsbereiche im hinteren Buchumschlag mit einem Online-Material „Aufgaben richtig lösen".

Klausuren zählen zu den wichtigsten Leistungsnachweisen der Gymnasialen Oberstufe. Sie unterscheiden sich in ihrem Aufbau und dem Anforderungsniveau kaum von den Abiturprüfungsaufgaben. Einzig die Länge und der zu bearbeitende stoffliche Umfang sind kürzer. Es ist daher wichtig, das Schreiben von Klausuren zu trainieren.

Für die Lösung dieses Klausurbeispiels ist es notwendig, sich im hinteren Teil des Buches einen Überblick über die Anforderungsbereiche und Operatoren zu verschaffen und das Kapitel 2 „Formen und Prozesse der Lithosphäre" zu bearbeiten.

10 Tipps zum Bearbeiten einer Klausur

1. Die Struktur der Antwort steckt meistens schon in der Aufgabenstellung.
   - Lesen Sie die Aufgabenstellung gründlich durch und überlegen Sie: Was wird gefordert? Welches Material kann welchen Aufgaben zugeordnet werden?
   - Markieren Sie Schlüsselbegriffe, die Ihnen die gestellten Anforderungen erschließen.

2. Beachten Sie die Operatoren.
   - Bei den Operatoren handelt es sich um Verben, die genau angeben, was von Ihnen verlangt wird.
   - Sie können den Anforderungsbereichen zugeordnet werden, die durch einen ansteigenden Schwierigkeitsgrad gekennzeichnet sind.
   - Eine Übersicht über die Operatoren und deren Bedeutung finden Sie auf den Seiten 216/hinterer Buchumschlag.

3. Klären Sie die Lage und die relevanten Raumkategorien.
   - Ordnen Sie das Klausurbeispiel räumlich ein und gliedern Sie soweit möglich den Raum in Teilräume.

4. Strukturieren Sie die Ihnen zur Verfügung stehende Zeit.
   - Nehmen Sie sich ausreichend Zeit zum strukturierten Lesen der Aufgaben und Materialien sowie für eine erste Lösungsskizze.
   - Legen Sie einen groben Zeitplan fest und bedenken Sie, dass ausreichend Zeit für das abschließende Lesen zur Verfügung stehen muss.

5. Bearbeiten Sie sorgfältig die vorliegenden Materialien.
   - Sichten Sie das Material und ordnen Sie es den Teilaufgaben und -aspekten zu.
   - Markieren Sie dabei wichtige Inhalte, Fach- und Schlüsselbegriffe auf den Materialseiten.
   - Analysieren Sie die Materialien gründlich und verknüpfen Sie Aussagen unterschiedlicher Materialien miteinander.

6. Formulieren Sie einen griffigen Einstieg.
   - Es ist häufig sinnvoll, mit einer geographischen Lageeinordnung zu beginnen.
   - Der weitere Einstieg sollte noch einmal kurz den thematischen Schwerpunkt aufgreifen.

7. Gliedern Sie Ihre Ausführungen und setzen Sie Akzente.
   - Achten Sie darauf, inhaltliche Schwerpunkte zu setzen.
   - Gliedern Sie Ihre Ausführungen nicht nur inhaltlich, sondern auch formal.

8. Ziehen Sie am Ende der Klausur ein abschließendes Fazit.
   - Fassen Sie noch einmal kurz die wesentlichen Aussagen zusammen und formulieren Sie, wenn notwendig, Ihre eigene Meinung.

9. Formulieren Sie ansprechend.
   - Formulieren Sie in Sätzen und beachten Sie die Fachsprache.
   - Verknüpfen Sie die einzelnen Inhaltsaspekte auch sprachlich.

10. Schauen Sie Ihre Klausur noch einmal im Gesamten durch.
    - Achten Sie hierbei vor allem auf die Lesbarkeit Ihres Textes, Rechtschreibung und Grammatik, sprachliche Exaktheit, Logik in Ihren Ausführungen und Vollständigkeit.

Klausurvorschlag

Die Anden – ein Zeugnis plattentektonischer Vorgänge

Zeitbedarf: 75 Minuten

1

Interpretieren Sie die Computermodellierung der Temperaturverteilung in Grafik 1.

2

Beispiel Anden

a) Erklären Sie am Beispiel der Anden die Vorgänge an einer Subduktionszone und ordnen Sie diese in den plattentektonischen Zyklus ein.

b) Vergleichen Sie die Subduktion im Bereich der Zentral- und Südanden und formulieren Sie eine Vermutung für das Fehlen von Sedimenten im Atacamagraben im Bereich der Zentralanden. (Grafik 2)

3

„Je leichter Gebirge durch Abtragung werden, desto höher werden sie." Beurteilen Sie diese Aussage.

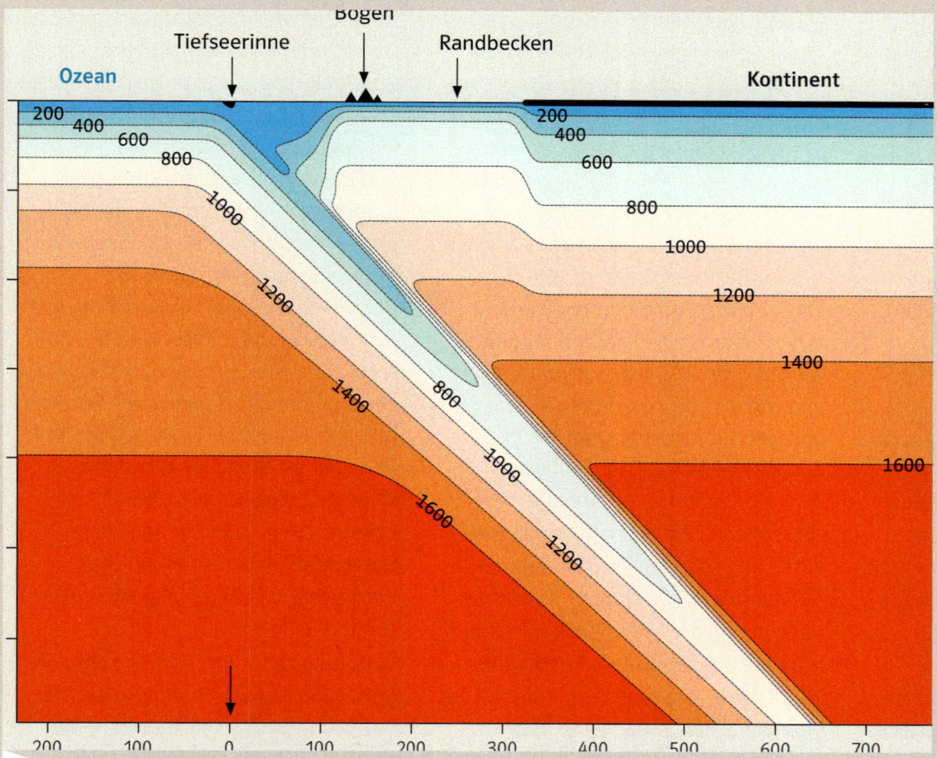

1 Computermodellierung der Temperaturverteilung in einem Subduktionssystem

Wolfgang Frisch/Martin Meschede: Plattentektonik. Darmstadt: Wissenschaftliche Buchgesellschaft 2007, S. 117

2 Schematische Skizze der tektonischen Erosion und der tektonischen Akkretion

Nach Onno Oncken/Helmut Echtler: Die Anden – ein natürliches Labor der Plattentektonik. GFZ Potsdam, o. J.

A

Advektion: (von lat. advectio = Zufuhr), horizontale Zufuhr von Luftmassen im Gegensatz zur → Konvektion.
Aerosol: winzige Schwebstoffteilchen in der Luft; sie spielen bei Strahlungsprozessen eine wichtige Rolle; vgl. → Treibhauseffekt.
Albedo: Verhältnis der reflektierten Strahlung zur gesamten auf die Erdoberfläche einfallenden Strahlung; helle Flächen wie z. B. Dünensand haben einen hohen Albedowert, das Absorptionsvermögen der Oberfläche ist daher klein.
Anthroposphäre: der vom Menschen genutzte und beeinflusste Teil der → Geosphäre; sie umfasst hauptsächlich die Erdoberfläche, aber auch Teile der → Lithosphäre (Bergbau), der → Hydrosphäre (Fischerei) und der → Atmosphäre (Luftfahrt); in Hinblick auf die Raumfahrt reicht die Anthroposphäre sogar über die Geosphäre hinaus.
Anthropozän: vorgeschlagener Begriff für die aktuelle erdgeschichtliche Phase; geologische Erdzeitalter werden in der Regel nach dem prägendsten Geofaktor bezeichnet: seit der Industrialisierung und vor allem seit den 1950er-Jahren erweist sich der Mensch als mächtigster Geofaktor im Entwicklungsprozess des → Systems Erde.
Antizyklone: Bezeichnung für ein → Hochdruckgebiet; man unterscheidet dynamische Hochdruckgebiete, die durch Luftakkumulation (Konvergenz) in der Höhe entstehen und thermische Hochdruckgebiete, die das Ergebnis strahlungsbedingter Abkühlung (Kältehoch) oder von → Konvektion (Höhenhoch) sind; vgl. → Zyklone.
Aquifer: eine poröse oder mit Klüften durchsetzte Gesteinsschicht, in der → Grundwasser fließen kann.
Asthenosphäre (Fließzone): Schale des oberen Erdmantels, die sich unter der → Lithosphäre anschließt; diese Zone gilt als Gleitzone, auf der sich die starren Platten der Lithosphäre bewegen, befindet sich in Tiefen zwischen etwa 100 und 250 km und enthält geringe Schmelzanteile.
Ästuar: Trichtermündung von Flüssen im Einflussbereich der Gezeiten, die an → Flachküsten mit großem Tidenhub entsteht.
Atmosphäre: die aus einem Gemisch von Gasen bestehende Hülle eines Himmelskörpers; speziell die Lufthülle der Erde, nach der vertikalen Änderung der Temperatur untergliedert in Troposphäre, Stratosphäre, Mesosphäre, Thermosphäre und Exosphäre; Hauptbestandteile der Luft sind Stickstoff (78 %), Sauerstoff (21 %), Argon (1 %) sowie Spurengase wie Kohlendioxid (0,03 %); ihre Zusammensetzung ist in den untersten 100 km mit Ausnahme des Wasserdampfgehalts, der temperaturabhängig ist und zwischen 0 und 4 % schwankt, praktisch konstant.
atmosphärische Zirkulation (planetarische Zirkulation): globales → System von → Winden, die durch die unterschiedliche Sonneneinstrahlung und das thermische Verhalten von Land und Meer in den einzelnen Klimagürteln der Erd. h.rvorgerufen werden.
Ausgleichsküste: eine fast geradlinig verlaufende Küste; ehemalige Vorsprünge und Einbuchtungen wurden durch das → Meer (Abtragung und Ablagerung) begradigt, es entstehen Nehrungen, deren Außensaum schließlich eine ausgeglichene Küstenlinie bildet, eine Voraussetzung dafür ist ein gezeitenarmes Meer.

B

Baumgrenze: klimatisch bedingte Grenze, jenseits derer kein normaler Baumwuchs mehr möglich ist (zu kurze Vegetationsperiode, zu niedrige Temperaturen, Wassermangel).
Berg- und Talwindsystem: ein lokales tagesperiodisches Windsystem im Hügelland und Gebirge; am Tag erfolgt die Erwärmung der Luft zuerst an den Berghängen (Hangaufwind), sie steigt auf, wodurch die Luft in der Talmitte als Ausgleich zum → Boden absinkt (talaufwärts gerichteter Talwind); in der Nacht kühlt die Luft an den Hängen ab, sinkt zur Talmitte (Hangabwind) und führt zu einem talauswärts wehenden Bergwind.
Biosphäre: der von lebenden Organismen besiedelte Bereich der Erde; er umfasst den belebten Teil der Erdkruste, die terrestrischen Gewässer und Ozeane sowie die unteren Luftschichten.
Bioturbation: Durchmischung der mineralischen und organischen Bestandteile des → Bodens durch die Bodenfauna (z. B. Regenwürmer), sie fördert u. a.den Gasaustausch zwischen Bodenluft und → Atmosphäre.
Boddenküste: Küstenform mit seichten Meeresbuchten, die nur einen schmalen Zugang zum offenen → Meer hat und die durch die Überflutung einer Jungmoränenlandschaft in der Nacheiszeit entstanden ist; z. B. Ostseeküste in Mecklenburg-Vorpommern.
Boden: das an der Erdoberfläche mit Luft, Wasser und Lebewesen durchsetzte Umwandlungsprodukt aus mineralischen und organischen Substanzen, welches in der Lage ist, höheren Pflanzen als Standort zu dienen.
Bodenart: Bezeichnung bzw. Klassifizierung der → Böden nach den Bestandteilen unterschiedlicher Korngröße, z. B. Sand-, Schluff- und Tonböden.
Bodendegradation (Degradation): Verschlechterung der Bodenqualität durch natürliche Einflüsse (Änderung des Klimas und anderer Umweltbedingungen) und / oder menschliche Eingriffe, z. B. durch → Bodenerosion, Auswaschung von Nährstoffen oder durch zu intensive Nutzung; oft irreversibel.
Bodenerosion: Abtragung des → Bodens durch Wasser und → Wind (Bodenabtragung); i. w. S. alle über den natürlichen Abtragungsprozess hinausgehenden Bodenverluste, die durch den Menschen begünstigt oder ausgelöst werden, z. B. durch Abholzung oder Überweidung.
Bodenfruchtbarkeit: Fähigkeit des → Bodens, Pflanzen ein ertragreiches

Wachstum zu ermöglichen; je größer sein Humusanteil, je besser seine Durchlüftung, je ausreichender die Feuchtigkeit sowie sein Mineral- bzw. Nährstoffgehalt ist, desto fruchtbarer ist der Boden.

Bodengare: Bezeichnung für ideale fruchtbare → Böden, d.h. für lockere gut durchwurzelbare → Böden, die eine optimale Struktur für die Zufuhr von Luft aufweisen und damit sehr gute Bedingungen für Pflanzenwurzeln und Bodenorganismen liefern; die Bodengare kann z.B. durch mechanische Belastung und Verdichtung verringert werden.

Bodengüte: Qualität eines → Bodens hinsichtlich der Produktion von Pflanzen (→ Bodenfruchtbarkeit), sie kann durch → Bodenmelioration verbessert werden und lässt sich mit verschiedenen Bewertungssystemen erfassen.

Bodenhorizonte: Bezeichnung für die unterschiedlichen, etwa parallel verlaufenden Abschnitte eines → Bodenprofils, die als Ergebnis der Bodenbildung entstanden sind; sie unterscheiden sich nach ihren Eigenschaften (Farbe, Wasserhaushalt, Körnung, Belebtheit, chemische Eigenschaften) und sie werden durch eine Kombination von Groß- und Kleinbuchstaben beschrieben (Bodenhorizontsymbole), z.B. Ah für humosen Oberboden, Bt für Unterboden mit Tonanreicherung.

Bodenmelioration: technische Maßnahmen zur Werterhöhung des → Bodens und zur Steigerung seiner Ertragsfähigkeit, z.B. durch Entwässerung, Düngung.

Bodenprofil: charakteristische Abfolge von → Bodenhorizonten, die zusammen einen → Bodentyp kennzeichnen.

Bodentyp: → Böden mit ähnlichem oder gleichem Entwicklungsstand und damit gleichem → Bodenprofil, d.h. gleicher Ausprägung der einzelnen → Bodenhorizonte, werden zu einem Bodentyp zusammengefasst; z.B. Podsol, Schwarzerde, Latosol.

Bodenwasser: das gesamte im → Boden enthaltene Wasser mit Ausnahme des mineralisch gebundenen Kristallwassers; es setzt sich aus dem → Grundwasser und dem Bodenwasser i. e. S. (Haftwasser, Stauwasser, Sickerwasser) zusammen und spielt eine wichtige Rolle für die Bodenbildung und den Pflanzenwuchs.

Bodenwetterkarte: allgemein übliche Form der Wetterkarte, in die die in den Messstationen des Gebietes ermittelten Luftdruckwerte am → Boden eingetragen, daraufhin die → Hoch- und → Tiefdruckgebiete bestimmt und die → Isobaren und Wetterfronten eingetragen werden.

borealer Nadelwald (Nadelwaldzone, in Russland Taiga): sich südlich an die → Tundra anschließende Vegetationszone der Nordhalbkugel, in der aufgrund langer, kalter Winter ein artenarmer Nadelwald mit Fichten, Kiefern, Tannen und Lärchen als natürliche Vegetation vorherrscht; als Laubbaum ist die Birke verbreitet, der spärliche Unterwuchs des Waldes besteht aus Zwergsträuchern, Gräsern, Moosen und Flechten.

Bruchschollengebirge: vor etwa 300 Mio. Jahren bildete sich ein riesiger Faltengebirgsgürtel, der im Laufe der Zeit wieder abgetragen wurde; im Zuge der vor etwa 100 Mio. Jahren einsetzenden Alpenentstehung gerieten auch diese alten Gebirgsrümpfe wieder unter Druck und da sie bereits stark verfestigt waren, war keine weitere Faltung möglich und sie zerbrachen in einzelne Schollen, die durch Hebungs- und Senkungsvorgänge gegeneinander versetzt wurden; z.B. Mittelgebirge Deutschlands wie das Fichtelgebirge.

C

Corioliskraft (Corioliseffekt, Coriolisablenkung): Trägheitskraft (Scheinkraft), die bei der Bewegung auf rotierende Körper wirkt; sie verursacht, z.B. infolge der Erdrotation, die Ablenkung der → Winde auf der Nordhalbkugel nach rechts und auf der Südhalbkugel nach links.

D

Deflation: Abtragung durch den → Wind, auch als Ausblasung und äolische Abtragung bezeichnet; intensive Deflation geht oft mit Staubstürmen einher.

Degradation (Degradierung): neben der synonymen Verwendung für → Bodendegradation Begriff für den Prozess des Vegetationswandels von Wald über Strauchgesellschaften zu Grasland oder sogar zu wüstenähnlichen Gebieten infolge der Übernutzung durch den Menschen (z.B. Abholzung) besonders in ariden Gebieten; geht einher mit der Reduktion der Artenvielfalt von Fauna und Flora und der Verbreitung invasiver Arten.

Delta: Mündungsbereich eines Flusses mit einem Netz von Flussarmen, der aufgrund der großen Mengen an mitgeführten Schwebestoffen und Flussgeröllen immer weiter ins → Meer hinauswächst und mit der Zeit eine dreieckige Form annimmt, die dem griechischen Buchstaben Delta gleicht.

Desertifikation: Übernutzung einer → Landschaft durch den Menschen, wodurch die natürliche Vegetation beseitigt wird (z.B. durch übermäßigen Holzeinschlag, Zerstörung der Grasnarbe in der Trockensteppe, Überweidung, wüstennahen Ackerbau ohne bodenschützende Maßnahmen); dadurch kommt es zu einer Ausbreitung von → Wüsten; besonders gefährdet sind große Bereiche der Dorn- und Trockensavanne in der Sahelzone.

Diskontinuitätsflächen: Grenzflächen der Erdschalen, an denen seismische Wellen ihre Geschwindigkeit oder Ausbreitungsrichtung ändern; Ursache dafür sind sprunghafte Veränderungen physikalischer und chemischer Eigenschaften des Erdkörpers.

Dry Farming: landwirtschaftliche Nutzungsform im Bereich der Trockengrenze, bei der durch besondere Bearbeitungsmethoden der Niederschlag von zwei oder mehr Jahren für eine Anbauphase genutzt wird.

Dünen: Reliefform des äolischen Formenschatzes; vom → Wind angewehter und abgelagerter Sand; Voraussetzung der Dünenbildung ist das Fehlen einer geschlossenen Pflanzendecke; sie bilden sich daher bevorzugt in trockenen (ariden) Räumen, können aber auch in humiden Gebieten auftreten, sofern die befestigende Vegetation beseitigt wurde.

E

Edaphon: Gesamtheit der tierischen und pflanzlichen Bodenorganismen (Bodenflora und -fauna), z.B. Regenwürmer, Milben, Fliegenlarven, Bakterien, Algen.
El Niño: ein natürliches klimatisches Phänomen, bei dem durchschnittlich alle vier Jahre um die Weihnachtszeit vor der Westküste Südamerikas das kalte und nährstoffreiche Wasser des Humboldtstroms durch warmes und nährstoffreiches Wasser verdrängt wird; während eines El- Niño-Ereignisses ist in der Region die Oberflächentemperatur des Pazifischen Ozeans um sechs bis acht Grad Celsius gegenüber der Normaltemperatur erhöht, gleichzeitig steigt der Wasserspiegel während des Phänomens um ca. 30 cm; El Niño bedingt Klimaanomalien in weiten Gebieten der Erde.
endogene Geofaktoren: alle Kräfte, die aus dem Erdinneren heraus auf die Gestaltung der Erdoberfläche einwirken (z.B. Gebirgsbildung, Vulkanismus); → exogene Geofaktoren.
Erosion: Abtragung und damit auch Zerstörung von Gestein und → Boden durch exogene Kräfte wie fließendes Wasser, Küstenströmung und Brandung, → Wind sowie Gletscher und Inlandeis; die Abtragungsprozesse können linienhaft und flächenhaft wirken (→ Bodenerosion): ist die abtragende Wirkung von fließendem Wasser stärker auf den Untergrund ausgerichtet, führt das zur Tiefenerosion., wirkt das Wasser in Flussschlingen (→ Mäander) stärker an den seitlichen Uferbereichen, tritt Seitenerosion ein; bei rückschreitender Erosion verlegt ein Fluss aufgrund der Tiefenerosion sein Bett immer mehr stromaufwärts.
Evaporation: Verdunstung von Wasser auf unbewachsenem Land und von Wasserflächen; → Transpiration.
exogene Geofaktoren: alle Kräfte, die von außen auf die Erdoberfläche einwirken (z.B. → Niederschläge, → Wind); → endogene Geofaktoren.

F

feuchtadiabatisch: aufsteigende Luft kühlt sich zunächst → trockenadiabatisch um 1 K je 100 m ab, nach Erreichen des → Taupunktes mit einsetzender Kondensation wird Wärme frei, wodurch sich die Abkühlung feuchtadiabatisch auf 0,5 K je 100 m verlangsamt.
Flachküste: eine Küstenform aus lockerem Material wie Sand und Kies, bei der das Land allmählich ins → Meer übergeht und der Strand sehr breit ist; der → Wind transportiert feine Sandkörner über die → Dünen ins Land, das Meer spült Geröll und Sand von der Küste ab und lagert es an anderen Stellen an; entsteht entweder durch Abrasion von Lockermaterial oder durch Meerestransgression in flach ansteigendes Land.
Flussbegradigung (auch Flussregulierung): Maßnahme, um einen mäandrierenden Fluss auf ein begradigtes Flussbett festzulegen; Ziele sind Hochwasserschutz, problemlosere Schifffahrt, Landgewinnung.
Föhn: warmer, trockener Fallwind an der Leeseite hoher Gebirge, besonders der Alpen.
forstwirtschaftliche Nutzung: nach der → landwirtschaftlichen Nutzung die bedeutendste Landnutzungsform; beinhaltet die planmäßige Nutzung von Wäldern durch die Forstwirtschaft zur Rohstoffgewinnung von Holz (Holzeinschlag, Aufforstung) und anderen Naturmaterialien und hat Auswirkungen auf die Umwelt.
Fragmentierung: bedeutet allgemein das Zerbrechen/Zerfallen/Auflösen eines Ganzen in unterschiedliche Bruchstücke/Bestandteile/Teilbereiche; in der Geographie eines Raumes in unterschiedliche Teilräume, z.B. einer Stadt in sozial und baulich stark gegensätzlich strukturierte Viertel, der Erde durch die verstärkte kulturelle Überprägung im Zuge der Globalisierung in Räume, die nicht mehr der ursprünglichen landschaftszonalen Gliederung entsprechen, aber auch eines → Gesteins in Bruchstücke oder des Bodens in seine Bestandteile.
Frontalzone: Bereich starker Luftdruckgegensätze zwischen etwa 40 und 60 Grad geographischer Breite.

G

Geo-Engineering: umfasst planmäßige und großräumige Eingriffe des Menschen mit Methoden und Technologien in geochemische und biogeochemische Kreisläufe der Erde; sie haben dabei zum Ziel, z.B. die anthropogene globale Erwärmung abzuschwächen, um die Folgen des Klimawandels zu mildern, und die Versauerung der Meere zu verringern.
geographische Zone: → Geozone
Geosphäre: dreidimensionale Bereiche der Erdoberfläche, an denen sich alle Sphären der Erde durchdringen; → Atmosphäre, → Lithosphäre, → Hydrosphäre, → Biosphäre, → Pedosphäre und Reliefspäre, im Bereich des Festlandes wird die Geosphäre als Landschaftssphäre bezeichnet.
Geozone (Landschaftszone, geographische Zone, Landschaftsgürtel): Großlandschaftstyp mit einer typischen breitenkreisparallelen Ausprägung bei Klima (Klimazone), Vegetation (Vegetationszone) und z.T. auch bei den Böden, die ihn von anderen Großlandschaften unterscheidet und die auf dem in den Klimazonen der Erde unterschiedlichen → Strahlungshaushalt beruht; z.B. Zone der immerfeuchten Tropen.
Gesteinskreislauf: Zyklus, in dem die Gesteine unterschiedliche Stadien durchlaufen können: Magma erstarrt, wird erodiert, bildet Sedimente, die sich verfestigen, überlagert und unter

starkem Druck und bei hohen Temperaturen zu Metamorphiten umgeformt werden können, die schließlich wieder aufschmelzen und so zu Magma werden können.
globale atmosphärische Zirkulation: → atmosphärische Zirkulation
Globalstrahlung: Gesamtheit der an der Erdoberfläche auf eine horizontale Empfangsfläche eintreffende Solarstrahlung, zusammengesetzt aus der direkten Einstrahlung und der diffusen Himmelsstrahlung, die über Streuung an Wolken, Wasser- und Staubteilchen die Erdoberfläche erreicht.
Grabenbruch: Oberflächenform in Gestalt eines riesigen „Tales", bei welcher ein längliches Stück der Erdkruste zwischen zwei parallel verlaufenden Verwerfungen im Ergebnis der Dehnung der → Lithosphäre durch aufsteigendes Magma abgesunken ist; z.B. Oberrheingraben, ostafrikanisches Rift Valley.
Großwetterlage: Wetterlage, die einen Großraum (z.B. Europa oder Nordafrika) beeinflusst und über mehrere Tage anhält.
Grundwasser: unterirdisches Wasser, das die Hohlräume der Erdkruste zusammenhängend ausfüllt; der Gesteinskörper, in dem sich das Grundwasser befindet und fließt, wird als Grundwasserleiter bzw. → Aquifer bezeichnet; Grundwasser in tieferen Schichten, das in früheren Klimaperioden entstanden ist, bezeichnet man als fossiles Grundwasser.

H

Halbwüste: zwischen der Dornsavanne bzw. Steppe und der → Wüste liegende Landschaftszone, mit einer relativ gleichmäßig verteilten Vegetation mit einem Bodenbedeckungsgrad von meist unter 25% aufgrund von nur ca. 150 – 400 mm → Niederschlag pro Jahr.
Hochdruckgebiet (Antizyklone): Luftmasse mit hohem Druck im Vergleich zu benachbarten Gebieten; die Luftströmung in einem Hochdruckgebiet ist nach unten gerichtet, sodass die Luft dort nach außen abfließt; man unterscheidet dynamische Hochdruckgebiete, die durch Luftakkumulation (Konvergenz) in der Höhe entstehen, und thermische Hochdruckgebiete, die das Ergebnis strahlungsbedingter Abkühlung (Kältehoch) oder von → Konvektion (Höhenhoch) sind; Gegenteil: → Tiefdruckgebiet (Zyklone).
Höhenstufen: die typische Abfolge unterschiedlicher Vegetation mit zunehmender Höhe; Ursachen für die Ausbildung der Höhenstufen sind die mit der Höhe sinkenden Temperaturen und zunehmenden → Niederschläge.
Höhenwetterkarte: Wetterkarte, in der die Höhen eines bestimmten Luftdruckwertes (z.B. 500 hPa) mittels Isohypsen ähnlich wie in einer topographischen Karte dargestellt werden; aus der Karte können Rückschlüsse auf z.B. den Zug der Luftdruckgebiete am → Boden, Bodentemperatur, → Wind gezogen werden.
Hotspot: ein ortsfester Aufschmelzungspunkt im Erdmantel unterhalb der → Lithosphäre, meist über röhrenförmigen Gesteinskörpern (→ Plumes oder Manteldiapire)., bewirkt an der Erdoberfläche häufig Vulkanismus.
Humifizierung: biochemischer Teilprozess der → Huminstoffbildung im Zuge der Zersetzung der abgestorbenen organischen Substanz im → Boden bei der Bodenbildung.
Huminstoffe: braun bis schwarz gefärbte organische Stoffe im → Boden, die, vergleichbar den → Tonmineralen, eine hohe → Kationenaustauschkapazität haben.
hydromorpher Boden: ein Boden, der Wasserüberschuss anzeigt, i.e.S. ein Grund- und Staunässeboden, der durch regelmäßige Einwirkung von Grund- und Stauwasser morphologisch geprägt wird (z.B. rostfarbene Flecken).
Hydrosphäre: der von Wasser erfüllte Teil der → Geosphäre; er umfasst die Weltmeere, Flüsse, Seen, das → Grundwasser sowie die ständig von Schnee und Eis bedeckten Bereiche (→ Kryosphäre).

I

Ingressionsküste: eine durch das Eindringen des → Meeres in ein vorher bestehendes Festlandsrelief infolge von Landabsenkung oder Meeresspiegelanstieg entstandene Küstenform.
Innertropische Konvergenzzone (ITC): (von lat. convergere), Bereich der äquatorialen Tiefdruckrinne, in dem die → Passate der Nord- und Südhalbkugel der Erde aufeinandertreffen und aufsteigen (→ Konvektion, Quellbewölkung); die ITC verlagert sich jahreszeitlich mit dem Sonnenstand nach Norden bzw. nach Süden.
Isobare: (von griech. iso = gleich, baris = Druck) eine Isolinie gleichen Luftdrucks, die z.B. in → Bodenwetterkarten eingetragen wird und deren Abstand zu anderen Isobaren ein Maß für das Druckgefälle ist.
Isostasie: Theorie vom Gleichgewicht zwischen dem unteren und dem oberen Teil der Erdkruste; danach werden die oberirdischen Gebirgserhebungen durch eine unterirdische Massenanordnung ausgeglichen.

J

Jetstream (Strahlstrom): eng begrenztes Band extrem hoher Windgeschwindigkeiten (bis zu 600 km/h) in der oberen Troposphäre in etwa 12 km Höhe; wird im Bereich der planetarischen → Frontalzone hervorgerufen durch das starke Temperatur- und Luftdruckgefälle in der Höhe, innerhalb der Troposphäre treten auf jeder Halbkugel je zwei Jetstreamsysteme auf; der Subtropenjetstream als beständiges Starkwindband westlicher Richtung und der Polarfrontjetstream als weniger beständige, viel stärker mäandrierende bis über 1 000 km lange Starkwindbänder.

K

Kaltfront: Grenzbereich zwischen kalten und warmen Luftmassen, wobei die Kaltluft gegen die Warmluft vorrückt und diese verdrängt; im Bereich einer → Zyklone bildet die Kaltfront die Rückseite des Warmluftsektors; >Warmfront.

Karst: alle Oberflächenformen, die in wasserlöslichen Gesteinen, vor allem Kalkstein, entstehen; durch Korrosion, ausgelöst vom → Grundwasser und einsickerndem Niederschlagswasser, verbreitern sich Risse und Spalten im Gestein und werden im Verlauf von Jahrtausenden zu größeren Hohlräumen; typische Karstformen sind z. B. unterirdisch verlaufende Flüsse, Höhlen mit Tropfsteinen, trichterförmige Vertiefungen (Dolinen), große wannenförmige Einsenkungen (Poljen).

Kationenaustausch/-kapazität: Fähigkeit von → Tonmineralen und Huminkolloiden, Nährstoffe in pflanzenverfügbarer Form zu speichern; wichtiger Faktor für die → Bodenfruchtbarkeit.

Kerbtal: Talform, die durch starke, von Fließwasser erzeugte Tiefen- und Seitenerosion entstanden ist; besonders in Gebieten mit kräftigen → Niederschlägen und tektonischer Hebung des Geländes vorkommend; meist nimmt der Fluss die Breite der Talsohle ein.

Klamm: häufig im Hochgebirge vorkommende Steilschlucht mit nahezu senkrechten Talwänden und meist von Flüssen oder Bächen mit Wildwassercharakter durchflossen; Entstehungsvoraussetzungen sind ein sehr starkes Gefälle, starke Tiefenerosion und festes Gestein.

Kliff: durch die ständige Abtragung der Meeresbrandung (Abrasion) entstandener Steilabfall an der Küste, der im Laufe der Zeit immer weiter ins Landesinnere vorrückt.

Klimaklassifikation: eine Einteilung der Erde unter verschiedenen Gesichtspunkten in Klimazonen; sie wird auf Weltkarten dargestellt und gibt eine Übersicht über die in einer bestimmten Region zu erwartenden klimatischen Verhältnisse; zur Klassifizierung kann z. B. der → Strahlungshaushalt, hydrologische Verhältnisse (→ Wasserhaushalt), der Vegetationsbestand, die Land-Meer-Verteilung oder das Relief herangezogen werden; man unterscheidet effektive Klimaklassifikationen, die auf messbaren Klimaelementen (z. B. Temperatur, → Niederschlag) basieren, wie z. B. die Klimaklassifikationen nach Köppen und Geiger (1931), Troll und Paffen (1964), Schreiber (1973), Lauer und Frankenberg (1987) sowie genetische Klimaklassifikationen auf Grundlage der Dynamik der Zirkulation wie z. B. die Klimaklassifikationen nach Hettner (1930), Flohn (1950), Hendl (1963), Terjung und Louie (1972).

Kohlenstoffkreislauf: Kreislauf von Kohlenstoff (C), der etwa 1‰ der Gesamtmasse der Erde ausmacht und der während der Entstehung des Planeten gasförmig als Kohlendioxid (CO_2) entwich; ein erheblicher Teil dieses in Form von CO_2 gebundenen Kohlenstoffs wurde durch die Urozeane absorbiert und in Form von Kalkgestein über lange geologische Zeiträume gebunden.

Konvektion: thermisch bedingter Aufstieg von Luftmassen, z. B. in der Zenitalregenzone oder bei sommerlichen Wärmegewittern.

Konvektionsströme: Fließbewegungen des zähplastischen Magmas im Erdmantel; sie werden durch unterschiedliche Temperaturen in der Gesteinsschmelze ausgelöst und bilden mit ihren aufsteigenden (wärmeres Material), horizontalen und absteigenden (kälteres Material aufgrund seiner größeren Dichte), Ästen einzelne Konvektionszellen; sie sind die Ursache für die plattentektonischen Vorgänge.

Kryosphäre: zur → Hydrosphäre gehörender Teil der → Geosphäre, in dem Wasser in fester Form vorkommt, der also ständig von Eis und Schnee bedeckt ist (Gletscher, Meereis, polare Eiskappen, Eis in Permafrostböden).

Kulturpflanze: aus einer → Wildpflanze u. a. durch Kreuzung, Auslese oder Genmanipulation gezüchtete Pflanze, die als Nutz- oder Zierpflanze angebaut wird.

Küstenwüste: Wüstentyp im Küstenbereich der Tropen und Subtropen, der sich unter Einfluss kalter → Meeresströmungen entwickelt; trockene und warme ablandige Passatwinde verhindern das Aufsteigen der kühlen und feuchten Luftmassen über dem kalten Meereswasser an der → Küste und damit Wolkenbildung und → Niederschlag; z. B. Atacama.

L

Lagerstätten: natürliche Konzentrationen von → Rohstoffen in der Erdkruste, die abbauwürdig sind bzw. deren Abbau sich in naher Zukunft rentieren wird; unterschieden werden: magmatische Lagerstätten, die im Zusammenhang mit plutonischen Vorgängen entstanden, und sedimentäre Lagerstätten, die sich durch Ablagerungen bildeten (Sedimente).

Landschaft: umgangssprachliche Bezeichnung für einen räumlichen Ausschnitt der Erdoberfläche; in der Geographie versteht man unter Landschaft ein Ökosystem, das durch die Überprägung bestimmter Natur- und/oder Humanfaktoren spezifische Merkmale aufweist; je nach Vorherrschen der Art der Faktoren spricht man von Natur- oder Kulturlandschaft.

Landschaftszone (Landschaftsgürtel): → Geozone

Landschaftswandel: Ausdruck für die Veränderung des Landschaftsbildes durch den Einfluss des Menschen.

Land- und Seewindsystem: ein lokales tagesperiodisches Windsystem an Meeresküsten oder Seeufern; am Tag kommt der → Wind als Seewind vom Wasser und nachts weht er vom Land auf das Wasser (Landwind); Ursache ist die deutlich verzögerte Erwärmung und Abkühlung der Luft über dem Wasser im Gegensatz zum Land (unterschiedliche Wärmekapazitäten).

landwirtschaftliche Nutzung: bedeutendste Landnutzungsform; beinhaltet die planmäßige Nutzung von unbebautem → Boden durch die Landwirtschaft zum Anbau von → Kulturpflanzen (Ackerbau, Obstbau, Weinbau usw.) und zur Haltung bzw. Zucht von Nutztieren.

Lessivierung: zonal gebundener → Boden bildender Prozess bei überschüssigem Sickerwasser, das Kalkauswaschung, Eisen- und Tonverlagerung aus dem Oberboden (Al-Horizont) in den darunter liegenden Anreicherungshorizont (Bt-Horizont) bewirkt.; es entstehen sog. Fahlerden.
Lithosphäre (Gesteinshülle): äußere, feste Gesteinshülle der Erde, aus der die Platten aufgebaut sind; dazu gehören kontinentale und ozeanische Kruste und der obere Mantel bis zur → Asthenosphäre.
lokale/regionale Windsysteme: zu den Windsystemen mit einer lokalen oder regionalen Ausdehnung im Gegensatz zu den großräumigen Windsystemen (→ Monsun, → Passat) gehören die tagesperiodischen Windsysteme mit Richtungsumkehr (→ Berg- und Talwindsystem, → Land- und Seewindsystem) und die reliefbedingten Fallwinde (→ Föhn; Chinook).
Löss: kalkreiches Lockersediment von sehr geringer Korngröße, das während der letzten Kaltzeiten (Eiszeiten) aus den Moränen, Sander- und Schotterflächen vom → Wind ausgeblasen und in den Randzonen der vereisten Gebiete bzw. am Rande von Mittelgebirgen abgelagert wurde; Löss besitzt ausgezeichnete Eigenschaften und bildet aufgrund seiner komplexen Kapillarstruktur sehr fruchtbare Böden.
Luftdruck: Druck, den die Luft infolge der Schwerkraft auf eine Fläche ausübt; eine gedachte vertikale Luftsäule, die vom Erdboden bis an den Rand der → Atmosphäre reicht, übt auf eine Einheitsfläche im Durchschnitt das Gewicht (die „Gewichtskraft") von 1 013,2 Hektopascal (hPa) aus; der Luftdruck nimmt mit der Höhe alle 5 km auf etwa die Hälfte ab.

M

Mäander: eine weit ausschwingende Flussschleife; typisch ist die Abfolge von durch → Erosion gebildeten steilen Prallhängen und flachen Gleithängen, an denen der Fluss Material ablagert.
magmatische Gesteine, (Magmatite, Erstarrungsgesteine): Gesteine, die durch das Erstarren von Magma entstanden sind; vgl. Plutonit, Vulkanit.
Mangrove: an tropischen Küsten im Gezeitenbereich wachsender bestandsbildender Baum mit Stelzwurzeln.
Massenselbstbewegung: gravitative Massenbewegung mit unterschiedlicher Form und Geschwindigkeit infolge von starker Durchfeuchtung, Erdbeben oder Baumaßnamen.
Meer (Weltmeer): die die Kontinente umgebende zusammenhängende Wassermasse der Erde (Weltmeer) bedeckt ca. 71 % der Erdoberfläche und gliedert sich in den Pazifischen, den Atlantischen und den Indischen Ozean mit einer Anzahl von Rand- und Binnenmeeren; die größte Tiefe wird im Marianengraben mit rund 11 000 m erreicht; das Meer spielt eine große Rolle bei Produktion von Sauerstoff (Meeresflora) und hat eine große wirtschaftliche Bedeutung (z. B. Fischfang, Schifffahrt; Energiegewinnung); Meerwasser hat durchschnittlich einen Salzgehalt von ca. 3,5 % (→ Salzwasser).
Meeresströmungen: starke und beständige horizontale sowie vertikale Wassermassentransporte in den Weltmeeren; die mittlere Strömungsgeschwindigkeit beträgt 35 – 60 km pro Tag; man unterscheidet Oberflächenströme, Tiefen- und Auftriebsströmungen.
metamorphe Gesteine (Metamorphite, Umwandlungsgesteine): Gesteine, die durch Umwandlung (Metamorphose) vorhandener Gesteine infolge von Druck- und Temperaturerhöhung entstanden sind; z. B. Marmor, Gneis, Schiefer.
Mittelozeanische Rücken (MOR): mehrere Tausend Kilometer lange Gebirge, die vom → Boden der → Ozeane aufragen und aus parallel zu einem zentralen → Graben (Rift) verlaufenden symmetrischen Bergketten bestehen; die Mittelozeanischen Rücken markieren die Linien, an denen sich die → Konvektionsströme teilen und somit die Grenze von zwei sich auseinander bewegenden Krustenplatten.
Monsun: großräumiges Luftzirkulationssystem der unteren Troposphäre im Gebiet der Tropen und Subtropen, besonders ausgeprägt in Süd- und Südostasien; Kennzeichen: halbjährlicher Richtungswechsel der → Winde, verursacht durch die jahreszeitliche Verschiebung der Windsysteme und den jahreszeitlichen Wechsel der Luftdruckverhältnisse.

N

nachhaltige Nutzung: Nutzung von Ressourcen, ohne diese in ihrer Existenz zu gefährden; d. h., eine Ressource wird nur in dem Maße genutzt, dass deren Bestand, Eigenschaft und Funktion erhalten bleibt; es ist also eine dauerhafte und ressourcenschonende Nutzung; ein Beispiel ist der „ökologische Landbau", der weitgehend auf den Einsatz von Mineraldünger und chemischen Pflanzenschutzmitteln verzichtet; in der Forstwirtschaft wird darunter eine Holzwirtschaft verstanden, bei der der Holzeinschlag streng an die Nachhaltigkeit gebunden ist, d. h. jährlich darf nur so viel Holz eingeschlagen werden, wie der Zuwachs beträgt; seit einigen Jahren wird dieser Begriff auch auf andere Bereiche übertragen; auf die Erde bezogen bedeutet das eine Nutzung, die den Bedürfnissen der heutigen Generation entspricht, ohne die Möglichkeiten künftiger Generationen zu gefährden, ihre eigenen Bedürfnisse zu befriedigen.
natürlicher Treibhauseffekt: Bezeichnung für den Einfluss der → Atmosphäre auf den Strahlungs- und Wärmehaushalt der Erde; die von der Erdoberfläche abgegebene Wärmestrahlung kann nicht vollständig ins Weltall abgestrahlt werden, weil sie durch Wasserdampf und Kohlenstoffdioxid, Methan und Distickstoffoxid absorbiert und zur Erde zurückgestrahlt wird; dadurch kommt es zu einer Erhöhung der Temperaturen auf der Erde; → Treibhauseffekt.

Niederschlag: alle Formen von Wasser, die aus der → Atmosphäre auf die Erde gelangen; Niederschlag entsteht, wenn sich Luft unter den → Taupunkt abkühlt und dadurch Kondensation einsetzt; er ist ein Hauptelement des → Wasserkreislaufs; man unterscheidet flüssigen Niederschlag (Regen, Nebel, Tau) und festen Niederschlag (Schnee, Graupel, Hagel, Reif).

O

Oberflächenwasser: Wasser, das sich offen und ungebunden auf der Erdoberfläche befindet; dazu zählen Gewässer wie Flüsse und Seen und noch nicht versickertes Niederschlagswasser; vgl. → Grundwasser.

Okklusion: Luftfront, die durch die Vereinigung einer → Kaltfront mit einer → Warmfront entsteht.

Ozonschicht: Teil der Stratosphäre in 15–50 km Höhe, in der unter Einwirkung der UV-Strahlung der Sonne Sauerstoff (O_2) in Ozon (O_3) umgewandelt wird, absorbiert größtenteils die schädliche energiereiche UV-Strahlung aus dem Sonnenlicht und ermöglicht so erst das Leben auf der Erde.

P

Passat: ganzjährige, richtungsbeständig wehende, trockene → Winde, die aus den subtropischen Hochdruckgürteln in Richtung der äquatorialen Tiefdruckrinne wehen; durch die → Corioliskraft werden sie auf der Nordhalbkugel nach rechts (NO-Passat) und auf der Südhalbkugel nach links (SO-Passat) abgelenkt; die Passatzirkulation ist Teil der allgemeinen → planetarischen Zirkulation in den niederen Breiten zwischen etwa 35° N und 30° S im Jahresmittel; Passatwinde bringen kaum → Niederschläge; nur an Gebirgsrändern führen sie zu Steigungsregen.

Pedosphäre: oberster Bereich der Erdkruste, in dem die Bodenbildungsprozesse ablaufen; oberste Schicht der → Lithosphäre.

Permafrost: Zustand eines in den tieferen Horizonten ganzjährig gefrorenen → Bodens; nur die obere, wenige Dezimeter dicke Schicht taut in den kurzen Sommern auf; etwa ein Fünftel der Erdoberfläche ist vom Permafrostboden bedeckt; er reicht manchmal bis in eine Tiefe von 1000 m; weil → Niederschläge und Schmelzwasser nicht versickern können, kommt es in diesen Gebieten zu starker Sumpfbildung.

planetarische Zirkulation: → atmosphärische Zirkulation

Plattentektonik: geowissenschaftliche Theorie über den Krustenbau der Erde sowie die Entwicklung der Kontinente und Ozeane; der Plattentektonik zufolge besteht die Erdkruste aus Platten, die sich auf dem oberen zähflüssigen Teil des Erdmantels (→ Asthenosphäre) mit unterschiedlicher Geschwindigkeit verschieben, dies führt zur Veränderung der Erdoberfläche durch Erdbeben, Vulkanismus und die Entstehung von Gebirgen.

Plumes (Manteldiapire): schlauchförmige Zonen von 100 bis 1000 km Durchmesser im Erdmantel, in denen heißes Material aus großen Tiefen nach oben steigt; über ihnen bilden sich häufig → Hotspots.

Podsolierung: Bodenbildungsprozesse zur Entstehung eines stark sauren und nährstoffarmen Podsols (Bleicherde), die durch starke, von saurem Sickerwasserstrom ausgelöste Verlagerungen von Eisen- und Aluminiumoxiden sowie von → Huminstoffen in den B-Horizont gekennzeichnet sind und die durch die Rohhumusauflage im Nadelwald oder durch Umweltverschmutzung begünstigt werden.

Pufferung: Vermögen von → Böden bzw. von Verbindungen in Böden, saure Bestandteile des → Niederschlags aufzunehmen, chemisch zu binden und damit die Säurewirkung abzuschwächen.

R

Reliefsphäre: die dreidimensionale Gestalt der Landoberfläche und des Meeresbodens unter Berücksichtigung der sie verursachenden Prozesse.

Rift: schmale Spalte oder Bruch in ozeanischer oder kontinentaler Erdkruste.

Rohstoffe: Teil der Ressourcen, die in der Natur vorkommen und die vom Menschen verwendet werden, um Gebrauchsgegenstände sowie Konsumgüter herzustellen oder Energie zu gewinnen; nach ihrer Herkunft bzw. Entstehung unterscheidet man mineralische (bergbauliche), pflanzliche und tierische Rohstoffe; mineralische Rohstoffe werden auch Bodenschätze genannt; man unterscheidet auch zwischen Energieträgern (z. B. Kohle, Erdöl) und Nichtenergieträgern (z. B. Metall, Erz, Steine).

S

Salzwasser: durch gelöste Salze angereichertes Wasser mit einem Salzgehalt von mindestens 1,8 %, das einen Großteil des auf der Erde vorkommenden Wassers ausmacht.

Savanne: Vegetationszone der wechselfeuchten Tropen und Subtropen; nach Dauer der Regen- und Trockenzeiten verändern sich die Anteile von Gras- und Holzgewächsen; man unterscheidet: Feuchtsavanne, mit einer Dauer der Regenzeit von 7–9½ Monaten und hohem Elefantengras sowie größeren Baumgruppen; Trockensavanne, mit einer Dauer der Regenzeit von 4½–7 Monaten und nur noch etwa ein Meter hohen Gräsern sowie vereinzelten geschlossenen Baumgruppen; Dornsavanne, mit einer Dauer der Regenzeit von 2–4½ Monaten und überwiegend dornigen Busch- und Baumarten; eine geschlossene Grasdecke bildet sich hier nicht mehr aus.

Schalenbau der Erde: innerer Aufbau des Erdkörpers aus konzentrisch angeordneten Schalen verschiedener Beschaffenheit (innerer und äußerer Erdkern, unterer und oberer Erdmantel, ozeanische und kontinentale Erdkruste).

Schichtstufenlandschaft: Landschaftstyp, der aus mehreren leicht geneigten Flächen besteht, die durch jeweils

einen markanten Steilabfall (Schichtstufe) voneinander getrennt sind; z.B. Schwäbisch-Fränkisches Stufenland, Pariser Becken.
Schneegrenze: die Höhengrenze zwischen den ganzjährig schneebedeckten und den im Sommer schneefreien Gebieten.
Sedimentgesteine (Ablagerungsgesteine): Gesteine, die aus Verwitterungsprodukten von Gesteinen (z.B. Sandstein) aller Art und / oder unter Mitwirkung von Organismen (z.B. Kalkstein) im Ergebnis von Ablagerungsvorgängen entstanden sind.
sommergrüner Laub- und Mischwald: Vegetationszone der gemäßigten Zone auf der Nordhalbkugel der Erde mit einer relativ langen Vegetationszeit ohne ausgeprägte Trockenperioden und einer mäßig kalten, drei bis vier Monate langen Winterzeit; besteht vorwiegend aus Buchen, Eichen, Sträuchern und einer ausgeprägten Krautschicht, in höheren und kühleren Lagen auch aus immergrünen Nadelhölzern (Fichten, Kiefern).
städtische Wärmeinsel: der Begriff beschreibt die Überwärmung einer Stadt im Vergleich zu ihrem Umland.
Steilküste: Küstenform, die steil zum → Meer abfällt und sich in die Schorre, den Strand (teilweise mit Gesteinsbrocken) und das → Kliff gliedern lässt; durch die Brandung wird das Kliff am Fuße ausgehöhlt und allmählich zurückverlegt.
Steppe: Gebiet mit einer überwiegend baumlosen, aus Gräsern und Kräutern bestehenden Vegetation; durch das vorherrschende kontinentale Klima wird die Vegetationszeit im Zuge der Winterkälte und Sommerdürre mehrmals unterbrochen; an diese Bedingungen sind Gräser besonders gut angepasst; in der Gemäßigten Zone bilden Steppen die Übergangszone zwischen den → sommergrünen Laub- und Mischwäldern und den → Wüsten.
Stoffkreisläufe: in Ökosystemen auf globaler, regionaler oder lokaler Ebene ablaufende kreislaufförmige Stoffbewegungen chemischer Verbindungen, die mit Auf- und Abbauprozessen verbunden sind, (z.B. → Wasserkreislauf, Nährstoffkreislauf, → Kohlenstoffkreislauf).
Strahlstrom: → Jetstream
Strahlungshaushalt: Differenz aller auf einer Fläche eintreffenden und abgehenden Energien; für die Erdoberfläche müssen die Prozesse Absorption, Reemission, Reflexion und Streuung berücksichtigt werden, die Erdoberfläche empfängt (absorbiert) nur 49% der Sonneneinstrahlung, der Rest wird reflektiert, genau diesen Prozentsatz verliert sie wieder durch Ausstrahlung (Reemission), → Konvektion und Verdunstung an die → Atmosphäre; diese absorbiert 20% der solaren Strahlung, der Rest wird reflektiert und erhält die oben genannten 49% langwelliger Strahlung von der Erdoberfläche; die Summe (69%) gibt sie wieder an die Atmosphäre ab (Reemission). Erdoberfläche und Erdatmosphäre zusammen nehmen also 69% der Solarstrahlung auf und geben diese zu 69% auch wieder an den Weltraum ab, die restlichen ca. 30% der Solartrahlung werden reflektiert.
Subduktion: Begriff aus der → Plattentektonik; Untertauchen und teilweises Einschmelzen einer Platte beim Zusammenstoß von zwei Platten, verbunden mit Erdbeben und Vulkanismus.
subtropisches Hartlaubgewächs: in subtropischen Winterregengebieten mit mediterranem Klima wachsende immergrüne Pflanzen mit lederartigen, harten und oft sehr kleinen Blättern und einem großen Wurzelsystem, die an periodische Trockenzeiten angepasst sind (z.B. Lorbeer, Korkeiche, Steineiche, Oliven, Rosmarin); sie wachsen vor allem in mediterranen Hartlaubwäldern und Gebüschformationen (Macchie).
Süßwasser: Teil des auf der Erde frei verfügbaren Wassers, in dem kein oder nur in geringstem Maße Salze gelöst sind.
System Erde: mit „sýste¯ma" bezeichneten die alten Griechen ein aus mehreren Einzelteilen zusammengesetztes Ganzes; dieses ist dabei nicht im Sinne der Summe aller Einzelteile zu verstehen, sondern vielmehr als ein interagierender Verbund von Teilsystemen, der eine aufgaben-, sinn- oder zweckgebundene Einheit bildet; das System Erde besteht aus einer Fülle von Teilsystemen, u.a. dem Klimasystem, dem ökologischen System, dem System → Boden, dem System → Meer oder den Systemen menschlicher Gesellschaften oder der Wirtschaft.

T

Talgletscher: längliche Gletscherform, die in Tälern langsam bergab fließt; charakteristische Gletscherform der Hochgebirge (z.B. Alpen, Himalaja).
Taupunkt: Zustand, bei dem eine Luftmasse voll mit Wasserdampf gesättigt ist, also eine relative Luftfeuchtigkeit von 100% aufweist.
Tiefdruckgebiet (Zyklone): Gebiet mit relativ (im Vergleich zur Umgebung) niedrigem Luftdruck; die Luftbewegung innerhalb eines Tiefdruckgebietes ist nach oben gerichtet, wodurch in den unteren Schichten Luft in das Tiefdruckgebiet einfließt; Gegenteil: → Hochdruckgebiet (Antizyklone).
Tiefseerinne: an die Subduktionszonen der Erdkruste gebundene schmale, lang gestreckte Tiefenstrukturen des Meeresbodens, die im Durchschnitt 40 km breit und 6000 m tief sind.
Ton-Humus-Komplexe: Verbindungen von → Tonmineralen und Huminkolloiden; ihr Vorkommen bestimmt entscheidend die Fruchtbarkeit eines → Bodens; → Huminstoffe, → Tonminerale.
Tonminerale: Schichtsilikate mit großen spezifischen Oberflächen; sie besitzen die Fähigkeit Wassermoleküle und Ionen (Nährstoffe) zu binden und an die Pflanzenwurzeln abzugeben; deshalb haben sie für die → Bodenfruchtbarkeit eine große Bedeutung; → Huminstoffe.

Transformstörung: Störungszone an Plattengrenzen, die ozeanische oder kontinentale → Lithosphäre durchschneidet und einzelne Abschnitte von → Mittelozeanischen Rücken oder Subduktionszonen verbindet; die horizontalen Plattenbewegungen führen zur Seitenverschiebung.
Transpiration: Verdunstung von Wasser über die Vegetation, also die Oberflächen von Pflanzen; → Evaporation.
Treibhauseffekt: (engl.: greenhouse effect), Fähigkeit der → Atmosphäre, die Energieverluste der Erdoberfläche durch Ausstrahlung zu kompensieren und so ein Auskühlen der Erde zu verhindern; dabei wird die von der Erdoberfläche abgegebene langwellige Wärmestrahlung durch Wasserdampf oder Kohlenstoffdioxid als Gegenstrahlung zur Erde zurückgestrahlt; dieser → natürliche Treibhauseffekt wird durch Einflüsse der Menschheit verstärkt (anthropogener Treibhauseffekt); durch eine erhöhte Menge bestimmter Gase in der Lufthülle (vor allem Kohlendioxid, Methan, FCKW) wird mehr Wärmestrahlung der Sonne an der Erdoberfläche zurückgehalten; Hauptursachen sind Abgase aus Kraftwerken und Autos, verstärkte Rinderhaltung, Industrieproduktion von FCKW.
trockenadiabatisch: aufsteigende Luft kühlt sich zunächst trockenadiabatisch um 1 K je 100 m ab, nach Erreichen des → Taupunktes mit einsetzender Kondensation wird Wärme frei, wodurch sich die Abkühlung → feuchtadiabatisch verlangsamt.
Trogtal: Talform mit einem U-förmigen Querschnitt, muldenförmigem Talboden und steilen Trogwänden, die meist durch die Überformung eines ehemaligen → Kerbtals infolge starker Tiefen- und Seitenerosion durch Gletschereis, vor allem im Bereich ehemaliger → Talgletscher entstand.
tropischer Regenwald: Vegetationsform der immerfeuchten Tropen mit mehr als 2000 mm Niederschlag pro Jahr und gleichmäßig hoher Temperatur von 25–28 °C; ein Merkmal ist der große Artenreichtum (ca. 3000 immergrüne Baumarten, Schling- und Kletterpflanzen) und ein üppiges Wachstum mit Baumriesen über 60 m Höhe; der Regenwald zeigt einen ausgeprägten Aufbau der Pflanzen in 4–5 Stockwerken (Stockwerkbau); er ist ein wichtiger Sauerstofflieferant und Klimaregulator der Erde.
Tundra: baumfreie bzw. baumarme niedrige Vegetation der Subpolargebiete.

V

Versickerung: das Eindringen von → Niederschlag und Oberflächenwasser unter Einwirkung der Schwerkraft in den → Boden (Sickerwasser).
Verwitterung: die an der Erdoberfläche ablaufende Veränderung, Zerstörung und Umwandlung von Gesteinen durch physikalische und chemische Prozesse (physikalische bzw. chemische Verwitterung), an der auch Lebewesen beteiligt sind.

W

Walker-Zirkulation: ein parallel zum Äquator angeordnetes tropisches Zirkulationssystem: in Äquatornähe im Westpazifik steigt feuchtwarme Luft über warmem Oberflächenwasser auf, im östlichen tropischen Pazifik sinkt dagegen trockene und kühle Luft über dem kalten Oberflächenwasser des Humboldtstroms ab; es bilden sich ein → Hochdruckgebiet über dem Ostpazifik und ein → Tiefdruckgebiet über dem Westpazifik, sodass Luftmassen entlang des Äquators vom Ostpazifik über das → Meer zum Westpazifik strömen und in der Höhe in umgekehrter Richtung zurückströmen.
Warmfront: Grenzbereich zwischen kalten und warmen Luftmassen, wobei die Warmluft großflächig an der Kaltluft aufgleitet, sich abkühlt und es somit zu → Wolkenbildung und oft länger andauernden → Niederschlägen (Landregen) kommt; im Bereich einer → Zyklone bildet die Warmfront die Vorderseite des Warmluftsektors; → Kaltfront.
Wasserbedarf: die Menge an Wasser, die in Abhängigkeit von den konkreten Bedingungen zur Versorgung eines einzelnen Menschen, eines Gebietes, global oder auch zum Überleben von Tieren und Pflanzen benötigt wird; aufgrund des Bevölkerungswachstums steigt der globale Wasserbedarf stark an.
Wasserdargebot: die nutzbare Menge an → Süßwasser, die in einem bestimmten Gebiet innerhalb eines bestimmten Zeitraums aus dem natürlichen → Wasserkreislauf in Form von → Oberflächen- und → Grundwasser zur Verfügung steht.
Wassergewinnung: Gewinnung von Trink- und Brauchwasser aus verschiedenen Quellen (→ Grundwasser, → Oberflächenwasser aus Flüssen, Seen, Talsperren und → Meeren, Sickerwasser, Niederschlagswasser) mit unterschiedlicher Technik und Technologien (Entsalzung bei → Salzwasser, Pump- und Schöpfwerke, Brunnen, Quellen, Zisternen, Regentonnen); das gewonnene Rohwasser muss meist mit unterschiedlichem Aufwand aufbereitet werden.
Wasserhaushalt: Beziehungen zwischen Gesamtniederschlag, Abfluss und Verdunstung bei der Umsetzung des Wassers für die Erde oder einzelne Teilräume; im Durchschnitt mehrerer Jahre ist er ausgeglichen und kann mit der vereinfachten Wasserhaushaltsgleichung → Niederschlag (N) = Abfluss (A) + Verdunstung (V) für ein Gebiet quantitativ beschrieben werden; die Einteilung in arides und humides Klima beruht im Wesentlichen auf Unterschieden im Wasserhaushalt.
Wasserkreislauf: angetrieben durch die Sonnenenergie und die Wirkung der Schwerkraft, umfasst er den ständigen Transport von Wasser zwischen → Meeren, Landflächen und der → Atmosphäre; seine Hauptelemente sind → Niederschlag (N), Verdunstung (V) und Abfluss (A); da die Erde ein geschlossenes System darstellt, kann der globale Wasserkreislauf einfach

mit der Gleichung N = V beschrieben werden; vereinfacht stellt sich der Wasserkreislauf so dar: Wasser verdunstet über den Ozeanen und wird von der Atmosphäre aufgenommen; mit Luftströmungen gelangt es über das Festland, wo es nach Kondensation infolge vertikaler Luftbewegungen als Niederschlag auf die Erde niedergeht; ein Teil des Niederschlagswassers verdunstet von der Landoberfläche (→ Evaporation) oder von der Oberfläche von Pflanzen (→ Transpiration); ein anderer Teil des Niederschlagswassers versickert in den Boden (Infiltration) oder in tiefere Gesteinsschichten (Perkolation), wo er in den Grundwasserkörper eingeht; ein weiterer Teil des Niederschlagswassers fließt über ober- und unterirdische Wasserläufe den Ozeanen bzw. abflusslosen Senken an der Erdoberfläche zu (Seen); ein restlicher Teil des Niederschlagswassers wird an der Oberfläche von Pflanzen gespeichert (Interzeption).

Wasserqualität: Bezeichnung für die Nutzbarkeit von Wasser für menschliche oder natürliche Zwecke und Prozesse; Kriterien ergeben sich aus den Anforderungen der jeweiligen Nutzung (z.B. Trinkwasser, Bewässerung).

Wasserverbrauch: die für den menschlichen Gebrauch (u.a. Trinkwasser, Körperpflege, Haushalt, Landwirtschaft, Industrie, Gewerbe) verwendete Wassermenge; sie steigt mit wachsender Bevölkerung, der Entwicklung der Industrie und zunehmender Bewässerung in der Landwirtschaft.

Wasserverfügbarkeit: 1. das den Menschen zur Verfügung stehende Wasser hängt sowohl von den Wasserressourcen als auch vom Wasserverbrauch ab, Einflussfaktoren sind u.a. der Klimawandel, Bevölkerungswachstum, wirtschaftliche Entwicklung, Verstädterung, Landnutzung; 2. Bezeichnung für die Anzahl der Tage mit optimaler Wasserversorgung während der Wachstumsperiode der Pflanzen, sie wirkt sich bei Nutzpflanzen stark auf deren Ertrag aus.

Wattenküste: küstennaher Teil eines unter starkem Gezeiteneinfluss stehenden → Meeres, von dem große Flächen bei Ebbe trockenfallen und bei Flut vollständig überspült werden.

Wetter: das Zusammenwirken von Temperatur, Luftdruck, Bewölkung, Windrichtung und Windstärke sowie → Niederschlag zu einem bestimmten Zeitpunkt und an einem bestimmten Ort; es beschreibt also einen augenblicklichen Zustand der Lufthülle der Erde.

Wildpflanze: im Gegensatz zur → Kulturpflanze ohne Hilfe durch den Menschen in der Natur wachsende Pflanze, die sich im Ergebnis der Evolution an ihre Umweltbedingungen angepasst hat.

Wind: Ausgleichsströmung der Luft zwischen Gebieten unterschiedlichen Luftdrucks; die Luft strömt immer vom hohen zum niedrigen Luftdruck; die Himmelsrichtung, aus der der Wind weht, bestimmt seinen Namen: Südwind weht von Süden nach Norden.

Witterung: das allgemeine, durchschnittliche oder vorherrschende → Wetter über einen bestimmten Zeitraum (von mehreren Tagen bis zu einer Jahreszeit) bezogen auf einen bestimmten Ort oder ein bestimmtes Gebiet.

Wolkenbildung: die Entstehung von Wolken durch Kondensation von Wasserdampf und die Bildung von Wassertröpfchen nach Übersättigung der Luft infolge von Abkühlung; diese kann erfolgen durch Aufsteigen der Luft (→ Konvektion) oder durch Aufgleitvorgänge unterschiedlich temperierter Luftmassen (→ Advektion).

Wolkentypen (Wolkenformen): Wolken werden nach unterschiedlicher Höhenlage in vier Wolkenfamilien (hohe, mittlere, tiefe Wolken, Wolken mit starkem vertikalen Aufbau) klassifiziert, die sich nach verschiedenen Merkmalen in zehn Wolkengattungen und diese in weitere Wolkenarten und -unterarten unterteilen lassen.

Wüste: Gebiet, in dem aufgrund großer Trockenheit (Trockenwüste) oder geringer Temperaturen (Kälte- oder Eiswüste) von Natur aus nur spärliches Pflanzenwachstum möglich ist; auf der Erde sind Trockenwüsten in den Tropen (z.B. Sahara) und Außertropen (z.B. Gobi) verbreitet, Kältewüsten in den Hochgebirgen und den Polargebieten; in Trockengebieten unterscheidet man nach der Oberflächenbeschaffenheit Felswüste (Hamada), Kieswüste (Serir) und Sandwüste (Erg) und hinsichtlich ihrer Entstehung die Wüstentypen Wendekreis-, Binnen- und → Küstenwüsten; die höchste Temperatur der Erde wurde in der Sahara mit 57,7 °C gemessen; nachts kann es in der Wüste aber auch sehr kalt werden.

Z

Zyklone: Bezeichnung für dynamische → Tiefdruckgebiete, die an der planetarischen Frontalzone entstehen, sich in Europa mit der Westwinddrift nach Osten verlagern und das Wettergeschehen maßgeblich beeinflussen.

Sachregister

Alle **fett** gedruckten Begriffe sind als „Wichtige Begriffe" im Glossar dieses Arbeitsanhangs definiert.

Nachweise

Texte

8.1 Immanuel Kant; **17.11** Andrew Goudie: Physische Geographie. Eine Einführung. Aus dem Engl. übers. von Peter Wittmann und Jürg Rohner. Heidelberg: Spektrum, 4. Aufl. 2002, S. 412; **33.4** Nach Wolfgang Frisch und Martin Meschede: Plattentektonik. Darmstadt: Primus, S. 24; **33.6** Nach Wolfgang Frisch und Martin Meschede: Plattentektonik. Darmstadt: Primus, S. 24; **45.8** Wolfgang Frisch/Martin Meschede: Plattentektonik. Darmstadt: Primus, 2007, S. 39–40; **52.5** Michael Odenwald: Neue Mythen um das Ende des Öls, auf: FOCUS Online v. 14.02.2016, unter: www.focus.de/wissen/weltraum/odenwalds_universum/tid-15600/rohstoffe-neue-mythen-um-das-ende-des-oels_aid_438109.html; **71.12** Nach Falk, Gregor C. (2016): Deltagebiete Asiens. Amphibische Räume im Spannungsfeld ökologischer und ökonomischer Dynamik. In: Geographische Rundschau, H. 7/8/ Juli 2016; **77.15** Nach Hans Kugler, Daniel Schaub in: Manfred Hendl, Herbert Liedtke (Hrsg.): Lehrbuch der Allgemeinen Physischen Geographie. Gotha: Perthes 1997, S. 209; **84.36** Matthias Gebauer: In der Todeszone des Klimawandels.Auf: SPIEGEL Wissenschaft v. 23.4.2007, unter: www.spiegel.de/wissenschaft/natur/bangladesch-in-der-todeszone-des-klimawandels-a-477669.html; **89.51** Jens Oppermann in: scinexx vom 26.03.2003, unter: www.scinexx.de/dossier/gletscher/, geringfügig verändert; **97.75** Katrin Schüler, Sandsturm-Inferno auf der Autobahn mit vielen Toten, in: WELT v. 8.4.2011, unter: www.welt.de/vermischtes/weltgeschehen/article13117138/Sandsturm-Inferno-auf-der-Autobahn-mit-vielen-Toten.html; **97.75** NABU Schleswig-Holstein (ILu), 'Schnee-Katastrophen' oft hausgemacht, akt. 14.11.2014, unter: https://schleswig-holstein.nabu.de/natur-und-landschaft/knicks/geschichte/13161.html (Zugriff: 13.02.2021); **98.78** Gregor. C. Falk, übersetzt und verändert nach: Barbara W. Murck, Brian J. Skinner, Stephen C. Porter: Dangerous Earth. New York: Wiley 1997, p. 173.; **101.4** Gekürzt nach Beyer, Ingo und Schmidt, Karl-Heinz: Schichtstufenlandschaften. In: Nationalatlas Bundesrepublik Deutschland. Bd. 2. Relief, Boden und Wasser, hrsg. v. Leibniz-Institut für Länderkunde, Heidelberg: Spektrum Akademischer Verlag 2003, S. 84, auch unter: http://archiv.nationalatlas.de/wp-content/art_pdf/Band2_84-87_archiv.pdf; **103.4** Manfred Stock, Oliver Walkenhorst: Einführung: Klimawandel, Auswirkungen und Unsicherheiten. In: Jörn Birkmann u.a. (Hrsg.): Anpassung an den Klimawandel durch räumliche Planung – Grundlagen, Strategien, Instrumente. E-Paper der ARL Nr. 13. Hannover 2012, S. 10 f.; **104.7** Ministerium für Inneres, Digitalisierung und Migration Baden-Württemberg, Hochwasser- und Georisiken, v. 17.04.2020, unter: www.service-bw.de/lebenslage/-/sbw/Hochwasser+und+Georisiken-5001097-lebenslage-0; **105.10** übers. nach: ICIMOD and SERVIR Applied Sciences Team member contribute lessons learned from the 2015 Gorkha earthquake's induced geohazards, v. 12.05.2016, unter: https://servirglobal.net/Global/Articles/Article/2503/icimod-and-servir-applied-sciences-team-member-contribute-lessons-learned-from; **109.1** Übersetzt nach: NASA unter www.jpl.nasa.gov (Zugriff: 11.12.2020), unter: https://climate.nasa.gov/news/2914/the-atmosphere-earths-security-blanket/"; **112.6** Peter Frankenberg: Moderne Klimakunde. Braunschweig: Westermann 1995, S. 22; **115.5** Corioliskraft, unter: www.spektrum.de/lexikon/geographie/corioliskraft/1442; **130.6** Äquatoriale Westwindzone, unter: www.spektrum.de/lexikon/geographie/aequatoriale-westwindzone/428; **135.5** Nach Olaf Bubenzer, Ulrich Radtke: Natürliche Klimaänderungen im Laufe der Erdgeschichte. In: Wilfried Endlicher, Friedrich-Wilhelm Gerstengarbe (Hrsg.): Der Klimawandel, Einblicke, Rückblicke und Ausblicke. Potsdam Institut für Klimafolgenforschung: Potsdam 2007, S. 17, leicht gekürzt; **136.8** Bundesministeriums für Bildung und Forschung (BMBF): Temperatur und CO2: Wer hat wen gesteuert? Auf: www.deklim.de/seiten/dek-frame.asp?content=/seiten/dek-oe-faq-de.asp (Juni 2010); **137.11** Gekürzt nach IPCC 2014: Zusammenfassung für politische Entscheidungsträger. In: Klimaänderung 2014: Synthesebericht. Beitrag der Arbeitsgruppen I, II und III zum Fünften Sachstandsbericht des Zwischenstaatlichen Ausschusses für Klimaänderungen [Hauptautoren, R.K. Pachauri und L.A. Meyer (Hrsg.)]. IPCC, Genf, Schweiz. Deutsche Übersetzung durch Deutsche IPCC-Koordinierungsstelle, Bonn 2015, S. 2 und 4; **146.2** Wasserverband Neufelderseen-Gebiet, unter: https://wasserverband-neufelderseen.at/infothek/kids-corner#&gid=lightbox-group-238&pid=0; **147.6** Wolfram Mauser: Wie lange reicht die Ressource Wasser?: vom Umgang mit dem blauen Gold, Fischer Tb, Frankfurt/Main 2007, S. 56–62; **149.11** Bundesanstalt für Geowissenschaften und Rohstoffe (BGR): Strategien für ein nachhaltiges Management nicht-erneuerbaren Grundwassers. Hannover: BGR 2007, S. 2, unter: www.bgr.bund.de/DE/Themen/Wasser/Produkte/Downloads/grundwassermanagement_nicht_erneuerbar.pdf?__blob=publicationFile&v=3; **150.3** Christian Hartmann, Jürgen Beyer: Begriff Wasser, in: Bundeszentrale für politische Bildung (Hrsg.), Zahlen und Fakten. Globalisierung, v. 01.09.2017, unter: www.bpb.de/nachschlagen/zahlen-und-fakten/globalisierung/52730/wasserverbrauch; **151.5** UN-Weltwasserbericht 2019: Daten und Fakten, unter: www.unesco.de/presse/pressematerial/un-weltwasserbericht-2019-daten-und-fakten; **153.10** Ulli Kulke: Erst verschwindet das Wasser, dann der Mensch. WELT Online v. 11.11.2014, auf: www.welt.de/vermischtes/weltgeschehen/article134202486/Erst-verschwindet-das-Wasser-dann-der-Mensch.html, Jan. 2017; **155.18** Hermann Brünjes: Der Damm, das Geld und Streit der Parteien. FMD v. 17.02.2016, auf: www.fmd-online.de/indien/polavaram/news (Zugriff: 15.01.2021); **156** Text und Abbildung aus: Klimawandel im Süden Deutschlands – Herausforderungen – Anpassungen, hrsg. v. LUBW Landesanstalt für Umwelt, Messungen und Naturschutz Baden-Württemberg, Mai 2017, unter: www.kliwa.de/_download/broschueren/KLIWA-Broschuere-2016-d.pdf, S. 4; **158.3** Walter Schumann: Das Buch der Erde, Bd. 1. München: Lexikographisches Institut 1987, S. 44 f.; **160.8** Ernst Maier-Reimer: Was ist der Golfstrom? Max-Planck-Institut für Meteorologie, Hamburg, unter: www.mpimet.mpg.de/kommunikation/fragen-zu-klimafaq/was-ist-der-golfstrom/, Jan. 2017; **160.9** Dieter Kasang: Das große marine Förderband: Strömungssystem, unter: https://bildungsserver.hamburg.de/ozean-und-klima/2070122/thc-stroemungssystem-artikel/ (Zugriff 10.02.2021); **161.10** Dieter Kasang: Das Jüngere Dryas-Ereignis., unter: https://bildungsserver.hamburg.de/ozean-und-klima/2070132/thc-dryas-artikel/ (Zugriff 10.02.2021); **161.11** Alina Schadwinkel, Der Golfstrom schwächelt, aber hält sich, auf: Spektrum.de v. 30.12.2019, unter: www.spektrum.de/news/klimawandel-der-golfstrom-schwaechelt-aber-haelt-sich/1695134; **163.2** Arundhati Roy (indische Schriftstellerin): The cost of living. London: Flamingo 1999, S. 15–16; **172.1** Zusammengestellt nach: Martin Cassel-Gintz, Potsdam-Institut für Klimafolgenforschung e.V.: GIS-geschützte Analyse globaler Muster anthropogener Waldschädigung. Eine sektorale Anwendung des Syndromkonzepts, Potsdam 2001, S. 66 ff., unter: www.pik-potsdam.de/en/output/publications/pikreports/.files/pr71.pdf; **176.2** Nach: www.iucn.org/sites/dev/files/styles/graphics/public/media-uploads/2018/07/examples_of_invasive_alien_species.png?itok=7js28NUP (Zugriff 15.04.2021); **177.5** WWF Deutschland Berlin, Mangroven: Alleskönner in Gefahr, v. 18.12.2019, unter: www.wwf.de/themen-projekte/meere-kuesten/schutz-der-kuesten/mangroven (Zugriff 05.02.2021); **190.6** Nach Vageler, Paul (1942): Die Untersuchung tropischer Böden und ihre Auswertung für die Praxis. Berlin: Paul Parey; **192.2** Nach Winfried E. H. Blum: Bodenkunde in Stichworten, 6. Aufl. Berlin u.a.: Borntraeger 2007, S. 148; **198.3** Stephan Krall: Was ist nachhaltige Landwirtschaft? Deutsche Gesellschaft für Internationale Zusammenarbeit (GIZ) GmbH (Hrsg.), S. 5, unter: www.giz.de/de/downloads/giz2015-de-nachhaltige-landwirtschaft.pdf, Mai 2017; **199.5** Thilo Bergmann: Mit der Drohne gegen Maiszünsler. In: Badische Zeitung v. 05.06.2014, unter: www.badische-zeitung.de/mit-der-drohne-gegen-maiszuensler--87049128.html (Jan. 2017); **199.6** Wolfgang Kempkens: So vernichtet Roboter Bonirob Unkraut. Auf: ingenieur.de v. 16.11.2015, unter: www.ingenieur.de/technik/fachbereiche/landtechnik/so-vernichtet-roboter-bonirob-unkraut/, (Jan. 2017);

Bilder

Cover Alamy stock photo, Abingdon (Scott Wilson); **Cover** Alamy stock photo, Abingdon (Cavan Images); **6.1** Picture-Alliance, Frankfurt/M. (Xinhua/Photoshot); **7.1** Picture-Alliance, Frankfurt/M. (Xinhua/Photoshot); **8.1** Alamy stock photo, Abingdon (The History Collection); **10.1** Okapia, Frankfurt (Pum); **13.5** stock.adobe.com, Dublin (Brian); **14.7** Alamy stock photo, Abingdon (Paralaxis); **17.12** stock.adobe.com, Dublin (paradoxel); **18.1** Picture-Alliance, Frankfurt/M. (Jens Wolf); **18.2** gemeinfrei (Leo Bagrow und Raleigh A. Skelton: Meister der Kartographie. 6. Aufl. Berlin: Gebr. Mann 1994); **20.1** akg-images, Berlin (euroluftbild.de/Mario Hagen); **20.2** ShutterStock.com RF, New York (THINK A); **21.3** Alamy stock photo, Abingdon (Debbie Hill); **21.6** ShutterStock.com RF, New York (Nina Mapili); **22.1** ShutterStock.com RF, New York (MK Majid); **26.1** ShutterStock.com RF, New York (LukaKikina); **26.2** ullstein bild, Berlin (Bernhard Edmaier/euroluftbild.de); **27.3** stock.adobe.com, Dublin (Carol Meneses); **27.4** Alamy stock photo, Abingdon (Rey T. Byhre); **28.1** Thinkstock, München (m-gucci); **29.6** Helmholtz-Zentrum Potsdam, Deutsches GeoForschungsZentrum GFZ, Potsdam; **34.7** Thinkstock, München (estivillml); **39.18** Getty Images Plus, München (Lloyd Cluff); **41.24** Mauritius Images, Mittenwald (Alamy/Douglas Peebles Photography); **46.1** Rausch, Marion, Linsenhofen; **46.1** Rausch, Marion, Linsenhofen; **46.1** Rausch, Marion, Linsenhofen; **46.1** Rausch, Christoph, Linsenhofen, Rausch, Marion, Linsenhofen; **46.1** Rausch, Christoph, Linsenhofen, Rausch, Marion, Linsenhofen; **46.1** Rausch, Christoph, Linsenhofen, Rausch, Marion, Linsenhofen; **47.3** Picture-Alliance, Frankfurt/M. (dpa/Thomas Lehmann); **48.8** FOCUS, Hamburg (Friederike Brandenburg); **48.9** Alamy stock photo, Abingdon (Panther Media GmbH/vvoennyy); **48.9** Alamy stock photo, Abingdon (Robert Coy); **48.9** Alamy stock photo, Abingdon (John Cancalosi); **49.10** ShutterStock.com RF, New York (Surkov Dimitri); **55.12** Picture-Alliance, Frankfurt/M. (Arne Dedert); **58.1** Prof. Dr. Gregor C. Falk, Denzlingen; **58.2** Prof. Dr. Gregor C. Falk, Denzlingen; **64.9** laif, Köln (Christian Heeb); **64.10** ullstein bild, Berlin (Lineair); **64.11** stock.adobe.com, Dublin (contributor_aerial); **65.14** Ballonteam Norbert Blau, Gundelfingen; **66.1** Alamy stock photo, Abingdon (Universal Images Group North America LLC/DeAgostini); **67.3** Nolzen, Heinz, Stegen; **67.3** Rother, Lothar, Schwäbisch Gmünd; **68.5** Dr. Egbert Brodengeier, Lichtenberg; **68.6** Rausch, Marion, Linsenhofen; **69.7** Rausch, Marion, Linsenhofen; **70.9** Alamy stock photo, Abingdon (aerial-photos.com); **70.10** Alamy stock photo,

Abingdon (Georg Berg); **71.13** ShutterStock.com RF, New York (Krishna8412); **71.14** NASA, Washington, D.C.; **74.6** F1online digitale Bildagentur, Frankfurt (All Canada Photos); **75.10** Landesmedienzentrum Baden-Württemberg, Stuttgart (Lutz Hecker); **76.11** stock.adobe.com, Dublin (wiw); **78.17** Prof. Dr. Gregor C. Falk, Denzlingen; **78.19** NASA, Washington, D.C.; **80.22** Picture-Alliance, Frankfurt/M.; **80.23** Prof. Dr. Gregor C. Falk, Denzlingen; **80.23** stock.adobe.com, Dublin (Andy Nowack); **80.25** Alamy stock photo, Abingdon (3QuarksMedia); **81.26** Johannes Mejer/PD; **82.29** ESA/Envisat - CC BY-SA IGO 3.0; CC-BY-SA-4.0 Creative Commons Weitergabe unter gleichen Bedingungen + Namensnennung, Mountain View; CC-BY-SA-4.0 Lizenzbestimmungen: https://creativecommons.org/licenses/by-sa/4.0/legalcode; **82.30** Google Earth, Image Landsat/Copernicus. ©2020 Google LLC, used with permission. Google and the Google logo are registered trademarks of Google LLC., Mountain View, CA 94043; **83.31** Getty Images, München (Mike Hewitt); **83.33** Google Earth. ©2020 Google LLC, used with permission. Google and the Google logo are registered trademarks of Google LLC., Mountain View, CA 94043 (Google Earth, Image Landsat/Copernicus, Data SIO, NOAA, U.S. Navy, NGA, GEBCO); **84.35** Prof. Dr. Gregor C. Falk, Denzlingen; **84.35** Prof. Dr. Gregor C. Falk, Denzlingen; **84.35** Prof. Dr. Gregor C. Falk, Denzlingen; **85.37** Getty Images, München (Jeff Holt/Bloomberg); **85.38** NASA, Washington, D.C.; **86.40** ShutterStock.com RF, New York (icemanphotos); **87.44** ShutterStock.com RF, New York (Chumash Maxim); **88.46** Action Press GmbH, Hamburg (Exklusivepix Media); **88.48** Prof. Dr. Gregor C. Falk, Denzlingen; **88.50** stock.adobe.com, Dublin (bill_17); **90.53** Alfred-Wegener-Institut, Bremerhaven (Stefan Hendricks); **91.57** Prof. Dr. Gregor C. Falk, Denzlingen; **92.59** Prof. Dr. Gregor C. Falk, Denzlingen; **92.60** Alamy stock photo, Abingdon (Hans Blossey); **94.62** ShutterStock.com RF, New York (zebra0209); **94.63** Picture-Alliance, Frankfurt/M. (Dr. Hinrich Bäsemann/OKAPIA); **94.64** Alamy stock photo, Abingdon (Natural History Archive); **95.68** Ernst Klett Verlag GmbH, Stuttgart (Weissmann, Moskau); **96.69** Rother, Lothar, Schwäbisch Gmünd; **96.71** Getty Images RF, München (PhotoDisc); **96.71** Mauritius Images, Mittenwald (Thonig); **96.71** Wilhelmi, Prof. Dr. Volker, Wackernheim; **97.74** ullstein bild, Berlin (Jens Köhler); **99.79** Enkelmann, Reiner, Filderstadt; **99.80** ShutterStock.com RF, New York (aphotostory); **99.81** Prof. Dr. Gregor C. Falk, Denzlingen; **100.1** Schweizer, Jelena, Freiburg; **103.2** stock.adobe.com, Dublin (Mario); **103.3** Picture-Alliance, Frankfurt/M. (Anze Petkovsek/Zurnal24/PIXSELL); **104.5** Prof. Dr. Gregor C. Falk, Denzlingen; **104.6** Picture-Alliance, Frankfurt/M. (AP Photo/Victor Ruiz Caballero); **105.10** imago images, Berlin (ZUMA Press); **106.1** Rausch, Marion, Linsenhofen; **106.1** stock.adobe.com, Dublin (Thomas Reimer); **107.2** Prof. Dr. Gregor C. Falk, Denzlingen; **107.2** Prof. Dr. Gregor C. Falk, Denzlingen; **107.3** Prof. Dr. Gregor C. Falk, Denzlingen; **108.1** Getty Images, München (Space Frontiers); **114.1** NASA, Washington, D.C.; **116.6** NASA, Washington, D.C. (Goddard Space Flight Center/Scientific Visualization Studio); **118.1** Deutscher Wetterdienst, Offenbach; **122.12** Nolzen, Heinz, Stegen; **122.12** Nolzen, Heinz, Stegen; **122.12** Nolzen, Heinz, Stegen; **122.12** Nolzen, Heinz, Stegen; **128.2** Alamy stock photo, Abingdon (Worldspec/NASA); **130.7** Alamy stock photo, Abingdon (Nazmul Islam); **132.1** Alamy stock photo, Abingdon (Mike Finn-Kelcey); **132.1** Alamy stock photo, Abingdon (Danita Delimont); **140.2** Dr. Egbert Brodengeier, Lichtenberg; **140.2** Dr. Egbert Brodengeier, Lichtenberg; **144.1** Getty Images Plus, München (Stocktrek Images); **146.1** Illustration by Jack Cook, Woods Hole Oceanographic Institution; **152.6** NASA Earth Observatory image by Jesse Allen, using data from the Level 1 and Atmospheres Active Distribution System (LAADS); **153.11** ShutterStock.com RF, New York (Milosz Maslanka); **153.12** FOCUS, Hamburg (Carolyn Drake/Magnum Photos); **160.7** NASA, Washington, D.C. (Goddard Space Flight Center Scientific Visualization Studio); **163.3** Picture-Alliance, Frankfurt/M. (Andreea Campeanu/Reuters); **164.1** Aprilli Design Studio, Toronto, ON; **168.1** ShutterStock.com RF, New York (Nelson Sirlin); **168.1** ddp media GmbH, Hamburg (Arndt); **168.1** Neumann, Patricia, Altenburg; **168.1** stock.adobe.com, Dublin (Wlodzimierz); **172.2** Picture-Alliance, Frankfurt/M. (Alberto Nardi/NHPA/Photoshot); **172.3** Neumann, Patricia, Altenburg; **173.7** Alamy stock photo, Abingdon (Christian Pauschert); **174.1** Mauritius Images, Mittenwald (John Warburton-Lee); **175.5** laif, Köln (Michael Riehle); **175.5** laif, Köln (Michael Riehle); **177.3** Prof. Dr. Gregor C. Falk, Denzlingen; **177.3** Prof. Dr. Gregor C. Falk, Denzlingen; **179.3** ShutterStock.com RF, New York (qnula); **180.1** stock.adobe.com, Dublin (rsooll); **181.2** stock.adobe.com, Dublin (Peter38); **182.1** Bayerische Landesanstalt für Landwirtschaft (LfL), Freising; **183.4** Neumann, Patricia, Altenburg; **184.6** Schneider, Prof. Dr. Thomas, Neusäß; **184.7** Neumann, Patricia, Altenburg; **186.11** stock.adobe.com, Dublin (jbphotographylt); **189.4** Bayerische Landesanstalt für Landwirtschaft (LfL), Freising; **191.7** https://creativecommons.org/licenses/by-sa/4.0/deed.de, Mountain View (Yak); CC-BY-SA-4.0 Lizenzbestimmungen: https://creativecommons.org/licenses/by-sa/4.0/legalcode; **191.8** Bayerische Landesanstalt für Landwirtschaft (LfL), Freising; **191.9** Bayerische Landesanstalt für Landwirtschaft (LfL), Freising; **191.10** Bayerische Landesanstalt für Landwirtschaft (LfL), Freising; **191.11** Landesanstalt für Umweltschutz, Karlsruhe (Dr. Volker Schweikle); **191.12** BASF AG Agrarzentrum, Limburgerhof; **193.3** Enkelmann, Reiner, Filderstadt; **194.6** ShutterStock.com RF, New York (Lynette Knott Rudman); **194.7** USDA - U.S. Department of Agriculture - PD, Washington; **195.10** ddp media GmbH, Hamburg (Erich Meyer); **198.3** Claas KGaA, Harsewinkel; **199.6** Picture-Alliance, Frankfurt/M. (Daniel Maurer); **199.7** Picture-Alliance, Frankfurt/M. (Rainer Jensen); **202.1** ullstein bild, Berlin (Spiegl)

*3 Lizenzbestimmungen zu CC-BY-SA-4.0 siehe: http://creativecommons.org/licenses/by-sa/4.0/legalcode

Karten und Grafiken

9.3 Schaar, Wolfgang, Grafing, nach Forum Trinkwasser e.V.; **11.2** Schaar, Wolfgang, Grafing; **12.4** Schaar, Wolfgang, Grafing; **12.4** Schaar, Wolfgang, Grafing; **13.6** Jäckel, Diana, Erfurt, nach Babist, Jochen (2014): Was ist eigentlich eine Kulturlandschaft? In: Bergbau und Kulturlandschaft, Band 1; Schriftenreihe der AG Altbergbau Odenwald und des Vereins Altbergbau Bergstraße-Odenwald e.V.; S. 3 - 11 (Abbildung auf S. 4, Abbildungsnummer 1-1). ISBN 978-3-9816620-0-9; **14.8** Eckenfelder, Bettina, Eisenach; **15.9** Schaar, Wolfgang, Grafing, nach U.S. Department of Energy, Office of Biological and Environmental Research; **16.10** Schaar, Wolfgang, Grafing; **17.11** Andrew Goudie: Physische Geographie. Eine Einführung. Aus dem Engl. übers. von Peter Wittmann und Jürg Rohner. Heidelberg: Spektrum, 4. Aufl. 2002, S. 412; **19.3** Nach Klaus Müller-Hohenstein: Die Landschaftsgürtel der Erde. Stuttgart: Teubner 1981, S. 7; **21.7** Ernst Klett Verlag GmbH, Stuttgart; **23.2** Eckenfelder, Bettina, Hörselberg-Hainich, nach Will Steffen u.a.: The trajectory of the Anthropocene: The Great Acceleration. The Anthropocene Review, 2015, Figure 1, 3; **23.3** Mensch, Mario, Hamburg; **24.1** Schaar, Wolfgang, Grafing; **25.2** Simonds, David, London; **28.2,3,4,5** Schaar, Wolfgang, Grafing; **30.1** Schaar, Wolfgang, Grafing; **31.2** nach Wolfgang Frisch und Martin Meschede: Plattentektonik. Darmstadt: Primus, S. 83; **31.4** Schaar, Wolfgang, Grafing; **32.1** Schaar, Wolfgang, Grafing; **33.3** Schaar, Wolfgang, Grafing; **33.4** Nach Wolfgang Frisch und Martin Meschede: Plattentektonik. Darmstadt: Primus, S. 24; **33.5** Ernst Klett Verlag GmbH, Stuttgart; **33.6** Schaar, Wolfgang, Grafing, nach Wolfgang Frisch und Martin Meschede: Plattentektonik. Darmstadt: Primus, S. 24; **33.6** Nach Wolfgang Frisch und Martin Meschede: Plattentektonik. Darmstadt: Primus, S. 24; **34.8** Schaar, Wolfgang, Grafing; **35.9** Schaar, Wolfgang, Grafing; **35.10** Schaar, Wolfgang, Grafing; **35.11** Jäckel, Diana, Erfurt; **36.12** Ernst Klett Verlag GmbH, Stuttgart; **36.13** nach Wolfgang Frisch und Martin Meschede: Plattentektonik. Darmstadt: Primus, S. 102; **37.14** Schaar, Wolfgang, Grafing; **37.15** Schaar, Wolfgang, Grafing; **38.16** Schaar, Wolfgang, Grafing; **38.17** Schaar, Wolfgang, Grafing; **39.19** Schaar, Wolfgang, Grafing; **39.20** Eckenfelder, Bettina, Eisenach; **40.21** Schaar, Wolfgang, Grafing; **40.22** Schaar, Wolfgang, Grafing; **40.23** Schaar, Wolfgang, Grafing; **41.25** nach: Anderson, Don L.: Scoring Hotspots, the Plume & Plate paradigmS. In: G.R. Foulger, D.L. Anderson, J.H. Natland and D.C. Presnall (Hrsg.): Melting Anomalies: Their Nature and Origin. Special Paper, Geological Society of America, 2004; **41.26** Schaar, Wolfgang, Grafing; **42.1** Domke, Franz Josef, Hannover; **42.2** Jäckel, Diana, Erfurt; **42.3** Schaar, Wolfgang, Grafing nach Wolfgang Frisch/Martin Meschede: Plattentektronik. Darmstadt: Wissenschaftliche Buchgesellschaft, 2007, S. 154; **43.4** Schaar, Wolfgang, Grafing; **44.5** Schaar, Wolfgang, Grafing, nach Otfried Wagenbreth und Walter Steiner (Hrsg.): Geologische Streifzüge. Heidelberg: Springer Spektrum, 1990; **44.6** Schaar, Wolfgang, Grafing, nach Otfried Wagenbreth und Walter Steiner (Hrsg.): Geologische Streifzüge. Heidelberg: Springer Spektrum, 1990; **44.7** Eckenfelder, Bettina, Eisenach; **45.7** Schaar, Wolfgang, Grafing, nach Otfried Wagenbreth und Walter Steiner (Hrsg.): Geologische Streifzüge. Heidelberg: Springer Spektrum, 1990; **45.8** Wolfgang Frisch/Martin Meschede: Plattentektonik. Darmstadt: Primus, 2007, S. 39 - 40; **45.10** Schaar, Wolfgang, Grafing, nach Sciencia58; **45.11** Ernst Klett Verlag GmbH, Stuttgart; **45.11** Ernst Klett Verlag GmbH, Stuttgart; **46.2** Eckenfelder, Bettina, Eisenach; **47.4** Schaar, Wolfgang, Grafing; **47.5** Eckenfelder, Bettina, Eisenach; **48.6** Schaar, Wolfgang, Grafing; **48.7** Eckenfelder, Bettina, Eisenach; **49.11** Schaar, Wolfgang, Grafing; **49.12** Schaar, Wolfgang, Grafing; **49.13** Eckenfelder, Bettina, Eisenach; **50.1** Schaar, Wolfgang, Grafing, nach Heiner Barsch, Klaus Bürger: Naturressourcen der Erde und ihre Nutzung. Gotha: Haack 1988, S. 47; **50.2** Ernst Klett Verlag GmbH, Stuttgart; **51.3** Schaar, Wolfgang, Grafing; **52.4** Schaar, Wolfgang, Grafing, nach www.bgr.bund.de; **52.4** Quelle: H. Gebhardt, R. Glaser, U. Radtke, P. Reuber (Hrsg.): Geographie. München: Elsevier 2007, verändert nach Glaser 2004; **52.5** Michael Odenwald: Neue Mythen um das Ende des Öls, auf: FOCUS Online v. 14.02.2016, unter: www.focus.de/wissen/weltraum/odenwalds_universum/tid-15600/rohstoffe-neue-mythen-um-das-ende-des-oels_aid_438109.html; **53.6** Schaar, Wolfgang, Grafing; **53.7** Schaar, Wolfgang, Grafing, nach www.centreforenergy.com; **54.10** Schaar, Wolfgang, Grafing; **55.11** Schaar, Wolfgang, Grafing; **56.1** Jäckel, Diana, Erfurt; **57.2** Jäckel, Diana, Erfurt; **57.5** nach Heinrich Bahlburg/Christoph Breitkreuz: Grundlagen der Geologie. Stuttgart: Enke 1998, S. 189; **60.1** Schaar, Wolfgang, Grafing; **61.2** Jäckel, Diana, Erfurt; **61.3** Jäckel, Diana, Erfurt; **61.4** Jäckel, Diana, Erfurt; **62.5** Nach Wolfgang Haber: Kulturlandschaft versus Naturlandschaft. In: Raumerfassung und Raumordnung, 4. Jg., H. 2/3. Köln: Heymann 1991, S. 110; **62.6** Eckenfelder, Bettina, Eisenach; **63.7** Ernst Klett Verlag GmbH, Stuttgart; **65.15** Schaar, Wolfgang, Grafing; **68.4** Schaar, Wolfgang, Grafing; **69.8** Marzell, Alfred, Schwäbisch Gmünd; **70.11** Jäckel, Diana, Erfurt; **71.12** Nach Falk, Gregor C. (2016):

Deltagebiete Asiens. Amphibische Räume im Spannungsfeld ökologischer und ökonomischer Dynamik. In: Geographische Rundschau, H.7/8/ Juli 2016; **72.1** Schaar, Wolfgang, Grafing; **72.2** Schaar, Wolfgang, Grafing; **72.3** Jäckel, Diana, Erfurt; **73.4** Schaar, Wolfgang, Grafing; **73.4** Schaar, Wolfgang, Grafing; **73.4** Schaar, Wolfgang, Grafing; **73.4** Schaar, Wolfgang, Grafing; **73.4** Schaar, Wolfgang, Grafing; **73.4** Schaar, Wolfgang, Grafing; **73.4** Schaar, Wolfgang, Grafing; **73.5** Schaar, Wolfgang, Grafing; **74.6** Schaar, Wolfgang, Grafing, nach Frank Press, Raymond Sievers: Understanding Earth, 2. Aufl. New York: W. H. Freeman 1998, S.325; **74.7** Schaar, Wolfgang, Grafing; **75.8** Schaar, Wolfgang, Grafing; **75.10** Schaar, Wolfgang, Grafing; **76.12** Schaar, Wolfgang, Grafing, nach Frank Press, Raymond Sievers: Understanding Earth, 2. Aufl. New York: W. H. Freeman 1998, S.422 f.; **76.13** Jäckel, Diana, Erfurt; **77.14** Ernst Klett Verlag GmbH, Stuttgart; **77.15** Nach Hans Kugler, Daniel Schaub in: Manfred Hendl, Herbert Liedtke (Hrsg.): Lehrbuch der Allgemeinen Physischen Geographie. Gotha: Perthes 1997, S.209; **78.18** Hungreder, Rudolf, Leinfelden-Echterdingen; **79.20** Klett-Archiv, Stuttgart, nach Otfried Wagenbreth/Walter Steiner: Geologische Streifzüge. Leipzig: Verlag für Grundstoffindustrie, 1982; **79.21** Schaar, Wolfgang, Grafing; **81.27** Jäckel, Diana, Erfurt; **81.28** Schaar, Wolfgang, Grafing; **83.33** Google Earth. ©2020 Google LLC, used with permission. Google and the Google logo are registered trademarks of Google LLC., Mountain View, CA 94043 (Google Earth, Image Landsat/Copernicus, Data SIO, NOAA, U.S.Navy, NGA, GEBCO, ergänzt durch Grafik von Schaar, Wolfgang, Grafing); **83.34** Schaar, Wolfgang, Grafing; **84.36** Matthias Gebauer: In der Todeszone des Klimawandels. Auf: SPIEGEL Wissenschaft v. 23.4.2007, unter: www.spiegel.de/wissenschaft/natur/bangladesch-in-der-todeszone-des-klimawandels-a-477669.html; **85.39** Eckenfelder, Bettina, Eisenach; **86.42** Nach Oliver Arndt: Malediven. Geographie eines Inselstaates. Hamburg u.a.: LIT- Verlag 2006; **86.43** Ernst Klett Verlag GmbH, Stuttgart; **87.45** Nach NOAA's Coral Reef Conservation Program; **88.47** Jäckel, Diana, Erfurt; **88.49** Schaar, Wolfgang, Grafing, nach John May 1988; in: Wolf Dieter Blümel: Physische Geographie der Polargebiete. Stuttgart u.a.: Teubner 1999, S. 59; **89.51** Jens Oppermann in: scinexx vom 26.03.2003, unter: www.scinexx.de/dossier/gletscher/, geringfügig verändert; **89.52** Schaar, Wolfgang, Grafing; **91.55** Ernst Klett Verlag GmbH, Stuttgart; **91.56** Jäckel, Diana, Erfurt; **92.58** Ernst Klett Verlag GmbH, Stuttgart; **93.61** Schaar, Wolfgang, Grafing; **95.65** Ernst Klett Verlag GmbH, Stuttgart; **95.66** Jäckel, Diana, Erfurt, nach Samuel Weber: Permafrostein – ein unsichtbares Phänomen; **95.67** Ernst Klett Verlag GmbH, Stuttgart (nach: National Oceanic and Atmospheric Administration); **96.70** Schaar, Wolfgang, Grafing; **96.71** Schaar, Wolfgang, Grafing; **96.72** Schaar, Wolfgang, Grafing; **97.73** Jäckel, Diana, Erfurt; **97.75** Katrin Schüler, Sandsturm-Inferno auf der Autobahn mit vielen Toten, in: WELT v. 8.4.2011, unter: www.welt.de/vermischtes/weltgeschehen/article13117138/Sandsturm-Inferno-auf-der-Autobahn-mit-vielen-Toten.html; **97.75** NABU Schleswig-Holstein (ILu), 'Schnee-Katastrophen' oft hausgemacht, akt. 14.11.2014, unter: https://schleswig-holstein.nabu.de/natur-und-landschaft/knicks/geschichte/13161.html (Zugriff: 13.02.2021); **98.76** Schaar, Wolfgang, Grafing; **98.77** Schaar, Wolfgang, Grafing, translated and adapted after: Barbara W. Murck, Brian J. Skinner, Stephen C. Porter: Dangerous Earth. New York: Wiley 1997, p.177. Reprinted with permission of John Wiley & Sons, Inc.; **98.78** Gregor. C. Falk, übersetzt und verändert nach: Barbara W. Murck, Brian J. Skinner, Stephen C. Porter: Dangerous Earth. New York: Wiley 1997, p.173.; **99.80** Ernst Klett Verlag GmbH, Stuttgart (nach: H. Wilhelmy: Geomorphologie in Stichworten. Bd.3, S.III, 54, Berlin: Hirt); **100.2** Eckenfelder, Bettina, Eisenach; **101.3** Ernst Klett Verlag GmbH, Stuttgart; **101.4** Gekürzt nach Beyer, Ingo und Schmidt, Karl-Heinz: Schichtstufenlandschaften. In: Nationalatlas Bundesrepublik Deutschland. Bd. 2. Relief, Boden und Wasser, hrsg. v. Leibniz-Institut für Länderkunde, Heidelberg: Spektrum Akademischer Verlag 2003, S.84, auch unter: http://archiv.nationalatlas.de/wp-content/art_pdf/Band2_84-87_archiv.pdf; **101.5** Hungreder, Rudolf, Leinfelden-Echterdingen; **102.1** nach Münchner Rückversicherung 2011; **103.4** Manfred Stock, Oliver Walkenhorst: Einführung: Klimawandel, Auswirkungen und Unsicherheiten. In: Jörn Birkmann u.a. (Hrsg.): Anpassung an den Klimawandel durch räumliche Planung – Grundlagen, Strategien, Instrumente. E-Paper der ARL Nr.13. Hannover 2012, S.10 f.; **104.7** Ministerium für Inneres, Digitalisierung und Migration Baden-Württemberg, Hochwasser- und Georisiken, v. 17.04.2020, unter: www.service-bw.de/lebenslage/-/sbw/Hochwasser+und+Georisiken-5001097-lebenslage-0; **104.8** Schaar, Wolfgang, Grafing; **105.9** Schaar, Wolfgang, Grafing, nach https://media.springernature.com; **105.10** übers. nach: ICIMOD and SERVIR Applied Sciences Team member contribute lessons learned from the 2015 Gorkha earthquake's induced geohazards, v. 12.05.2016, unter: https://servirglobal.net/Global/Articles/Article/2503/icimod-and-servir-applied-sciences-team-member-contribute-lessons-learned-from; **106.1** Ernst Klett Verlag GmbH, Stuttgart (Klett-Archiv); **109.1** Übersetzt nach: NASA unter www.jpl.nasa.gov (Zugriff: 11.12.2020), unter: https://climate.nasa.gov/news/2914/the-atmosphere-earths-security-blanket/"; **110.1** Eckenfelder, Bettina, Eisenach; **110.2** Schaar, Wolfgang, Grafing; **111.3** Schaar, Wolfgang, Grafing; **111.4** Jäckel, Diana, Erfurt, nach Hans Gebhardt/Rüdiger Glaser u.a.: Geographie. Heidelberg: Elsevier, Spektrum Akad. Verlag 2007, S.202; **112.5** Eckenfelder, Bettina, Eisenach; **112.6** Peter Frankenberg: Moderne Klimakunde. Braunschweig: Westermann 1995, S.22; **113.7** Schaar, Wolfgang, Grafing; **114.2** Schaar, Wolfgang, Grafing, nach http://klimat.czn.uj.edu.pl/media/archive; **115.3** Schaar, Wolfgang, Grafing, nach Federation of American Scientists; **115.4** Schaar, Wolfgang, Grafing, nach Hamburger Bildungsserver; **115.5** Corioliskraft, unter: www.spektrum.de/lexikon/geographie/corioliskraft/1442; **115.6** Schaar, Wolfgang, Grafing; **116.6** Schaar, Wolfgang, Grafing; **116.7** Jäckel, Diana, Erfurt; **117.8** Schaar, Wolfgang, Grafing, nach Gerhard Bahrenberg: Die allgemeine Zirkulation der Atmosphäre. Paderborn: Schöningh, 1975, S.11; **118.2** Ernst Klett Verlag GmbH, Stuttgart; **118.3** Jäckel, Diana, Erfurt; **119.4** Jäckel, Diana, Erfurt; **119.5** Jäckel, Diana, Erfurt nach Alan H. Strahler, Arthur N. Strahler: Physische Geographie. Stuttgart: UTB 1999., S.133; **119.6** Jäckel, Diana, Erfurt; **120.7** Schaar, Wolfgang, Grafing; **120.7** Schaar, Wolfgang, Grafing; **120.8** Schaar, Wolfgang, Grafing; **120.9** Schaar, Wolfgang, Grafing; **121.10** Schaar, Wolfgang, Grafing; **123.13** Hungreder, Rudolf, Leinfelden-Echterdingen; **123.13** Ernst Klett Verlag GmbH, Stuttgart; **123.13** Ernst Klett Verlag GmbH, Stuttgart; **123.13** Ernst Klett Verlag GmbH, Stuttgart (Klett-Archiv); **123.13** Ernst Klett Verlag GmbH, Stuttgart (Klett-Archiv); **123.14** Schaar, Wolfgang, Grafing; **124.1** Jäckel, Diana, Erfurt; **125.2** Ernst Klett Verlag GmbH, Stuttgart; **126.2** Schaar, Wolfgang, Grafing, nach Hans Gebhardt/Rüdiger Glaser/Ulrich Radtke/Paul Reuber (Hrsg.): Geographie: Physische Geographie und Humangeographie, S.653; **126.3** Schaar, Wolfgang, Grafing, nach Hans Gebhardt/Rüdiger Glaser/Ulrich Radtke/Paul Reuber (Hrsg.): Geographie: Physische Geographie und Humangeographie, S.653; **126.4** Schaar, Wolfgang, Grafing; **127.5** Jäckel, Diana, Erfurt; **127.6** Schaar, Wolfgang, Grafing, nach Falk/Arbeitsgemeinschaft Regio-Klima-Projekt REKLIP, Klimaatlas Oberrhein Mitte-Süd; **127.6** Ernst Klett Verlag GmbH, Stuttgart; **128.1** Schaar, Wolfgang, Grafing; **128.1** Jäckel, Diana, Erfurt; **128.1** Jäckel, Diana, Erfurt; **129.3** Schaar, Wolfgang, Grafing; **129.4** Jäckel, Diana, Erfurt; **130.5** Schaar, Wolfgang, Grafing, nach Flohn, 1971; **130.6** Äquatoriale Westwindzone, unter: www.spektrum.de/lexikon/geographie/aequatoriale-westwindzone/428; **131.8** Schaar, Wolfgang, Grafing; **132.2** Schaar, Wolfgang, Grafing; **133.3** Quelle: US National Weather Service; **133.4** Schaar, Wolfgang, Grafing, nach Australian Government, Bureau of Meteorology, July 2012; **133.4** Schaar, Wolfgang, Grafing; **133.4** Schaar, Wolfgang, Grafing; **134.1** Eckenfelder, Bettina, Eisenach, nach David Nelles/Christian Serrer. Kleine Gase – große Wirkung. Der Klimawandel, 2018, S.18/19; **134.2** Eckenfelder, Bettina, Eisenach, nach David Nelles/Christian Serrer. Kleine Gase – große Wirkung. Der Klimawandel, 2018, S.22/23; **134.3** Eckenfelder, Bettina, Eisenach, nach David Nelles/Christian Serrer. Kleine Gase – große Wirkung. Der Klimawandel, 2018, S.22/23; **135.5** Nach Olaf Bubenzer, Ulrich Radtke: Natürliche Klimaänderungen im Laufe der Erdgeschichte. In: Wilfried Endlicher, Friedrich-Wilhelm Gerstengarbe (Hrsg.): Der Klimawandel, Einblicke, Rückblicke und Ausblicke. Potsdam Institut für Klimafolgenforschung: Potsdam 2007, S.17, leicht gekürzt; **135.6** Eckenfelder, Bettina, Hörselberg-Hainich nach www.umweltbundesamt.de/monitoringbericht-2015-klimaentwicklung-in#undefined, Abb. 2. Quellen: DWD NOAA; **136.7** Eckenfelder, Bettina, Eisenach, nach David Nelles/Christian Serrer. Kleine Gase – große Wirkung. Der Klimawandel, 2018, S.35; **136.8** Bundesministeriums für Bildung und Forschung (BMBF): Temperatur und CO_2: Wer hat wen gesteuert? Auf: www.deklim.de/seiten/dek-frame.asp?content=/seiten/ dek-oe-faq-de.asp (Juni 2010); **136.10** Jäckel, Diana, Erfurt; **137.10** Jäckel, Diana, Erfurt, nach Jucundus Jacobeit: Zusammenhänge und Wechselwirkungen im Klimasystem. In Wilfried Endlicher und Friedrich-Wilhelm Gerstengarbe (Hrsg.): Der Klimawandel – Einblicke, Rückblicke und Ausblicke. Potsdam 2007, S.12; **137.11** Gekürzt nach IPCC 2014: Zusammenfassung für politische Entscheidungsträger. In: Klimaänderung 2014: Synthesebericht. Beitrag der Arbeitsgruppen I, II und III zum Fünften Sachstandsbericht des Zwischenstaatlichen Ausschusses für Klimaänderungen [Hauptautoren, R.K. Pachauri und L.A. Meyer (Hrsg.)]. IPCC, Genf, Schweiz. Deutsche Übersetzung durch Deutsche IPCC-Koordinierungsstelle, Bonn 2015, S.2 und 4; **138.1** Ernst Klett Verlag GmbH, Stuttgart; **139.3** Eckenfelder, Bettina, Eisenach; **139.4** Eckenfelder, Bettina, Hörselberg-Hainich, nach Michael Wild/Michael Schnirch: WEBGEO – Klimaklassifikation nach Köppen und Geiger; **140.1** Schaar, Wolfgang, Grafing; **141.3** https://creativecommons.org/licenses/by-sa/4.0/deed.de, Mountain View (Delphi234); CC-BY-SA-4.0 Lizenzbestimmungen: https://creativecommons.org/licenses/by-sa/4.0/legalcode; Matthias Forkel; Schaar, Wolfgang, Grafing; **141.4** Schaar, Wolfgang, Grafing, nach www.spektrum.de/lexikon; **141.5** Jäckel, Diana, Erfurt; **141.6** Schaar, Wolfgang, Grafing, nach Liljequist, 1994; **142.1** Schaar, Wolfgang, Grafing, nach www.klimafakten.de/meldung/die-wetter-und-klimamaschine-eine-einfuehrung; **143.2** Ernst Klett Verlag GmbH, Stuttgart; **143.3** Jäckel, Diana, Erfurt; **143.4** Manfred Hendl/Herbert Liedtke: Lehrbuch der allgemeinen physischen Geographie. Gotha: Klett Perthes Verlag, 1997, S.378; **143.5** Ernst Klett Verlag GmbH, Stuttgart; **146.2** Wasserverband Neufelderseen-Gebiet, unter: https://wasserverband-neufelderseen.at/infothek/kids-corner#&gid=lightbox-group-238&pid=0; **146.4** Schaar, Wolfgang, Grafing; **147.5** Ernst Klett Verlag GmbH, Stuttgart; **147.6** Wolfram Mauser: Wie lange reicht die Ressource Wasser? vom Umgang mit dem blauen Gold, Fischer Tb, Frankfurt/Main 2007, S.56 – 62; **148.7** Schaar, Wolfgang, Grafing; **148.8** Ernst Klett Verlag

GmbH, Stuttgart; **148.9** Schaar, Wolfgang, Grafing; **149.10** Schaar, Wolfgang, Grafing, nach California Department of Water Resources, Aug 2017; **149.11** Bundesanstalt für Geowissenschaften und Rohstoffe (BGR): Strategien für ein nachhaltiges Management nicht-erneuerbaren Grundwassers. Hannover: BGR 2007, S. 2, unter: www.bgr.bund.de/DE/Themen/Wasser/Produkte/Downloads/grundwassermanagement_nicht_erneuerbar.pdf?__blob=publicationFile&v=3; **150.1** Ernst Klett Verlag GmbH, Stuttgart; **150.2** Eckenfelder, Bettina, Hörselberg-Hainich, nach UN World Water Development Report 2019; **150.3** Christian Hartmann, Jürgen Beyer: Begriff Wasser, in: Bundeszentrale für politische Bildung (Hrsg.), Zahlen und Fakten. Globalisierung, v. 01.09.2017, unter: www.bpb.de/nachschlagen/zahlen-und-fakten/globalisierung/52730/wasserverbrauch; **151.4** Quelle: World Resources 2000-2001, People and Ecosystems: The Fraying Web of Life, World Resources Institute (WRI), Washington DC, 2000; **151.5** UN-Weltwasserbericht 2019: Daten und Fakten, unter: www.unesco.de/presse/pressematerial/un-weltwasserbericht-2019-daten-und-fakten; **152.7** Ernst Klett Verlag GmbH, Stuttgart; **152.8** Jäckel, Diana, Erfurt; **153.9** nach UNEP, GRID-Arendal; **153.10** Ulli Kulke: Erst verschwindet das Wasser, dann der Mensch. WELT Online v. 11.11.2014, auf: www.welt.de/vermischtes/weltgeschehen/article134202486/Erst-verschwindet-das-Wasser-dann-der-Mensch.html, Jan. 2017; **154.13** Klett-Archiv, Stuttgart, nach Dams: Official Newsletter of the World Commission on Dams. Nr.8, 12/2000, S. 9; **155.15** Jäckel, Diana, Erfurt; **155.17** Schaar, Wolfgang, Grafing, nach Hermann Brünjes: Der Damm, das Geld und Streit der Parteien; **155.18** Hermann Brünjes: Der Damm, das Geld und Streit der Parteien. FMD v. 17.02.2016, auf: www.fmd-online.de/indien/polavaram/news (Zugriff: 15.01.2021); **156** Text und Abbildung aus: Klimawandel im Süden Deutschlands – Herausforderungen – Anpassungen, hrsg. v. LUBW Landesanstalt für Umwelt, Messungen und Naturschutz Baden-Württemberg, Mai 2017, unter: www.kliwa.de/_download/broschueren/KLIWA-Broschuere-2016-d.pdf, S. 4; **156.19** KLIWA – Kooperation der Bundesländer Baden-Württemberg, Bayern und Rheinland-Pfalz sowie des Deutschen Wetterdienstes, KLIWA-Broschuere-2016-d.pdf (Mai 2017), S. 7; **156.20** KLIWA – Kooperation der Bundesländer Baden-Württemberg, Bayern und Rheinland-Pfalz sowie des Deutschen Wetterdienstes, KLIWA-Broschuere-2016-d.pdf (Mai 2017), S. 7; **156.21** KLIWA – Kooperation der Bundesländer Baden-Württemberg, Bayern und Rheinland-Pfalz sowie des Deutschen Wetterdienstes, KLIWA-Broschuere-2016-d.pdf (Mai 2017), S. 11; **156.22** KLIWA – Kooperation der Bundesländer Baden-Württemberg, Bayern und Rheinland-Pfalz sowie des Deutschen Wetterdienstes, KLIWA-Broschuere-2016-d.pdf (Mai 2017), S. 11; **157.23** KLIWA – Kooperation der Bundesländer Baden-Württemberg, Bayern und Rheinland-Pfalz sowie des Deutschen Wetterdienstes, KLIWA-Broschuere-2016-d.pdf (Mai 2017), S. 13; **157.24** KLIWA – Kooperation der Bundesländer Baden-Württemberg, Bayern und Rheinland-Pfalz sowie des Deutschen Wetterdienstes, KLIWA-Broschuere-2016-d.pdf (Mai 2017), S. 19; **157.25** Eckenfelder, Bettina, Eisenach, nach Klimawandel im Süden Deutschlands. Herausforderungen – Anpassungen. Karlsruhe: LUBW Landesanstalt für Umwelt, Messungen und Naturschutz Baden-Württemberg, 2017. S. 13; **158.1** Eckenfelder, Bettina, Eisenach; **158.3** Walter Schumann: Das Buch der Erde, Bd. 1. München: Lexikographisches Institut 1987, S. 144 f.; **158.4** Jäckel, Diana, Erfurt; **159.5** Schaar, Wolfgang, Grafing, nach www.spektrum.de/lexika; **159.6** Schaar, Wolfgang, Grafing; **160.7** Jäckel, Diana, Erfurt; **160.7** Jäckel, Diana, Erfurt; **160.7** Potsdam Institute for Climate Impact Research (PIK), Potsdam (Levke Caesar); **160.8** Ernst Maier-Reimer: Was ist der Golfstrom? Max-Planck-Institut für Meteorologie, Hamburg, unter: www.mpimet.mpg.de/kommunikation/fragen-zu-klimafaq/was-ist-der-golfstrom/, Jan. 2017; **160.9** Dieter Kasang: Das große marine Förderband: Strömungssystem, unter: https://bildungsserver.hamburg.de/ozean-und-klima/2070122/thc-stroemungssystem-artikel/ (Zugriff 10.02.2021); **161.10** Dieter Kasang: Das Jüngere Dryas-Ereignis., unter: https://bildungsserver.hamburg.de/ozean-und-klima/2070132/thc-dryas-artikel/ (Zugriff 10.02.2021); **161.10** Schaar, Wolfgang, Grafing; **161.11** Alina Schadwinkel, Der Golfstrom schwächelt, aber hält sich, auf: Spektrum.de v. 30.12.2019, unter: www.spektrum.de/news/klimawandel-der-golfstrom-schwaechelt-aber-haelt-sich/1695134; **162.1** Schaar, Wolfgang, Grafing, nach HJL, Hydrosphäre. In: Spektrum. Lexikon der Geowissenschaften; **163.2** Arundhati Roy (indische Schriftstellerin): The cost of living. London: Flamingo 1999, S. 15–16; **166.1** Eckenfelder, Bettina, Eisenach, nach The global assessment report on Biodiversity and Ecosystem ServiceS. IPBES, 2019. S. 26; **166.1** Eckenfelder, Bettina, Eisenach, nach The global assessment report on Biodiversity and Ecosystem Services. IPBES, 2019. S. 26; **166.1** Eckenfelder, Bettina, Eisenach, nach The global assessment report on Biodiversity and Ecosystem Services. IPBES, 2019. S. 26; **167.2** Eckenfelder, Bettina, Eisenach, nach The global assessment report on Biodiversity and Ecosystem Services. IPBES, 2019. S. 23; **168.2** Wolfgang Schaar, Grafing. Verändert nach Fred-Günter Schröder: Lehrbuch der Pflanzengeographie. Wiebelsheim: Quelle & Meyer1998, S. 63; **169.6** Diana Jäckel, Erfurt nach: Hans-Jürgen Klink: Vegetationsgeographie. Das Geographische Seminar. 3. Aufl. 1998, Bildungshaus Schulbuchverlage Westermann Schroedel Diesterweg Schöningh Winklers GmbH, Braunschweig; **169.7** Schaar, Wolfgang, Grafing, nach W. Lacher: Ökologie der Pflanzen auf physiologischer Grundlage, 1984; **169.8** Schaar, Wolfgang, Grafing, nach W. Lacher: Ökologie der Pflanzen auf physiologischer Grundlage, Eugen Ulmer, Stuttgart, 1984; **170.1** Ernst Klett Verlag GmbH, Stuttgart; **171.2** Schaar, Wolfgang, Grafing; **172.1** Zusammengestellt nach: Martin Cassel-Gintz, Potsdam-Institut für Klimafolgenforschung e.V.: GIS-geschützte Analyse globaler Muster anthropogener Waldschädigung. Eine sektorale Anwendung des Syndromkonzepts, Potsdam 2001, S. 66 ff., unter: www.pik-potsdam.de/en/output/publications/pikreports/.files/pr71.pdf; **172.4** Eckenfelder, Bettina, Eisenach; **173.5** Schaar, Wolfgang, Grafing, nach BSV Band Oberstufen-Geographie: Landschaftsökologie, Hrsg. Wolfgang Faedrich u.a., 1997, S. 153 und Gießner 1990, S. 36; **173.6** Schaar, Wolfgang, Grafing, nach Guillaume Benoit/Aline Comeau Mediterrande: Les perpectives du Plan Bieu sur l'environement et le dèveloppement, Editions de l'aube 2005; **174.2** Eckenfelder, Bettina, Hörselberg-Hainich, nach University of Washington, Joint Institute for the Study of the Atmosphere and Ocean, unter http://jisao.washington.edu/data/sahel/sahelprecip19 002 012.ps, Mai 2014; **174.3** Ernst Klett Verlag GmbH, Stuttgart; **175.4** nach Martin Cassel-Gintz/Dorothee Harenberg: Syndrome des Globalen Wandels als Ansatz interdisziplinären Lernens in der Sekundarstuf. Ein Handbuch mit Basis- und Hintergrundmaterial für Lehrerinnen und Lehrer. Bundesministerium für Bildung und Forschung, u.a., BLK Programm „21", Berlin 2002, S. 22; **176.1** Bundesamt für Naturschutz: Verbreitungszentren von Neophyten (gebietsfremde Pflanzenarten) in Deutschland: aktuell und prognostiziert für den Klimawande, Bonn 2016, unter: www.bfn.de/fileadmin/BfN/daten_fakten/Dokumente/II_1_2_17_Verbreitungszentren_Neophyten_D.pdf (Zugriff 19.04.2021); **176.1** Bundesamt für Naturschutz (2016): Daten zur Natur 2016, Bonn; **176.2** Nach: www.iucn.org/sites/dev/files/styles/graphics/public/media-uploads/2018/07/examples_of_invasive_alien_species.png?itok=7js28NUP (Zugriff 15.04.2021); **176.2** United Nations Publications, New York; **176.2** United Nations Publications, New York; **176.2** United Nations Publications, New York; **176.2** United Nations Publications, New York; **176.2** United Nations Publications, New York; **177.4** Eckenfelder, Bettina, Hörselberg-Hainich, nach www.TheNaturalNumbers.org; **177.5** WWF Deutschland Berlin, Mangroven: Alleskönner in Gefahr, v. 18.12.2019, unter: www.wwf.de/themen-projekte/meere-kuesten/schutz-der-kuesten/mangroven (Zugriff 05.02.2021); **177.6** Eckenfelder, Bettina, Hörselberg-Hainich, nach www.TheNaturalNumbers.org; **178.1** Schaar, Wolfgang, Grafing, nach 2021 Carolina Biological Supply Company, unter: www.carolina.com/teacher-resources/Interactive/infographic-ecology-the-study-of-the-place-we-live/tr37411.tr; **179.2** Eckenfelder, Bettina, Eisenach; **179.4** Schaar, Wolfgang, Grafing; **182.2** Jäckel, Diana, Erfurt; **183.3** Klett-Archiv, Stuttgart, nach Gerd Hintermaier-Erhard/Wolfgang Zech: Wörterbuch der Bodenkunde. Stuttgart: Enke 1997, S. 32; **184.5** Eckenfelder, Bettina, Eisenach; **185.8** Jäckel, Diana, Erfurt; **185.9** Jäckel, Diana, Erfurt; **185.10** Jäckel, Diana, Erfurt; **186.12** Jäckel, Diana, Erfurt; **186.13** Schaar, Wolfgang, Grafing, nach Ulrich Gisi et al.: Bodenökologie. Stuttgart: Thieme 1997; **187.14** Jäckel, Diana, Erfurt; **188.2** Jäckel, Diana, Erfurt; **189.3** Ernst Klett Verlag GmbH, Stuttgart (Klett-Archiv); **190.5** Schaar, Wolfgang, Grafing; **190.6** Nach Vageler, Paul (1942): Die Untersuchung tropischer Böden und ihre Auswertung für die Praxis. Berlin: Paul Parey; **192.2** Nach Winfried E.H. Blum: Bodenkunde in Stichworten, 6. Aufl. Berlin u.a.: Borntraeger 2007, S. 148; **193.5** Ernst Klett Verlag GmbH, Stuttgart; **195.9** Schaar, Wolfgang, Grafing; **195.9** Schaar, Wolfgang, Grafing; **195.9** Schaar, Wolfgang, Grafing; **195.9** Schaar, Wolfgang, Grafing; **195.9** Schaar, Wolfgang, Grafing; **195.9** Schaar, Wolfgang, Grafing; **195.9** Schaar, Wolfgang, Grafing; **195.9** Schaar, Wolfgang, Grafing; **195.9** Schaar, Wolfgang, Grafing; **195.9** Schaar, Wolfgang, Grafing; **196.1** https://creativecommons.org/licenses/by-sa/4.0/deed.de, Mountain View; Darnhofer-Strauss-Czernin; CC-BY-SA-4.0 Lizenzbestimmungen: https://creativecommons.org/licenses/by-sa/4.0/legalcode; **198.3** Stephan Krall: Was ist nachhaltige Landwirtschaft? Deutsche Gesellschaft für Internationale Zusammenarbeit (GIZ) GmbH (Hrsg.), S. 5, unter: www.giz.de/de/downloads/giz2015-de-nachhaltige-landwirtschaft.pdf, Mai 2017; **199.5** Thilo Bergmann: Mit der Drohne gegen Maiszünsler. In: Badische Zeitung v. 05.06.2014, unter: www.badische-zeitung.de/mit-der-drohne-gegen-maiszuensler--87049128.html (Jan. 2017); **199.6** Wolfgang Kempkens: So vernichtet Roboter Bonirob Unkraut. Auf: ingenieur.de v. 16.11.2015, unter: www.ingenieur.de/technik/fachbereiche/landtechnik/so-vernichtet-roboter-bonirob-unkraut/, (Jan. 2017); **200.1** Schaar, Wolfgang, Grafing, nach Geographische Rundschau 7/8 2020, S. 33; **201.2** nach Dietmar Schröder: Böden der Erde: Entstehung, Verbreitung, Produktivität, Schädigung und Schutz. In: Geographie und Schule, 22. Jg., H. 126 (August 2000), Köln: Aulis 2000, S. 11; **201.3** Ernst Klett Verlag GmbH, Stuttgart; **204** Butz, Steffen, Karlsruhe; **205.1** Schaar, Wolfgang, Grafing, nach Wolfgang Frisch und Martin Meschede: Plattentektonik. Darmstadt: Primus, S. 117; **205.2** Schaar, Wolfgang, Grafing, nach Onno Oncken/Helmut Echtler: Die Anden – ein natürliches Labor der Plattentektronik. GFZ Potsdam, o.J.; **205.2** Schaar, Wolfgang, Grafing

Anforderungsbereiche und Operatoren

Schriftliches Abitur und mündliche Prüfungen
Nach einer Vereinbarung der Kultusminister sollen die Prüfungsanforderungen im Abitur in allen Bundesländern vergleichbar sein. Diese Vergleichbarkeit soll dadurch erreicht werden, dass sich die Prüfungsaufgaben bzw. Klausuren an **drei Anforderungsbereichen** orientieren (nebenstehende Übersicht).

Um diesen Anforderungsbereichen gerecht zu werden, sind ihnen sogenannte **Operatoren** zugeordnet. Sie sind als Verben formuliert (z. B. nennen, erläutern, beurteilen) und geben an, was der Prüfling konkret tun soll. Das soll den Prüflingen auch das Verständnis für die Aufgabenstellung erleichtern.

Die Anforderungsbereiche und die Art der Aufgabenstellung gelten für die schriftliche und mündliche Abiturprüfung genauso wie für die Klausuren während der gesamten Oberstufe. Die Operatoren werden auch bei den Arbeitsaufträgen zu den einzelnen Kapiteln dieses Buches verwendet. Sie decken aber nicht alle Aufgabentypen eines Schulbuches ab, da dessen primäre Funktion nicht im Abfragen bzw. Prüfen liegt. Es verfolgt auch andere, weitergehende Ziele, sodass gelegentlich auch andere Operatoren Verwendung finden.

Anforderungsbereiche	Erläuterungen
Anforderungsbereich I	
Reproduktion Der Anforderungsbereich I umfasst die Wiedergabe von Sachverhalten aus einem begrenzten Gebiet und im gelernten Zusammenhang sowie die Verwendung gelernter und geübter Arbeitstechniken und Methoden.	• Wiedergeben von grundlegendem Fachwissen unter Verwendung der Fachterminologie • Bestimmen der Art des Materials • Entnehmen von Informationen aus unterschiedlichen Materialien • Benennen und Anwenden von Arbeitstechniken und Methoden
Anforderungsbereich II	
Reorganisation und Transfer Der Anforderungsbereich II umfasst das selbstständige Bearbeiten, Ordnen und Erklären bekannter Sachverhalte sowie das angemessene Anwenden gelernter Inhalte und Methoden.	• Erklären kategorialer, struktureller und zeitlicher Zusammenhänge • sinnvolles Verknüpfen und Einordnen unterschiedlicher (z. B. politischer, ökonomischer, soziologischer, historischer, raumspezifischer) Sachverhalte • Unterscheiden zwischen Sach- und Werturteil
Anforderungsbereich III	
Reflexion und Problemlösung Der Anforderungsbereich III umfasst den reflexiven Umgang mit neuen Problemstellungen sowie das selbstständige Anwenden von Methoden mit dem Ziel, zu Begründungen, Deutungen, Beurteilungen und Handlungsoptionen zu gelangen.	• selbstständiges Erörtern unterschiedlicher Sachverhalte • Entfalten einer strukturierten, multiperspektivischen und problemorientierten Fragestellung • Reflektieren der eigenen Urteilsbildung • problemorientiertes Umsetzen von Kenntnissen und Erkenntnissen in gestaltender Form